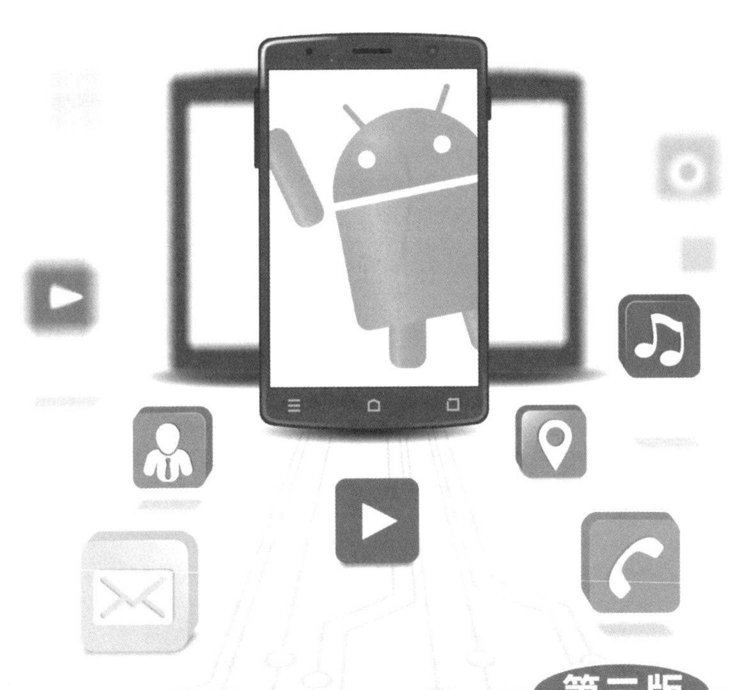

第三版

第一次學 Android 就上手

從新手入門到專題製作

適用Android 10.x~4.x

PREFACE

序言

讀者們好久不見！六年了才將第二版更新到第三版，真不好意思。

這幾年確實花了不少時間在物聯網（IoT）以及數位版權管理（DRM）影音串流的領域鑽研，相關的心得也深入淺出地整理一些到著作中。

智慧型手機到如今已經超過 10 個年頭，其上的 App 百花齊放、百家爭鳴，其中的通訊應用，舉凡社群軟體、線上串流、物聯網、各種電子商務軟體等等，隨著網路技術的升級再升級，在可見的將來，沒有最多，只有更多！

作者選擇手機 App 作為多年耕耘的教學場域，除了看準手機是拉近城鄉差距的極佳學習載具以外，也確信這個低門檻、高 CP 值的 3C 產品會是引起學習程式動機不錯的進入點。當然，其中又以 Android 為甚！

這次將「第一次學 Android 就上手」第三版濃縮成 16 章、共四篇的作法，就是希望保留最最重要的學習元素給讀者，讓讀者集中最少的精神來掌握最大的學習效益。

學習的次序應該是要先能掌握前面兩篇，然後無論是接著學習第三篇，還是先進入到第四篇學習官方版型，則由讀者自行選擇，並沒有一定的強制。

如果要我對這一版書提出看法，我會說第二章的基本動作歸納，以及第 13~14 章的官方版型介紹，應該算是本書的兩大特色，而這兩大特色也深深呼應著書名，希望協助讀者能快些上手安卓。

其次如前述，由於花了一些時間在 IoT 以及 DRM 影音串流，所以相關的應用反映在第 12 章以及第 15~16 章，其中有不少新的材料，讀過第二版的讀者應該可以感受得到。

雖然多次校搞，仍難免疏漏，作者將於確認之後，公布勘誤表於碁峰官網或是作者的網頁（aerael.com）。

感謝碁峰出版社大力支持，讓這次第三版順利問世，特此致謝。

另外，為了拋磚引玉，讓較缺乏資源的兒童或青少年受惠，「第一次學 Android 就上手」第三版從上架開始到 2020 年底為止，依照其峰資訊所統計的售出數量，作者將以定價的十分之一乘上售出數量，作為捐款數目，聊表心意。初步確認的對象會有「財團法人中華民國兒童福利聯盟文教基金會」等，捐款詳情請見 aerael.com 網頁。

2019.8 于台北

範例下載

本書範例請至碁峰網站 http://books.gotop.com.tw/download/AEL021000 下載。其內容僅供合法持有本書的讀者使用，未經授權不得抄襲、轉載或任意散佈。

CONTENTS

目錄

CHAPTER 03 基本視圖

CHAPTER 04 觸控行為

CHAPTER 05 自製清單

CHAPTER 06 內建清單

CHAPTER 07 資料庫房

CHAPTER 08 多重線程

CHAPTER 09 基本視窗

CHAPTER 10 背景服務

CHAPTER 11 內容提供

CHAPTER 12 傳感行為

CHAPTER 13 官方版型

CHAPTER 14 雲端版型

CHAPTER 15 影音動畫

CHAPTER 16 進階影音

APPENDIX A 危險的權限

APPENDIX B Android Q 專案測試

APPENDIX C 多國語系

APPENDIX D 軟體簽章

範例下載

本書範例請至碁峰網站 http://books.gotop.com.tw/download/AEL021000 下載。其內容僅供合法持有本書的讀者使用，未經授權不得抄襲、轉載或任意散佈。

CHAPTER

01 哈囉安卓

1.1 前言

Android 是什麼？應該不用特別說明了，讀者會翻閱這本書，想必若非自己擁有 Android 相關的行動裝置，如手機或平板，就是周遭有親朋好友正在把玩使用著。有趣的事，不論是喜歡在 Android 平台上玩遊戲的「玩家」，或是以所謂智慧行動裝置為使用觀點的商務人士，都可以在上頭找到交集，各取所需。

當然，您會翻閱這本書，又更不是一般的使用者，因為您更關心如何在上頭開發「數位內容 App」程式！數位內容可說是當今顯學，早從電子書開始，到數位串流影音（Streaming audio and video）節目，這一波波的數位浪潮乘著載具襲捲而來。每一個網路封包攜帶著數位資訊，馳騁在宛如高速公路的網路頻寬上，不僅僅從伺服器（Server）跑到終端用戶（Client）載具，更在近年計算裝置的行動化（Mobility）、智慧化（Intelligence）、通訊化（Communication）等等轉變，讓數位資訊也不斷地在用戶端之間竄流著！

智慧行動裝置的興起過程雖然有跡可循，卻也跌破太多專家的眼鏡，從市佔率的消長、企業經營策略的改變、到低頭族所形成的社會現象等等，都讓我們見識到這股「回不去」、「不可逆」的趨勢！而這股趨勢讓社會大眾不得不好奇：到底是什麼數位內容，讓這群所謂的低頭族這麼愛不釋手？連走路、捷運、騎車、開車、等車、聚餐、社交都還要為它「低頭」？

無論如何，最重要的是，讀者心目中最想要用的 App 是什麼？最想要作的 App 又是什麼？這些「想要」才是會帶出願景、帶出模式、帶出源源不斷的創意！

沒錯，Android 開發原則就以三句口號標語：Enchant Me（使人著迷）、Simplify My Life（簡化生活）、Make Me Amazing（讓使用者驚艷）來闡述它的種種設計理念，意圖進與消費者的距離。[1]

由此觀之，Android 的策略是在人們的日常生活，也就是在工作與休閒之中，意圖提供讓人愛不釋手的軟硬體，使工作中的人們增進**生產效能**（Productivity），休閒中的人們得到最大的**娛樂**（Entertainment）。

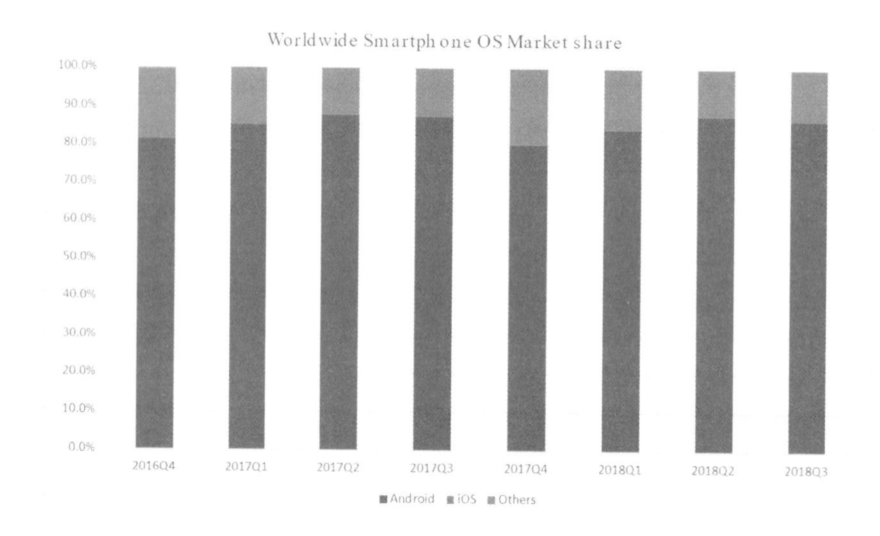

Quarter	2016Q4	2017Q1	2017Q2	2017Q3	2017Q4	2018Q1	2018Q2	2018Q3
Android	81,4%	85,0%	88,0%	87,6%	80,3%	84,3%	87,8%	86,8%
iOS	18,2%	14,7%	11,8%	12,4%	19,6%	15,7%	12,1%	13,2%
Others	0,4%	0,2%	0,2%	0,1%	0,1%	0,0%	0,1%	0,0%
TOTAL	100,0%	100,0%	100,0%	100,0%	100,0%	100,0%	100,0%	100,0%

圖1-1 IDC Worldwide Smartphone OS Market share：IDC (Q3 2018)。[2]

---

[1] http://developer.android.com/design/get-started/principles.html

[2] https://www.idc.com/promo/smartphone-market-share/os

在「第一次學 Android 就上手」第二版，作者曾引用 IDC（國際數據資訊公司，International Data Corporation）的數據佐證 Android 在手機市場的佔比，從 2012 預測到 2016 大約維持在六成左右，只是如今再用 IDC 的數據作對照如圖 1-1 所示，從市場佔有率來看，安卓都穩坐 85%，不但穩坐冠軍寶座，而且輾壓競爭對手達 6 倍之多。

作者歸納至少四項智慧型手機成功的原因（出場序與重要性不成正比），這不僅適用於 Android，像蘋果的 iPhone 其實也得到很大的成功，都因這不可逆擋的時勢而造出了這群英雄！

- 原因一：將消費性手機賦與更大的電腦計算功能；換個角度，也可說將電腦縮小成方便攜帶的手機，並賦與打電話之通訊功能。
  - ✓ 要成就這項策略，必須在硬體上有更傑出的表現，也就是體積更小、硬體整合度更高、計算力強之外還要能省電等等。
- 原因二：更親和的人機介面，更時尚的設計。
  - ✓ 要成就這項策略，除了必須在硬體上有更創意的表現，像是觸控螢幕、手勢應用、語音輸入等等之外，外觀機構的時尚感所創造出的話題性，使人們因著新奇而趨之若鶩，也非常重要。
- 原因三：一套穩定好用的作業系統軟體。
  - ✓ 手機之所以一直遲遲不夠「智慧」的原因之一就在於傳統手機與電信業者一直不放心讓其它軟體進到「電話」裡，怕影響、干擾正常通訊的運作，要知道，若因為其它軟體造成通話不穩，通訊資料毀損，其背後可能意味著客戶失去商機、失去隱私，進而代表著業者失去客戶。然而，穩定的 UNIX-like 作業系統如 Embedded-Linux 之於 Android、FreeBSD（iOS，MOS 前身）之於 iPhone，加上其上相對穩定的軟體，打破了上述的藩籬與限制，終究造成現今蓬勃的局面。
- 原因四：由上述高度整合的軟硬體與介面所創造出各種創新的應用軟體及其**軟體市集**（Market）觀念。
  - ✓ 這原因可反應在各式各樣的 APP 上，也就是橫跨傳統通訊、現代多媒體、現代雲端社群、結合各式感測器的高感官遊戲。

✓ 事實上，YAHOO 副總經理王志仁與創業家兄弟創辦人郭書齊說，兩種購物方式的消長，2015 年 2 月使用行動裝置購物人數超過 PC，出現黃金交叉，且近半年成長超過 90%，手機購物時代已經來臨。[3]

至於 Android 的策略則還有以下幾點，同樣是出場序與重要性不成正比：

- 策略一：選擇 Java 程式語言來作為 Android 的指定開發語言。如表格 1-1 所示，權威的 **TOIBE 程式語言指標**（TIOBE programming community index）每個月都會根據使用語言的名稱作為關鍵字，在網上搜索頻率加以排序。而這樣的策略代表著將會吸引更多軟體開發者的注意，進而達到普及化與 APP 數量最大化的目標。[4]

- 策略二：採用知名的**整合開發環境**（IDE）Eclipse 作為其基礎環境，並在上頭以**插件**（Plug-in）的方式提供**軟體開發工具**（SDK，Software Development Kit）縮短許多開發者對於工具的摸索和學習時間。[5]

  當然，現在官方 IDE 已經移轉到 AndroidStudio 上，同樣建立在另一個第三方的 IntelliJ IDEA 軟體基礎之上。

- 策略三：整合 Google Map 等好用的雲端軟體，並搭配 3G 與 WiFi 等無線網路機制讓手機的計算力延伸到雲端，成功擴展 Android 在軟體的深度與廣度。

- 策略四：整合重力加速計（Accelerometer、方位計（Orientation）等知名感測裝置，成功延伸 Android 在遊戲軟體方面的領域，Sony PSP 搭載 Android 就是一例。[6]

- 策略五：當然，在商業上一個非常重要的策略就是 Android 所隸屬的開放式手機聯盟（Open Handset Alliance，參見圖 1-2），其成員橫跨製造商、電信業者、軟體商等等，與相對封閉的蘋果公司形成強列的對比，也成功營造話題。[7]

---

3 http://a.udn.com/focus/2015/10/03/13024/index.html
4 http://www.tiobe.com/index.php/content/paperinfo/tpci/index.html
5 http://www.eclipse.org/
6 http://en.wikipedia.org/wiki/Sony_Ericsson_Xperia_Play
7 http://www.openhandsetalliance.com/

可見一件事情或一項產品的背後成功的因素往往不止一項，了解以後，下一節就讓我們針對 Android 的開發進行環境準備，開始上手！

表1-1 TIOBE 程式語言之 2019 三月指標前十名[8]

Mar 2019 排名	Mar 2018 排名	排名升降	程式語言	Mar 2019 排名評比
1	1	持平	Java	14.880%
2	2	持平	C	13.305%
3	4	上升	Python	8.262%
4	3	下降	C++	8.126%
5	6	上升	Visual Basic .NET	6.429%
6	5	下降	C#	3.267%
7	8	上升	JavaScript	2.426%
8	7	下降	PHP	2.420%
9	10	上升	SQL	1.926%
10	14	上升	Objective-C	1.827%

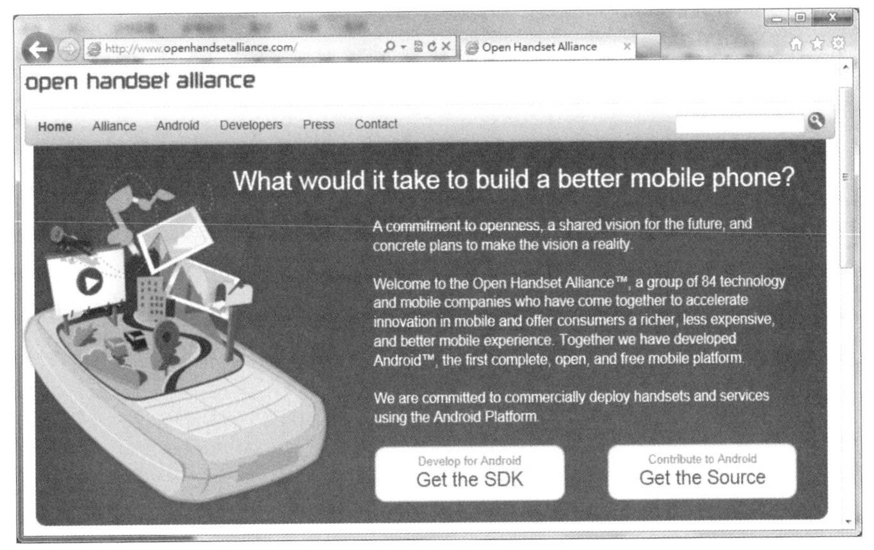

圖1-2 開放式手機聯盟（Open Handset Alliance）官網首頁。

---

8 https://www.tiobe.com/tiobe-index/

1.2 首支 App

App 的開發是以專案（Project）為建造單位，第一支 App 我們習慣稱它為 HelloAndroid。HelloAndroid 專案，不只是新手開始 AndroidStudio 的第一個專案，也經常是老手測試新功能的常見手段。

HelloAndroid 專案就是向 Android 程式設計說聲 Hello，由 AndroidStudio 這個官方 IDE（Integrated Development Environment），按照既定的 SOP（Standard Operating Procedures），逐步完成的基本版型專案。

有了這個基本版型專案，新手不但可以在上面開始建構以下：

1. 自己的版面（又稱為 Layout）。
2. 對應的程式邏輯（在此為 Java 程式碼）。
3. AndroidStudio 所提供用來描述專案基本內容的「貨單（Manifest）」（內定名稱為 AndroidManifest.xml）。

對於老手而言，他們可以在這個乾淨的空白專案內，盡情進行相關的功能驗證。

1.2.1 專案建立步驟

開啟 IDE 之後，點選 File=>New=>New Project 即可進入 Create Android Project 的 SOP 流程裡。第一步驟需要輸入 Application name 和 Company domain，Company domain 之目的是為了 Java 的 package name 之用（參見圖 1-3(a)）。

SOP 第二步驟，會要求用戶選取安卓裝置，除了最常見的手機（Phone）與平板（Tablet），現在的安卓更能支援電視（TV）、穿戴裝置（Wearable）、物聯網（Things）、甚至聲控介面之車用裝置（Auto）（參見圖 1-3(b)）！

當然，本專案的重點放在<u>手機與平板</u>，其他媒體相關的專案後續則會舉例安卓電視的用法。

選取安卓手機與平板之後，SOP 步驟三接著就要選取視窗版型。初學者或是單純功能測試者，一般都是選取空白視窗（Empty Activity）直接進行後續開發工作（參見圖 1-3(c)）。

然而，從步驟三的示意圖可以隱約看見，還有其他的視窗版型可供使用！關於這部分，我們有其他專案聚焦這個議題，目前先略過此部分。

SOP 第四步驟，也就是最後一步，需要配置視窗參數，也就是讓用戶自己決定：此時是否就要產生視窗的佈局檔案（Layout file）？由於多半需要，所以 SOP 預設會產生，檔案名稱叫做 activity_main.xml（參見圖 1-3(d)）。

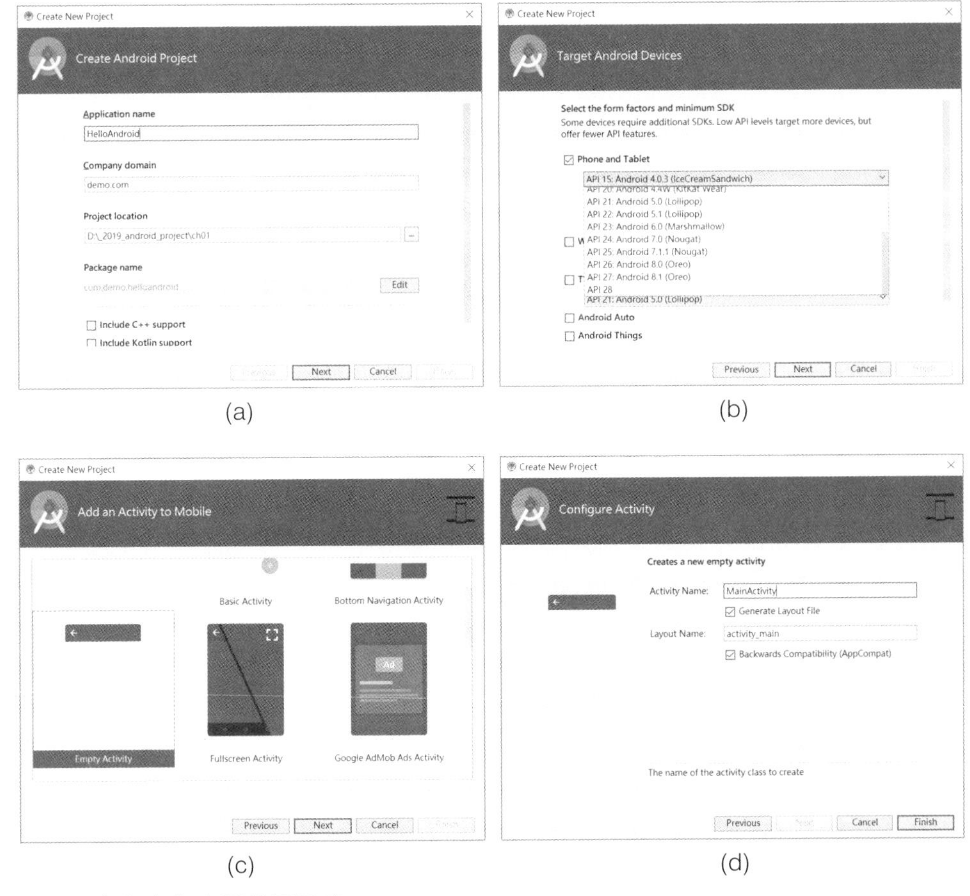

圖1-3 專案建立步驟截圖示意。

1.2.2 專案系統規格

HelloAndroid 專案的系統規格，在硬體方面就是一個帶有螢幕的手機或平板設備；在軟體方面則是一個具有視窗畫面的 App！由於 HelloAndroid 專案是一個簡單的初始專案，所以只具有輸出資訊、而沒有輸入資訊的功能。

換言之，並沒有運用到一般手機或平板設備所具備的觸控螢幕功能。因此，這支視窗畫面的 App 只會將佈局檔案擺放好，如此而已，預設的程式名稱為 MainActivity.java。

示意圖中顯示的 onCreate()就是常用於建立視窗（安卓視窗稱為 Activity）的標準 API 之一，在 onCreate()內所調用的 setContentView()，則負責將佈局檔案安排到視窗畫面中（參見圖 1-4(a)）。

如前述，創建安卓專案的 SOP 完成以後，如果用戶勾選「產生佈局檔案」選項，則檔名預設為 activity_main.xml，其第一層標籤預設為 ConstraintLayout，其第二層標籤預設為 TextView（參見圖 1-4(b)）。

顧名思義，ConstraintLayout 屬於版面配置的屬性，用來將各種視覺元件組成版面；TextView 屬於文字形之視覺元件屬性，用來呈現文字。

然而，ConstraintLayout 只是眾多版面配置元件之一，同理，TextView 也是眾多視覺元件之一。當然，版面配置元件也可以加上圖片或色彩使成為「看得見」的視覺元件，但在一般狀況下，版面配置元件並不負責呈現圖文等視覺資訊。

佈局檔案 activity_main.xml 內建兩種設計視角：一是圖形化 GUI 之設計介面，另一為純文字的文字介面。因此，示意圖底下就有 Design 和 Text 兩個對應的標籤，提供視角切換（參見圖 1-4(c)）。

版面配置元件和視覺元件會在後續其他專案中介紹。

最後再提的是安卓 App 的貨單（Manifest），顧名思義，它用來描述 App 內的主要「貨品」有哪些？貨單同樣是採用 xml 格式，內容則提到 App 內有那些視窗、服務、接收器、內容提供等基本應用程式元件，以及其他重要的宣告，例如最常見的使用權限（use permissions）等。

以上介紹的一個 Java 程式，加上兩個 xml 程式，就構成了最基本的安卓 App 組成要素。

但是自從 2015 年 IDE 大改版，從 Eclipse 轉變成現今以 IntelliJ IDEA 為基礎環境，則又增加了 build.gradle 的用法，主要和程式庫（Library）的引用有關。

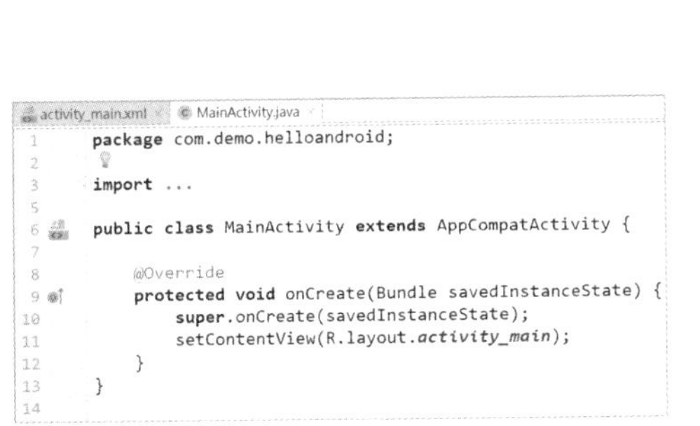

(a)

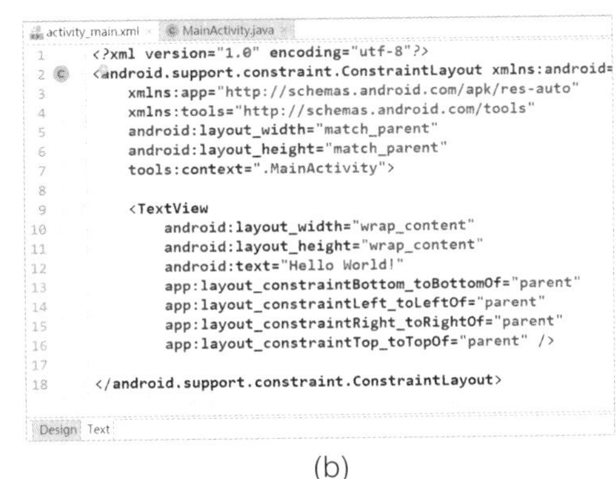

(b)

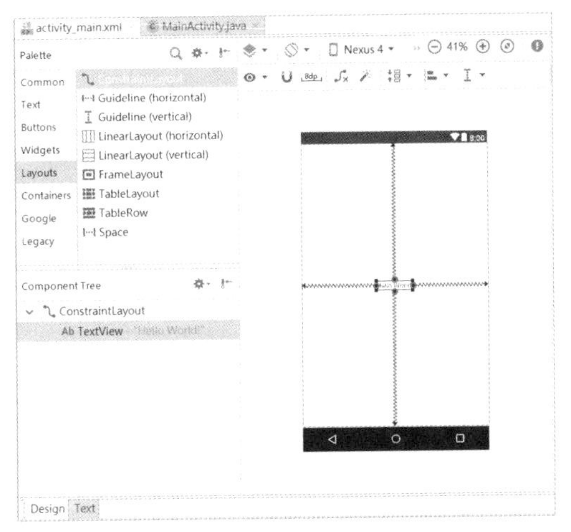

(c)

```
AndroidManifest.xml
1  <?xml version="1.0" encoding="utf-8"?>
2  <manifest xmlns:android="http://schemas.android.com/apk/res/android"
3      package="com.demo.helloandroid">
4
5      <application
6          android:allowBackup="true"
7          android:icon="@mipmap/ic_launcher"
8          android:label="HelloAndroid"
9          android:roundIcon="@mipmap/ic_launcher_round"
10         android:supportsRtl="true"
11         android:theme="@style/AppTheme">
12         <activity android:name=".MainActivity">
13             <intent-filter>
14                 <action android:name="android.intent.action.MAIN" />
15
16                 <category android:name="android.intent.category.LAUNCHER" />
17             </intent-filter>
18         </activity>
19     </application>
```

(d)

圖1-4 新建 App 專案與其規格：(a)MainActivity 為軟體視窗；(b)activity_main 佈局檔案為視窗內的版面；(c) activity_main 另有圖形視角；(d) App 的貨單。

1.2.3 專案執行結果

安卓專案提供模擬器（Emulator）和實機（Device）測試兩種方法，本專案先介紹如何利用模擬器作測試。

安卓模擬器可以透過 IDE 功能表中的 Tools => AVD Manager 取得進入點。如圖 1-5(a)所示，AVD 就是 Android Virtual Device 的縮寫。

安卓模擬器的使用目前共需要 2 或 5 個步驟。第一次使用時需要比較多的 5 步驟，是因為模擬器的建立需要：①提供畫面尺寸、②選取映像檔、以及③設定雜項等三步驟。如圖 1-5(b)所示，一旦按下[+Create Virtual Device...]按鈕建立好模擬器，則上述三步驟是可以省略的。

1. 提供畫面尺寸之步驟：可以直接選取預設的畫面尺寸，例如各種版本的 Nexus（參見圖 1-5(c)）。

2. 選取映像檔之步驟：可以直接選取 x86 映像檔（參見圖 1-5(d)）。

3. 設定雜項之步驟：可以為 AVD 取個名字，或是設定直式或橫式的畫面顯示方式等等（參見圖 1-5(e)）。

如果已經建好模擬器，則只需要 2 步驟：將上述第 2 步驟改成點擊啟動鈕、啟動模擬器即可。從啟動到完畢需要一些等待時間（參見圖 1-5(f)）。

啟動完畢就會出現安卓的「桌面」，其實這個桌面有個專有名詞叫做 Launcher，是一支啟動程式（參見圖 1-5(g)）。

當模擬器或是安卓實機待命時，就可以透過 IDE 的功能表 Run => Run 'app' 來執行 HelloAndroid 專案。

HelloAndroid 專案作為安卓程式設計入門的起手式，功能不在多，重點在於環境的了解以及 IDE 可行性之確認。

因此，執行的結果就是一句簡單的問候語「哈囉，世界！（Hello World!）」，象徵入門者第一支安卓程式橫空出世，充滿歡樂驚喜（參見圖 1-5(h)）！

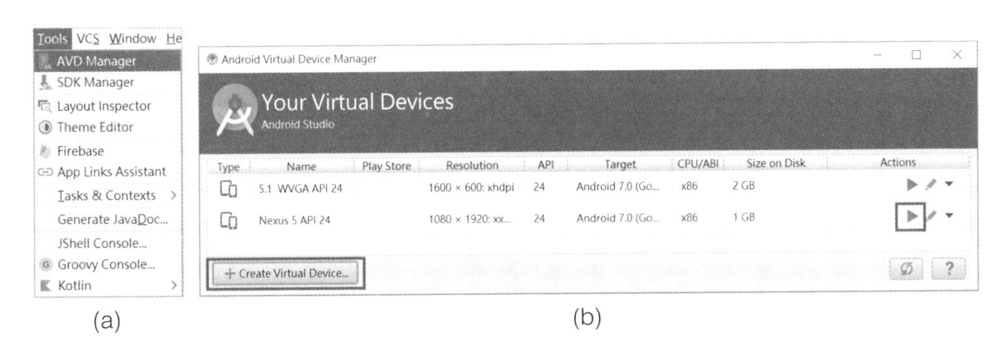

(a) (b)

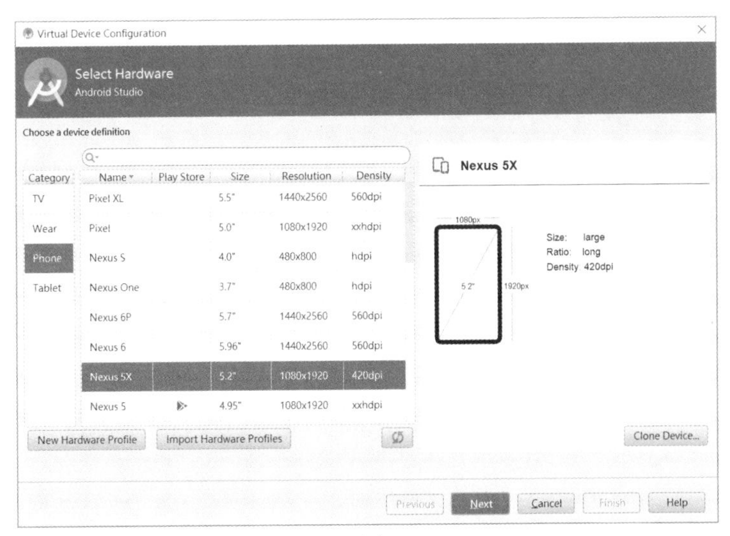

(c)

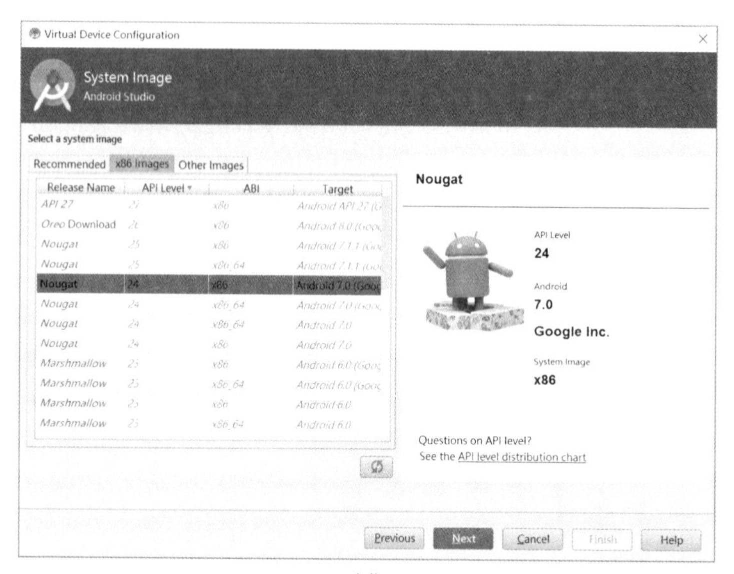
Virtual Device Configuration
System Image
Android Studio
Select a system image
Recommended
x86 Images
Other Images
Release Name
API Level
ABI
Target
Nougat
API Level
24
Android
7.0
Google Inc.
System Image
x86
Questions on API level?
See the API level distribution chart
Previous
Next
Cancel
Finish
Help

(d)

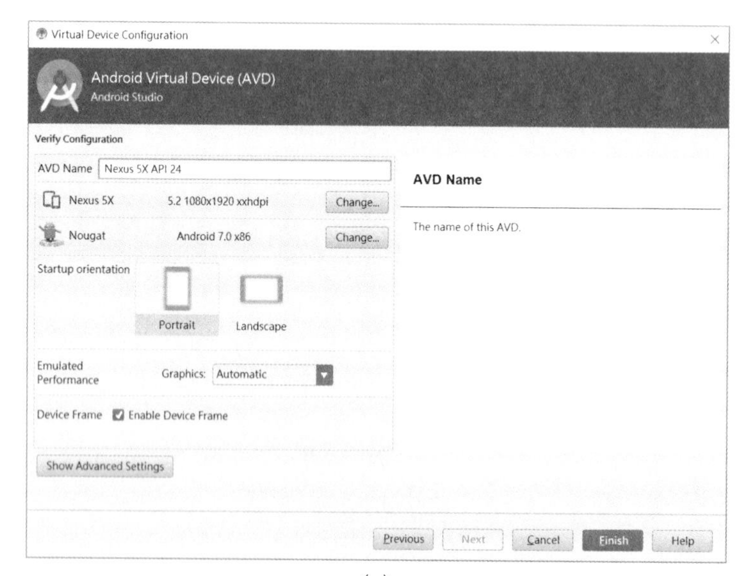
Virtual Device Configuration
Android Virtual Device (AVD)
Android Studio
Verify Configuration
AVD Name
Nexus 5X API 24
Nexus 5X
5.2 1080x1920 xxhdpi
Change...
Nougat
Android 7.0 x86
Change...
Startup orientation
Portrait
Landscape
Emulated Performance
Graphics:
Automatic
Device Frame
Enable Device Frame
Show Advanced Settings
AVD Name
The name of this AVD.
Previous
Next
Cancel
Finish
Help

(e)

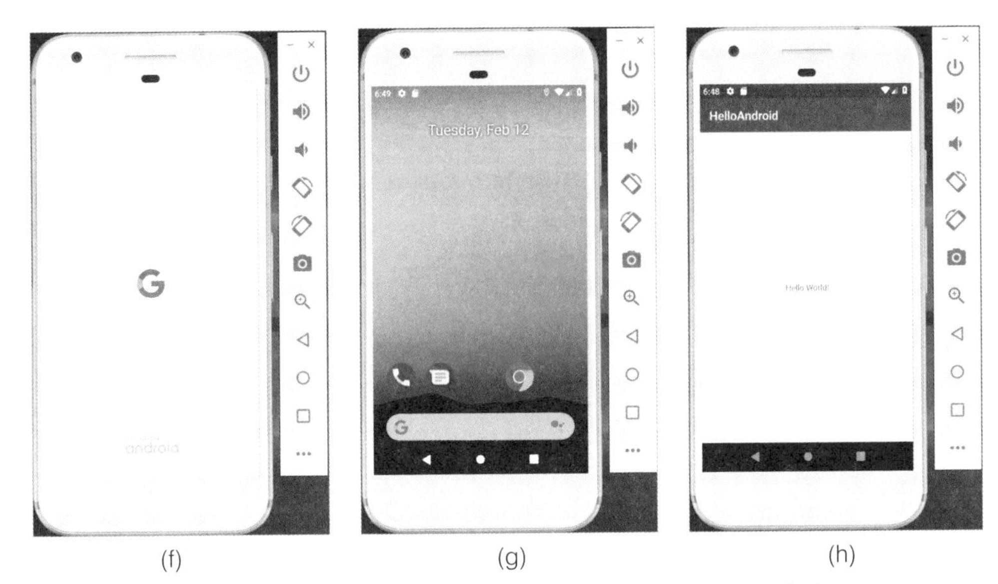

圖1-5 HelloAndroid 專案執行之相關截圖示意：(a)透過 IDE 功能表中的 Tools => AVD Manager 啟動安卓模擬器管理介面；(b)按下+Create Virtual Device...按鈕建立好模擬器；(c)提供模擬器畫面尺寸之步驟；(d)選取模擬器映像檔之步驟；(e)設定模擬器雜項之步驟；(f)啟動模擬器尚未完畢；(g)啟動模擬器完畢之「桌面」；(h)HelloAndroid 專案執行結果。

1.3 故障排除

App 的開發並非總是一帆風順，事實上，就算是有經驗的開發者，也經常遇見問題與困難，故障排除的工作並非初學者的專利。

然而，同樣面對問題，解題經驗的成熟與否，往往卻能左右軟體開發的質量與效率。

解題經驗的累積，除了針對軟體語言和硬體規格本質上的了解與掌握以外，就以工具的善用至關重要！底下分別從幾個基本的工具種類作簡介，期盼初學者能從中舉一反三，成為工具達人，進而加速排除故障。

1.3.1 利用日誌排除故障

在 Android 中並無控制台(Console)得以讓應用程式藉由 System.out.println() 命令敘述來傳送訊息，也不能以 System.in 來接收從控制台傳來的訊息。但是對於使用 IDE 的開發人員而言，System.out.println()所送出的訊息可藉由 IDE 的 Logcat 頁面顯示出來。

甚至，Android 還另外提供 Log 類別語法，讓開發者可以將訊息作分類，目前分成五種 API 呈現五類訊息：[9]

- e()：Error（錯誤類）
- w()：Warning（警告類）
- i()：Information（資訊類）
- d()：Debug（除錯類）
- v()：Verbose（詳細類）

而常見的用法會先宣告一個 TAG，並將此 TAG 字串置於 API 的第一個參數位置：

```
private static final String TAG = OOO.class.getSimpleName();
Log.e(TAG, "My Error message put here…");
Log.w(TAG, "My Warning message put here…");
Log.i(TAG, "My Information message put here…");
Log.d(TAG, "My Debug message put here…");
Log.v(TAG, "My Verbose message put here…");
```

HelloWorld_2 專案對於 Log 日誌所進行的相關測試，如圖 1-6 所示。

---

9 https://developer.android.com/reference/android/util/Log.html

```
activity_main.xml    MainActivity.java
1   package com.demo.helloandroid_2;
2
3   import android.support.v7.app.AppCompatActivity;
4   import android.os.Bundle;
5   import android.util.Log;
6
7   public class MainActivity extends AppCompatActivity {
8
9       private static final String TAG = MainActivity.class.getSimpleName();
10
11      @Override
12      protected void onCreate(Bundle savedInstanceState) {
13          super.onCreate(savedInstanceState);
14          setContentView(R.layout.activity_main);
15
16          Log.e(TAG, msg: "My Error message put here…");
17          Log.w(TAG, msg: "My Warning message put here…");
18          Log.i(TAG, msg: "My Information message put here…");
19          Log.d(TAG, msg: "My Debug message put here…");
20          Log.v(TAG, msg: "My Verbose message put here…");
21
22      }
23  }
```

(a)

```
Logcat
Samsung GT-N7100 Android | com.demo.helloandroid_2 (171 | Verbo... | MainActivity | Regex
04-10 13:35:57.710 17181-17181/com.demo.he  Verbose  id_2 E/MainActivity: My Error message put here…
04-10 13:35:57.710 17181-17181/com.demo.he  Debug    id_2 W/MainActivity: My Warning message put here…
04-10 13:35:57.710 17181-17181/com.demo.he  Info     id_2 I/MainActivity: My Information message put here…
04-10 13:35:57.710 17181-17181/com.demo.he  Warn     id_2 D/MainActivity: My Debug message put here…
04-10 13:35:57.710 17181-17181/com.demo.he  Error    id_2 V/MainActivity: My Verbose message put here…
                                            Assert
Terminal  Build  6: Logcat  Android Profiler  4: Run  TODO
```

(b)

(c)

圖1-6 HelloAndroid_2 專案執行之相關截圖示意：(a)同時測試五類 Log 指令訊息；(b)輸入 TAG 名稱作篩選；(c)下拉 Info 選項，篩選 Info、Warn 和 Error。

這個現象與 Java 的 javaw.exe 類似，因為 javaw.exe 雖與 java.exe 的命令是相同的，但用 javaw.exe 則無對應的控制台窗口。[10]

在官方文件中說，除非在開發過程中，否則 Verbose 日誌不應在應用程序中加以編譯；而 Debug 日誌則應在執行時剝離。至於「錯誤，警告和資訊類」的日誌則應該於程式中始終保持。後續專案會有實務案例。

---

[10] https://docs.oracle.com/javase/8/docs/technotes/tools/windows/java.html

1.3.2 利用除錯器排除故障

延續上一小節官方文件針對 Log 用法的建議，作者新增一個 DEBUG 布林變數用來進行控管日誌種類的運用，如圖 1-17(a)所示。假設開發階段視為 DEBUG 狀態，所以將 DEBUG 變數設定成 true 值。

此時，如何驗證圖 1-17 的 HelloAndroid_3 專案會在執行期間（Runtime），確實按照開發者的邏輯設計來運行呢？有沒有任何工具能以步進（Step-by-step）的最小行進方式追蹤（Tracing）程式行為呢？

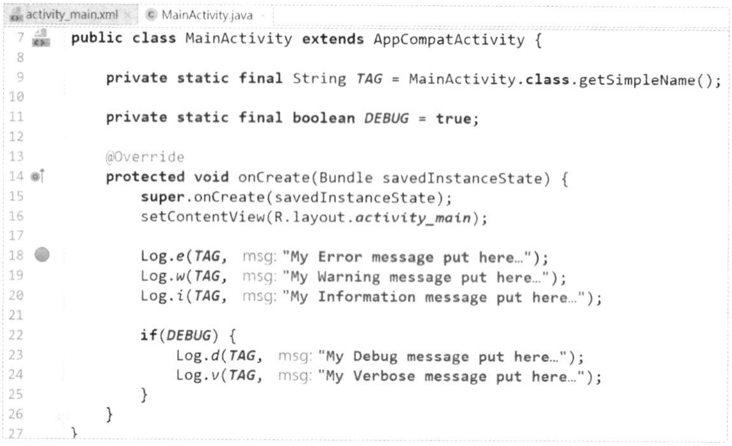

activity_main.xml　MainActivity.java

```
7   public class MainActivity extends AppCompatActivity {
8
9       private static final String TAG = MainActivity.class.getSimpleName();
10
11      private static final boolean DEBUG = true;
12
13      @Override
14      protected void onCreate(Bundle savedInstanceState) {
15          super.onCreate(savedInstanceState);
16          setContentView(R.layout.activity_main);
17
18          Log.e(TAG, msg: "My Error message put here...");
19          Log.w(TAG, msg: "My Warning message put here...");
20          Log.i(TAG, msg: "My Information message put here...");
21
22          if(DEBUG) {
23              Log.d(TAG, msg: "My Debug message put here...");
24              Log.v(TAG, msg: "My Verbose message put here...");
25          }
26      }
27  }
```

(a)

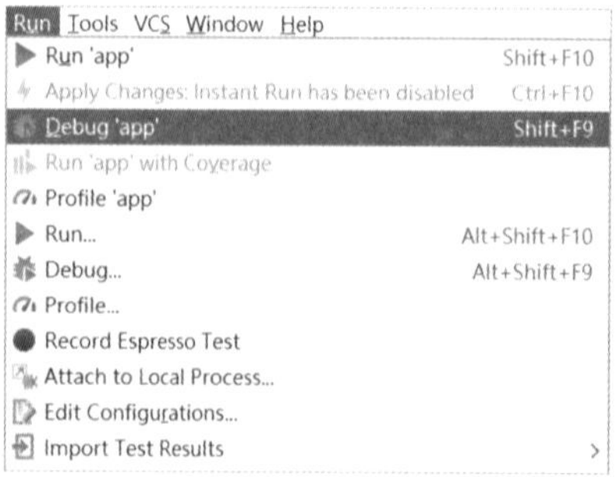

Run Tools VCS Window Help
Run 'app' Shift+F10
Apply Changes: Instant Run has been disabled Ctrl+F10
Debug 'app' Shift+F9
Run 'app' with Coverage
Profile 'app'
Run... Alt+Shift+F10
Debug... Alt+Shift+F9
Profile...
Record Espresso Test
Attach to Local Process...
Edit Configurations...
Import Test Results

(b)

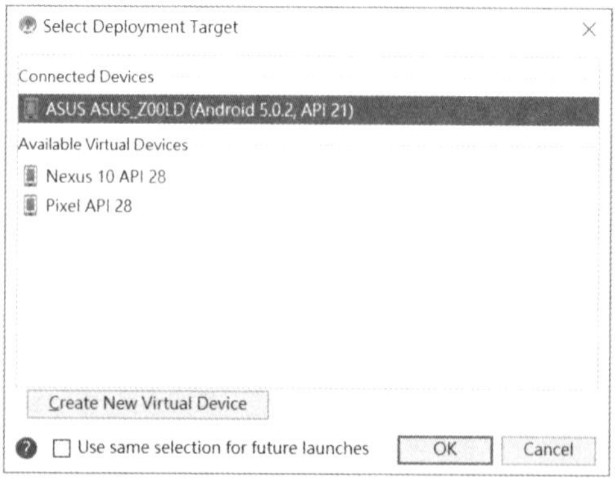

Select Deployment Target
Connected Devices
ASUS ASUS_Z00LD (Android 5.0.2, API 21)
Available Virtual Devices
Nexus 10 API 28
Pixel API 28
Create New Virtual Device
Use same selection for future launches　OK　Cancel

(c)

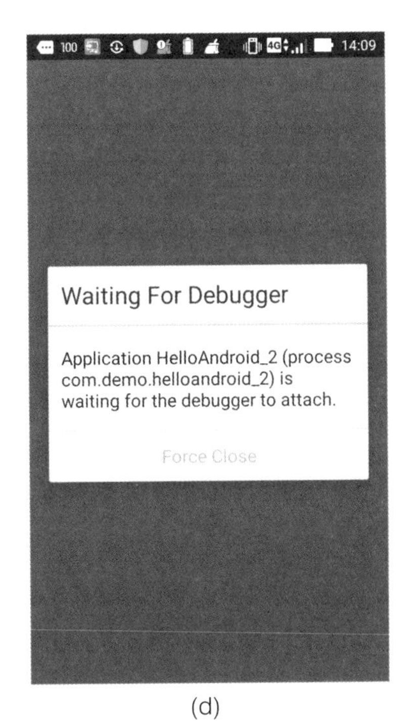

(d)

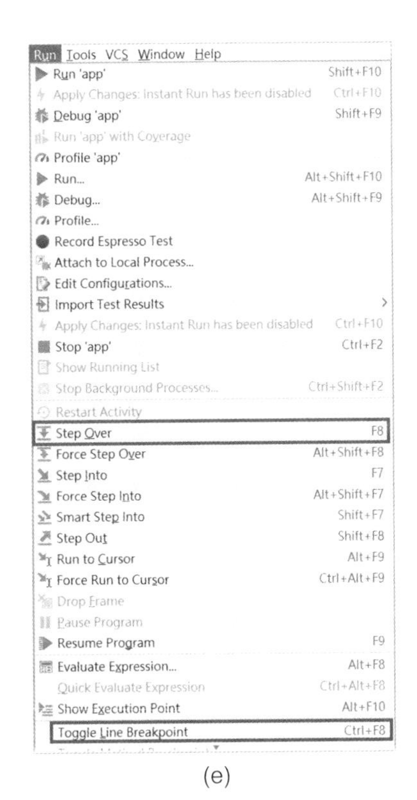

(e)

圖1-7 以 HelloAndroid_3 專案為例：(a)宣告並使用 DEBUG 布林變數；(b)透過功能表 Run => Debug 'app'來執行專案；(c)選取目標設備；(d)手機端短暫出現的等待除錯器（Debugger）提示訊息；(e)後續可透過 Run => Step Over（或是 F8），以及 Run => Toggle Line Breakpoint（或是 Ctrl+F8）來執行步進除錯。

安插 Log 語法到程式中的某位置去「查看」相關變數狀態和程式行為，可稱為原始碼（Source Code）層次的除錯技巧，而安插中斷點（Breakpoint）並搭配除錯器之除錯技巧，則屬於運行（Runtime）層次的除錯技巧。

一般情況下，前者的除錯工具對於比較明顯的錯誤、或是比較有經驗的開發者而言，就已經足夠；但是對於比較不明顯的錯誤，或是初學的開發者尚未掌握到程式的執行邏輯時，後者的除錯工具則往往較能派上用場。

讀者可以參考圖 1-7 和 1-8，並搭配 HelloAndroid_3 專案，嘗試：①開關中斷點、②進入除錯模式、③以熱鍵 F 8 或 F7 按壓、④搭配 IDE 之 Logcat 觀察 Log 訊息之四組關鍵步驟，作步進除錯之練習。

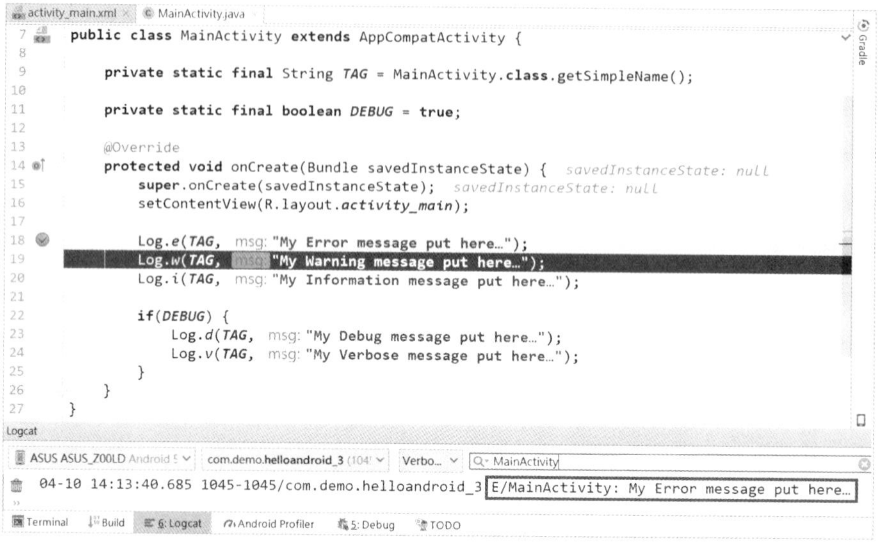

```
activity_main.xml × | MainActivity.java
7   public class MainActivity extends AppCompatActivity {
8
9       private static final String TAG = MainActivity.class.getSimpleName();
10
11      private static final boolean DEBUG = true;
12
13      @Override
14      protected void onCreate(Bundle savedInstanceState) {  savedInstanceState: null
15          super.onCreate(savedInstanceState);  savedInstanceState: null
16          setContentView(R.layout.activity_main);
17
18          Log.e(TAG, msg: "My Error message put here…");
19          Log.w(TAG, msg: "My Warning message put here…");
20          Log.i(TAG, msg: "My Information message put here…");
21
22          if(DEBUG) {
23              Log.d(TAG, msg: "My Debug message put here…");
24              Log.v(TAG, msg: "My Verbose message put here…");
25          }
26      }
27  }
Logcat
ASUS ASUS_Z00LD Android 5 | com.demo.helloandroid_3 (104 | Verbo… | MainActivity
04-10 14:13:40.685 1045-1045/com.demo.helloandroid_3 E/MainActivity: My Error message put here…
Terminal | Build | 6: Logcat | Android Profiler | 5: Debug | TODO
```

(a)

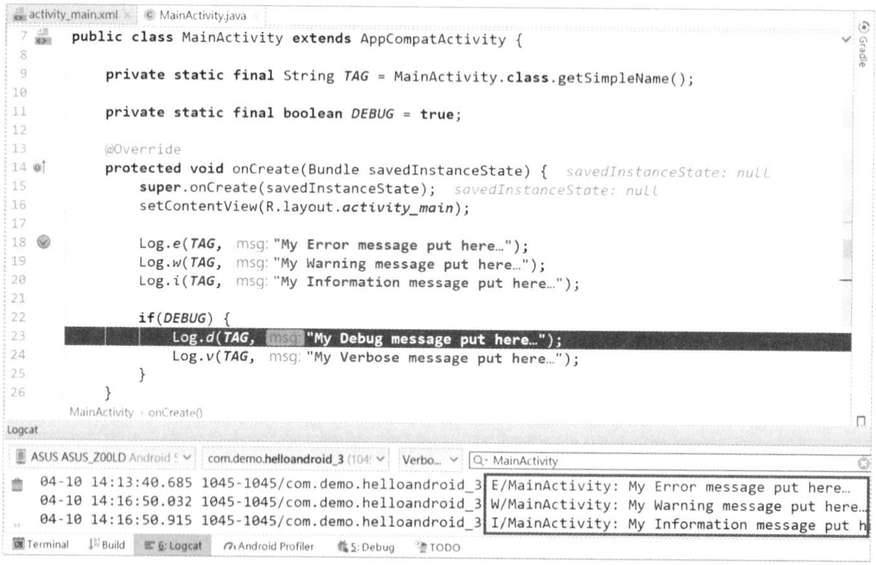

```
activity_main.xml × | MainActivity.java
7   public class MainActivity extends AppCompatActivity {
8
9       private static final String TAG = MainActivity.class.getSimpleName();
10
11      private static final boolean DEBUG = true;
12
13      @Override
14      protected void onCreate(Bundle savedInstanceState) {  savedInstanceState: null
15          super.onCreate(savedInstanceState);  savedInstanceState: null
16          setContentView(R.layout.activity_main);
17
18          Log.e(TAG, msg: "My Error message put here…");
19          Log.w(TAG, msg: "My Warning message put here…");
20          Log.i(TAG, msg: "My Information message put here…");
21
22          if(DEBUG) {
23              Log.d(TAG, msg: "My Debug message put here…");
24              Log.v(TAG, msg: "My Verbose message put here…");
25          }
26      }
MainActivity › onCreate()
Logcat
ASUS ASUS_Z00LD Android 5 | com.demo.helloandroid_3 (104 | Verbo… | MainActivity
04-10 14:13:40.685 1045-1045/com.demo.helloandroid_3 E/MainActivity: My Error message put here…
04-10 14:16:50.032 1045-1045/com.demo.helloandroid_3 W/MainActivity: My Warning message put here…
04-10 14:16:50.915 1045-1045/com.demo.helloandroid_3 I/MainActivity: My Information message put h
Terminal | Build | 6: Logcat | Android Profiler | 5: Debug | TODO
```

(b)

圖1-8 以 HelloAndroid_3 專案為例，透過 Run => Step Over（或是熱鍵 F8）來執行除錯：(a)第一次步進的結果；(b)第三次步進的結果。

1.3.3 利用 adb 工具排除故障

adb 於官方文件的第一句話「Android Debug Bridge is a versatile command-line tool that lets you communicate with a device.」中文譯為：「安卓除錯橋接器一個多功能的命令行工具，可讓您與設備進行通信。」，換言之，透過 PC 的「命令行工具」，就能下達相關除錯指令。[11]

先示範以下常用到的功能，對於除錯往往有不錯功效：

1. adb devices：顯示所有連接的裝置。
2. adb install/uninstall：安裝/解安裝 App。
3. adb shell：執行 adb shell 命令。
4. adb push/pull：從 PC 拷貝檔案至手機/從手機拷貝檔案至 PC。
5. adb logcat：顯示設備日誌。

首先要開啟「命令提示字元」視窗，然後可以逐一測試功能。

① adb devices

如前述，我們可以開啟模擬器，並將 HelloAndroid 專案執行上去。但是測試 App 的方式不只如此，也能實際連接硬體手機，將 App 執行上去！

以 Sony G3125（Android 8.0.0, API 26）為例，先以 USB 線連接手機和 PC，再點選手機上的「設定=>系統=>開發人員選項=>USB 偵錯」時，就會出現圖 1-9(a)到(c)的畫面流程。

這時，如果還是無法偵測到這支手機，讀者可以考慮安裝圖 1-9(d)的 Chrome 應用程式 Vysor，因為它能夠協助偵測、下載、並安裝大部分手機的 USB 驅動程式，讓 PC 和 AndroidStudio 順利連上它，如圖 1-9(e)所示。

最後，就要實際測試 adb devices 命令，如果此時 PC 上同時開啟模擬器並以 USB 連線手機，則命令執行的結果如圖 1-10(b)所示，會出現兩台設備！

---

[11] https://developer.android.com/studio/command-line/adb

圖1-9 以硬體手機和 PC 作 USB 之連線：(a)點選手機上的「設定＝>系統＝>開發人員選項＝>USB 偵錯」；(b)一旦連線成功就會出現提示畫面；(c)按下確定鈕之後，完成設定；(d) Chrome 的應用程式 Vysor 可以協助偵測、下載、並安裝大部分手機的 USB 驅動程式；(e)Vysor 偵測到 Android 設備之提示訊息。

(a) (b)

圖1-10 以 HelloAndroid_3 專案為例，透過 AndroidStudio 嘗試：(a)安裝並執行到不同的安卓設備上去；(b)下達 adb devices 命令之結果。

②adb install/uninstall

如果我們想要解除某個 App 的安裝，除了從手機進行，也可以從 PC 端透過以下方式進行：

```
adb uninstall <package_name>
```

所以先要找出 package_name，也就是套件名稱。然而，尋找的方式可能和讀者想像的不同！如圖 1-11(a)所示，必須要從 app 的 gradle 檔案中，找到 applicationId 的定義值，當然，一般而言，這個值就是此 app 專案的主程式所在的 package 值，但其實它們也可以不一樣！

接著，如圖 1-11(b)所示，分別對於模擬器和手機進行解除安裝的動作。但是讀者馬上察覺，圖 1-11(b)的指令似乎多了一些額外的參數，這是因為如果執行 adb devices 之後得到兩組以上的安卓設備，為了區別對象，就需要加上一個參數：

- -e：針對模擬器，e 代表 emulator。
- -s：針對序列號碼，s 代表 serial。

因此，針對硬體手機，我們下達-s RQ3005MJQE 的參數；同理，此模擬器也可以透過-s emulator-5554 的參數，加以辨識而區別出來。

至於 adb install 的用法如下，需要先找到一個正確的 apk 檔案才能安裝：

```
adb install <apk_file_name>
```

以 HelloAndroid_3 專案為例，可以從圖 1-12(a)示範如何找到此 app 所對應的 apk 位置，例如：

```
~\HelloAndroid_3\app\build\outputs\apk\debug\app-debug.apk
```

接著將此完整路徑，作為 adb install 的參數加以執行，見圖 1-12(b)。

此時讀者會發現，在 install 後面，還需要加上-t 的參數才能成功，從 apk 的檔名就可以看出，這是因為 app-debug.apk 是一個 debug 用的 apk！所以補上此處-t 的 t 正是代表 test 的意思。

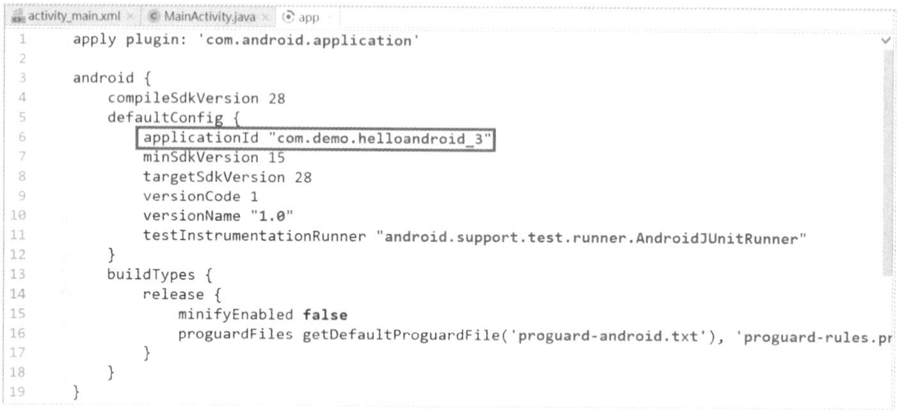

activity_main.xml × MainActivity.java × app

```
1   apply plugin: 'com.android.application'
2
3   android {
4       compileSdkVersion 28
5       defaultConfig {
6           applicationId "com.demo.helloandroid_3"
7           minSdkVersion 15
8           targetSdkVersion 28
9           versionCode 1
10          versionName "1.0"
11          testInstrumentationRunner "android.support.test.runner.AndroidJUnitRunner"
12      }
13      buildTypes {
14          release {
15              minifyEnabled false
16              proguardFiles getDefaultProguardFile('proguard-android.txt'), 'proguard-rules.pr
17          }
18      }
19  }
```

(a)

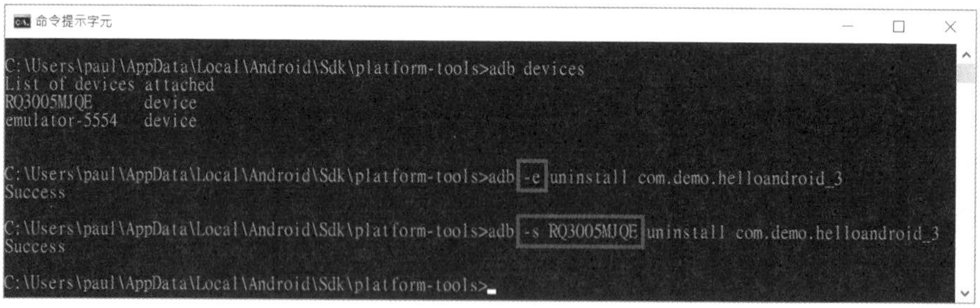

命令提示字元

```
C:\Users\paul\AppData\Local\Android\Sdk\platform-tools>adb devices
List of devices attached
RQ3005MJQE      device
emulator-5554   device

C:\Users\paul\AppData\Local\Android\Sdk\platform-tools>adb -e uninstall com.demo.helloandroid_3
Success

C:\Users\paul\AppData\Local\Android\Sdk\platform-tools>adb -s RQ3005MJQE uninstall com.demo.helloandroid_3
Success

C:\Users\paul\AppData\Local\Android\Sdk\platform-tools>
```

(b)

圖1-11 以 HelloAndroid_3 專案為例，練習 adb uninstall 命令：(a)從~\HelloAndroid_3\app\build.gradle 找到 app 的套件（package）名稱 com.demo.helloandroid_3；(b)將此 package 名稱作為 adb uninstall 的參數，加以執行之後，得到 Success 的正確「解安裝」結果。

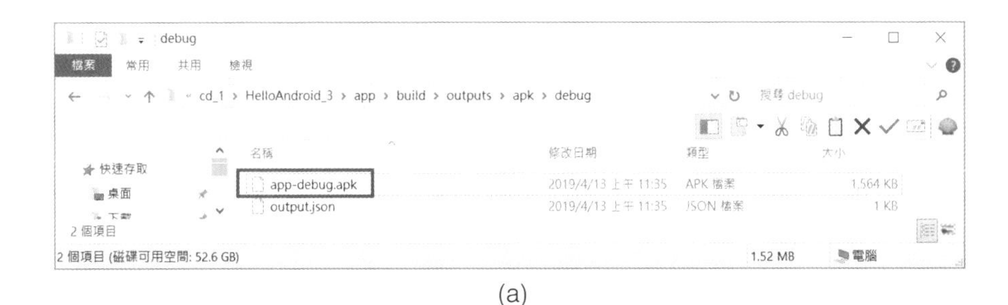

(a)

```
命令提示字元
C:\Users\paul\AppData\Local\Android\Sdk\platform-tools>adb install D:\_2019_book_v3\cd_1\HelloA
ndroid_3\app\build\outputs\apk\debug\app-debug.apk
D:\_2019_book_v3\cd_1\HelloAndroid_3\app\build...ile pushed. 2.0 MB/s (1600819 bytes in 0.755s)
        pkg: /data/local/tmp/app-debug.apk
Failure [INSTALL_FAILED_TEST_ONLY]

C:\Users\paul\AppData\Local\Android\Sdk\platform-tools>adb install -t D:\_2019_book_v3\cd_1\Hel
loAndroid_3\app\build\outputs\apk\debug\app-debug.apk
D:\_2019_book_v3\cd_1\HelloAndroid_3\app\build...ile pushed. 2.1 MB/s (1600819 bytes in 0.737s)
        pkg: /data/local/tmp/app-debug.apk
Success

C:\Users\paul\AppData\Local\Android\Sdk\platform-tools>_
```

(b)

圖1-12 以 HelloAndroid_3 專案為例，練習 adb install 命令：(a)從~\HelloAndroid_3\app\build\outputs\apk\debug 找到 apk 位置與名稱；(b)將此 apk 位置與名稱所形成的路徑，作為參數加以執行，得到 Success 的正確「安裝」結果。

③adb shell

在進行 adb shell 命令之前，作者先關閉模擬器，單純只連上手邊的 Sony G3125 手機，如此一來，可以不需要輸入 Serial 編號，直接輸入 adb shell 就能連線成功。

熟悉 Android 底層 Linux 的讀者，這時就能馬上下達相關的 Shell 命令進行作業系統的指令。當然，此時的權限（Authentication）並非最高的 root 等級，讀者可以從圖 1-13 所框出的'$'看出來！因為，如果是 root 等級，它所顯示的「提示符號（Prompt Symbol）」就會是井字號'#'而不是錢字號'$'。

接下來，我們就先練習幾個最常用的指令：ls 和 cd。如圖 1-13 所示，ls 指令下達後會出現許多名稱，有些似乎「權限不足（Permission Denied）」進行觀察，但另有一些則可以忠實地呈現出名稱來。

這時所出現的名稱當中，有兩個被作者框出，是因為它們在未來都是很有機會讓讀者碰到的資料夾，一個是 data、另一個是 sdcard。先看看 sdcard 有甚麼內容。

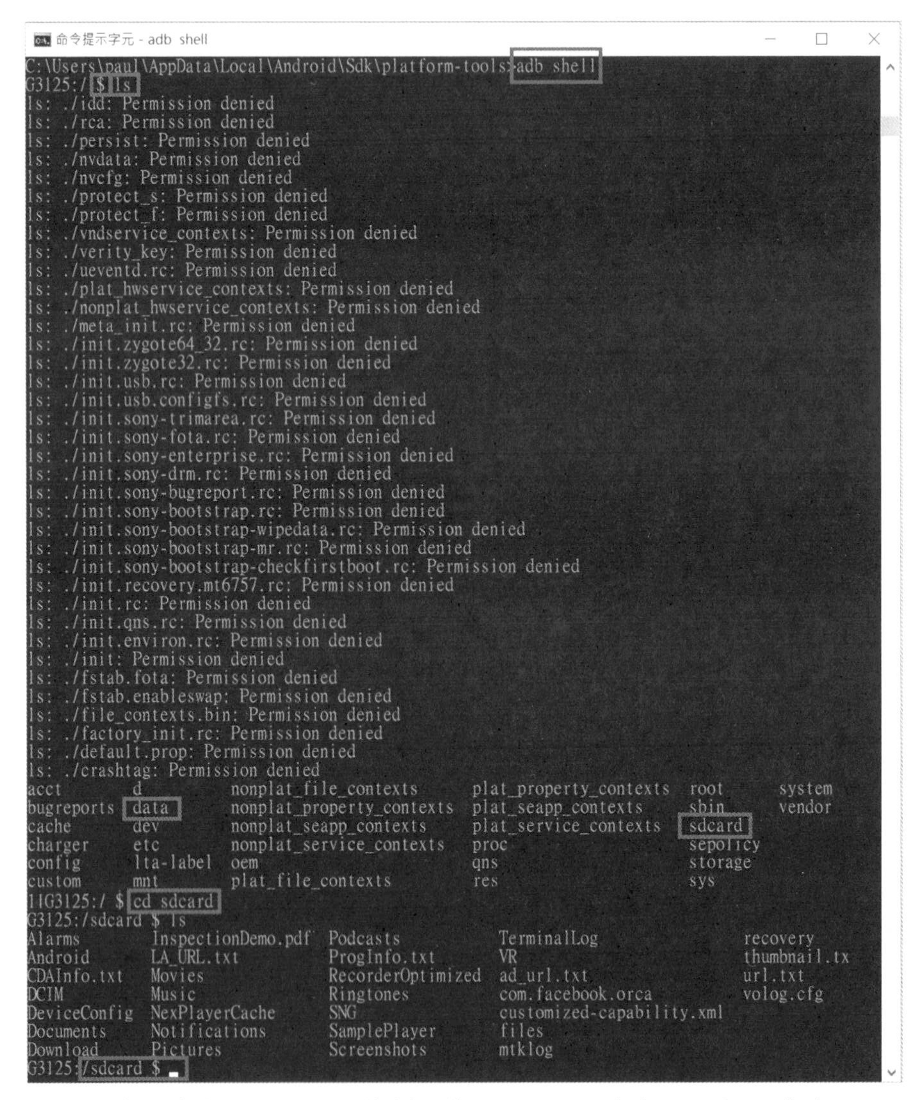

圖1-13 以作者手邊的 Sony G3125 為例，練習 adb shell 命令及 ls 和 cd 指令。

表1-2 八種常見的 adb shell 指令列表

編號	adb shell 常用指令	指令意義
1	ls	list（列出目錄下的內容名稱）
2	ls -l	list（列出目錄下的詳細內容，包含名稱、大小、時間等資訊）
3	cd	change directory（改變工作目錄）
4	mkdir	make directory（建立目錄）
5	rmdir	remove directory（移除目錄）
6	rm	remove file（移除檔案）
7	rm -r	remove directory and all the subdirectories（移除目錄及其中的所有內容）
8	pm list packages	list all app’ s package names（列出手機內所有 app 的套件名稱）

首先執行 cd /sdcard 改變工作目錄，然後同樣下達 ls 指令，此時就能呈現 sdcard 內的資訊，如圖 1-13 所示。

表格 1-2 為讀者整理 7 個常用指令，已經介紹兩個。再介紹一個能夠列出手機內所有 app 的套件名稱的指令：pm list packages。只是這個指令列出太多 app 套件的名稱了，因此我們可以使用一種 grep 作為過濾的手段，如以下所示，兩者中間需要加上一個'|'（稱為管線，Pipeline）符號：

```
pm list packages | grep com.demo.hello
```

如圖 1-14 所示範，當我們想要篩選出之前曾經安裝的三版本 HelloAndroid 時，利用 grep 後面加上套件的局部關鍵字串，就能得到所要尋找標的的結果。至於其他剩下來的指令，則要請讀者作後續練習囉！

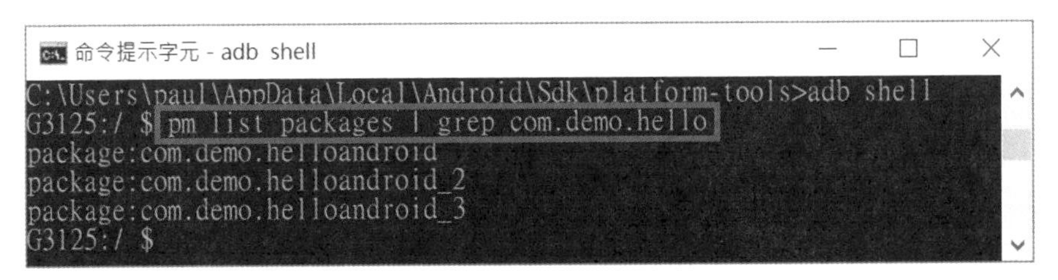

圖1-14 以之前曾經安裝的三版本 HelloAndroid 專案為例，練習 pm list packages 搭配 grep 命令。

④adb push/pull

甚麼是 adb push/pull？只要輸入 adb help 就能看到解釋：

- push：copy local files/directories to device（將本地文件/目錄複製到設備）。
- pull：copy files/dirs from device（從設備複製文件/目錄）。

從文字也蠻好記住的，因為 push 有「推入」的意思，相反地，pull 則有「拖出」的意義。以安裝檔 app-debug.apk 為例，若要將它推入 sdcard，用法為：

```
adb push ~\HelloAndroid_3\app\build\outputs\apk\debug\app-debug.apk /sdcard
```

要確定有無正確複製文件？只要執行以下 shell 指令即可確認：

```
adb shell ls -l /sdcard/app-debug.apk
```

讀者可以從圖 1-15(a)參考到上述 adb push 的操作，以及如何確認結果。

(a)

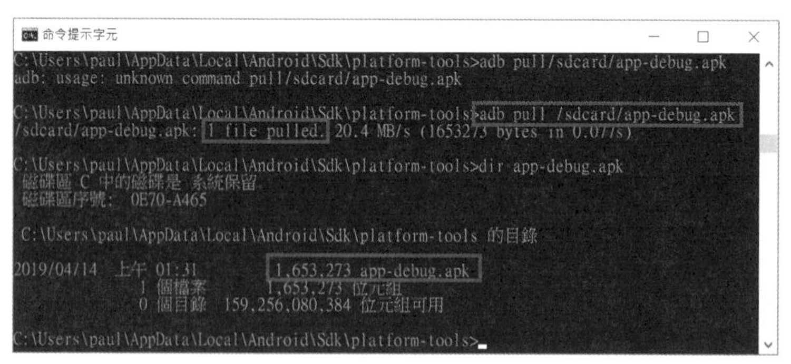

(b)

圖1-15 以 HelloAndroid_3 專案的 app-debug.apk 為例，練習 adb push/pull 命令：(a)將 app-debug.apk 推入 sdcard 去，並作確認；(b)將 app-debug.apk 從 sdcard 拖出，並作確認。

同理，要將 app-debug.apk 從 sdcard 拖出用法為：

```
adb pull /sdcard/app-debug.apk
```

要確定有無正確從 sdcard 複製文件？只要執行以下 DOS 指令即可確認：

```
dir app-debug.apk
```

讀者可以從圖 1-15(b)參考到上述 adb pull 的操作，以及如何確認結果。

最後關於如何「推」「拖」目錄（也就是所謂的資料夾），則留待讀者自習。

⑤adb logcat

第 1.3.1 節我們提到，可以利用日誌排除故障。但是對於大量的日誌訊息，則需要有特定的方法收集！單靠 IDE 的 Logcat 視窗（如圖 1-6 所示）往往沒有效率找出所要的特定資訊，這時候我們需要能夠將 Log 訊息存成文件檔！

首先我們先建立 HelloAndroid_4 專案，並且假設一種使用場景，就是每隔 0.2 秒連續發出 Log 日誌（如圖 1-16 所示）。根據經驗，當資料量來得快又多時，IDE 的 Logcat 視窗甚至還有可能漏收日誌資訊？！

adb logcat 的用法可以輸入以下指令做查詢：

```
adb logcat --help
```

其中，作者常用的一招推薦給讀者：

```
-v <format>     Sets the log print format （設置日誌打印格式）
```

其中的 format 有八種選擇，可以選擇 time 來使用：

```
adb logcat –v time > mylog.txt
```

使用前建議可以先清除（clear）舊有、殘存的 log：

```
adb logcat -c
```

最後，讀者可以參考圖 1-17 的操作步驟，收集日誌並確認結果。

```
activity_main.xml   MainActivity.java
13          private int counter = 0;
14
15          @Override
16          protected void onCreate(Bundle savedInstanceState) {
17              super.onCreate(savedInstanceState);
18              setContentView(R.layout.activity_main);
19
20              while(DEBUG) {
21                  counter++;
22                  Log.i(TAG, msg: "Current counter value is " + counter);
23                  try {
24                      Thread.sleep( millis: 200);
25                  } catch (InterruptedException e) {
26                      e.printStackTrace();
27                  }
28              }
29          }
30      }
        MainActivity
Logcat
ASUS ASUS_Z00LD Android   com.demo.helloandroid_4 (293   Verbo...   Q- MainActivity
04-14 16:02:22.597 29391-29391/com.demo.helloandroid_4 I/MainActivity: Current counter value is 397
04-14 16:02:22.797 29391-29391/com.demo.helloandroid_4 I/MainActivity: Current counter value is 398
04-14 16:02:22.998 29391-29391/com.demo.helloandroid_4 I/MainActivity: Current counter value is 399
04-14 16:02:23.199 29391-29391/com.demo.helloandroid_4 I/MainActivity: Current counter value is 400
Terminal   Build   6: Logcat   Android Profiler   4: Run   TODO
```

圖1-16 以 HelloAndroid_4 專案為例，模擬每 0.2 秒發出一則日誌。

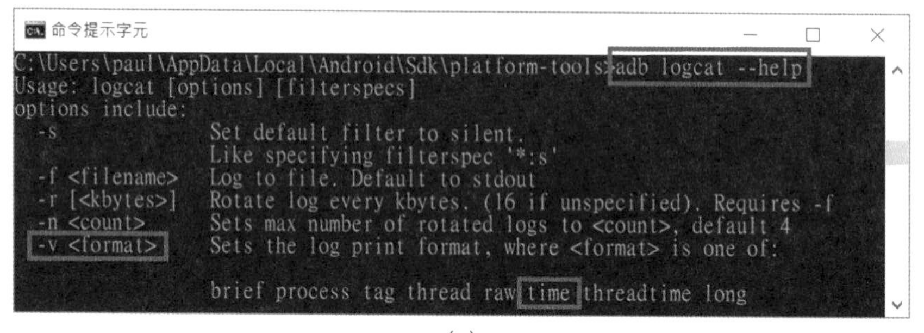

(a)

```
命令提示字元
C:\Users\paul\AppData\Local\Android\Sdk\platform-tools>adb logcat -c

C:\Users\paul\AppData\Local\Android\Sdk\platform-tools>adb logcat -v time > mylog.txt
^C
C:\Users\paul\AppData\Local\Android\Sdk\platform-tools>dir mylog.txt
 磁碟區 C 中的磁碟是 系統保留
 磁碟區序號: 0E70-A465

 C:\Users\paul\AppData\Local\Android\Sdk\platform-tools 的目錄

2019/04/14  下午 04:04          49,782 mylog.txt
               1 個檔案          49,782 位元組
               0 個目錄  159,260,291,072 位元組可用

C:\Users\paul\AppData\Local\Android\Sdk\platform-tools>
```

(b)

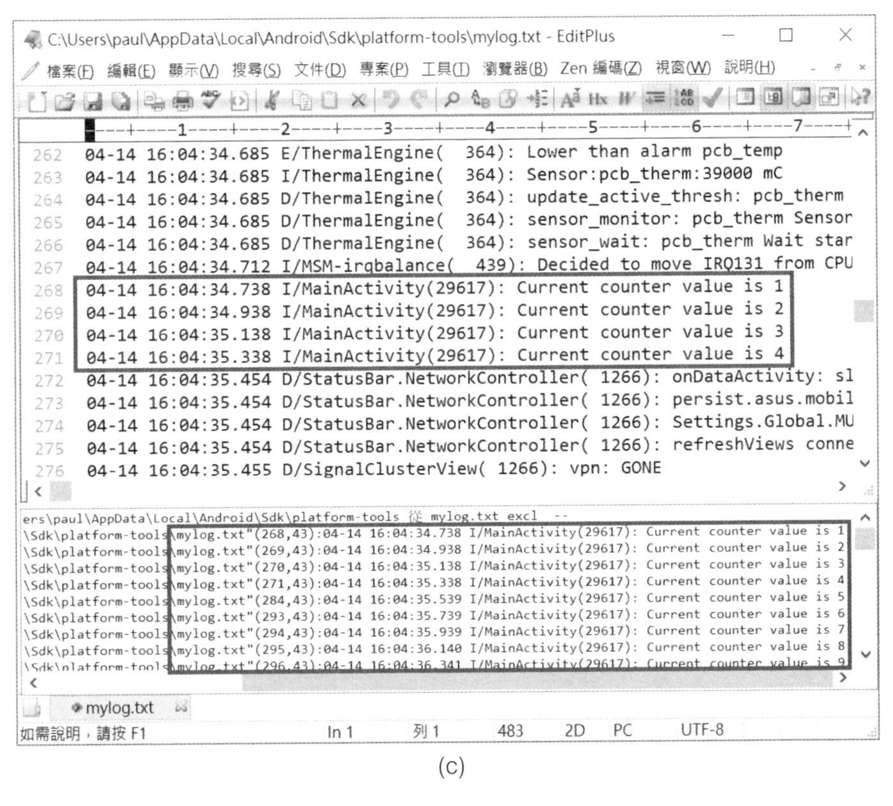

(c)

在檔案中尋找

尋找項目(I): Current counter value is

檔案類型(T): mylog.txt

排除類型:

資料夾(O): C:\Users\paul\AppData\Local\Android\Sdk\platform-tools

尋找(F)　取消　說明(H)

☐ 所有開啟的檔案(A)　☐ 目前檔案(U)　☐ 目前檔案目錄(R)　☐ 目前專案(P)

☐ 區分大小寫(C)　☐ 符合整個單字(W)　☐ 使用正則運算式(X)　☑ 包含子資料夾(S)

☐ 顯示重複的行(D)　☐ 儲存開啟的檔案　☐ 在新文件中顯示結果(N)　更多(E)

(d)

圖1-17 以 HelloAndroid_4 專案為例：(a)利用 adb logcat –help 查看如何下達參數；(b)利用 adb logcat 命令收集日誌內容；(c)將日誌文件開啟閱覽；(d)搜尋日誌文件中特定的訊息。

1.3.4 利用 PlayStore 工具排除故障

智慧型手機讓人嚮往的其中一個原因，就是有數不完的 App 存在雲端讓用戶下載使用，不乏優良的免費軟體。如同第 1.1 節前言所述，App 的類型兼顧娛樂與工具，工具軟體經常能夠協助我們取得所需要的額外資訊。

底下我們就舉一個例子解釋，如圖 1-18(a)(b)所示，「設定=>開發人員選項」裡頭，有一個「監控」群組，通常可以見到一個選項稱為「顯示 CPU 使用量」，一旦勾選，就能在螢幕右上方以「重疊」的方式顯示 CPU 相關資訊。

然而，並非所有安卓手機都開放此功能！例如作者手邊的 Sony G3125，如圖 1-18(c)所示，就關閉了此功能。此外，白底的背景似乎也讓資訊的顯示效果打了折扣！

此時，對於未提供此功能之手機，要如何獲得 CPU 使用量資訊呢？

圖1-18 「顯示 CPU 使用量」之相關截圖示意：(a)透過「設定=>開發人員選項」找著此功能選項；(b)勾選此選項之後，可以立即在螢幕右上方，看到「重疊的」CPU 相關資訊顯示出來；(c)Sony G3125 未提供「顯示 CPU 使用量」之選項。

沒錯！如圖 1-19(a)所示，作者在 PlayStore 上找到一個 563 位使用者當下評價 4.6 分的 Cpu Float、同樣能以「重疊」方式顯示的 App，藉由網址上用框線所標出的 com.waterdaaan.cpufloat 字串，就能知道它的 applicationId。[12]

(a)

(b)

12 https://play.google.com/store/apps/details?id=com.waterdaaan.cpufloat&hl=zh_TW

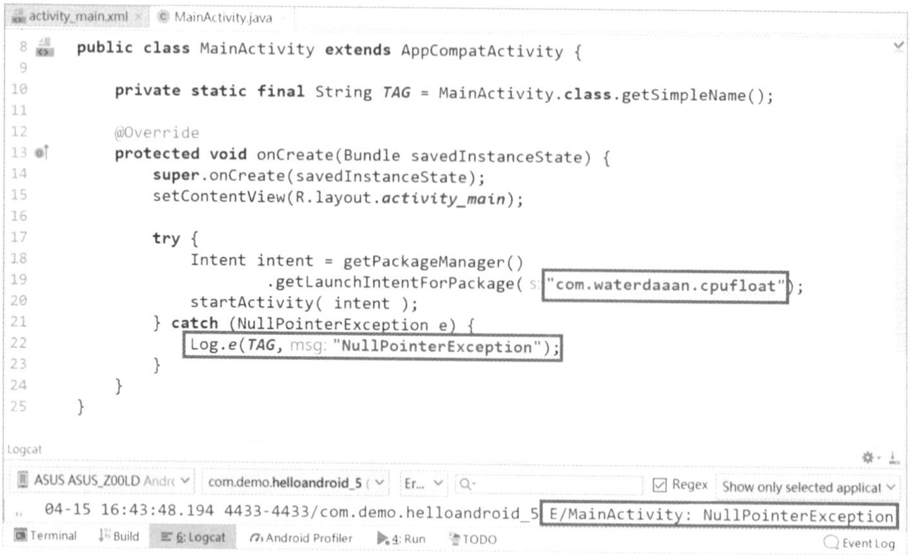

```
activity_main.xml × MainActivity.java

8   public class MainActivity extends AppCompatActivity {
9
10      private static final String TAG = MainActivity.class.getSimpleName();
11
12      @Override
13      protected void onCreate(Bundle savedInstanceState) {
14          super.onCreate(savedInstanceState);
15          setContentView(R.layout.activity_main);
16
17          try {
18              Intent intent = getPackageManager()
19                      .getLaunchIntentForPackage( s: "com.waterdaaan.cpufloat");
20              startActivity( intent );
21          } catch (NullPointerException e) {
22              Log.e(TAG, msg: "NullPointerException");
23          }
24      }
25  }

Logcat
ASUS ASUS_Z00LD Andr | com.demo.helloandroid_5 | Er... | Q- | Regex | Show only selected applicat
04-15 16:43:48.194 4433-4433/com.demo.helloandroid_5 E/MainActivity: NullPointerException
Terminal  Build  6: Logcat  Android Profiler  4: Run  TODO  Event Log
```

(c)

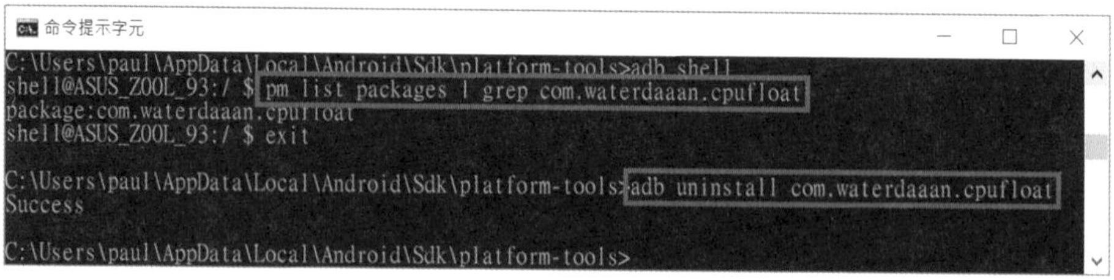

```
命令提示字元
C:\Users\paul\AppData\Local\Android\Sdk\platform-tools>adb shell
shell@ASUS_Z00L_93:/ $ pm list packages | grep com.waterdaaan.cpufloat
package:com.waterdaaan.cpufloat
shell@ASUS_Z00L_93:/ $ exit

C:\Users\paul\AppData\Local\Android\Sdk\platform-tools>adb uninstall com.waterdaaan.cpufloat
Success

C:\Users\paul\AppData\Local\Android\Sdk\platform-tools>
```

(d)

圖1-19 以 Cpu Float 應用程式為例：(a)示範 App 網頁資訊；(b)官網上面介紹 Intent 和 startActivity()的運作關聯；(c)利用安卓 API 例如 startActivity()搭配 Intent 物件，啟動 Cpu Float；(d)利用 adb 命令，顯示套件名稱，或解安裝程式。

取得 applicationId 的資訊，可以幫助我們很多：

- 利用內建的 API 啟動該 App：參考圖 1-19(c)，可利用 startActivity() 或 startActivityForResult()啟動其它 App。[13]
- 利用 adb shell 之 pm list packages 指令，可以檢查是否某個 App 已被安裝。（參考圖 1-19(d)）

---

13 https://developer.android.com/guide/components/intents-filters?hl=zh-tw

- 利用 adb uninstall 命令可以解安裝某個 App。（參考圖 1-19(d)）

圖 1-20 則分別介紹，Cpu Float 如何於下載之後啟動，或是透過 HelloAndroid_5 專案，以 Intent 物件搭配 startActivity()，啟動另一個 App。

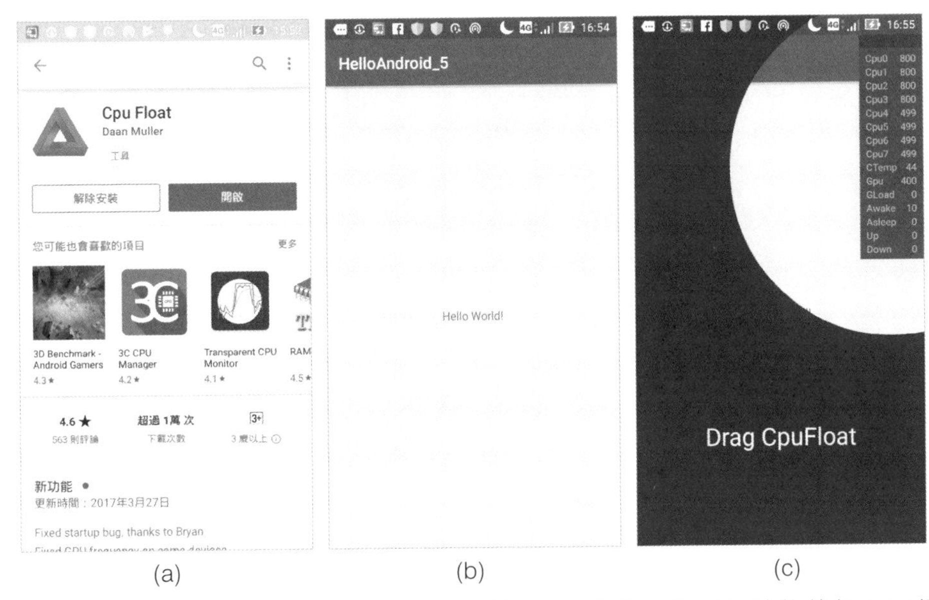

圖1-20 PlayStore 之 App 使用案例：(a)下載 App 完畢，待開啟就能執行；(b)透過 HelloAndroid_5 專案，也能開啟 App；(c)Cpu Float 應用程式被 HelloAndroid_5 打開以後的畫面。

1.4 思考與練習

讀完本章之後，可以嘗試思考與練習以下題目：

1. 嘗試操作一遍 HelloAndroid 專案，確認可以安裝並執行。
2. 嘗試驗證圖 1-21，觀察 adb uninstall 命令的 package 參數，是否真以 app\build.gradle 中的 applicationId 值為準？
3. 嘗試驗證圖 1-22，觀察 HelloAndroid_3 專案中的.apk 是否真的能以解壓縮軟體開啟？其內容是否真如圖 1-22 所示？
4. 嘗試將 adb shell 的①ls 指令用在/data/local/tmp 目錄，看看會出現甚麼？②mkdir 指令用在/data/local/tmp 目錄上，看看會出現甚麼結果？

5. 試將表格 1-2 內未曾使用過的 adb shell 指令加以練習，但請特別注意 rm 指令，留心使用，避免誤刪檔案。

6. 嘗試利用 adb 指令，將 sdcard 上預設的/Pictures 從設備上「拖出」，也就是複製該目錄到 PC 本地端，並加以確認結果。

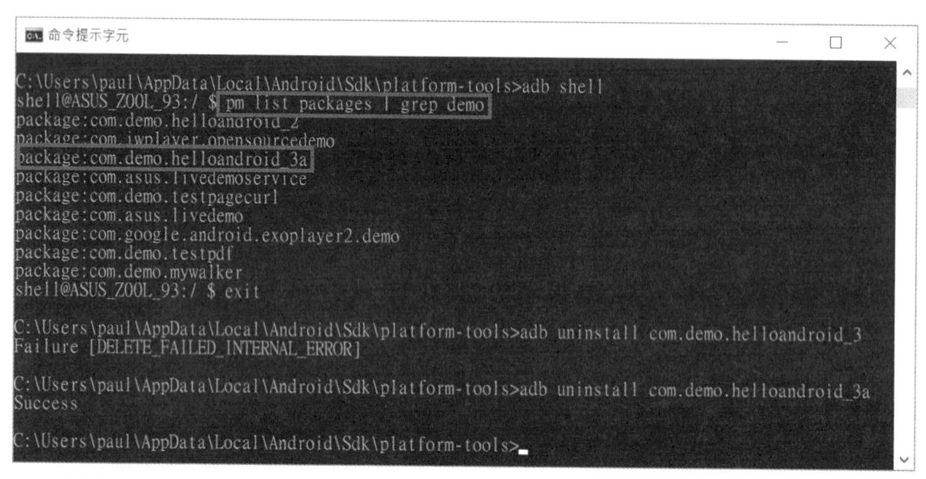

圖1-21 測試將~\HelloAndroid_3\app\build.gradle 中的 applicationId 值修改成 com.demo.helloandroid_3a，再執行「Build => Rebuild Project」並重新安裝程式，觀察是否必須以新的 package_name 才能完成解除安裝的命令。

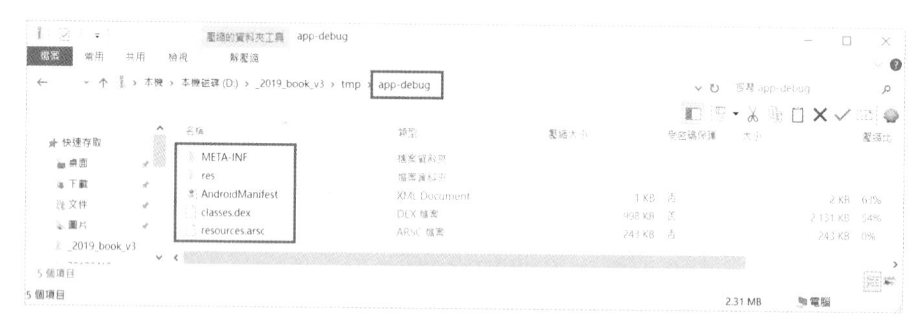

圖1-22 測試將~\HelloAndroid_3\app\build\outputs\apk\debug\app-debug.apk 的附檔名，.apk 修改成.zip，再利用檔案總管，雙擊進入此.zip，細部觀察其內容，例如 res 夾的內容、AndroidManifest.xml 的貨單內容等等。

CHAPTER

02

基本動作

2.1 前言

Android SDK 是一個以 Java 為母語（Native Language）輔以大量 Android 函式庫的一套開發工具，要將它學好，須盡可能熟悉 Java 的以下重點：

1. 基本語法：例如，各運算子、陣列用法、流程控制語法、迴圈語法等。
2. 物件導向觀念：例如，封裝性、繼承性、多形、抽象方法、抽象類別、介面、匿名類別等。
3. 其他各種雜項工具：例如，泛型與集合、檔案套件、字串套件、數學套件、Socket 套件、package 架構、執行緒用法等。

若能將 Android 程式設計中所常用到的基本動作（Basic Actions）加以歸納整理之後，先行熟悉，則往往可以收到事半功倍之效！

基本動作的歸納，好比師徒制的教學概念，師傅經常會把經驗精華，以口訣或助記文字的方式，讓學徒較快、或較容易地記住要訣，無非是希望縮短摸索時間，抑或是加快行動步伐。

相較於第二版的 8 種，在此作者新增 4 種，整理出以下 12 種基本且常見的樣式，加以舉例說明，期能達到「先修」的目的。這些動作，即使作者目前正在職場擔任安卓開發工作，也仍然受用。

先將 12 種基本動作之中英文名稱對照列舉如下，並將其他細節整理於表格 2-1：

1. MVC（Model-View-Controller）：模式-視圖-控制器。
2. Cascaded Method Calls：級聯式方法呼叫。
3. Anonymous listener class：匿名監聽器類別。
4. Bitmap Factory：圖片工廠。
5. Custom View：客製視圖。
6. OnTouch Listener：觸控監聽器。
7. Inflator：膨脹器。
8. Adapter：轉接器。
9. Query DB：讀取資料庫。
10. Handler：掌控器。
11. Intent Data：意圖帶資料。
12. Import Library：匯入函式庫。

當然，讀者還可能從他處找到，或自行發現其它好記、好用的設計樣式，隨時可以補充進來，讓這些程式設計的「工具集」更加充實好用。

如果讀者有發現一些出現頻率偏高、程式操作精華、符合或接近本章節所列舉的這些基本動作精神的基本樣式，歡迎來信與作者聯繫交流（aerael22@gmail.com），共同為下一版候選的安卓基本動作而努力。

表2-1　十二種基本且常見的基本樣式

編號	名稱	首次出現章節（本章除外）	應用範例
1	模式視圖控制器	第 3 章	MyLogin_2 專案
2	級聯式方法呼叫	第 3 章	MyLogin_2 專案
3	匿名監聽器類別	第 3 章	MyQuestionnaire_3 專案
4	圖片工廠	第 4 章	ImageView_2 專案
5	客製視圖	第 4 章	CanvasDraw_1 專案
6	觸控監聽器	第 4 章	CanvasDraw_2 專案
7	膨脹器	第 5 章	SetContentView_2 專案
8	轉接器	第 6 章	MyCompositeList_1 專案
9	讀取資料庫	第 7 章	ReadDB_1 專案
10	掌控器	第 5 章	ListOnRatio_2 專案
11	意圖帶資料	第 9 章	TestActivity_4 專案
12	匯入函式庫	第 4 章	用 DragZoom_1 專案作思考與練習

2.2 基本動作集

2.2.1　模式-視圖-控制器

MVC（Model-View-Controller，模型—視圖—控制器模式）是軟體工程中的一種軟體架構模式，對於使用者介面（User Interface，或稱人機介面）的模型架構特別實用。它把軟體系統分為三個基本部分：**模型**（Model），**視圖**（View）和**控制器**（Controller）：

- 模型定義出系統的狀態：就是底層之邏輯呈現到底為何？
- 視圖定義出使用者是如何看見此模型：就是視覺之呈現到底為何？
- 控制器定義出使用者是如何與此模型進行互動。

在另一姊妹書「觸控設計之觀念與創意應用 -- 嵌入式系統、人機介面與 Android 專題實作」的附錄 B 中確實收錄了 MVC 的原始報告，那是根據挪威奧斯陸大學 Trygve M. H. Reenskaug 教授在一份稱為 "The original MVC reports" 報告中的自述，或是到 Reenskaug 教授的網站查看他為 MVC 所作的簡單定義（http://heim.ifi.uio.no/~trygver/trygve/trygve.html）乃為「使用者介面架構之工業標準模式」。

以圖 2-1 為例，手指在「視圖」上的觸控操作會觸發「事件」，而這個事件會讓系統「偵測到」， 比喻其敏銳度不輸給一隻看門狗！此時，程式註冊並實作相對應的「程式進入點」讓系統得以將所攔截到的事件訊息交由此「進入點」進而「通知」程式，程式豈不就能對此事件作出適當的回應與處理？

圖 2-2 則是將前一小節的程式稍加修改成可以印證 MVC 觀念與架構之 BasicAction_1 專案範例。從圖(a)到(b)看到標題區出現了新的訊息文字，而這項訊息文字就是點擊螢幕空白處所造成的結果，就是 MVC 中的 M（Model），至於控制器的註冊與實作則可以參考圖(c)與(d)的作法。

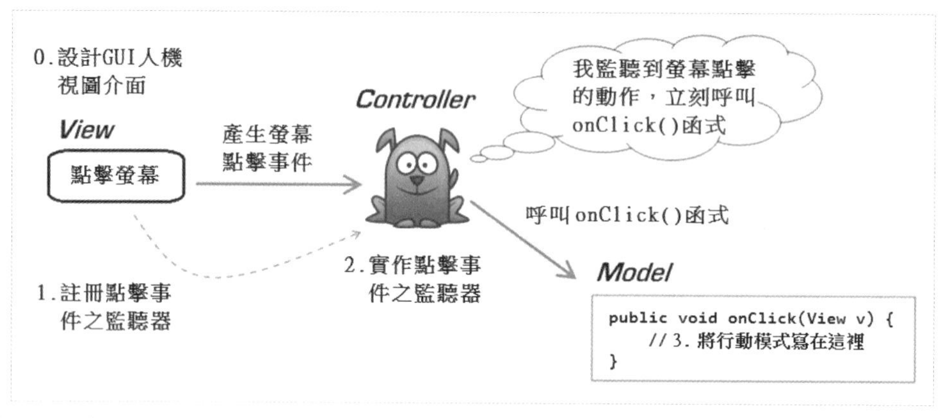

圖2-1 以 onClick 之事件處理函式為例，說明觸控螢幕點擊之 MVC 處理模式。

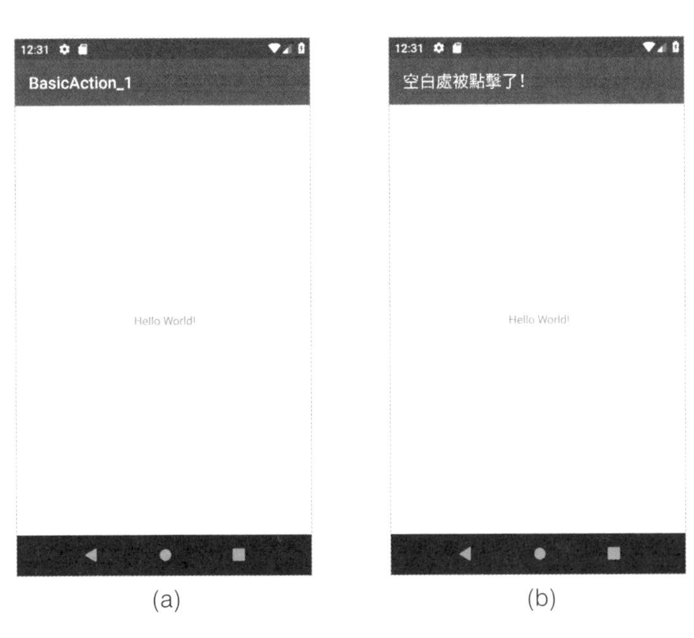

activity_main.xml　MainActivity.java

```
1   <?xml version="1.0" encoding="utf-8"?>
2   <android.support.constraint.ConstraintLayout xmlns:android=
3       xmlns:app="http://schemas.android.com/apk/res-auto"
4       xmlns:tools="http://schemas.android.com/tools"
5       android:layout_width="match_parent"
6       android:layout_height="match_parent"
7       android:onClick="click"
8       tools:context=".MainActivity">
9
10      <TextView
11          android:layout_width="wrap_content"
12          android:layout_height="wrap_content"
13          android:text="Hello World!"
14          app:layout_constraintBottom_toBottomOf="parent"
15          app:layout_constraintLeft_toLeftOf="parent"
16          app:layout_constraintRight_toRightOf="parent"
17          app:layout_constraintTop_toTopOf="parent" />
18
19  </android.support.constraint.ConstraintLayout>
```

(c)

activity_main.xml　MainActivity.java

```
1   package com.demo.basicaction_1;
2
3   import ...
6
7   public class MainActivity extends AppCompatActivity {
8
9       @Override
10      protected void onCreate(Bundle savedInstanceState) {
11          super.onCreate(savedInstanceState);
12          setContentView(R.layout.activity_main);
13      }
14
15      public void click(View v) {
16          setTitle("空白處被點擊了！");
17      }
18  }
```

(d)

圖2-2　以 BasicAction_1 專案為例說明 MVC：(a)初始畫面；(b)點擊螢幕空白處之執行結果；(c)註冊控制器（Controller）；(d)實作控制器與模式（Model）。

2.2.2 級聯式方法呼叫

級聯式方法呼叫（Cascaded Method Calls），或稱為方法鏈（Method chaining），是一種在物件導向程式語言中用來呼叫多重方法之常見技巧。[1]

1 http://en.wikipedia.org/wiki/Method_chaining

在卡內基馬龍大學（Carnegie Mellon University）計算機科學系的網頁就對此一名詞加以介紹，如圖 2-3 所示，其中並舉出 Java 的用法作為範例。[2]

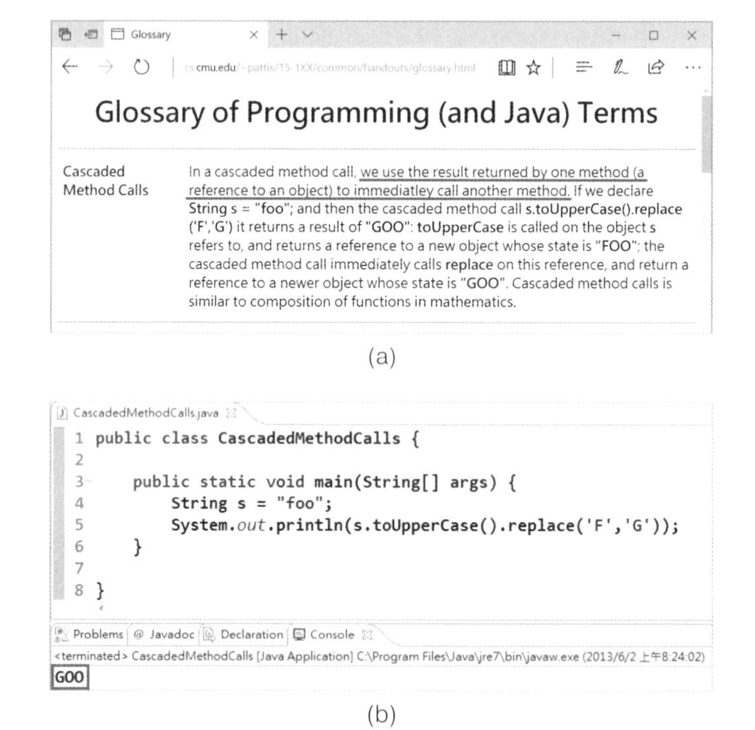

圖2-3 卡內基馬龍大學計算機科學系內部網頁關於級聯式方法呼叫之：(a)名詞解釋；(b)其中所舉範例之測試。

在本書第一次用到此技巧之 Android 範例是在第 3 章的 MyLogin_2 專案，是在以 Toast 產生訊息時採用此技巧的：

```
Toast.makeText(this, "確定鈕已按下！", Toast.LENGTH_SHORT).show();
```

讀者有無注意到，Toast 可以利用連續呼叫 makeToast()和 show()兩組 API 於一個指令行內，加以完成。

2 http://www.cs.cmu.edu/~pattis/15-1XX/common/handouts/glossary.html

此外，在安卓 App 也經常需要取得實體螢幕之寬與高 pixel 大小，以下的級聯式方法呼叫指令就會被用到：

```
getWindowManager().getDefaultDisplay().getMetrics(dm);
```

上述指令則是由連續三組 API 於一行內，加以完成。執行結果可以參考圖 2-4。

安卓還有其他地方會再見到它的身影，例如：訊息對話框（Dialog）常用的 AlertDialog.Builder、共享首選項（SharedPreferences）之用法等等。

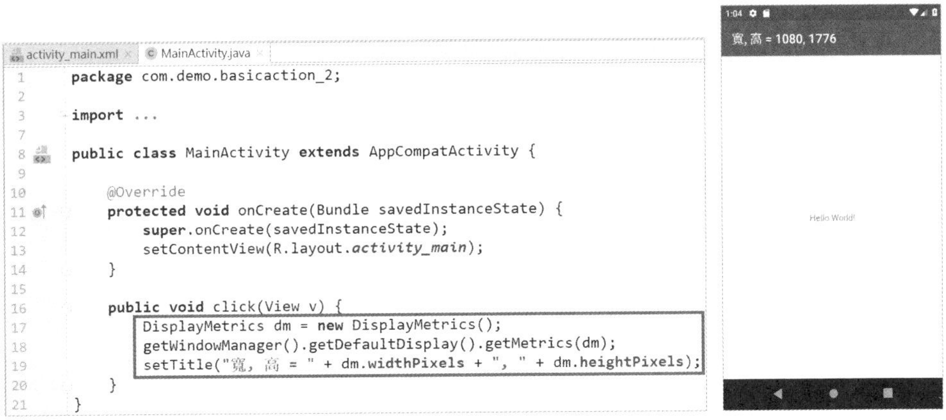

```
activity_main.xml   MainActivity.java
1   package com.demo.basicaction_2;
2
3   import ...
7
8   public class MainActivity extends AppCompatActivity {
9
10      @Override
11      protected void onCreate(Bundle savedInstanceState) {
12          super.onCreate(savedInstanceState);
13          setContentView(R.layout.activity_main);
14      }
15
16      public void click(View v) {
17          DisplayMetrics dm = new DisplayMetrics();
18          getWindowManager().getDefaultDisplay().getMetrics(dm);
19          setTitle("寬, 高 = " + dm.widthPixels + ", " + dm.heightPixels);
20      }
21  }
```

(a)

寬, 高 = 1080, 1776

Hello World!

(b)

圖2-4 以 BasicAction_2 專案為例說明「級聯式方法呼叫」：(a)修改 BasicAction_1 專案之模式（Model）內容；(b)點擊螢幕空白處後之執行結果。

2.2.3 匿名監聽器類別

匿名類別（Anonymous Class），全名為匿名內部類別，是 Java 的一種語法，屬於巢狀類別的一種（Nested Class）：

```
new existingTypeName ( [argumentList] ) {
    // 程式碼
}
```

Java 的原廠教學文件就提到：「匿名內部類別並未使用一般的 extends 語法宣告匿名類別，因此使得程式看起來就像是在呼叫父類別的建構子一樣。」

本書除了本章以外，第一次運用到匿名類別之處在於第 3 章的 MyQuestionnaire_3 專案，那也是 Android 程式設計中，對於匿名類別最常應用的場景之一。

對於上述 MVC 架構中的 C，控制器，其實就是一種監聽器的形式，適合以匿名類別來實作。圖 2-5 就是以匿名類別的語法註冊控制器的例子。

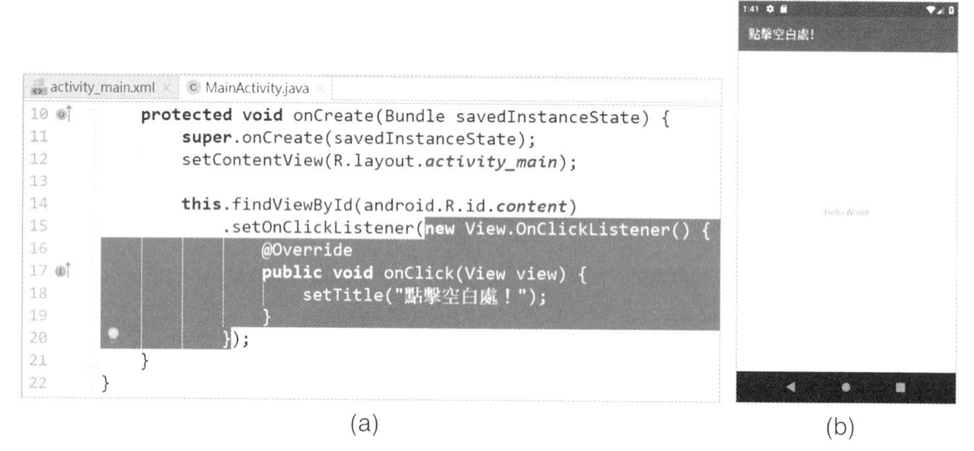

圖2-5 以 BasicAction_3 專案為例說明「匿名監聽器類別」：(a)以匿名類別的語法註冊控制器（Controller）；(b)點擊螢幕空白處後之執行結果。

2.2.4 圖片工廠

圖片工廠的原文是 BitmapFactory，顧名思義，是能「生產、製造」Bitmap 圖片格式的 Android 套件，其主要的「材料來源」有四：

- resource（資源）：以 BitmapFactory.decodeResource()之 API 名稱呈現。
- file（檔案）：以 BitmapFactory.decodeFile ()之 API 名稱呈現。
- stream（串流）：以 BitmapFactory.decodeStream()之 API 名稱呈現，主要處理來自網路的圖片。
- byte array（資源）：以 BitmapFactory.decodeByteArray ()之 API 名稱呈現，典型的範例有 Android Camera 之拍照範例，會將所拍的照片資料以此形式傳給程式作後續儲存與顯示之處理。

在 BasicAction_4 專案內，我們首先運用 BitmapFactory 的 decodeResource() 方法製造出 Bitmap 形式的圖片（如圖 2-6 所示），但受限於目標方法 setBackground() 需要採用 Drawable 形式的圖片，所以過程中還利用到 BitmapDrawable 類別作了一次圖片的形式轉換，才終於達成展示目標。

本書除了本章 BasicAction_4 專案以外，第一次運用到圖片工廠之處在於第 4 章的 ImageView_2 專案，細節請前往該小節參考。

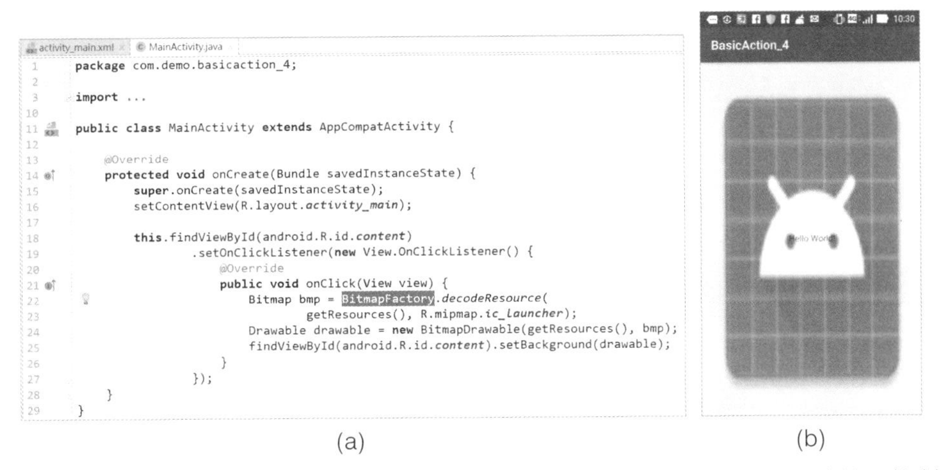

圖2-6 以 BasicAction_4 專案為例說明「圖片工廠」：(a)以圖片工廠的語法註冊控制器（Controller）；(b)點擊螢幕空白處後之執行結果。

2.2.5 客製視圖

客製視圖（Custom View）顧名思義就是由開發者自行定義的視圖元件，在舊版的 IDE，打開任何一個「Graphic layout」標籤，在調色板區塊都會見到最後一項稱為「Custom & Library Views」之分類項目。

新版的做法不再如此，而是在 IDE 中新增一項功能，可以產生「客製視圖」UI 之「展示」元件，一方面免去用戶建立客製視圖的繁瑣步驟，另一方面也能作為教學範本。

圖 2-7 就以 BasicAction_5 專案為例，走過一遍它的用法，讀者可以參考之後立即試用看看。

特別值得一題的重點至少有：

- 客製視圖「必須」extends 某個 View 或是 View 的子類別。
- 在 layout 資源檔內使用客製視圖時，必須完整交代客製視圖的套件名稱，例如 BasicAction_5 專案內的用法：com.demo.basicaction_5.MyView。
- 客製視圖的參數可以從 xml 資源檔傳遞到 Java 檔，例如 com.demo.basicaction_5.MyView 內的四組參數：app:exampleString、app:exampleColor、app:exampleDimension 和 app:exampleDrawable。

另有第 4 章的 CanvasDraw_1 專案，採用「從無到有」產生「客製視圖」的步驟，不在此贅述，讀者可以前往對照參考。

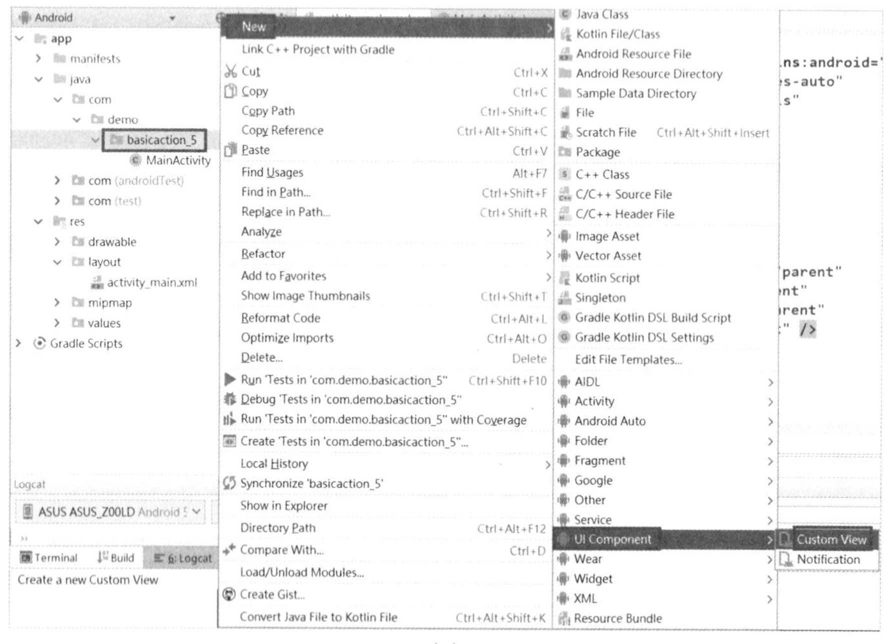

(a)

圖2-7 以 BasicAction_5 專案為例：(a)使用 IDE 新增「客製視圖」UI 元件；(b)為客製視圖元件命名 MyView；(c)使用調色板新增「客製視圖」元件之 xml 資源；(d)選取 sample_my_view 資源檔；(e)執行結果。

2.2.6 觸控監聽器

觸控監聽器（OnTouchListener）是觸控螢幕（Touch Screen）非常重要的 MVC 控制器（Controller）機制。有別於傳統按鈕「一上一下」的按壓/離手之使用情境，觸控監聽器還能辨識出觸控者滯留在螢幕的位置與時間。

如果說這十多年觸控螢幕在智慧型裝置上扮演創新、趣味等等之開創先驅的角色，那麼觸控監聽器就是這一切現象的實踐家和幕後功臣。

初學觸控監聽器的人，作者為他們歸納一個 3x3 的口訣，就是在實作 OnTouchListener 之抽象方法 onTouch()內，從 onTouch()的第二組參數 motionEvent 完成第一組的'3'：

1. motionEvent.getAction()：取得觸控時的動作型態。
2. motionEvent.getX()：取得觸控時的 x 座標。
3. motionEvent.getY()：取得觸控時的 y 座標。

接著根據觸控時的動作型態，分辨所要過濾的行為模式，並加以實作程式邏輯，完成第二組的'3'：

1. MotionEvent.ACTION_DOWN：攔截觸控者按壓螢幕的第一時間點。
2. MotionEvent.ACTION_MOVE：攔截觸控者滯留螢幕的過程時間點。
3. MotionEvent.ACTION_UP：攔截觸控者離手螢幕的最後時間點。

現在，讀者可以透過圖 2-8 和圖 2-9 來觀察整個專案的執行過程。

```
this.findViewById(android.R.id.content)
    .setOnTouchListener(new View.OnTouchListener() {
        @Override
        public boolean onTouch(View view, MotionEvent motionEvent) {
            int action = motionEvent.getAction();
            String pos = motionEvent.getX() + ", " + motionEvent.getY();
            switch(action) {
                case MotionEvent.ACTION_DOWN:
                    setTitle("ACTION_DOWN at " + pos);
                    Log.i( tag: "onTouch",  msg: "ACTION_DOWN at " + pos);
                    break;
                case MotionEvent.ACTION_MOVE:
                    setTitle("ACTION_MOVE at " + pos);
                    Log.i( tag: "onTouch",  msg: "ACTION_MOVE at " + pos);
                    break;
                case MotionEvent.ACTION_UP:
                    setTitle("ACTION_UP at " + pos);
                    Log.i( tag: "onTouch",  msg: "ACTION_UP at " + pos);
                    break;
            }
            return true;
        }
    });
```

(a)

```
Logcat
ASUS ASUS_Z00LD G4AZCYC  com.demo.basicaction_6 (8149)  Info  onTouch
04-07 10:44:44.949 8149-8149/com.demo.basicaction_6 I/onTouch: ACTION_DOWN at 219.69487, 308.63232
04-07 10:44:45.020 8149-8149/com.demo.basicaction_6 I/onTouch: ACTION_MOVE at 219.69487, 308.63232
04-07 10:44:45.070 8149-8149/com.demo.basicaction_6 I/onTouch: ACTION_MOVE at 223.69727, 314.63953
04-07 10:44:45.104 8149-8149/com.demo.basicaction_6 I/onTouch: ACTION_MOVE at 223.68933, 314.62762
04-07 10:44:45.121 8149-8149/com.demo.basicaction_6 I/onTouch: ACTION_MOVE at 223.68933, 314.62762
04-07 10:44:45.187 8149-8149/com.demo.basicaction_6 I/onTouch: ACTION_MOVE at 228.20003, 321.3978
04-07 10:44:45.287 8149-8149/com.demo.basicaction_6 I/onTouch: ACTION_MOVE at 230.92532, 327.11
04-07 10:44:45.320 8149-8149/com.demo.basicaction_6 I/onTouch: ACTION_MOVE at 232.75394, 331.8072
04-07 10:44:45.370 8149-8149/com.demo.basicaction_6 I/onTouch: ACTION_MOVE at 235.00735, 336.2782
04-07 10:44:45.403 8149-8149/com.demo.basicaction_6 I/onTouch: ACTION_MOVE at 238.57047, 339.51
04-07 10:44:45.421 8149-8149/com.demo.basicaction_6 I/onTouch: ACTION_MOVE at 239.13489, 341.07397
04-07 10:44:45.438 8149-8149/com.demo.basicaction_6 I/onTouch: ACTION_MOVE at 241.00888, 341.60657
04-07 10:44:45.454 8149-8149/com.demo.basicaction_6 I/onTouch: ACTION_MOVE at 241.77846, 341.60657
04-07 10:44:45.471 8149-8149/com.demo.basicaction_6 I/onTouch: ACTION_MOVE at 241.66437, 343.10538
04-07 10:44:45.488 8149-8149/com.demo.basicaction_6 I/onTouch: ACTION_MOVE at 243.11612, 344.05838
04-07 10:44:45.504 8149-8149/com.demo.basicaction_6 I/onTouch: ACTION_MOVE at 244.08957, 345.03247
04-07 10:44:45.521 8149-8149/com.demo.basicaction_6 I/onTouch: ACTION_MOVE at 244.6602, 345.34625
04-07 10:44:45.537 8149-8149/com.demo.basicaction_6 I/onTouch: ACTION_MOVE at 244.6602, 346.10303
04-07 10:44:45.554 8149-8149/com.demo.basicaction_6 I/onTouch: ACTION_MOVE at 245.82462, 345.60342
04-07 10:44:45.604 8149-8149/com.demo.basicaction_6 I/onTouch: ACTION_MOVE at 247.95682, 347.90283
04-07 10:44:45.654 8149-8149/com.demo.basicaction_6 I/onTouch: ACTION_MOVE at 248.83469, 347.60187
04-07 10:44:45.704 8149-8149/com.demo.basicaction_6 I/onTouch: ACTION_MOVE at 248.65465, 348.7514
04-07 10:44:45.803 8149-8149/com.demo.basicaction_6 I/onTouch: ACTION_MOVE at 248.65465, 349.65826
04-07 10:44:47.321 8149-8149/com.demo.basicaction_6 I/onTouch: ACTION_MOVE at 248.65465, 349.6003
04-07 10:44:50.854 8149-8149/com.demo.basicaction_6 I/onTouch: ACTION_MOVE at 248.65465, 349.6003
04-07 10:44:54.872 8149-8149/com.demo.basicaction_6 I/onTouch: ACTION_MOVE at 242.65448, 352.60223
04-07 10:44:55.270 8149-8149/com.demo.basicaction_6 I/onTouch: ACTION_MOVE at 242.66298, 352.59796
04-07 10:44:55.276 8149-8149/com.demo.basicaction_6 I/onTouch: ACTION_UP at 242.66298, 352.59796
```

(b)

圖2-8 以 BasicAction_6 專案為例說明觸控監聽器：(a)3x3 之 OnTouch 口訣重點：getAction()、getX()、getY()以及 ACTION_DOWN、ACTION_MOVE、ACTION_UP；(b)以 Logcat 觀察觸控監聽的行為模式。

讀者從圖 2-8(a)可以發現，作者採用了 setTitle()以外的方式進行測試，主要原因就在圖 2-8(b)可以顯示出來，那就是 setTitle()看不出來 ACTION_MOVE 這個事件的出現次數和頻率，透過 Logcat 就能夠一覽無遺。

當然，我們仍然能夠在圖 2-9 看到三組事件發生時的座標位置，至於 Y 座標顯示不完整的問題，讀者可以利用 Java 的 DecimalFormat 類別工具，江 X 與 Y 的座標小數位數值加以限縮，就能顯示得更加美好。

圖2-9 BasicAction_6 專案執行結果之截圖示意：(a)ACTION_DOWN 時的座標位置；(b)ACTION_MOVE 時的座標位置；(c)ACTION_ UP 時的座標位置。

2.2.7 膨脹器

膨脹器（Inflator）於官方文件的第一句話「Instantiates a layout XML file into its corresponding View objects.」看似無關，其實隱含著第一個關鍵字「Instantiate（實體化）」的意義在其中。[3]

Android SDK 體認到 Java 對於 GUI 元件一律以程式碼形式出現所導致過份佔用篇幅的缺失，因此採用與微軟相關 SDK 的資源管理措施，那就是將 GUI 元件等相關可以用 xml 之類描述的圖文資源，以「非程式碼」的形式「縮藏（作者用語）」在 apk 中的某處，等到需要使用時再加以「膨脹」開來使用，其實它的作用就如同 Java 語法中的 new。

BasicAction_7 專案先簡單利用版面膨脹器（LayoutInflator）呈現膨脹器的觀念，讀者可以參考圖 2-10 的圖示。

3 https://developer.android.com/reference/android/view/LayoutInflater

另外，除了版面膨脹器，卻時還存在其他種的膨脹器，例如選單膨脹器（MenuInflator），觀念是一樣的。詳細的程式用法會在第 5 章的「自製清單」再次描述。

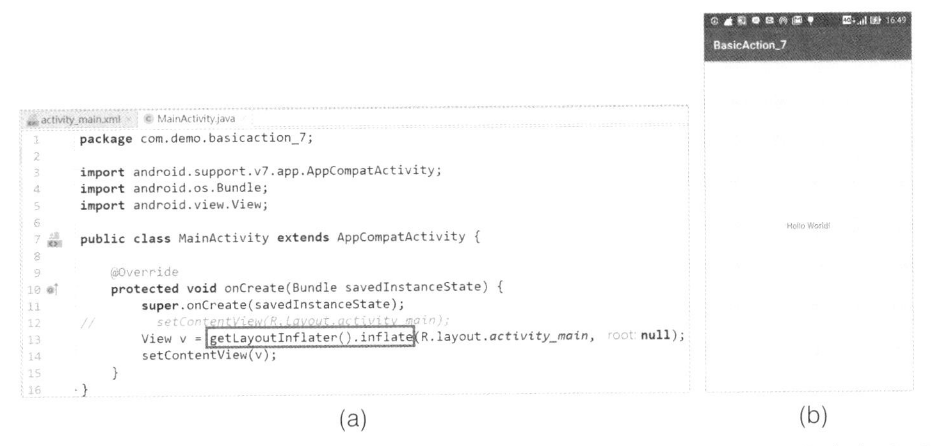

圖2-10 以 BasicAction_7 專案為例：(a)使用一組版面膨脹器之級聯式方法呼叫 getLayoutInflater().inflate()，先取得視圖元件，再將該視圖元件交給 setContentView()作為參數加以執行；(b)執行結果。

2.2.8 轉接器

轉接器（Adapter）或稱為適配器，在官方文件的第一句話「An Adapter object acts as a bridge between an AdapterView and the underlying data for that view.」就已表明其橋接（bridge）的角色，就是要將上層視圖與底層資料之間作一個轉接。[4]

打個比方，就好像我們的手機、筆電等行動電子產品都是以電池作為電力儲存的媒體，因此要將電力公司所提供的交流電轉換成直流電的形式加以接收，才能供應這些電子產品所需的電力，而負責這項轉換功能的就叫作轉接器。

因此，Android SDK 提供多種 Adapter 於 View 和 Data 之間轉換，乃是將資料從某種形式轉換成另一種形式，而用到 Adapter 的 View，又可稱為 AdapterView！

4 https://developer.android.com/reference/android/widget/Adapter

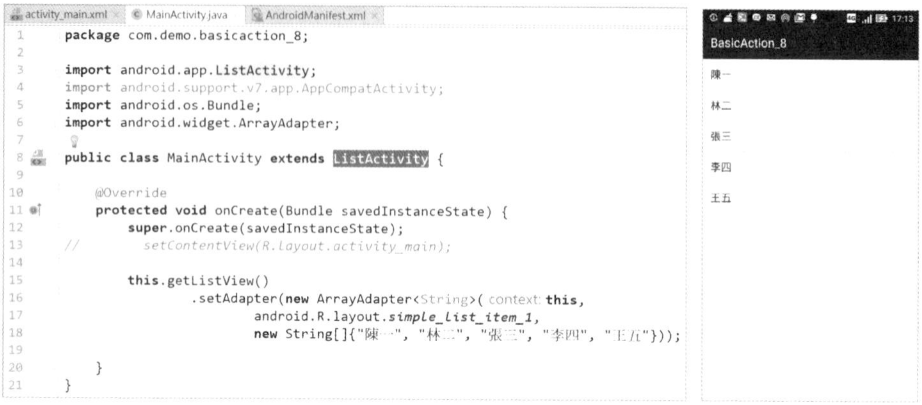
activity_main.xml
MainActivity.java
AndroidManifest.xml
package com.demo.basicaction_8;
import android.app.ListActivity;
import android.support.v7.app.AppCompatActivity;
import android.os.Bundle;
import android.widget.ArrayAdapter;
public class MainActivity extends ListActivity {
@Override
protected void onCreate(Bundle savedInstanceState) {
super.onCreate(savedInstanceState);
// setContentView(R.layout.activity_main);
this.getListView()
.setAdapter(new ArrayAdapter<String>(context: this,
android.R.layout.simple_list_item_1,
new String[]{"陳一", "林二", "張三", "李四", "王五"}));
}
}
17:13
BasicAction_8
陳一
林二
張三
李四
王五

(a) (b)

圖2-11 以 BasicAction_8 專案為例：(a)使用級聯式呼叫 getListView().setAdapter()，直接作轉接器設定，並在 setAdapter() 的參數直接宣告一個簡單常用的 ArrayAdapter 物件；(b)執行結果。

為了方便展示，作者選了一個簡單的例子作為 BasicAction_8 專案的內容（如圖 2-11 所示），就是將原本預設的 AppCompatActivity 換成 ListActivity，顧名思義，就是裡頭內建一個 ListView，而 ListView 就是一種 AdapterView。

只是這一個 ListActivity 的用法還需要注意 AndroidManifest.xml 中的 android:theme 主題標籤設定，因為預設的@style/AppTheme 沒有起到作用，要改成類似以下的標籤內容，才能出現標題區：

```
@android:style/Theme.DeviceDefault.Light.DarkActionBar
```

詳細的程式用法會在第 6 章的「內建清單」描述，不在此贅述。

2.2.9 讀取資料庫

安卓採用輕量版資料庫標準（SQLite）作為內部資料存取庫房，非常重要，所以作者在新版內容中，將「讀取資料庫」納為基本動作之一。[5]

但為了簡化測試流程，執行 BasicAction_9 專案之前，需要手動先將資料庫檔案「contact.db」置於手機公用資料夾內，指令如下：

---

5 https://www.sqlite.org

```
adb push contact.db /data/local/tmp
```

contact.db 檔案可到 BasicAction_9 專案內的 app\src\main\assets 夾內找著。

其次，就是執行 BasicAction_9 專案內所設計的 readDB()方法，並搭配 BasicAction_8 專案所介紹的 ListActivity 和其轉接器用法。（參見圖 2-12）

歸納讀取資料庫的五步驟口訣如下：

1. 開啟資料庫：dataBase = SQLiteDatabase.openDatabase()。
2. 開啟資料表：dataBase.rawQuery()。
3. 資料表長寬：cursor.getCount()和 cursor.getColumnCount()。
4. 資料表欄位：cursor.moveToFirst()、cursor.getString()和 cursor.moveToNext()。
5. 關閉資料庫：dataBase.close()。

5x5 共 25 字口訣有點冗長，但是如果仔細看，熟悉資料庫結構的人就發現它在結構上有一定的規律。詳細的規律結構會在第 7 章的「資料庫房」描述，不在此贅述。

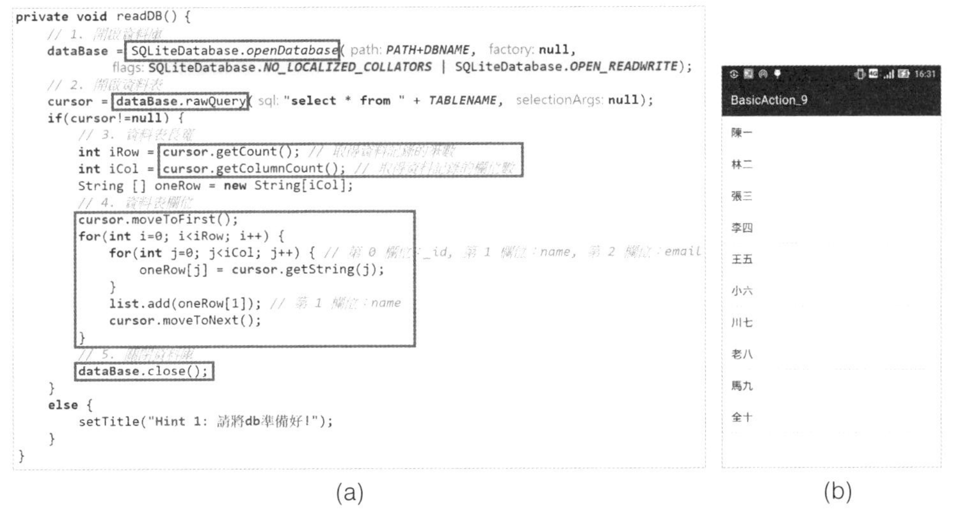

圖2-12 以 BasicAction_9 專案為例說明「讀取資料庫」：(a)使用五步驟口訣讀取資料庫；(b)執行結果。

2.2.10 掌控器

Android SDK 另提供一種適合處理 UI 執行緒的機制，稱為掌控器（Handler）。[6]

掌控器可以處理「執行緒」以及「訊息」的傳送與執行，而每一個掌控器都對應單一個執行緒，而每一執行緒與訊息都對應某個訊息佇列（Message Queue），是能夠讓這些執行緒與訊息採取「先進先出」的排隊次序來進行傳送與執行。

圖 2-13 的 BasicAction_10 專案就是掌控器對於執行緒的簡單用法示範。值得一提的是，除了圖 2-13 所見到的執行緒排程用法：

handler.postDelayed()

還有相當於 0 秒延遲的 API 版本：

handler.post()

詳細觀念與程式用法會在第 8 章的「多重線程」描述，不在此贅述。

```
public class MainActivity extends AppCompatActivity {

    private static final String TAG = MainActivity.class.getSimpleName();

    private Handler handler = new Handler();
    private int count;

    @Override
    protected void onCreate(Bundle savedInstanceState) {
        super.onCreate(savedInstanceState);
        setContentView(R.layout.activity_main);

        handler.postDelayed(new Runnable(){
            @Override
            public void run() {
                count++;
                setTitle("計數 " + count + " 次!");
                Log.i(TAG, msg: "計數 " + count + " 次!");
                if(count<5) {
                    handler.postDelayed( r: this,  delayMillis: 1000);
                }
            }
        },  delayMillis: 1000);
    }
}
```

(a)

計數 5 次!

Hello World!

(b)

---

6 https://developer.android.com/reference/android/os/Handler

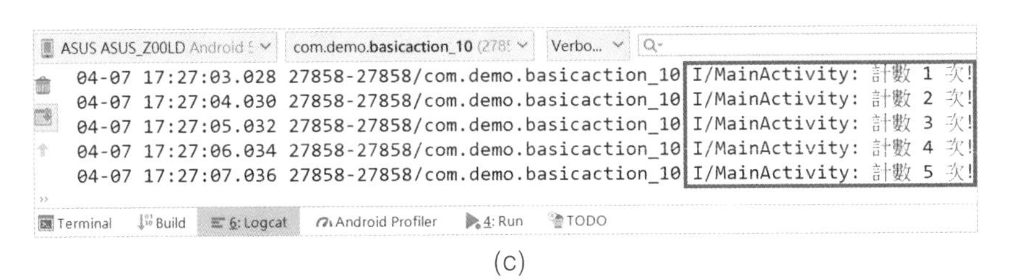

(c)

圖2-13 以 BasicAction_10 專案為例說明「掌控器」：(a)宣告並使用使用掌控器（Handler）；(b) 最後計數 5 次之畫面；(c)以 Logcat 觀察掌控器的運作。

2.2.11 意圖帶資料

在上一章 1.3.4 小節的「利用 PlayStore 工具排除故障」中，我們有簡介以 Intent（譯成：意圖）來啟動另一個 App 的作法。當時的應用是藉由得知某 App 的 applicationID，透過 Intent 和 startActivityForResult()指令啟動 App。

其實 Intent 的用法中，還有一項常見的是「收、發參數」，例如，發送參數時，透過 putExtra()指令，Extra 有「額外的」意思，也就是額外的資料：

```
intent.putExtra(<參數名稱>, <參數數值>)
```

其中<參數名稱>是個自訂的字串，習慣用「全大寫英文字母」命名；而<參數數值>可以是各類物件型態，但以基本資料型態（如：int, float, double, boolean, char）和 String 型態的用法較為常見與便利！

為了展示這項基本動作，如圖 2-14(a)，我們再次選擇一支目前 PlayStore 上有 349,115 人評分、還能維持 4.1 分的 App – QRDroid 進行測試，

(a) (b) (c) (d) (e)

圖2-14 以 BasicAction_11 專案為例說明「意圖帶資料」：(a)了解 QRDroid 相關資訊；(b)選取一個可以免費產生 QR code 的網站；(c)啟動 BasicAction_11；(d)點擊空白區，成功啟動 QRDroid；(e)回到 BasicAction_11，成功顯示掃描結果。

這是一支實用型的 App，它可以進行編碼、解碼、分享 QR Code 等功能，甚至還提供「建立 QR 碼開始 PayPal 付款」之商務應用。[7]

---

7 https://play.google.com/store/apps/details?id=la.droid.qr&hl=zh_TW

但是如圖 2-14 所示， BasicAction_11 專案的目的是為了說明「意圖帶資料」的用法。因此首先，我們先到 QRDroid 官網查看如何以程式手段進行使用？圖 2-15(a)先將 QRDroid 官網的使用方法截圖，並標示①②③④步驟。[8]

然後於圖 2-15(b)到(d)依序實作這①②③④步驟，如此一來，就能執行 BasicAction_11 專案，並搭配能免費產生「Hello 安卓!」之 QR code 的網站，完成圖 2-14(c)到(d)的驗證動作！[9]

最後，回到我們這一小節的主題：意圖帶資料。intent.putExtra()是帶資料過去，intent.getExtra()則是收資料下來，指令如下：

```
intent.getExtra().get00000()
```

圖 2-15(c)是送一個布林值 true 給 QRDroid，圖 2-15(d)則是收取 QRDroid 所傳回來的字串 String 結果，圖中以用框線標示出指令的用法。

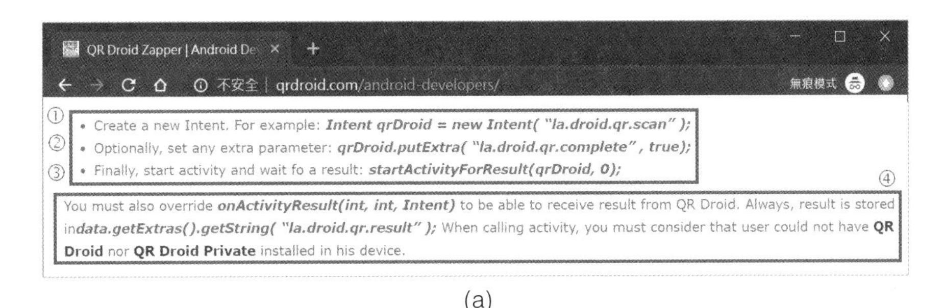

(a)

```
activity_main.xml × | MainActivity.java ×
15  public class MainActivity extends AppCompatActivity {
16
17      private static final int ACTIVITY_RESULT_QR_DRDROID = 0;
18      public static final String SCAN = "la.droid.qr.scan";
19      public static final String COMPLETE = "la.droid.qr.complete";
20      public static final String RESULT = "la.droid.qr.result";
21      ●●●
```

(b)

8 http://qrdroid.com/android-developers/

9 https://www.the-qrcode-generator.com/

```
activity_main.xml × | MainActivity.java ×
15  public class MainActivity extends AppCompatActivity {

        ●●●
23      protected void onCreate(Bundle savedInstanceState) {
24          super.onCreate(savedInstanceState);
25          setContentView(R.layout.activity_main);
26
27          findViewById(android.R.id.content).setOnClickListener(
28              new View.OnClickListener() {
29                  @Override
30                  public void onClick(View view) {
31                      //Set action "la.droid.qr.scan"
32                  ① Intent intent = new Intent( SCAN );
33                  ② intent.putExtra( COMPLETE , value: true);
34                      //Send intent and wait result
35                      try {
36                      ③ startActivityForResult(intent, ACTIVITY_RESULT_QR_DRDROID);
37                      } catch (NullPointerException activity) {
38                          Toast.makeText( context: MainActivity.this,  text: "NullPointerException",
39                                  Toast.LENGTH_SHORT).show();
40                      }
41                  }
42              }
43          );
44      }
```

(c)

```
activity_main.xml × | MainActivity.java ×
15  public class MainActivity extends AppCompatActivity {

        ●●●
46  ④ @Override
47      protected void onActivityResult(int requestCode, int resultCode, Intent data) {
48          if( ACTIVITY_RESULT_QR_DRDROID==requestCode && null!=data && data.getExtras()!=null ) {
49              //Read result from QR Droid (it's stored in la.droid.qr.result)
50              String result = data.getExtras().getString(RESULT);
51              this.setTitle("掃瞄結果："+result);
52          }
53      }
54  }
```

(d)

圖2-15 根據官網規定的用法，以 BasicAction_11 專案為例説明「意圖帶資料」：(a)官網規定的內容截圖，作者標示①②③④步驟；(b)將相關字串定義成常數變數；(c)實作①②③步驟；(d)實作④步驟。

2.2.12 匯入函式庫

AndroidStudio 這個 IDE 在處理「匯入函式庫（Import Library）」這件事情上，有了更多的方案可以達成，至少有三種方式：

1. 匯入 JAR：JAR（Java ARchive：Java 歸檔）是一種軟體包檔案格式，通常用於聚合大量的 Java 類別檔案、相關的元資料和資源（文字、圖片等）檔案到一個檔案。[10]

---

[10] https://zh.wikipedia.org/wiki/JAR_(文件格式)

2. 匯入 AAR：AAR 是一種特殊的 Android 打包格式，它結合了代碼和資源。它的創建是為了替換庫項目依賴項（library project dependencies），這些依賴項要求您以源代碼格式保持所有依賴性。[11]

3. 匯入 Module Project：Module Project（模組專案）是 AndroidStudio 提出的一個方便的「匯入函式庫」機制，就是允許程式碼在主專案以外設立，再透過第一章提到過的 build.gradle 機制，加入依賴項(library project dependencies）的宣告而達成。

事實上，要了解 AAR 的匯入機制以前，最好先學會如何匯入模組專案，所以這個動作就成為作者整理的第 12 個基本動作。

為了說明如何匯入函式庫，我們先設想一個簡單應用情境，而此情境要適合將某功能作成 API，再進一步模組化（Modularization）。

我們用 BasicAction_12a 設計一個簡單的猜數字遊戲，就是從 0~9 共 10 組數字當中選一個數字，然後點擊螢幕空白區，淡淡所顯示的答案是不是和心中想的是一樣的？

我們將 API 命名為 getNum()，再將模組類別命名為 Guess。這時，如圖 2-16(a)所示，只要將 API 都宣告成 static 靜態、並將模組宣告成 static 內部類別，就能藉由 Guess.getNum()加以呼叫使用，執行截圖如 2-16(b)至(d)所示。

BasicAction_12b 利用匯入 Module Project 的技術，實作出和 BasicAction_12a 相同的功能。圖 2-17 採用 11 張圖，歸納成 4 組分解動作做說明，分別是：①建立模組專案；②建立模組類別；③匯入模組專案；④匯入模組類別。

這個基本動作比較特別的是，它融合了 IDE 的操作、build.gradle 的內容改變、以及 Java 程式的撰寫。

---

[11] https://github.com/clojure-android/lein-droid/wiki/Creating-AAR-libraries

activity_main.xml　MainActivity.java

```
 7   public class MainActivity extends AppCompatActivity {
 8
 9       int ans;
10
11       static class Guess {
12           public static int getNum() {
13               int num = (int) (Math.random() * 10);
14               return num;
15           }
16       }
17
18       @Override
19       protected void onCreate(Bundle savedInstanceState) {
20           super.onCreate(savedInstanceState);
21           setContentView(R.layout.activity_main);
22
23           setTitle("猜一個數字(0~9)?");
24           ans = Guess.getNum();
25
26           findViewById(android.R.id.content).setOnClickListener(
27                   new View.OnClickListener() {
28                       @Override
29                       public void onClick(View view) {
30                           setTitle("答案是: " + ans + ". 猜下一個數字是(0~9)?");
31                           ans = Guess.getNum();
32                       }
33                   }
34           );
35       }
36   }
```

(a)

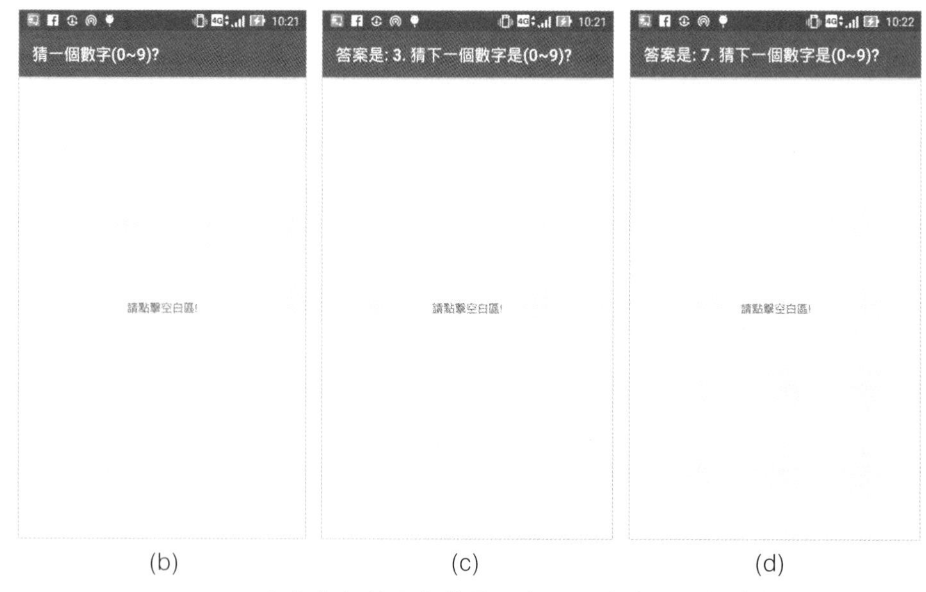

(b)　(c)　(d)

圖2-16 BasicAction_12a 專案執行結果之截圖示意：(a)宣告內部靜態類別與其中一個靜態 API 作為被呼叫之用；(b)執行之初始畫面；(c)第一次點擊結果為 3；(d)第二次點擊結果為 7。

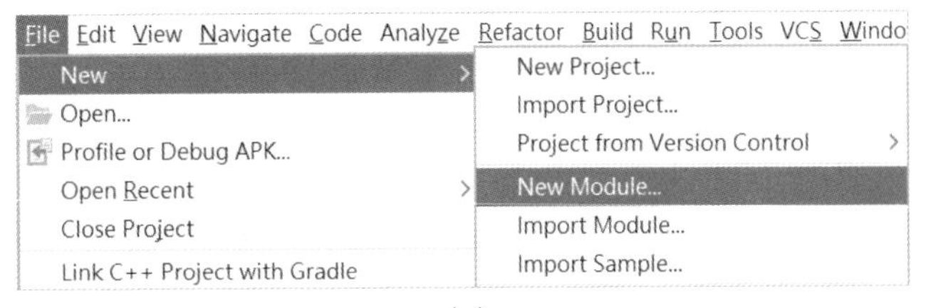
File Edit View Navigate Code Analyze Refactor Build Run Tools VCS Windo
New
Open...
Profile or Debug APK...
Open Recent
Close Project
Link C++ Project with Gradle
New Project...
Import Project...
Project from Version Control
New Module...
Import Module...
Import Sample...

(a)

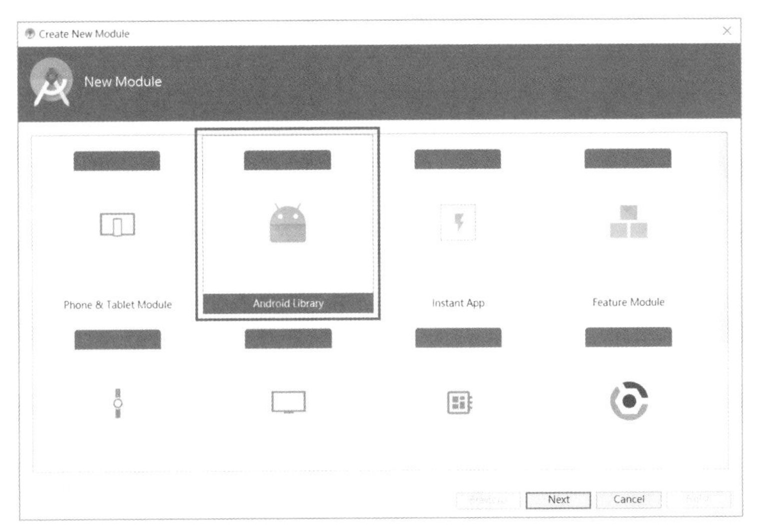
Create New Module
New Module
Phone & Tablet Module
Android Library
Instant App
Feature Module
Next
Cancel

(b)

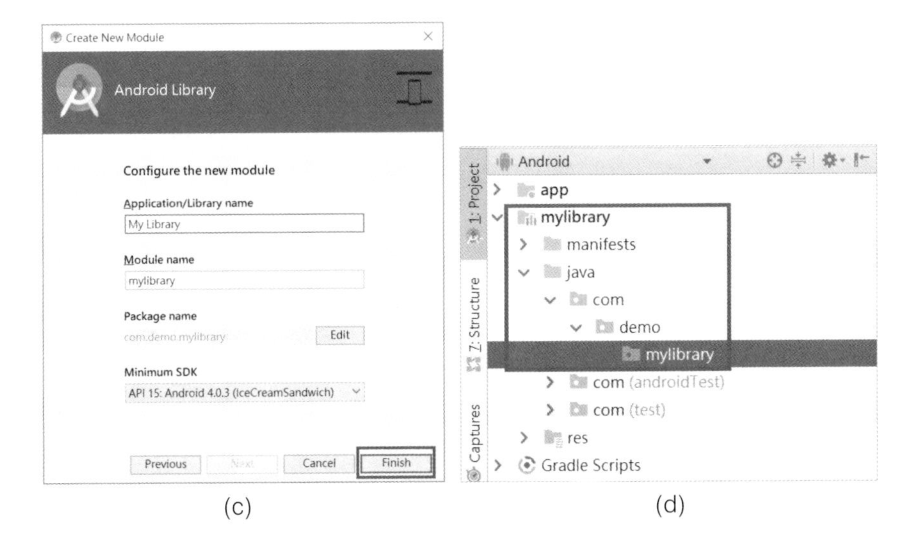
Create New Module
Android Library
Configure the new module
Application/Library name
My Library
Module name
mylibrary
Package name
com.demo.mylibrary
Edit
Minimum SDK
API 15: Android 4.0.3 (IceCreamSandwich)
Previous
Next
Cancel
Finish
Android
1: Project
7: Structure
Captures
app
mylibrary
manifests
java
com
demo
mylibrary
com (androidTest)
com (test)
res
Gradle Scripts

(c)

(d)

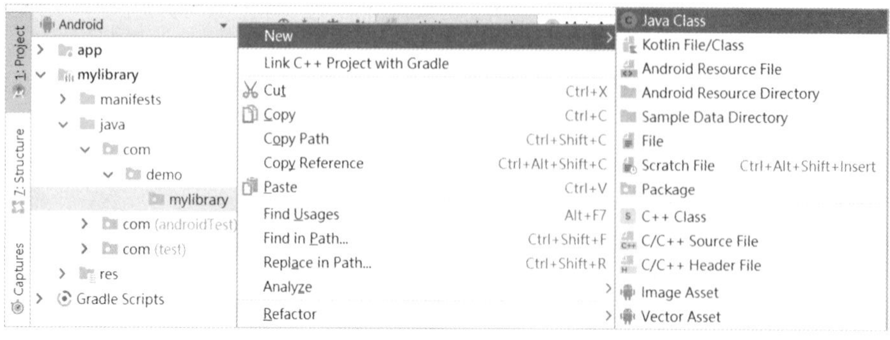
1: Project
7: Structure
Captures
Android
app
mylibrary
manifests
java
com
demo
mylibrary
com (androidTest)
com (test)
res
Gradle Scripts
New
Link C++ Project with Gradle
Cut Ctrl+X
Copy Ctrl+C
Copy Path Ctrl+Shift+C
Copy Reference Ctrl+Alt+Shift+C
Paste Ctrl+V
Find Usages Alt+F7
Find in Path... Ctrl+Shift+F
Replace in Path... Ctrl+Shift+R
Analyze
Refactor
Java Class
Kotlin File/Class
Android Resource File
Android Resource Directory
Sample Data Directory
File
Scratch File Ctrl+Alt+Shift+Insert
Package
C++ Class
C/C++ Source File
C/C++ Header File
Image Asset
Vector Asset

(e)

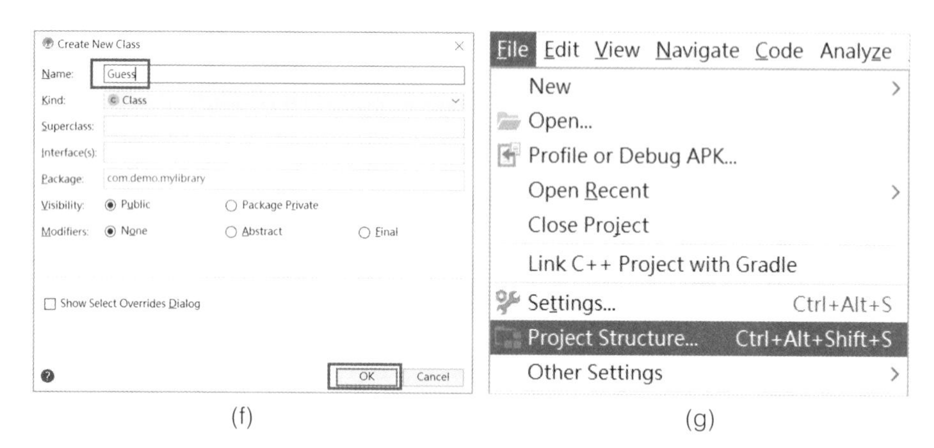
Create New Class
Name: Guess
Kind: Class
Superclass:
Interface(s):
Package: com.demo.mylibrary
Visibility: Public Package Private
Modifiers: None Abstract Final
Show Select Overrides Dialog
OK
Cancel
File Edit View Navigate Code Analyze
New
Open...
Profile or Debug APK...
Open Recent
Close Project
Link C++ Project with Gradle
Settings... Ctrl+Alt+S
Project Structure... Ctrl+Alt+Shift+S
Other Settings

(f) (g)

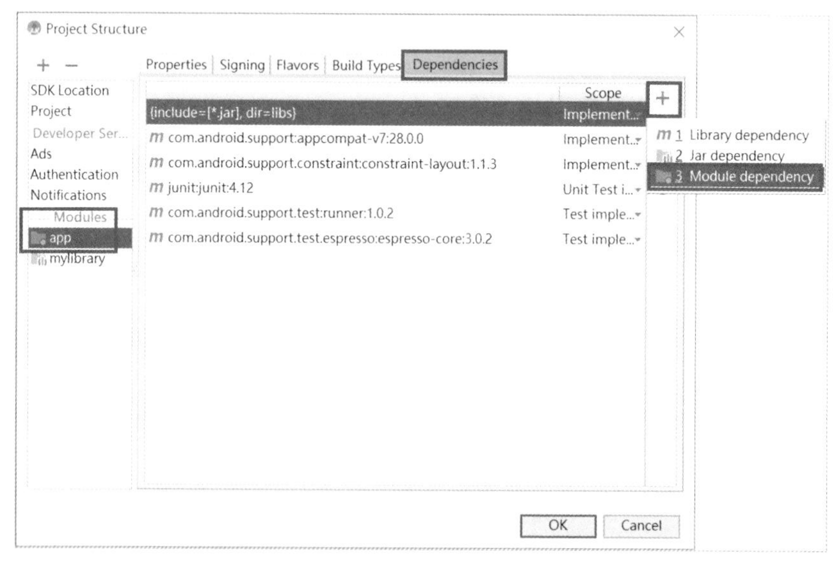
Project Structure
SDK Location
Project
Developer Ser...
Ads
Authentication
Notifications
Modules
app
mylibrary
Properties Signing Flavors Build Types Dependencies
Scope
{include=[*.jar], dir=libs} Implement...
com.android.support:appcompat-v7:28.0.0 Implement...
com.android.support.constraint:constraint-layout:1.1.3 Implement...
junit:junit:4.12 Unit Test i...
com.android.support.test:runner:1.0.2 Test imple...
com.android.support.test.espresso:espresso-core:3.0.2 Test imple...
1 Library dependency
2 Jar dependency
3 Module dependency
OK
Cancel

(h)

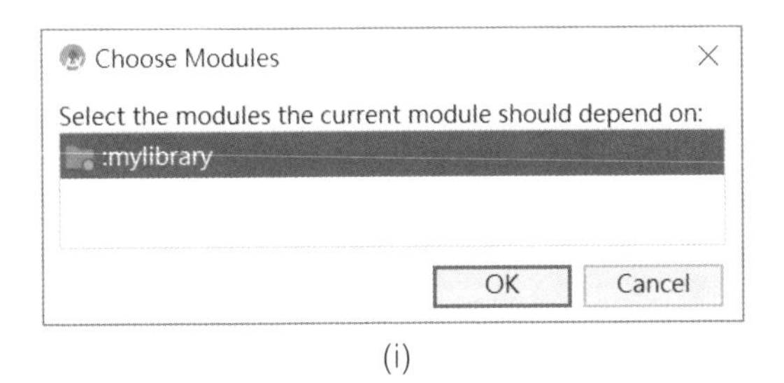

(i)

```
activity_main.xml × | MainActivity.java × | app × | Guess.java ×
20
21    dependencies {
22        implementation fileTree(include: ['*.jar'], dir: 'libs')
23        implementation 'com.android.support:appcompat-v7:28.0.0'
24        implementation 'com.android.support.constraint:constraint-layout:1.1.3'
25        testImplementation 'junit:junit:4.12'
26        androidTestImplementation 'com.android.support.test:runner:1.0.2'
27        androidTestImplementation 'com.android.support.test.espresso:espresso-core:3.0.2'
28        implementation project(':mylibrary')
29    }
```

(j)

```
activity_main.xml × | MainActivity.java × | app × | Guess.java ×
1    package com.demo.basicaction_12;
2
3    import android.support.v7.app.AppCompatActivity;
4    import android.os.Bundle;
5    import android.view.View;
6
7    import com.demo.mylibrary.Guess;
```

(k)

圖2-17 BasicAction_12b 專案執行結果之截圖示意，其中分成四大類動作。①建立模組專案，包括圖(a)到(d)；②建立模組類別，包含圖(e)到(f)；③匯入模組專案，包括圖(g)到(j)；④匯入模組類別，包含圖(k)。細部說明如下：(a)點選File=>New=>New Module；(b)跳出 New Module 對話視窗，點選 Android Library；(c)跳出 Android Library 對話視窗，建議直接點擊 Finish 按鈕；(d)確認 App 專案內多出一個 mylibrary 專案；(e)在套件名稱 mylibrary 點擊滑鼠右鍵新增 Java 類別；(f)輸入類別名稱 Guess（省略顯示 API 之宣告）；(g)點選 File=>Project Structure；(h)跳出 Project Structure 對話視窗，為 app 新增模組依賴項；(i)點選唯一出現的:mylibrary 模組專案；(j)確認 App 專案的 build.gradle 出現 mylibrary 專案依賴項；(k)回到 App 專案的 Java 程式，為 Guess 匯入套件位置。

2.3 思考與練習

本章 12 組基本動作，是一種歸納的結果。對於初學者而言，作者希望他們能夠早些建立起來。

也就是說，12 組基本動作的實際應用範例散布在各處，讀者如果先記下來，日後將會很快能夠辨識出他們的存在。

但是弔詭的是，如果沒有讓讀者更多的範例練習，如何能夠記住他們呢？這有點像是雞生蛋、蛋生雞的問題。

此外，對於 12 組基本動作如何從無生有？這也是一個有趣的課題，意思是說，其實讀者如果能夠看到有人能夠現場、動態地，在讀者「眼前」將 12 組基本動作示範「從無到有」的過程，則對於記憶保證非常有幫助！

因此，本章的練習題就是：想辦法利用 AndroidStudio 這個 IDE 工具，「錄製」12 組基本動作從無到有的過程，也就是 12 個 BasicAction 的專案。

讀者可以獨自完成，或是以小組進行，甚至是拜託老師、學長姊幫忙示範，作成 mp4 等之類的影片檔，加以熟練。

CHAPTER

03

基本視圖

3.1 前言

Android 的程式設計屬於**視窗程式設計**（Windows Programming），代表主**控台**（Console）輸入輸出的工作逐漸隱身幕後！像是在 Java 常用的主控台輸出指令 System.out.println()並非就此完全無用，而是還能肩負起顯示**偵測錯誤**(Error Detecting）訊息的任務，它的作用相當於 1.3.1 節介紹的 Log 之 info 等級。

視窗程式設計的工作屬於視覺化元件的設計與應用，其工作牽涉到元件的**版面佈局**（Layout）、**控制器**（Controller）或稱為**監聽器**（Listener）的註冊與實作、以及整個程式背後對於這些視覺化元件的執行邏輯。

第一章的 Hello 程式在建立的過程中，讀者已經看到 Android 有別於 Java 的開發方式，另外提供了 **CAD**（Computer-Aided Design，電腦輔助設計）領域常見的**調色板**（Palette）輔助設計工具。

調色板是一種好用的輔助設計工具，通常將視覺化元件作好分類，讓開發人員更容易找到所要的元件**模板**（Template），例如目前所用的 Android Studio 版本分類就有：Widget（控件）、Text（文字欄位）、Layouts（佈局元件）、Containers（容器元件）、Legacy（遺產元件）等等。

然而，在分類之中，儼然有些偏向基本型的元件，像是上述第 Widget、Text 類，也有一些偏向複合型的，像是 Containers、Legacy 類。本章就先從基本型的元件講起，挑選其中最最常見，也最最基本的元件，搭配實用的範例介面加以解說。

3.2 標籤、按鈕與文字欄位

參考第 1.2.3 節，打開模擬器（例如：Nexus 5 API 24），內含一個稱為 APIDemo 的內建 App，顧名思義，就是為了展示 Android API 之用，其原始程式碼早期可以參照~\android-sdk\samples 資料夾。現在比較方便的做法之一是透過像是 GitHub 這類軟體原始碼代管服務的網站取得。[1]

其中一項稱為 Controls 的展示正可以見到一些基本的控件，如圖 3-1 所示。

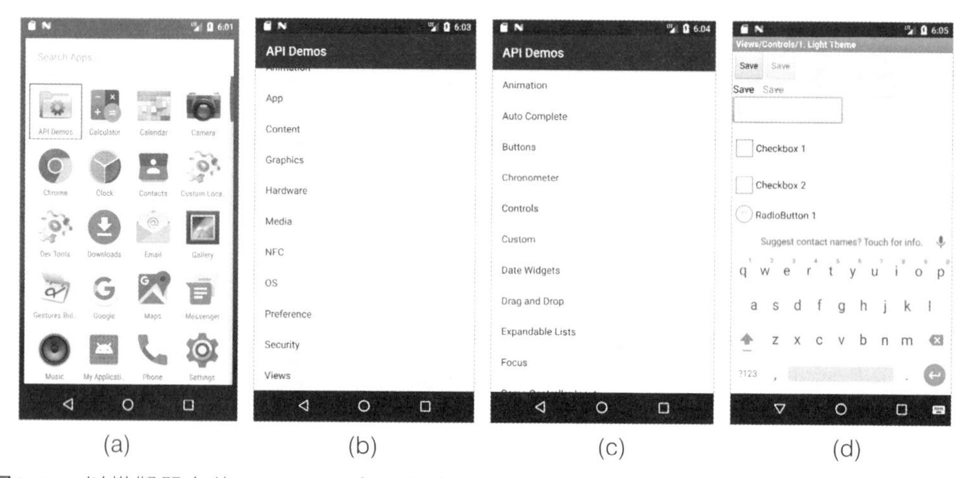

圖3-1 以模擬器上的 APIDemo 應用程式展示基本控件：(a)APIDemo 進入點；(b)執行首頁功能列表；(c)Views 子功能列表；(d)Controls 畫面之基本控件。

圖 3-1(d)最上方的兩個項目就是按鈕和文字欄位，在 Android 稱文字欄位為 EditText；若將圖 3-1(d)捲動至最下方，則能看到所謂的標籤（Labels）。其實，標籤是 Java 的說法，在 Android 有個不一樣的名稱叫做 TextView。

---

1 https://github.com/appium/android-apidemos

3.2.1 以登入畫面作調色板演練

登入畫面似乎可說是 IT 時代每天都會用的畫面之一，並且此畫面使用的元件不必太多，最常見的版面佈局設計之一如圖 3-2 所示。其中白底黑字的部份就是利用 TextView 完成，而兩項空白但有底線的元件稱為 EditText。

最下方的確定鈕就是 Button 元件，讀者可由圖 3-2 的中間看到版面佈局的預覽圖，並可從圖的右上方見到這些元件的 Id 身份代號及其先後順序。讀者可以執行 File=>Open 將隨書雲端 zip 的 MyLogin_1 專案匯入即可重現圖 3-2。

圖 3-2 另外隱含著兩個重點：一是 ConstraintLayout 的拖曳排版，另一是按鈕 Button 可以註冊 onClick 控制器。

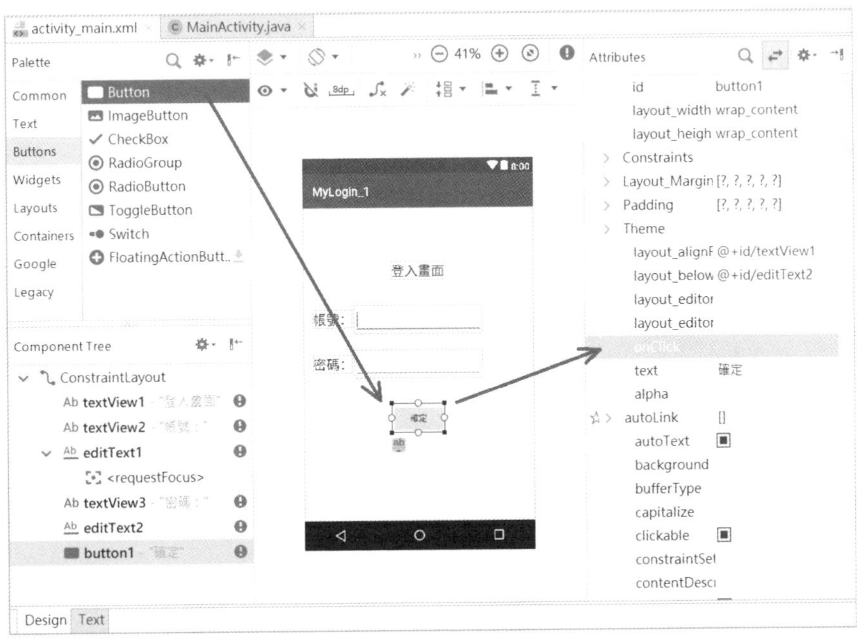

圖3-2 運用調色板設計登入畫面。

從圖 3-2 左下方的 Component Tree 視窗可以看到 ConstraintLayout 乃是這一個登入畫面唯一的版面佈局方式，它也是一種視覺元件，所以讀者可以在左方調色板區域的 Layouts 項找到它的蹤跡。

另一項重點是，MyLogin_1 專案的執行結果，讀者會發現按下按鈕並不會發生任何事情，那是因為每一個元件動作都有對應的控制器定義其內容，以 Button 而言，最常見的動作是 Click，所以背後就有個 onClick 控制器需要加以註冊、實作！

對於常見的 onClick 控制器而言，調色板工具右方的元件屬性（Attributes）視窗就特別提供一個欄位作為註冊之用，非常方便！詳見下一小節。

3.2.2 以登入畫面作控制器安排

圖 3-3 是將 MyLogin_1 專案加上控制器的安排，先是在 /res/layout/activity_main.xml 註冊 onClick（參考圖 3-3a），目標希望能在按下圖 3-3(b)的「確定」鈕之後，可以產生如圖 3-3(c)與(d)的反應，分別為：

- 顯示訊息於標題（Title）區：藉由 Activity 的 setTitle()指令
- 顯示訊息於螢幕下方：藉由 Toast 相關套件指令
- 顯示訊息於日誌（Log）區：藉由 Log 相關套件指令

但要如何讓程式「知道」用戶已經按下「確定」鈕呢？這一部份就需要寫 Java 程式碼，就是將圖 3-3(a)所註冊的 onClick 名稱以下面所列的格式寫到 Java 程式：

```
public void OOOOO(View v) {...}
```

以 MyLogin_2 專案為例，OOOOO 就是 clickOK，程式如圖 3-3(e)所示。

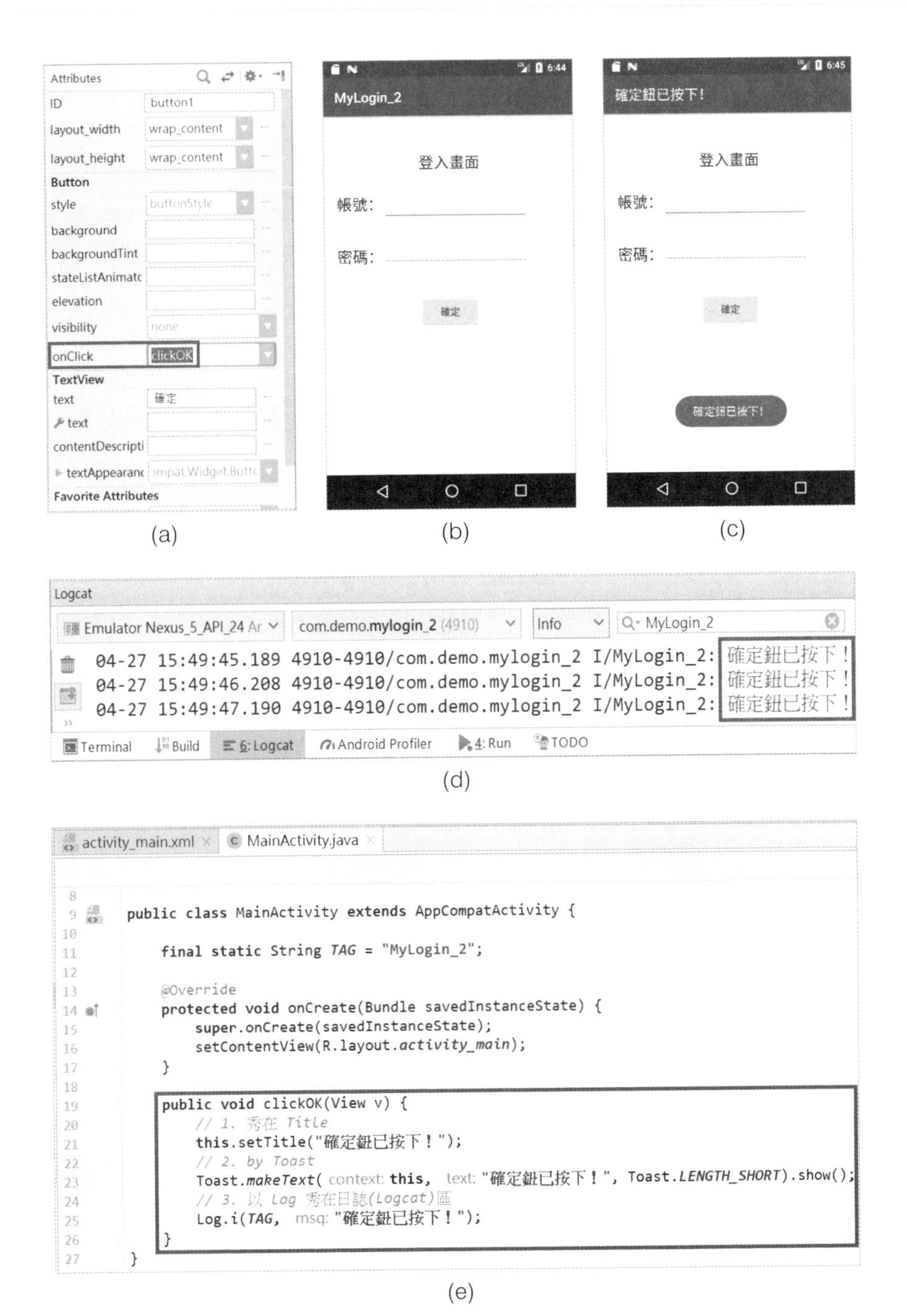

圖3-3 以 MyLogin_2 專案為例說明 MVC：(a)以 xml 註冊 onClick；(b)初始畫面；(c)按下「確定」鈕後，標題與畫面下方皆出現訊息；(d)LogCat 日誌也顯示訊息；(e)Java 主程式內容。

3.2.3 以登入畫面作認證模擬

當我們能夠順利擺放元件、註冊並實作按鈕的點擊動作之後，就剩下帳號/密碼的比對工作，正式地說，叫做認證（Authentication）。

當然，真正的認證通常透過資料庫來記錄帳號/密碼等用戶資訊，為了簡化工作，MyLogin_3 專案僅僅利用 String 變數進行記錄、比對的工作。

此外，為了將用戶所輸入的帳號/密碼取出來，我們必須學習一個取得前兩小節所提到的 EditText 元件之內容。這部份可分成兩個步驟：

- 取得 EditText 物件變數：藉由 Activity 的 findViewById()指令
- 取得 EditText 的內容：藉 EditText 物件變數的 getText()指令

一般而言，我們可以直接利用/res/layout/OOOOO.xml 內所出現的 xml 標籤名稱（參考圖 3-4(a)），拿來用在 Java 程式中作物件變數宣告；然後藉由 findViewById(R.id.editText1)將指定 id 的元件取出（參考圖 3-4(b)）。

(a)

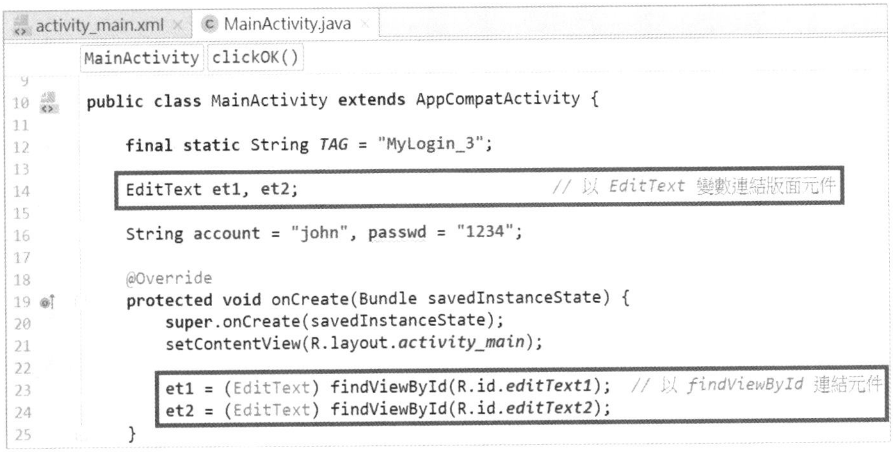

```
activity_main.xml × | MainActivity.java ×
MainActivity | clickOK()
10  public class MainActivity extends AppCompatActivity {
11
12      final static String TAG = "MyLogin_3";
13
14      EditText et1, et2;                          // 以 EditText 變數連結版面元件
15
16      String account = "john", passwd = "1234";
17
18      @Override
19      protected void onCreate(Bundle savedInstanceState) {
20          super.onCreate(savedInstanceState);
21          setContentView(R.layout.activity_main);
22
23          et1 = (EditText) findViewById(R.id.editText1);  // 以 findViewById 連結元件
24          et2 = (EditText) findViewById(R.id.editText2);
25      }
```

(b)

```
activity_main.xml × | MainActivity.java ×
MainActivity | onCreate()
26
27      public void clickOK(View v) {
28          // 1. 秀在 Title
29  //      this.setTitle("確定鈕已按下！");
30          // 2. by Toast
31  //      Toast.makeText(this, "確定鈕已按下！", Toast.LENGTH_SHORT).show();
32          // 3. 以 Log 秀在日誌(Logcat)區
33          Log.i(TAG, msg: "確定鈕已按下！");
34          if(account.equals(et1.getText().toString())  &&                          // 以 Java equals 比較字串
35                  passwd.equals(et2.getText().toString())) {                       // 帳號與密碼都要一致才正確
36              Toast.makeText( context: this,  text: "登入成功！", Toast.LENGTH_SHORT).show();  // 以 Toast 顯示結果訊息
37          }
38          else {
39              Toast.makeText( context: this,  text: "登入失敗！", Toast.LENGTH_SHORT).show();
40          }
41      }
```

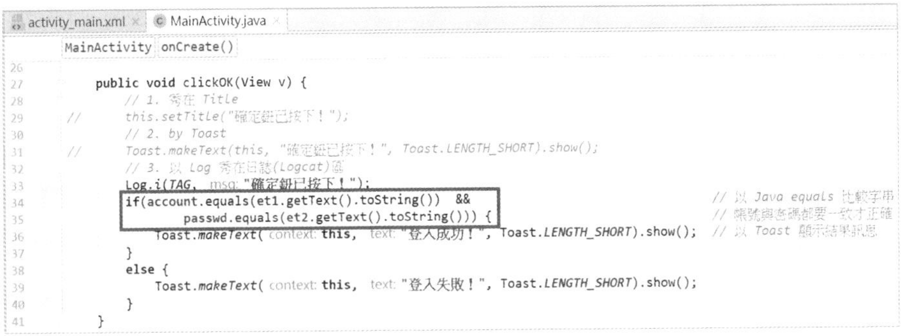

(c)

圖3-4 以 MyLogin_3 專案為例模擬身分認證之程式重點：(a)xml 的標籤名稱通常就是 Java 元件名稱；(b)Java 程式連結 xml 元件的方法；(c)Java 程式判斷 EditText 元件之內容的方法。

換句話說，這種 Java 沒有、Android 特有的 setContentView()相當於在某處先執行（this 代表所在之 Activity 的物件指標）：

```
EditText account = new EditText(this);
EditText passwd = new EditText(this);
```

然後 findViewById()相當於再在某處執行兩物件的指派動作：

```
et1 = account;
et2 = passwd;
```

最後，關於這支程式原來的主題，也就是帳號/密碼的認證部份，先是透過 EditText 元件所提供的 getText()方法，然後轉成字串：

```
et1.getText().toString()
et3.getText().toString()
```

然後與事先定義好的帳號/密碼字串進行內容比較：

```
account.equals(et1.getText().toString()) &&
passwd.equals(et3.getText().toString())
```

在這裡可運用 Java 的 if-else 加以判斷，當然要運用&&邏輯運算子作交集，務必達成帳號/密碼全部吻合才可放行（參考圖 3-4(c)）！

執行結果如圖 3-5 所示，讀者可以嘗試在入專案並執行。另外，眼尖的讀者已經發現圖 3-4(a)的版面 Layout 已經從原本的 ConstraintLayout 變成調色盤的 Legacy 群組中的 RelativeLayout！這是因為作者希望在本書先讓讀者熟悉比較單純的 RelativeLayout，日後再嘗試 ConstraintLayout。

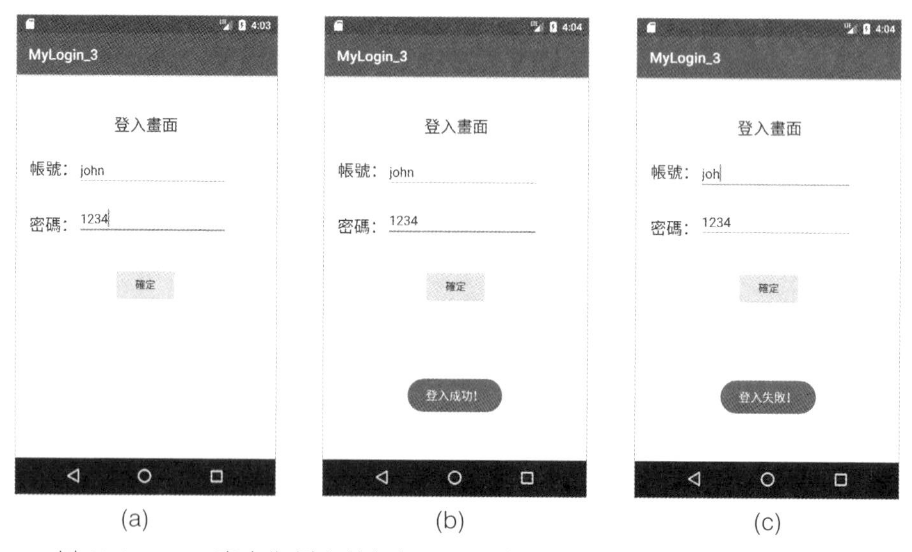

圖3-5 以 MyLogin_3 專案為例之執行解果：(a)輸入帳號/密碼；(b)按下「確定」鈕後，若資料正確則顯示「登入成功」；(c)按下「確定」鈕後，若資料錯誤則顯示「登入失敗」。

讀者可以嘗試以 MyLogin_2 專案為基礎，利用調色板工具，將 ConstraintLayout 轉換成 RelativeLayout，步驟參見圖 3-6：

1. 找到 Convert View 功能選項：見圖 3-6(a)(b)，選取 RelativeLayout 取代 ConstraintLayout。
2. 將視圖元件重新歸位：見圖 3-6(c)至(e)。這是因為 ConstraintLayout 所用到的定位參數多於 RelativeLayout，必須重新定位。

如圖 3-6(e)所示，讀者可依三步驟原則，逐一歸位視圖元件。

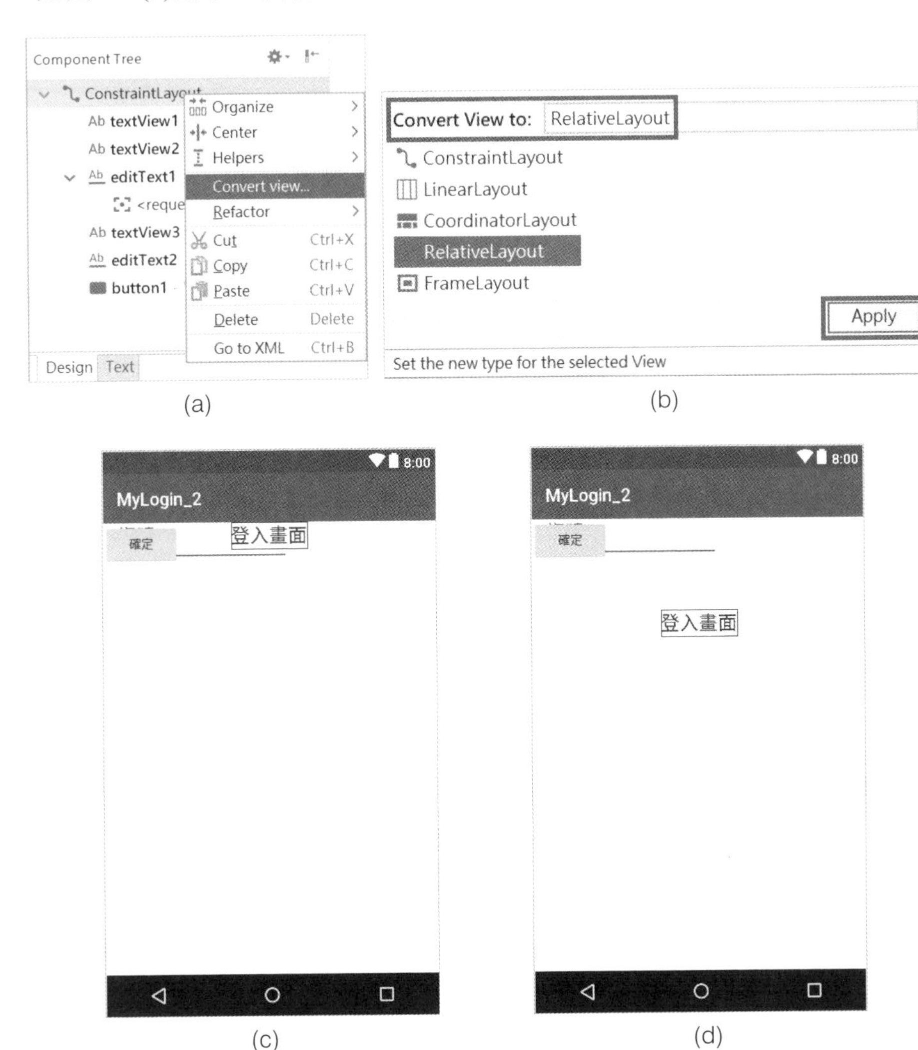

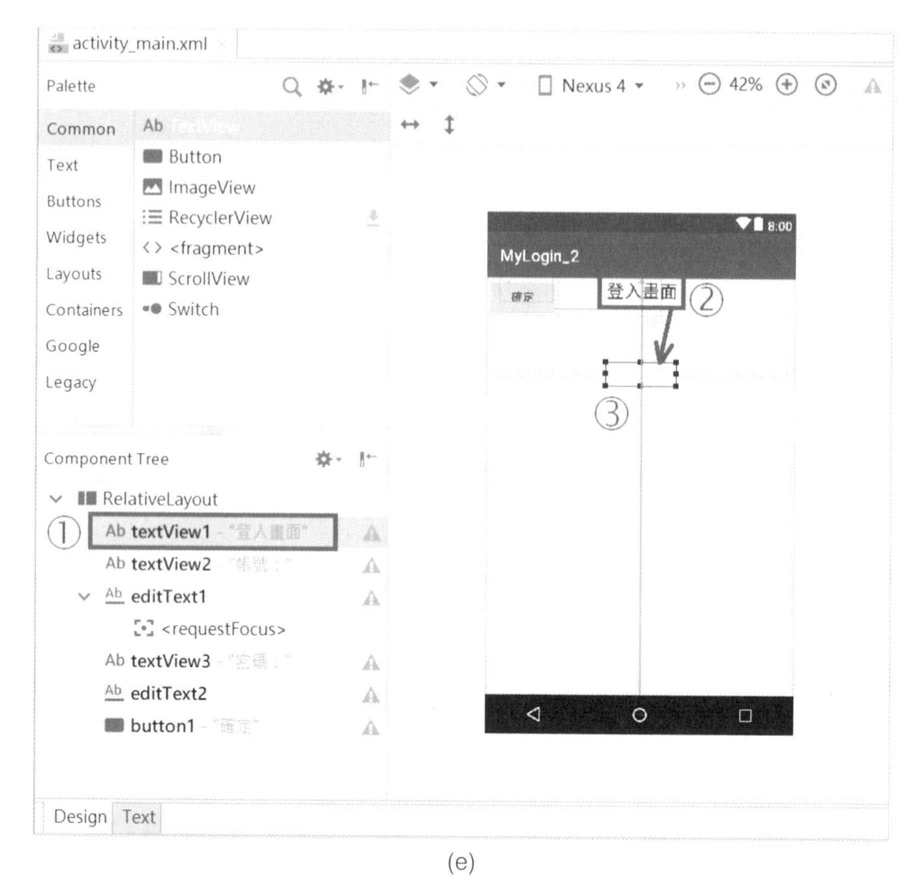

(e)

圖3-6 以 MyLogin_2 專案為例說明如何改變 Layout 項目：(a)在 ConstraintLayout 上，點擊滑鼠右鍵，選取 Convert view 功能項；(b)在 Convert View 對話框，選取 RelativeLayout 項目；(c)版面佈局的預覽圖會出現變化，所有視圖項目全部擠在左上角 0,0 位置；(d)練習將所有視圖項目歸位，首先要將標題「登入項目」歸位；(e)示範歸位三步驟：
①在 Component Tree 視窗，點擊「登入項目」之 TextView、
②在預覽視窗按住「登入項目」不放、
③直到滑鼠拖曳至希望歸位的地方。

最後有一項叮嚀與 xml 版面佈局有關，讀者可能也已經注意到了，那就是由於 RelativeLayout 對於每個元件的位置往往採取「相對的（Relative）」措施，例如：layout_alignParentLeft、layout_alignParentTop 等是相對於母板位置、layout_below、layout_left 等是相對於某個元件的位置，以此類推。

因此，當我們編排 xml 版面到一半突然想要改變某個元件的位置時，如果該元件有被其它元件「參考到」，則會產生「牽一髮而動全身」的效應，造成整個版面因為連動而亂掉。基本上，我們只能採取「由後往前」的方式倒推回去調整位置，但就怕該元件之後的元件眾多，顧此而失彼。

除非直接從 xml 本文去作調整，前提是要瞭解參數的意義才不會改錯。

3.3 單選鈕與複選鈕

圖 3-1(d)所示的基本控件中，還包括常見的單選鈕（◉）與複選鈕（☑），所以在這一小節我們就用它們來製作一個簡單的問卷，版型如圖 3-7 所示，簡單調查一下姓名、性別與嗜好，然後按下「送出」鈕進行統計。

圖 3-7 也可以看出 RelativeLayout 一些位置「對齊（Alignment）」的現象，例如 radioGroup1 元件的上方對齊 textView3 元件、左方對齊 editText1 元件。

在這個名為 MyQuestionnaire_1 專案的程式中，先針對兩個單選鈕（rb0 與 rb1）進行測試，指令如下：

```
if(rb0.isChecked())        {…}
else if(rb1.isChecked())   {…}
```

其中最令人好奇的應該是 Android 要如何讓兩個獨立的按鈕達成單選的效果？從圖 3-7 就可以看到一個特殊的項目，叫做 RadioGroup，顧名思義，它可以將多個單選鈕（RadioButton）群組起來，達到單選的效果。

另外，圖 3-7 的預覽圖有兩組，分別稱為設計圖（Design）和藍圖（Blueprint），讀者可以點擊（◈▾）下拉按鈕加以勾選。

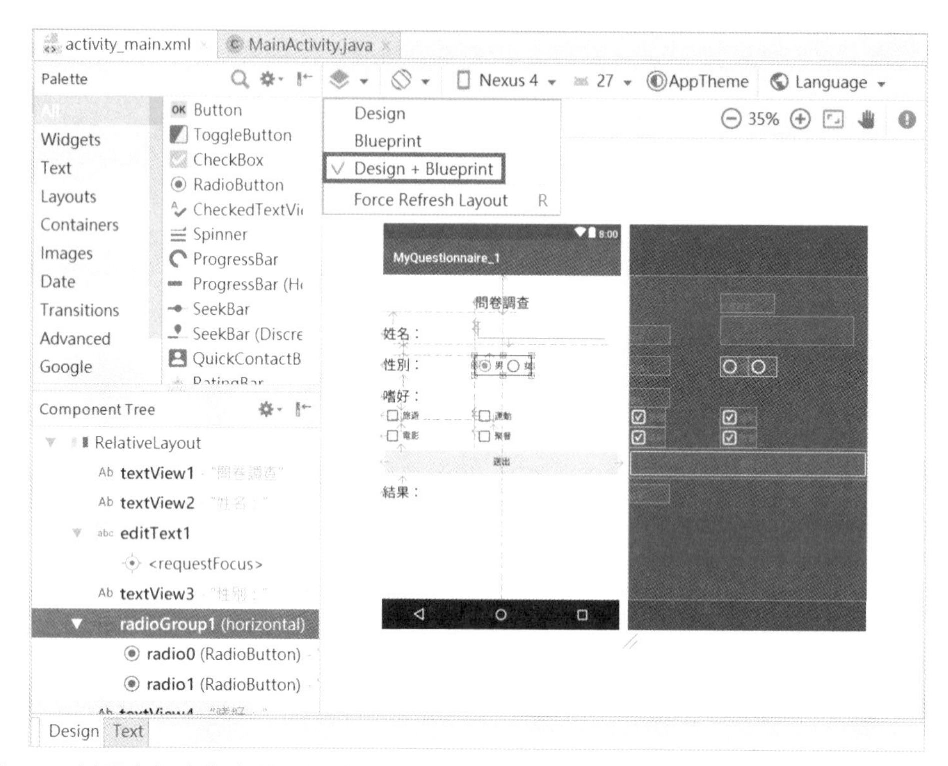

圖3-7 以問卷調查為名義，設計一個運用單選鈕以及複選鈕的版型。

3.3.1 以問卷調查作單選鈕演練

執行結果如圖 3-8 所示，圖 3-8(b)與(c)分別是選取男性和女性的結果畫面，是利用 Toast 來顯示結果訊息的。

之所以能成功達到「單選」的效果，是因為這兩個按鈕在 xml 佈局時就已經運用 Containers ⇨ RadioGroup 元件（ RadioGroup ）加以群組起來。

又因為單選鈕和複選鈕這類可以被「點選」的元件，都內建有 isChecked() 這種檢查功能，因此我們可以為「送出鈕」的 MVC 設計原則下，檢查這些單選鈕被點選的情況，再分別為它們設計對應的程式邏輯。

圖3-8 以 MyQuestionnaire_1 專案為例說明單選鈕的運作：(a)初始畫面；(b)按下「送出」鈕後，因為性別初始值為「男」，因此 Toast 顯示「男生」；(c)若改點選「女」，則按下「送出」鈕後，Toast 顯示「女生」。

3.3.2 以問卷調查作複選鈕演練

複選鈕在 Android 是以 CheckBox 元件來定義的，使用上類似 RadioButton，都是以 isChecked()方法的 boolean 回傳值來作是否勾選的判斷。

調色板的部份是選取 Widgets ⇨ CheckBox 元件（ CheckBox ），它們彼此各自獨立，並不需要任何 Group 元件加以群組。

圖 3-9 是執行結果的截圖，其中圖 3-9(b)是所謂的「防呆」檢查，而圖 3-9(c)則準確地將單選和複選結果連同姓名顯示出來。

複選鈕的程式判斷部份可參考圖 3-10 的框線部份，讀者可以對照單選鈕和複選鈕在程式判斷上，所用的流程控制有何異同？

也就是說，為什麼單選鈕的程式判斷邏輯應該使用 if-else 語法結構，而複選鈕的程式判斷邏輯卻應該使用分別執行單獨的 if 語法結構？

圖3-9 以 MyQuestionnaire_2 專案為例說明複選鈕的運作：(a)初始畫面；(b)若尚未填寫姓名就按下「送出」鈕，可以加上判斷，顯示「尚未填寫姓名」的提示訊息；(c)勾選「旅遊」和「聚餐」複選鈕之後，再按下「送出」鈕，結果顯示在下方的 TextView 中。

```
activity_main.xml ×   MainActivity.java ×
MainActivity  findViews()
41      public void clickOK(View v) {
42          String msg = "";
43          Log.i(TAG, msg: "確定鈕已按下！");
44
45          // 檢測姓名
46          if( et1.getText().toString().equals("")) {
47              Toast.makeText( context: this,  text: "尚未填寫姓名", Toast.LENGTH_SHORT).show();
48              return;
49          }
50
51          // 檢測性別
52          if(rb0.isChecked())
53              msg += et1.getText().toString() + "是男生";
54          else if(rb1.isChecked())
55              msg += et1.getText().toString() + "是女生";
56          // 檢測嗜好
57          msg += ", 嗜好為";
58          if(cb1.isChecked())
59              msg += cb1.getText().toString();
60          if(cb2.isChecked())
61              msg += cb2.getText().toString();
62          if(cb3.isChecked())
63              msg += cb3.getText().toString();
64          if(cb4.isChecked())
65              msg += cb4.getText().toString();
66          // 顯示結果
67          tv1.setText(msg);
68      }
```

圖3-10 複選鈕的判斷不能以 if-else 型式作控制，必須分別採用 if 型式作判斷。

3.3.3* 重要叮嚀與補充

圖 3-6 與圖 3-2 同樣出現一個驚嘆號（⚠），出現的原因是因為 Android 對於文字資源的運用有專用的位置，位於/res/values/strings.xml 內，以 xml 格式進行定義，目的是為了多國語言的智慧切換機制，用法如下：

```
"@string/hello_world"
```

作者目前為了簡化問題，先都直接以 Java 字串方式定義文字訊息，不算錯誤（Error），但被警告（Warning）。請見附錄 D 有詳細說明。

3.4* 元件之間的屬性互動

版面佈局的屬性太過繁多，受限於篇幅往往無法全數說明！通常最有效的學習方式之一是透過一些有趣的主題範例作切入，進而觸類旁通，能夠旁徵博引。

圖3-11 以 MyQuestionnaire_3 專案為例說明元件之間的屬性互動：(a)初始畫面；(b)若勾選「運動」鈕，則跳出一個 TextView 上頭有「如：」提示語、以及一空白的 EditText；(c)假設一名叫 mary 的女生，運動嗜好包括 tennis，點擊送出鈕之後的執行結果。

以下透過兩組元件之間的互動案例，期望帶出讀者興趣，裡頭所包含的屬性有能見度（Visibility）、背景色（Background Color）、版面比重（Layout Weight）等等，控制方面的技巧有 2 段式開關、N 段式開關、按鈕勾選狀態改變監聽器（OnCheckedChangeListener）等等，非常實用。

3.4.1 元件 A 讓元件 B 消失再現

這一小節延續上一小節的 MyQuestionnaire_2，希望作到如圖 3-11 的效果，就是勾選運動選項時，能跳出相關提示和空白欄位供填寫。

這是一種典型的元件互動方式，就是由某個元件 A 控制另一元件 B 的消失或再現，這種手法也常見於網頁中。通常一開始會將相關元件的能見度屬性設為看不到（Invisible）或消失（Gone），MyQuestionnaire_3 專案的作法如圖 3-12 所示。

消失與看不到之屬性同樣都讓使用者「看不到」，但「消失」屬性甚至連原本所佔用的版面空間都消失了，關於這種屬性的應用，讀者可以多加留意。

圖3-12 MyQuestionnaire_3 專案的版面將相關元件的能見度屬性設為「看不到」：(a)TextView 的能見屬性設定；(b)EditText 的能見屬性設定。

再來談到這個專案中所用到的另一種「控制器」，稱為 OnCheckedChangeListener，這是針對單選鈕與複選鈕才有的一種監聽器，能「即時」監聽選鈕的選取狀態，不論是勾選，或是取消勾選，都能偵測出來。

這種監聽器不像 onClick，有 Android 的/res/layout 調色板協助在 xml 內註冊，而只能在 Java 程式中註冊。圖 3-13 顯示如何在程式中註冊的慢動作擷圖，所用的方法在 Java 稱為「匿名類別」法，就是不特別宣告子類別的名稱。其中所需實作的方法包含一個傳入的 boolean 參數，就是選鈕的選取狀態：

```
public void onCheckedChanged(CompoundButton arg0, boolean bStatus) {…}
```

我們就可以利用此 boolean 狀態參數，據以判斷是否將文字欄位開啟或關閉，非常方便！讀者可以從圖 3-13(d)看到完整的判斷程式，這個 boolean 參數就是系統監聽的結果，我們直接拿來使用即可。

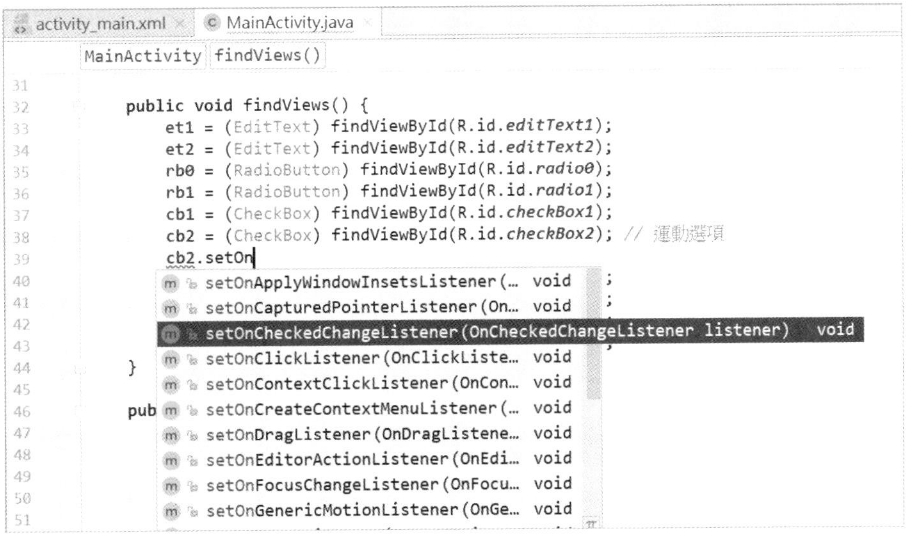

```
activity_main.xml   MainActivity.java
MainActivity  findViews()
31
32      public void findViews() {
33          et1 = (EditText) findViewById(R.id.editText1);
34          et2 = (EditText) findViewById(R.id.editText2);
35          rb0 = (RadioButton) findViewById(R.id.radio0);
36          rb1 = (RadioButton) findViewById(R.id.radio1);
37          cb1 = (CheckBox) findViewById(R.id.checkBox1);
38          cb2 = (CheckBox) findViewById(R.id.checkBox2); // 運動選項
39          cb2.setOn
40            setOnApplyWindowInsetsListener(…  void
41            setOnCapturedPointerListener(On…  void
42            setOnCheckedChangeListener(OnCheckedChangeListener listener)  void
43            setOnClickListener(OnClickListe…  void
44      }     setOnContextClickListener(OnCon…  void
45            setOnCreateContextMenuListener(…  void
46      pub   setOnDragListener(OnDragListene…  void
47            setOnEditorActionListener(OnEdi…  void
48            setOnFocusChangeListener(OnFocu…  void
49            setOnGenericMotionListener(OnGe…  void
```

(a)

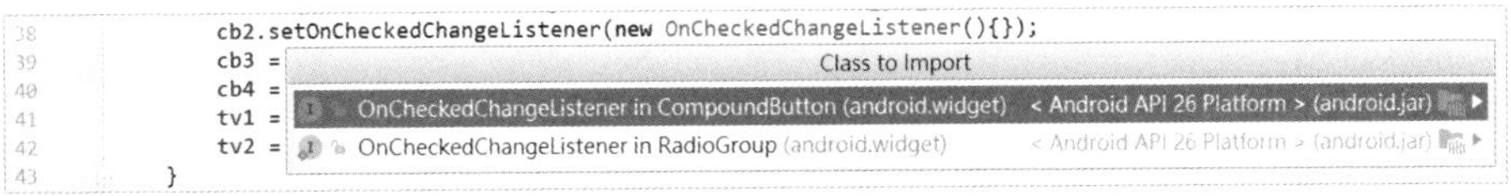

```
38          cb2.setOnCheckedChangeListener(new OnCheckedChangeListener(){});
39          cb3 =   Class to Import
40          cb4 =   OnCheckedChangeListener in CompoundButton (android.widget)  < Android API 26 Platform > (android.jar)
41          tv1 =   OnCheckedChangeListener in RadioGroup (android.widget)  < Android API 26 Platform > (android.jar)
42          tv2 =
43      }
```

(b)

```
cb2.setOnCheckedChangeListener(new OnCheckedChangeListener(){});
cb3 = (CheckBox) findViewById(R.id.checkBox3);
cb4 = (CheckBox) findViewById(R.id.checkBox4);
tv1 = (TextView) findViewById(R.id.textView5);
tv2 = (TextView) findViewById(R.id.textView6);
```

Implement methods
Annotate interface 'OnCheckedChangeListener' as @Deprecated

(c)

```
cb2.setOnCheckedChangeListener(new OnCheckedChangeListener(){

    public void onCheckedChanged(CompoundButton arg0, boolean bStatus) {
        if(bStatus) {
            et2.setVisibility(View.VISIBLE);
            tv2.setVisibility(View.VISIBLE);
        }
        else {
            et2.setVisibility(View.INVISIBLE);
            tv2.setVisibility(View.INVISIBLE);
        }
    }});
```

(d)

圖3-13 以 MyQuestionnaire_3 專案為例說明「元件 A 讓元件 B 消失再現」：(a)以 cb2 元件執行點運算子，並輸入局部名稱 setOn 字樣之後，從 IDE 工具自動跳出候選名單；(b)完成註冊指令的框架之後，雖然出現錯誤，但可利用 Alt-Enter 繼續引出候選修正功能表，並選取 import 敘述；(c)選取 import 敘述之後，雖然又出現錯誤，但可再利用 Alt-Enter 繼續引出候選修正功能表；(d)利用所傳入的 boolean 旗標 bStatus，完成程式邏輯。

3.4.2 元件 A 讓元件 B 色彩變換

本節的範例是另一種元件之間的屬性互動：觸發某個 Button 按鈕的 onClick 會改變另一 RelativeLayout 元件的顏色。

什麼？RelativeLayout 有顏色可以設定？它不是透明看不見的嗎？它不是專門負責版面佈局，「不給看」的嗎？

讀者心中可能會閃過上述這些疑問，這也是這個案例設計的其中一個目的，原來，RelativeLayout 元件也是 View 類別的子孫，因此同樣「享有」許多 View 類別的功能好處！

因此，從圖 3-14 的兩個擷圖就可看到 Background 屬性同 onClick 一樣都可以利用調色版右方的 Attributes 視窗完成初值設定，#00FF00 代表綠色。

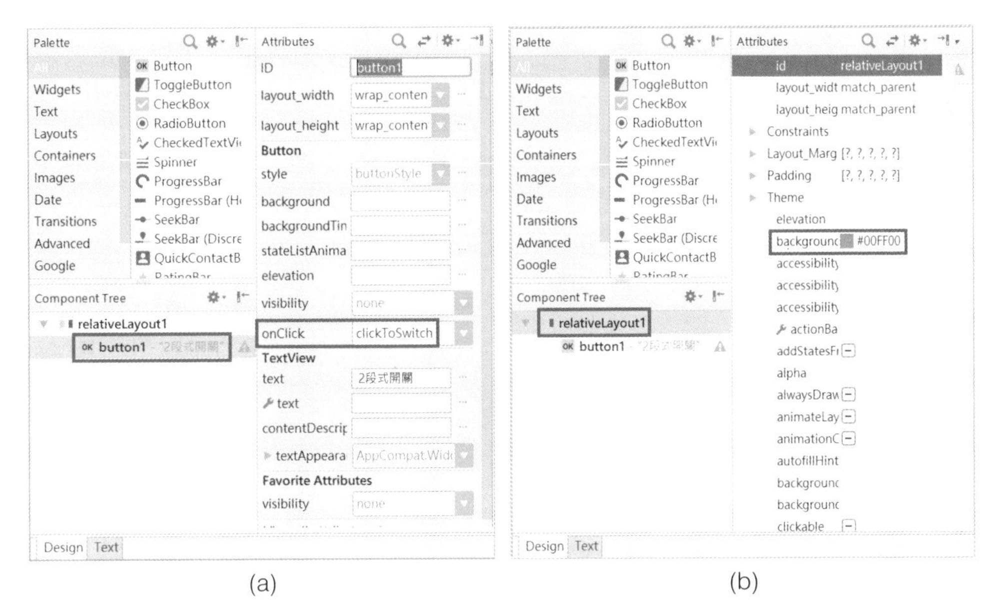

圖3-14 以 MySwitch_1 專案為例説明「元件 A 讓元件 B 色彩變換」:(a)將 Button 的 onClick 屬性註冊名稱設為 clickToSwitch；(b)將 RelativeLayout 的 Background 屬性設為 #00FF00（代表綠色）。

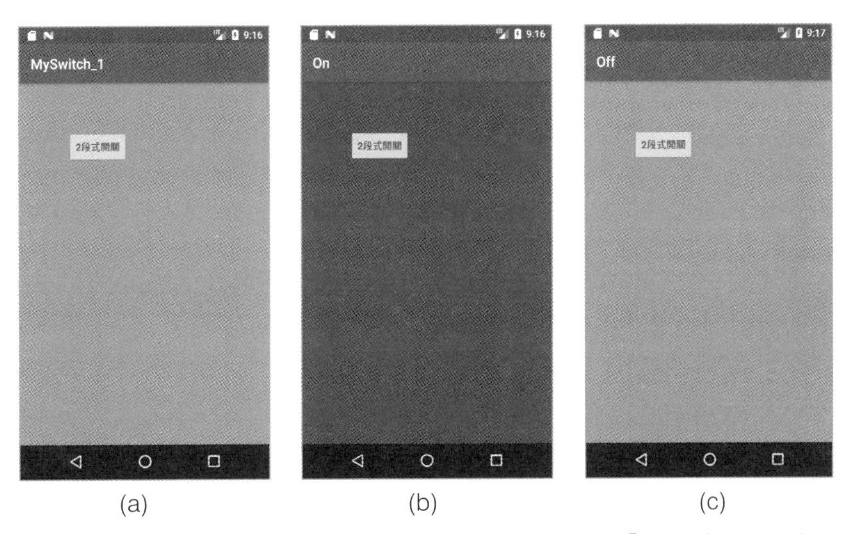

圖3-15 (a)MySwitch_1 初始畫面的背景色為綠色；(b)若按下「2 段式開關」鈕，則將背景色改為紅色；(c)若再按下「2 段式開關」鈕，則將背景色回復成綠色。

而圖 3-15 從(a)到(b)再到(c)則表示執行 MySwitch_1 專案的流程：當按下奇數次的按鈕時，標題會顯示 On 字樣，底色會變為紅色，表示開關開啟中。

相反地，當按鈕按下偶數次時，標題會顯示 Off 字樣，底色會回到綠色，表示開關已關閉。讀者可以練習將 Button 上的文字隨著開關狀態改變文字與顏色！

至於程式部份，則可由圖 3-16 看到，關鍵在於 boolean 變數的應用。讀者同樣可以練習將 bStatus 的狀態設定，用以下邏輯進一步簡化程式碼：

```
bStatus = !bStatus;
```

開關機制並不一定是兩段式，如果要擴展成 N 段式，就不能再用 boolean 變數來記錄狀態，而要改用像整數這種可以容納 N 個數值的資料型態變數。

```
activity_main.xml    MainActivity.java

 9   public class MainActivity extends AppCompatActivity {
10
11       boolean bStatus = false;
12       RelativeLayout relativelayout;
13
14       @Override
15       protected void onCreate(Bundle savedInstanceState) {
16           super.onCreate(savedInstanceState);
17           setContentView(R.layout.activity_main);
18           //
19           relativelayout = (RelativeLayout) findViewById(R.id.relativeLayout1);
20       }
21
22       public void clickToSwitch(View v) {
23           if(bStatus==false) {
24               relativelayout.setBackgroundColor(Color.RED);
25               setTitle("On");
26               bStatus = true;
27           }
28           else {
29               relativelayout.setBackgroundColor(Color.GREEN);
30               setTitle("Off");
31               bStatus = false;
32           }
33       }
34   }
```

圖3-16 MySwitch_1 於所實作的 onClick 程式中，利用自訂的 boolean 旗標，控制 relativeLayout1 版面佈局元件的背景顏色、以及標題訊息文字。

藉此機會，我們擴充 MySwitch_1 專案，在版面上新增一個按鈕作 3 段式開關，並運用水平的 LinearLayout 版面佈局元件將兩個 Button 並排，讀者可以參考圖 3-17(a)至(d)的操作步驟，其中(c)與(d)是利用 Component Tree 介面來作的。

進一步為了等比例並排，我們可以利用 layout_weight 這個屬性，目前的 AndroidStudio 會自動將兩個 Button 各都設為 1，或是我們手動都設為 0.5。但在設定之前，需要先將 Button 從 RelativeLayout 所留下來的對齊屬性移除，才能正確地按照 50%的比例擺放。

相關動作讀者可以參考圖 3-17(e)至(g)的步驟。

圖 3-18 是執行 3 段式開關的動作截圖，原來的 2 段式開關功能保留，但是 3 段式開關所改變的標題與背景顏色，皆已有所不同。

圖 3-19 的(a)與(b)分別看到 MySwitch_2 專案如何擴充 MySwitch_1 程式，無論是宣告新的整數變數記錄開關狀態、以及共用 clickOnSwitch 監聽程式所需要的元件判斷和相關之開關功能的程式設計。

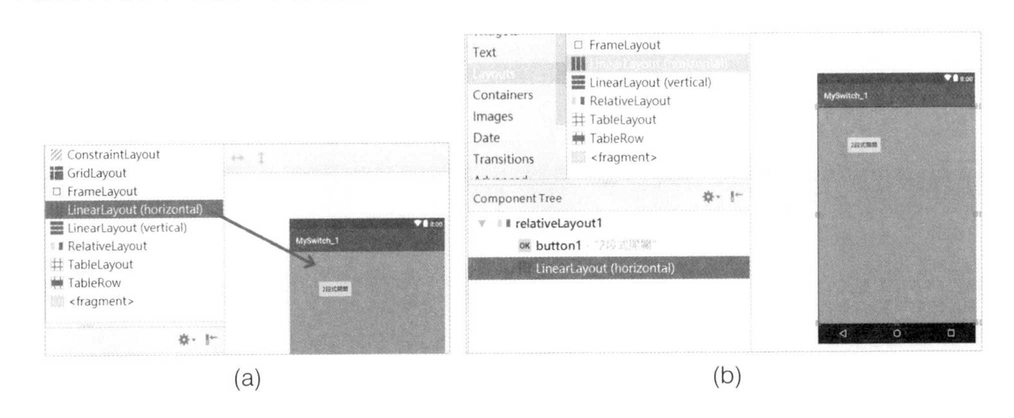

(a) (b)

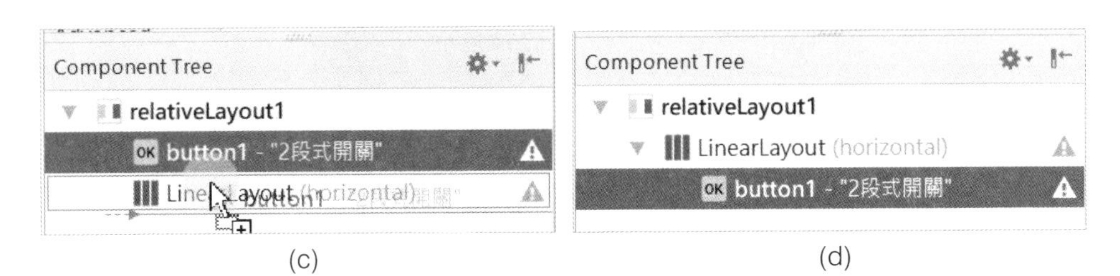

(c) (d)

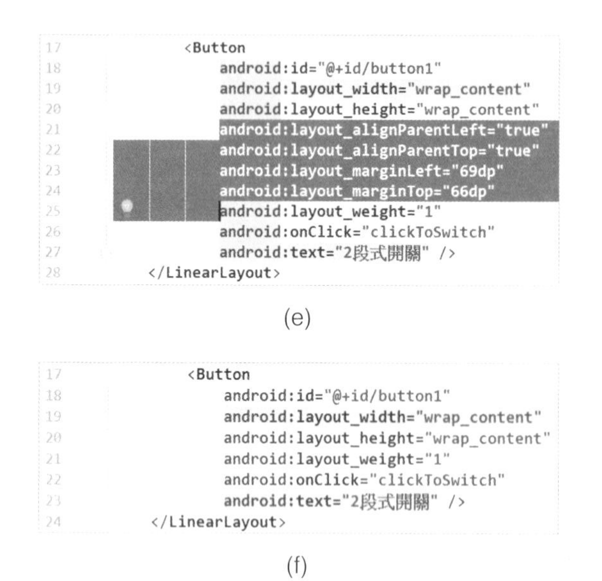

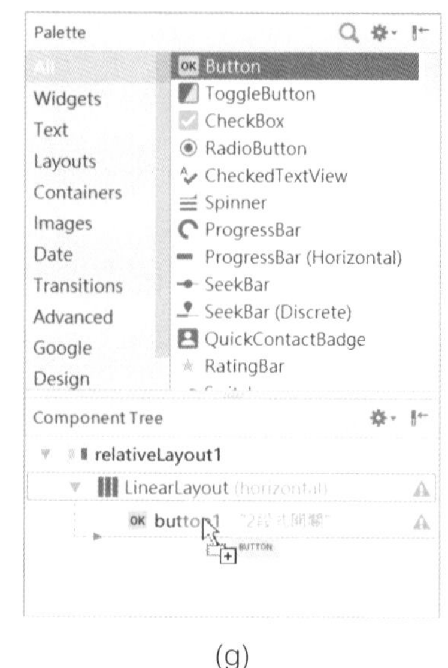

圖3-17 以 MySwitch_1 專案，新增 3 段鈕：(a)利用調色板新增水平的 LinearLayout；(b)加以左右對齊視窗；(c)利用左方 Component Tree 視窗來將 Button 放入 LinearLayout 中；(d)擺放完畢後以階層顯示；(e)移除 RelativeLayout 所留下來的對齊屬性；(f)移除後的結果；(g)利用調色板新增按鈕，並將按鈕文字改成「3 段式開關」，並新增屬性 android:onClick="clickToSwitch"。

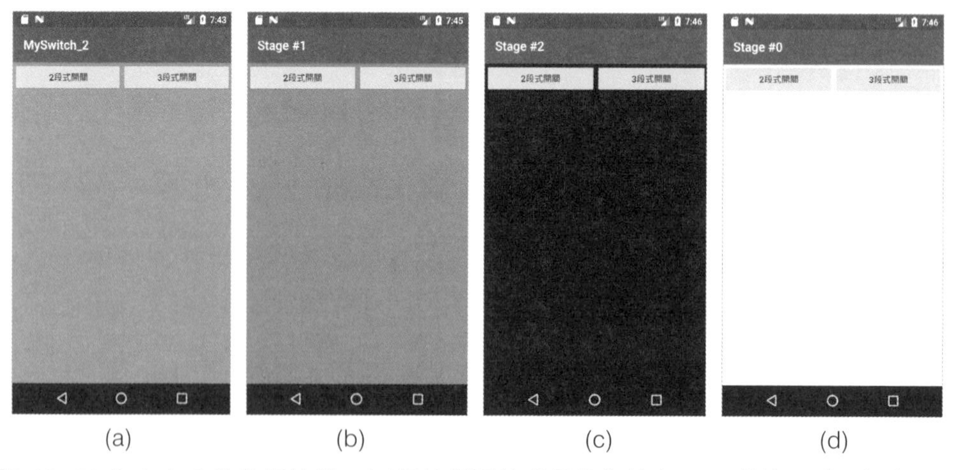

圖3-18 MySwitch_2 的執行結果：(a)初始畫面的背景色為綠色；(b)若按下「3 段式開關」鈕一次，則將背景色改為灰色；(c)若再按下「3 段式開關」鈕，則將背景色再改成黑色；(d)若又再按下「3 段式開關」鈕，則再將背景色改成白色。

```
MainActivity
10  public class MainActivity extends AppCompatActivity {
11
12      boolean bStatus = false;
13      int iStatus = 0;
14      RelativeLayout relativelayout;
15      Button btn1, btn2;
16
17      @Override
18      protected void onCreate(Bundle savedInstanceState) {
19          super.onCreate(savedInstanceState);
20          setContentView(R.layout.activity_main);
21          //
22          relativelayout = (RelativeLayout) findViewById(R.id.relativeLayout1);
23          btn1 = (Button) findViewById(R.id.button1);
24          btn2 = (Button) findViewById(R.id.button2);
25      }
```

(a)

```
MainActivity  clickToSwitch()
27      public void clickToSwitch(View v) {
28          if(v==btn1) {
29              if(bStatus==false) {
30                  relativelayout.setBackgroundColor(Color.RED);
31                  setTitle("On");
32                  bStatus = true;
33              }
34              else {
35                  relativelayout.setBackgroundColor(Color.GREEN);
36                  setTitle("Off");
37                  bStatus = false;
38              }
39          }
40          else if(v==btn2) {
41              if(iStatus==0) {
42                  relativelayout.setBackgroundColor(Color.GRAY);
43                  setTitle("Stage #1");
44                  iStatus = 1;
45              }
46              else if (iStatus==1) {
47                  relativelayout.setBackgroundColor(Color.BLACK);
48                  setTitle("Stage #2");
49                  iStatus = 2;
50              }
51              else if (iStatus==2) {
52                  relativelayout.setBackgroundColor(Color.WHITE);
53                  setTitle("Stage #0");
54                  iStatus = 0;
55              }
56          }
57      }
```

(b)

圖3-19 (a)將 MySwitch_1 修改成 MySwitch_2，需要新增一個整數變數 iStatus 作為狀態記錄之用；(b)圖(a)所宣告的兩個 Button，目的在用以區別所 Click 的元件為何，並進一步作三段開關的控制與顯示動作。

3.5 思考與練習

讀完本章之後，可以嘗試思考與練習以下題目：

1. 假設帳號增為 3 組資料如下：

```
帳號："john", "mary", "paul"
密碼："1234", "56789", "abcd0"
```

   試將 MyLogin_3 擴充為 MyLogin_4，配合適當的資料結構與流程控制，加以實作完成。

2. 試將 MySwitch_2 擴展為 MySwitch_3，使其中的規格內容修改如下：

   (a) Button 上的文字能隨著開關狀態的改變而跟著改變文字與顏色。

   (b) 以 bStatus = !bStatus; 的指令技巧修改原本的 2 段式開關控制機制。

   (c) 以 iStatus = (iStatus+1)%3; 的指令技巧修改原本的 3 段式開關控制機制。

3. 試將 MySwitch_2 擴展為 MySwitch_4，其中包含一 4 段式開關，並同樣與另兩組開關並排。

   （提示：可將 layout_weight 屬性全設為 0.33，背景顏色的切換由讀者自行安排）

CHAPTER

04

觸控行為

4.1 前言

觸控螢幕（Touch Screen）技術其實不是近年來的新技術，早在多年前觸控介面就與 CRT 螢幕結合起來，經常出現在各大展場中，扮演導覽的角色；後來，金融 ATM 櫃員機也普遍應用。

換句話說，觸控螢幕應用在 PC 或 Notebook 筆電的情形雖然並不多見，但在個人數位助理（PDA）卻經常見到，因為往往搭配一支觸控筆，作隨身筆記等文書工作相當方便。

根據作者的觀察，這一波從 2007 年左右至今的智慧行動裝置浪潮所標準配備的「滑動式（Sliding）」觸控螢幕之所以風起雲湧，除了造成 2011 年底市場排名極大的變化，更造就後起之秀前仆後繼地發展，其濫觴要算是蘋果電腦的音樂隨身聽所謂的 ClickWheel（點擊式轉盤）介面了！

因為 ClickWheel 所帶來創新的操控潮流與風評，結合「點擊（Click）」與「轉動（Wheel）」於一身的極簡風格，逐漸為多數用戶所接受和期待使用的心理作用，確實造就後來無論是 iPod Touch、iPhone，以及目前市佔最高的 Android 系列手機與平板裝置。

智慧型手機在這十年發展以來，不外乎以下四類主要的觸控手勢行為：

1. 單點點擊（Click）：常見於各種按鈕點擊、選單選取、App 啟動等等之操作。
2. 單點滑動（稱為 Sliding 或是 Dragging）：常見於各種密碼解鎖、浮動式按鈕、滑動元件等等之操作。
3. 兩點縮放（Zooming）：常見於地圖縮放、相片縮放、網頁縮放等等之操作。
4. 多點手勢（Multi-touch gesture）：常見於特定 App 之手勢應用。

因此，本章特別在中間兩項觸控手勢，也就是滑動與縮放的行為，加以選材，說明觸控行為的用法精華。

4.2 用圖片作觸控點擊演練

在人機介面的訊息顯示內容中，文字與圖形絕對佔有多數的角色，而所謂的圖文並茂、看圖能說故事的訊息擷取概念，也貼切形容圖片絕對是一項極佳的媒體溝通管道。

在 Android，所有的視覺化元件都屬於 View 類別的「子孫」，這樣的說法源自於物件導向的觀念。而 View 類別都提供一個 Background 屬性，可以在 xml 或 Java 中設定背景圖片（Android 的圖片至少有 Drawable、Bitmap 和 Resource 三種存在的形式）。也就是說，圖片與視圖元件在此有了交集！

不僅如此，有些視圖元件還提供了前景圖片的設定方式，例如，ImageView、ImageButton 等等，即使其它元件沒有提供設定前景圖片的 API，卻能藉由覆寫 View 類別的 onDraw(Canvas)或 draw(Canvas)方法來設定圖片。

換言之，有了背景圖片和前景圖片的雙重設定方式，就能讓整個 Android App 的畫面更加豐富好看！而本小節就先以圖片結合點擊手勢做一些簡單的用法說明。

4.2.1 點擊圖片模擬翻牌動作

底下我們會展開一系列影像元件的測試動作，為要模擬 Poker 四張花色的翻牌動作。因此，我們事先準備好五張圖片，都放置在/res/drawable 資料夾內，分別是 96 x 96 的牌背 Android 圖案，以及 80 x 80 的牌面花色圖案，如圖 4-1 所示。

翻牌動作好比上一章所介紹的開關技巧，特別是 2 段式開關，所以同樣可以藉由一個 boolean 變數來記錄目前是牌面是向上或向下？

圖 4-2 顯示如何利用 ImageView 作為圖片展示的元件，以及相關的屬性設定動作。圖 4-3 則是 ImageView_1 所要達成的翻牌效果之擷圖。

最後是程式實作的部份，讀者可以看到很有趣的一件事情是，翻牌動作簡直就像開關，圖 4-4 實作的 clickToOpen 方法如同應用上一章的開關功能！

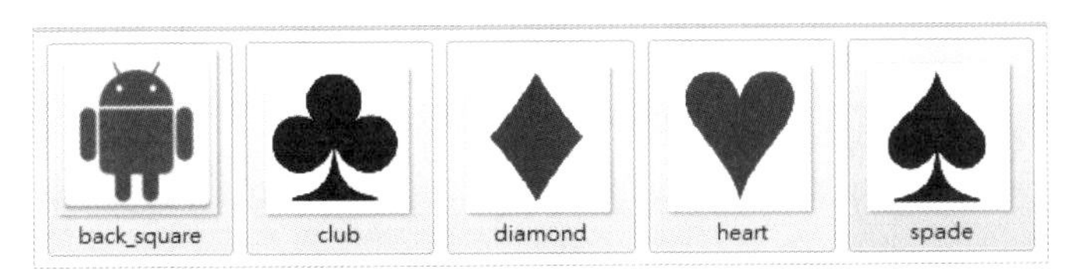

圖4-1 預先準備好的 Poker 花色圖片和牌背 Android 圖案。

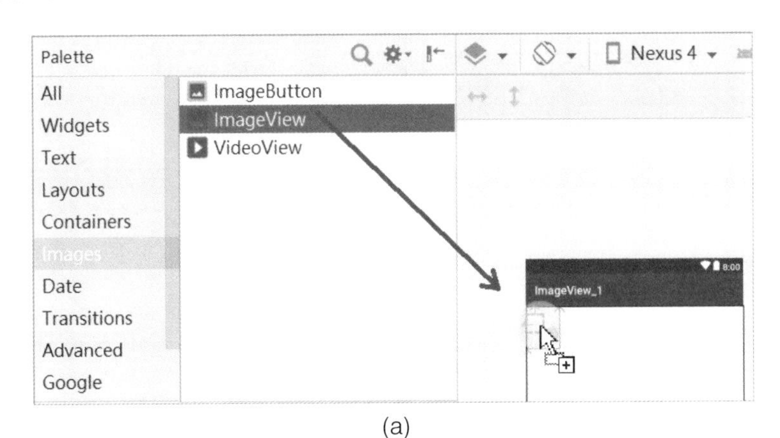

(a)

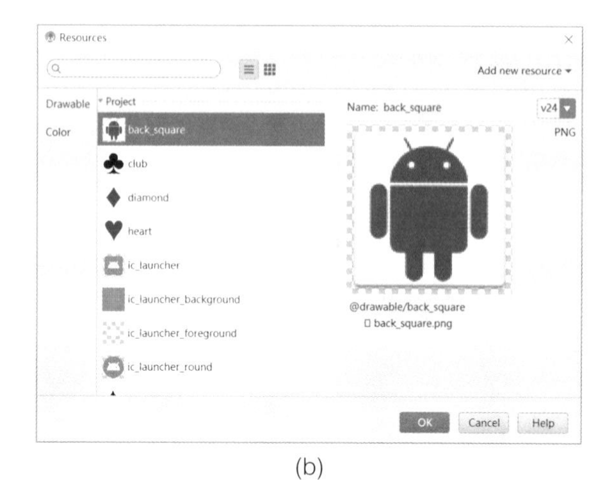

(b)

(c)

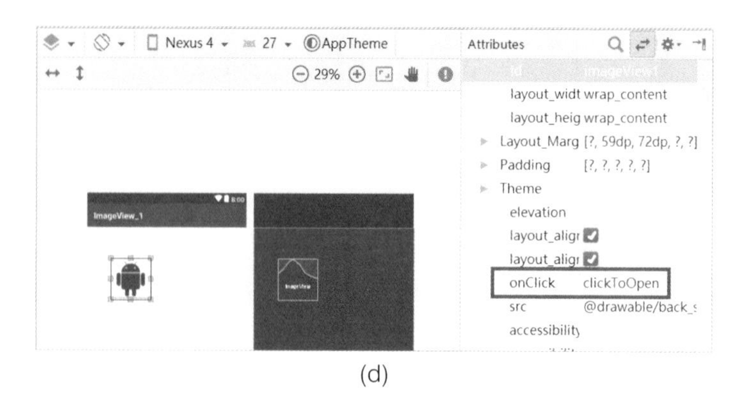

(d)

圖4-2 (a)以調色板拖曳 ImageView 元件；(b)拖曳之後出現對話框可選取初始圖片；(c)ImageView 元件上的圖片預覽；(d)以 ImageView 元件註冊 onClick 動作。

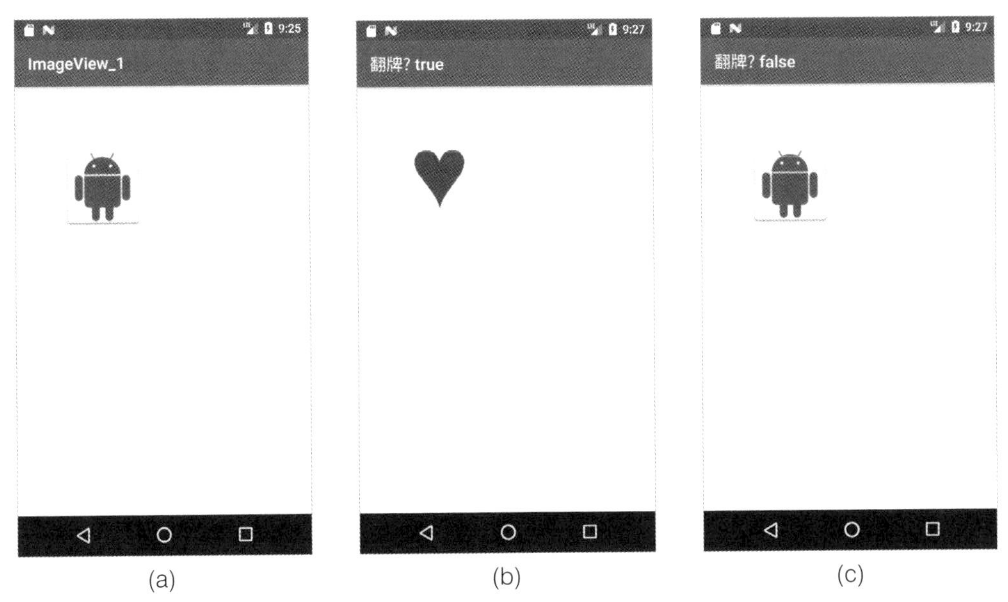

圖4-3 (a)ImageView_1 初始畫面；(b)點擊圖案奇數次，圖案變為紅心，表示翻牌；(c)點擊圖案偶數次，圖案變回 Android 機器人圖，表示蓋牌。

activity_main.xml × | MainActivity.java ×

```
 8  public class MainActivity extends AppCompatActivity {
 9
10      ImageView iv1;
11      boolean bStatus = false;
12
13      @Override
14      protected void onCreate(Bundle savedInstanceState) {
15          super.onCreate(savedInstanceState);
16          setContentView(R.layout.activity_main);
17          //
18          iv1 = (ImageView) findViewById(R.id.imageView1);
19      }
20
21      public void clickToOpen(View v) {
22          bStatus = !bStatus;
23          if(bStatus)
24              iv1.setImageResource(R.drawable.heart);
25          else
26              iv1.setImageResource(R.drawable.back_square);
27          setTitle("翻牌? "+ bStatus);
28      }
29  }
```

圖4-4 運用 setImageResource 指令可以在 Java 程式內動態設定 ImageView 的圖片。

4.2.2 圖片縮放完善撲克顯示

圖片縮放的必要性，至少存在兩種情況：

- 圖片原稿尺寸比實際需要來得大或小
- 同一份圖片在程式內的應用，出現有兩種以上大小不同的尺寸需求

以圖 4-3 的 ImageView_1 專案為例，牌面（80 x 80）和牌背（96 x 96）的尺寸其實不同，眼尖的讀者可以發現翻牌/蓋牌時會有些晃動感！

圖片的縮放主要透過 Bitmap 類別和以下三組 API 達成，程式如圖 4-5：

1. bitmap = BitmapFactory.decodeResource((getResources(), R.drawable.OOO);
2. bitmap = Bitmap.createScaleBitmap(bitmap, dstWidth, dstHeight, filter);
3. iv1.setImageBitmap(bitmap);

其中，createScaleBitmap()指令就是其中縮放的關鍵，然後執行結果就如圖 4-6 所示，能夠以適當的比例將圖片嵌入 ImageView 中。[1]

至於 createScaleBitmap()指令中的第 4 個參數 filter 應該填 true 或 false，在這個例子影響不大，但如官網所描述，建議值是 true：

```
Whether or not bilinear filtering should be used when scaling the bitmap.
If this is true then bilinear filtering will be used when scaling which has
better image quality at the cost of worse performance. If this is false then
nearest-neighbor scaling is used instead which will have worse image quality
but is faster. Recommended default is to set filter to 'true' as the cost of
bilinear filtering is typically minimal and the improved image quality is
significant.
```

因為既能改善縮放畫質，同時所需運算的成本也不大。

[1] https://developer.android.com/reference/android/graphics/Bitmap

MainActivity.java

```java
15        Bitmap bmpHeart, bmpBack;
16
17        @Override
18        protected void onCreate(Bundle savedInstanceState) {
19            super.onCreate(savedInstanceState);
20            setContentView(R.layout.activity_main);
21            //
22            iv1 = (ImageView) findViewById(R.id.imageView1);
23
24            bmpHeart = BitmapFactory.decodeResource(getResources(), R.drawable.heart);
25            bmpBack = BitmapFactory.decodeResource(getResources(), R.drawable.back_square);
26            bmpBack = Bitmap.createScaledBitmap(bmpBack,
27                    bmpHeart.getWidth(), bmpHeart.getHeight(),  filter: true);
28            iv1.setImageBitmap(bmpBack);
29        }
30
31        public void clickToOpen(View v) {
32            bStatus = !bStatus;
33            if(bStatus)
34                iv1.setImageBitmap(bmpHeart);
35            else
36                iv1.setImageBitmap(bmpBack);
37            setTitle("翻牌? "+ bStatus);
38        }
```

圖4-5 運用 ①BitmapFactory.decodeResource() 、②Bitmap.createScaleBitmap() 搭配 ③setImageBitmap()指令可以在 Java 程式內動態設定 ImageView 的圖片縮放。

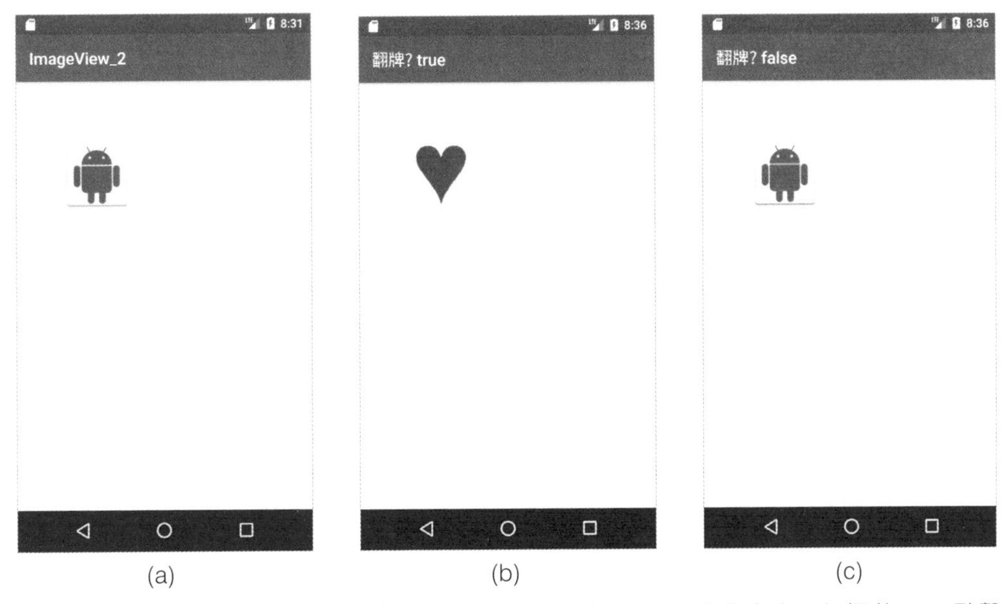

圖4-6 以 ImageView_2 專案說明圖片縮放：(a)初始畫面，牌背大小已經調整；(b)點擊圖案奇數次，圖案變為紅心，尺寸一致；(c)點擊圖案偶數次，圖案變回 Android 機器人圖，尺寸仍然一致。

4.3 自製視圖元件

本章一開始就提到，大部份的視圖元件雖然沒有提供設定前景圖片的 API，卻能藉由覆寫 View 類別的 onDraw(Canvas)或 draw(Canvas)方法來設定圖片，甚至如果有必要，還能藉由覆寫所有的 View 子類別來改變原來的繪圖行為。

自製視圖元件之重點除了元件的繪圖（Draw）之外，通常還要針對元件的觸控事件作處理，才能達到人機介面互動的設計。因此，這一小節先分別用 CanvasDraw_1 和 CanvasDraw_2 專案介紹自製視圖的基本操作和觸控事件處理方式。然後才能進一步說明自製視圖與 ImageView 在觸控事件的應用上，分別需要如何進行。

4.3.1 視圖的顯示與觸控

本節以圖 4-7 和 4-8 說明自製視圖元件的兩部份重點：一個是元件的顯示設計，一個是元件的觸控處理。

就先以一張圖片為例子，除了 ImageView 的作法之外，事實上所有的 View 都提供畫布（Canvas）的繪製功能，如此一來，就能隨設計者的心意，自行製作視圖元件，也就是所謂的客製化（Customized）。

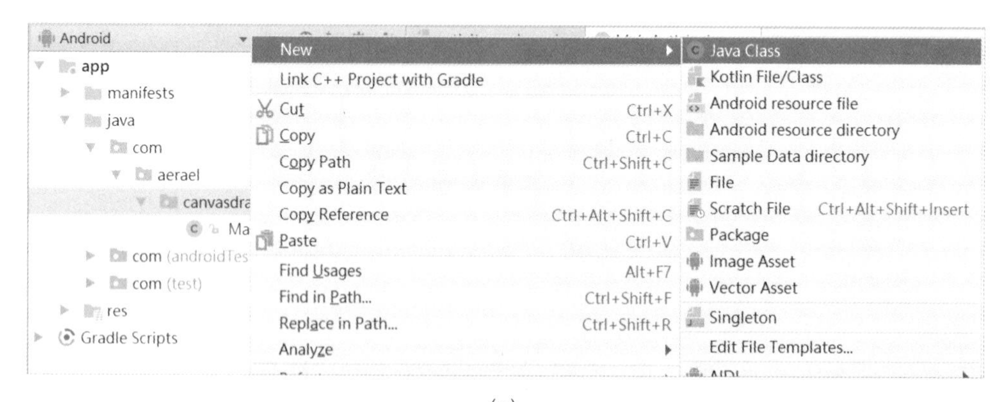

(a)

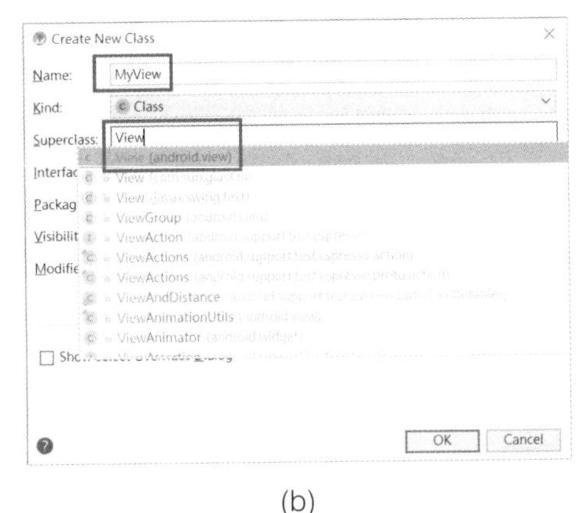

(b)

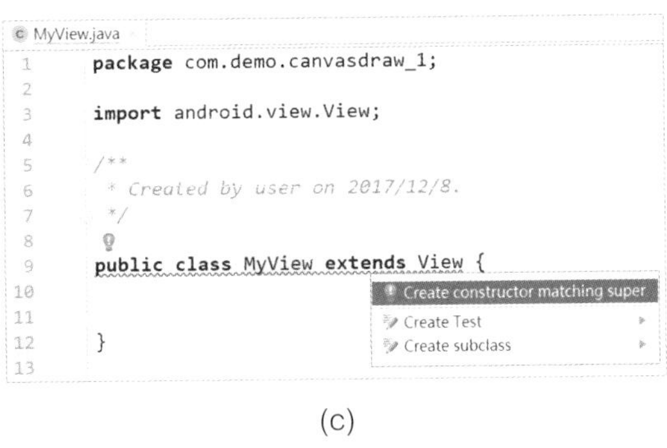

(c)

Choose Super Class Constructors

android.view.View
- View(context:Context)
- View(context:Context, attrs:AttributeSet)
- View(context:Context, attrs:AttributeSet, defStyleAttr:int)
- View(context:Context, attrs:AttributeSet, defStyleAttr:int, defStyleRes:int)

Copy JavaDoc　OK　Cancel

(d)

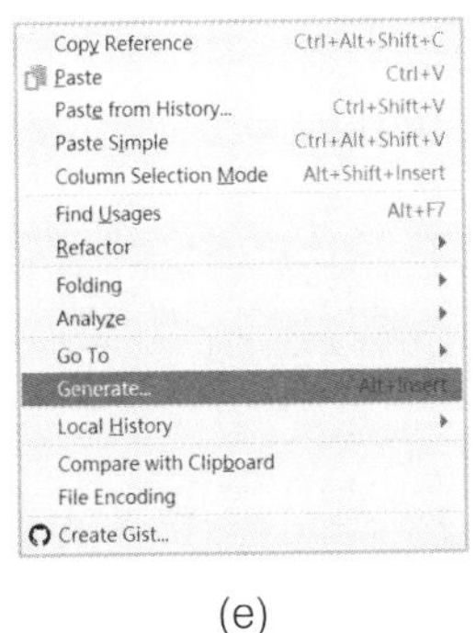

(e)

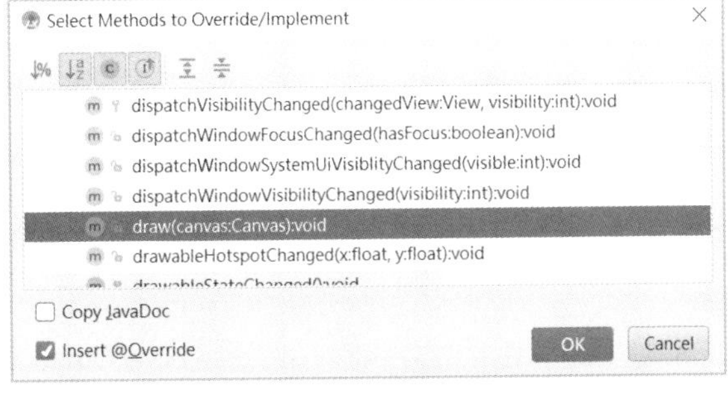

(g)

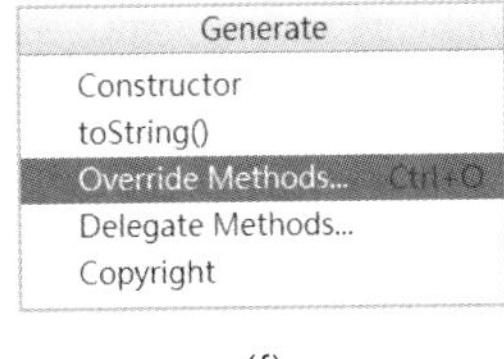

(f)

```
MyView
15  public class MyView extends View {
16
17      Bitmap bitmap;
18
19      public MyView(Context context, @Nullable AttributeSet attrs) {
20          super(context, attrs);
21          bitmap = BitmapFactory.decodeResource(getResources(), R.mipmap.ic_launcher);
22      }
23
24      @Override
25      public void draw(Canvas canvas) {
26          super.draw(canvas);
27          // 畫圖
28          canvas.drawBitmap(bitmap, left: 100, top: 100, paint: null);
29      }
30  }
```

(h)

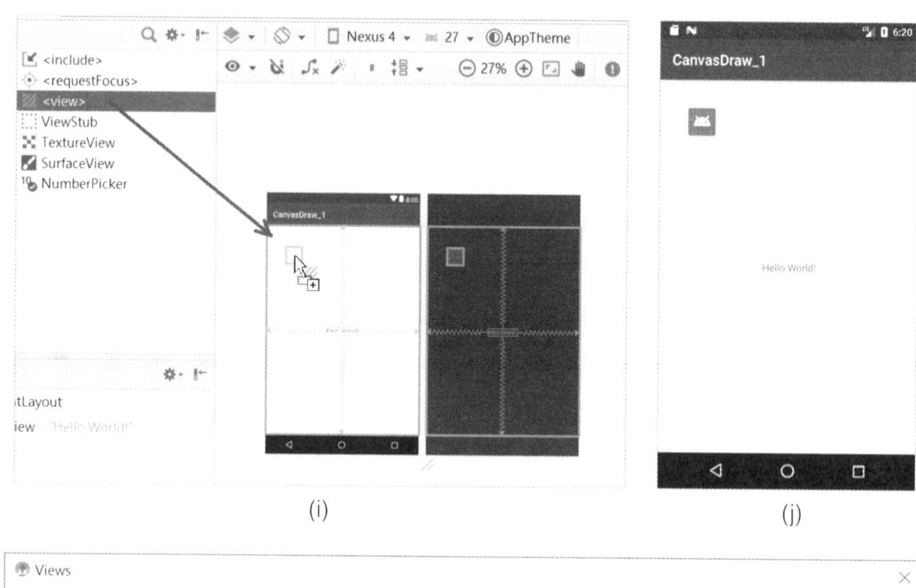

(i) (j)

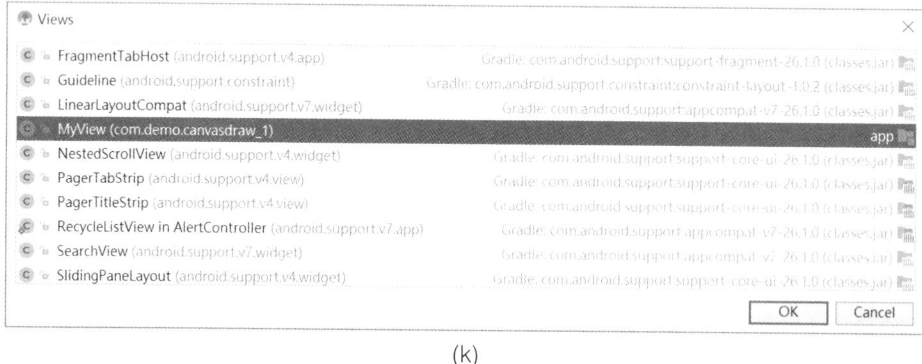

(k)

圖4-7 自製視圖元件之設計流程：(a)(b)以 New Class 產生程式框架；(c)(d)點擊 Alt-Enter 雙鍵組合之後，選擇適當的建構子；(e)(f)(g)選取「Override Methods…」選項之後，選擇 draw(Canvas)方法；(h)填入相關的 bitmap 處理指令；(i)(j)(k)以調色板的 Advanced ⇨ <view>元件（ <view>）選取 MyView，執行之後就能顯示結果。

首先，我們可以隨意新增一個專案，並在此專案以滑鼠右鍵點擊套件（package）名稱，選擇 New Class 就能新增一個 class，這時讀者可以參考如圖 4-7(a)(b)所示的內容，再按下完成鈕，就能產生一個圖 4-7(c)般的自製視圖元件框架。框架產生後還需要選擇適當的建構子才能解除錯誤，可以按下 Alt-Enter 雙鍵組合選擇建構子解除錯誤，如圖 4-7(d)所示。

接著仍以滑鼠右鍵點擊，但要注意所點擊的區域須在「類別內、眾方法外」的位置，則必然可以跳出如圖 4-7(e)的對話框，這時再游移鼠標至「Generate」並選取「Override Methods...」選項即可，如圖 4-7(f)所示。

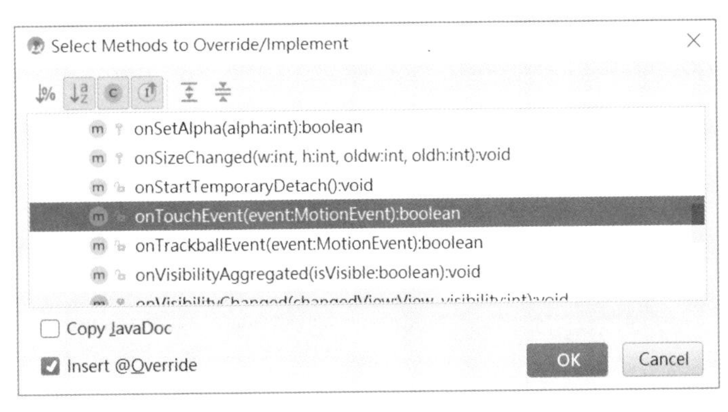

(a)

```
MyView  MyView()
28
29      @Override
30      public void draw(Canvas canvas) {
31          super.draw(canvas);
32          // 畫圖
33          canvas.drawBitmap(bitmap, left: 100, top: 100, paint: null);
34      }
35
36      @Override
37      public boolean onTouchEvent(MotionEvent event) {
38          int x = (int) event.getX();
39          int y = (int) event.getY();
40          Log.i( tag: "MyView", msg: "x,y = " + x + ", " + y);
41          Log.i( tag: "MyView", msg: "event.getAction() = " + event.getAction());
42
43          switch(event.getAction()) {
44              case MotionEvent.ACTION_DOWN:
45                  if( x >= 100 && x <= 100+bitmap.getWidth()
46                          && y >= 100 && y <= 100+bitmap.getHeight())
47                      Toast.makeText(context, text: "圖片被 click", Toast.LENGTH_SHORT).show();
48                  break;
49          }
50          return super.onTouchEvent(event);
51      }
```

(b)

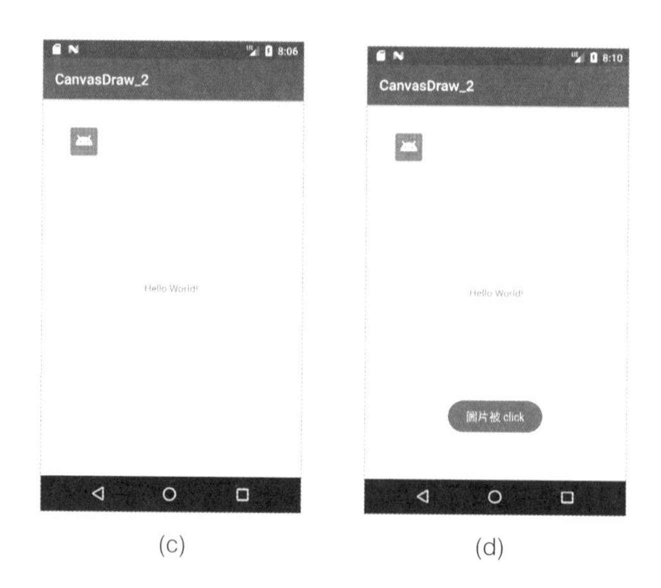

圖4-8 CanvasDraw_2 專案：(a)選取覆寫 onTouchEvent(MotionEvent)；(b)判斷是否觸控在圖片範圍內；(c)初始畫面；(d)點擊圖案之後以 Toast 顯示訊息。

從圖 4-7(g)與(h)可以看到，選取 draw(Canvas)方法之後，就會自動嵌入程式框架，此時讀者就可將前面幾節所學的相關的 Bitmap 藉由「Bitmap 工廠」加以「生產」出來，然後藉由以下指令將圖片畫在(100,100)的座標點上：

```
canvas.drawBitmap(bitmap, 100, 100, null);
```

最後善用調色板的「Advanced ⇨ <view>元件（ <view> ）」，選取 MyView 並執行如圖 4-7(i)(j)(k)。

元件的觸控處理不能再以 onClick，而是要改成覆寫 onTouchEvent 方法，理由已經在第二章的第六個基本動作和 BasicAction_6 專案介紹過。

因為 onClick 是針對一整個元件是否被按壓或釋放，並不考慮確切的 x, y 點擊位置，若是要處理元件中的某一塊區域，就要利用 onTouchEvent，因為它提供 x, y 座標可以加以判斷。

因此，如圖 4-8(a)(b)所示，須選取覆寫 onTouchEvent(MotionEvent)，並加以判斷所碰觸的 x, y 位置是否屬於圖片範圍內？接下來的動作再溫習一次。

onTouchEvent(MotionEvent)的參數型態為 MotionEvent，所包含的 API 至少有三組相當常用，如圖 4-8(b)：

- `int x = (int) event.getX();`
- `int y = (int) event.getY();`
- `event.getAction()`

其中的 event.getAction()又有三種觸控事件最為常見，只是 CanvasDraw_2 專案僅用到觸控按壓的 MotionEvent.ACTION_DOWN，模擬 onClick 事件。在此攔截觸控按壓的 MotionEvent.ACTION_DOWN 事件就能根據所按壓的座標點與圖片的座標區域作比較，看看是否有碰到圖片。執行結果如圖 4-8(c)與(d)。

值得一題的是，CanvasDraw_2 專案用到一個技巧，就是儲存自製視圖的 MyView 建構子的 Context 參數，作為後面 Toast 的一個參數之用！

4.4 用圖片作觸控滑動演練

第 3 章開宗明義提到「在 Android，所有的視覺化元件都屬於 View 類別的子孫」，這個 View 類別通常譯成「視圖」。這個視圖元件不但是在視覺輸出（Output）上有許多呈現的方式，它也內建一個重要的觸控輸入（Input）控制器，稱為 onTouchEvent()，其 API 如下：

```
public boolean onTouchEvent(MotionEvent event);
```

滑動手勢的應用非常多元，最出名的應該是滑動解鎖的手勢，因為蘋果陣營成功取得這項專利，還迫使其它智慧行動裝置改變它們的螢幕解鎖策略！

此外，利用滑動手勢控制 ListView 和 RecycleView 等多元素元件的操作介面也會在本書後續章節介紹。本節則介紹滑動手勢分別在自製視圖和 ImageView 上的用法。

4.4.1 藉由自製視圖滑動圖片

第 4.3 節 CanvasDraw_2 專案簡單點到了如何覆寫 onTouchEvent()，圖 4-9 的 MoveImage_1 專案則要開始示範如何以手指滑動圖片，從圖(a)到(c)分別是滑動過程的三張螢幕擷圖。

它的技術有一大部份其實已經在第 4.3 節的 CanvasDraw_2 專案介紹過，就是利用 Canvas 將 Bitmap 畫上去，然後運用 onTouchEvent 作觸控判斷；最大的差異在於 CanvasDraw_2 專案只用到 ACTION_DOWN 事件，但 MoveImage_1 專案則用齊了三組事件：從第一次碰觸螢幕、滑動、到離手事件。

圖 4-10 是程式碼的重點標示：圖(a)先將 Bitmap 建立並縮小至 600x400 之後，就利用 onDraw(Canvas)方法先將圖片畫在螢幕左上角。

圖(b)就是最關鍵之處：因為它需要在第一次碰觸圖片時作兩件事：記錄碰觸點與圖片左上角的相對 x, y 分量，並設下碰觸旗標。

其次在手指移動圖片時，隨時更新最新的圖片 x, y 座標，並重新繪圖。最後在手指離開圖片時，再將碰觸旗標歸零。重新繪圖的指令如下：

```
invalidate();
```

如果視圖可見，invalidate()指令將在某個時間點呼叫 onDraw()。

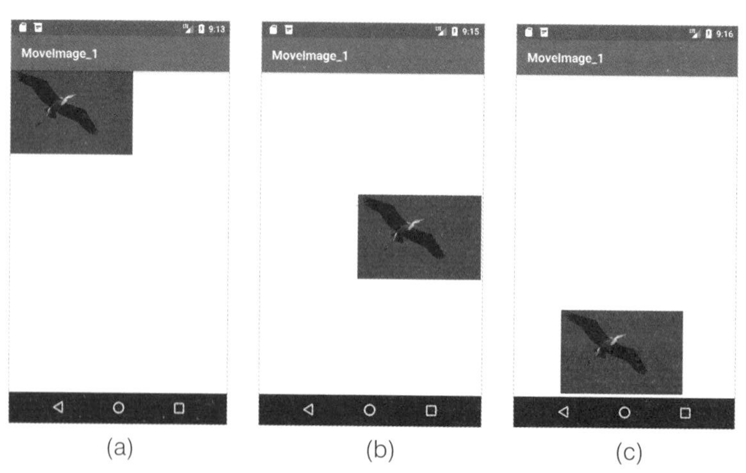

圖4-9 MoveImage_1 專案的執行結果：(a)初始畫面，圖片位在左上角；(b)用手指(或是在模擬器則用滑鼠)將圖片移動到原位置的右下方；(c)再移到螢幕正下方。

MainActivity.java

```java
17        @Override
18        protected void onCreate(Bundle savedInstanceState) {
19            super.onCreate(savedInstanceState);
20    //        setContentView(R.layout.activity_main);
21
22            mBitmap = BitmapFactory.decodeResource(getResources(), R.drawable.myimage);
23            mBitmap = Bitmap.createScaledBitmap(mBitmap, dstWidth: 600, dstHeight: 400, filter: true);
24            mView = new MyView( context: this);
25            setContentView(mView);
26        }
27
28        private class MyView extends View {
29            private int imageX = 0;
30            private int imageY = 0;
31            int dx, dy;
32            boolean bTouched = false;
33            //
34            public MyView(Context context) { super(context); }
37            @Override
38            protected void onDraw(Canvas canvas) {
39                canvas.drawBitmap(mBitmap, imageX, imageY, paint: null);
40            }
```

(a)

MainActivity.java

```java
37            @Override
38            protected void onDraw(Canvas canvas) { canvas.drawBitmap(mBitmap
41            @Override
42            public boolean onTouchEvent(MotionEvent event) {
43                int x = (int) event.getX();
44                int y = (int) event.getY();
45                if(event.getAction() == MotionEvent.ACTION_DOWN){
46                    if(x>imageX && x < imageX + mBitmap.getWidth() &&
47                            y>imageY && y < imageY + mBitmap.getHeight()) {
48                        dx = x - imageX;
49                        dy = y - imageY;
50                        bTouched = true;
51                    }
52                }
53                else if(event.getAction() == MotionEvent.ACTION_MOVE){
54                    if(bTouched) {
55                        imageX = x - dx;
56                        imageY = y - dy;
57                    }
58                }
59                else if(event.getAction() == MotionEvent.ACTION_UP){
60                    bTouched = false;
61                }
62                invalidate();                                  //再描繪的指示
63                return true;
64            }
MainActivity › MyView › onTouchEvent()
```

(b)

圖4-10 MoveImage_1 專案的程式重點：(a)Bitmap 的建立與繪製；(b)圖片滑動的演算方法，需用到①第一次碰觸螢幕、②滑動、以及③離手共三組觸控事件，並透過 invalidate()指令，於每次事件之後，重新讓 onDraw()程式動作。

4.4.2 藉由 ImageView 滑動圖片

手指滑動圖片的方法不只有前面所介紹的，另一種是直接以 ImageView 元件來顯示圖片並加以滑動。

然而，我們在第 3 章雖然也介紹以 onClick 對 ImageView 作翻牌、蓋牌的應用，卻未曾結合 onTouchEvent()作滑動的操作說明，事實上，我們確實可以運用 ImageView 註冊 onTouch 事件控制器，再隨著手指在圖片上的滑動動作來更新 ImageView 的位置。

圖 4-11 將它的運算原理揭露出來，首先，螢幕上的圖片放大來看，必然有一個左上角座標作為圖片（ImageView）繪製的起點。其次，手指可以在圖片上任一點接觸，假設為圖中黑色實心圓所代表的位置。

因此，理論上手指可以有八個方向進行相鄰點滑動（東、西、南、北、東北、東南、西北、西南），但實務上，MotionEvent.ACTION_MOVE 事件會隨著手指滑動的速度，決定所偵測到的「下一個點」x_1 和 y_1，這時，(x_0, y_0)和(x_1, y_1)所形成的向量 d 將會是滑動 ImageView 圖片後，最新位置的更新依據。

從圖 4-12 的 MoveImage_2 執行結果看不出來與 MoveImage_1 有何差別？但是圖 4-13 的程式就可以看出，不依靠 Canvas 作法的方法二如圖(a)所示，只需要以 RelativeLayout.LayoutParams 作一些參數初始化，並註冊 onTouch 事件監聽器，再於圖(b)所示加以實作滑動手勢的 onTouch 控制器即可。

讀者可能注意到，在此專案中，使用 setLayoutParams()的效果可以免用 invalidate()。

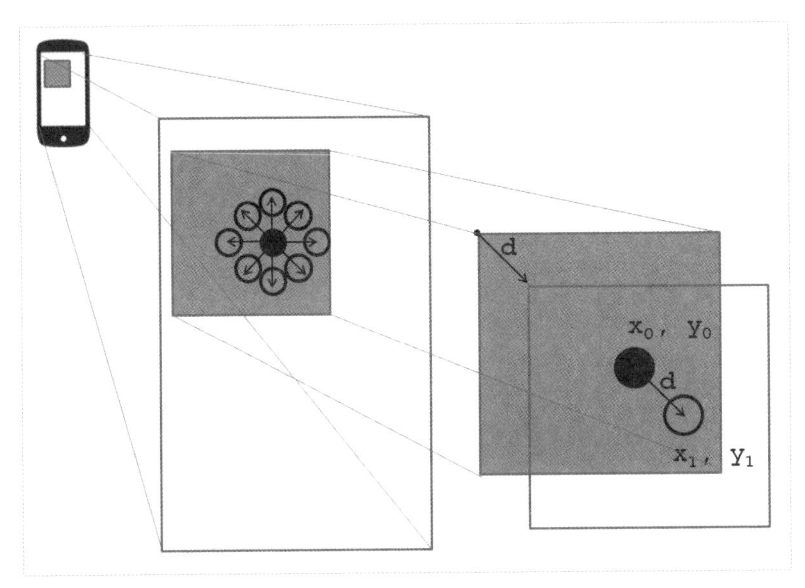

圖4-11 藉由 ImageView 滑動圖片的原理展示。

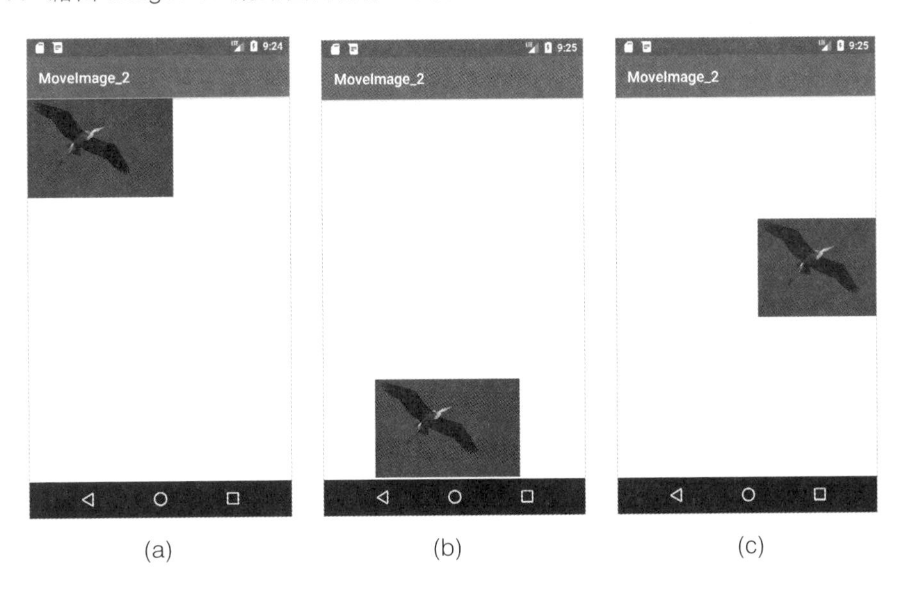

圖4-12 MoveImage_2 專案的執行結果：(a)初始畫面，圖片位在左上角；(b)用手指(或是在模擬器則用滑鼠)將圖片移動到螢幕正下方；(c)再移往右上方。

MainActivity.java

```
12  public class MainActivity extends AppCompatActivity implements OnTouchListener {
13
14      RelativeLayout rl1;
15      ImageView iv1;
16      RelativeLayout.LayoutParams params;
17      int x0, y0, ivW = 600, ivH = 400;
18
19      @Override
20      protected void onCreate(Bundle savedInstanceState) {
21          super.onCreate(savedInstanceState);
22          setContentView(R.layout.activity_main);
23
24          prepareViews();
25      }
26
27      private void prepareViews() {
28          rl1 = (RelativeLayout) findViewById(R.id.relative);
29          iv1 = new ImageView( context: this);
30          iv1.setImageResource(R.drawable.myimage);
31          params = new RelativeLayout.LayoutParams(ivW, ivH);
32          params.addRule(RelativeLayout.ALIGN_LEFT);
33          params.addRule(RelativeLayout.ALIGN_TOP);
34          iv1.setLayoutParams(params);
35          iv1.setOnTouchListener(this);
36          rl1.addView(iv1);
37      }
```

(a)

MainActivity.java

```
39      @Override
40      public boolean onTouch(View view, MotionEvent event) {
41          // TODO Auto-generated method stub
42          if(view == iv1) {
43              int x = (int) event.getX();
44              int y = (int) event.getY();
45              if(event.getAction() == MotionEvent.ACTION_DOWN){
46                  x0 = x;
47                  y0 = y;
48              }
49              else if(event.getAction() == MotionEvent.ACTION_MOVE){
50                  params = (LayoutParams) iv1.getLayoutParams();
51                  params.leftMargin += (x - x0);
52                  params.topMargin  += (y - y0);
53                  params.rightMargin += (x - x0) + ivW;
54                  params.bottomMargin  += (y - y0) + ivH;
55                  iv1.setLayoutParams(params);
56              }
57          }
58          return true;
59      }
```

(b)

圖4-13 MoveImage_2 專案的重點內容：(a)以 RelativeLayout.LayoutParams 作 ImageView 的版面參數初始化，並註冊 onTouch 事件監聽器；(b)參考圖 4-11 的原理實作滑動手勢的 onTouch 事件監聽器。

4.5 兩指縮放圖片

觸控螢幕和傳統螢幕之所以不同，除了可以觸控方式取代滑鼠成為新的人機介面方式以外，觸控螢幕優於滑鼠的地方，還有它能支援多點觸控！

「多點觸控」讓用戶有更多、更棒的人機介面經驗，像是本節所要介紹的「兩指縮放圖片」功能，僅僅兩點的觸控變化，就讓操作變得更豐富有趣。

「兩指縮放」的動作普遍在 App 見得到，特別是智慧型手機一般擁有較小尺寸的螢幕，對於資訊的「放大顯示」有著本質上的需求。因此，舉凡網頁、地圖、照片預覽等等，都是它能充分發揮的地方。也難怪智慧型手機這麼讓人欲罷不能！

以圖 4-14 的 DragZoom_1 專案為例，初始畫面圖(a)置中放上兩顆像是鈕扣般的按鈕，這兩顆鈕扣確實都能像 4.2 節的滑動功能一般，在螢幕上滑來滑去，讀者可以嘗試看看，或是參考圖 4-14(b)。

從程式列表 4-1 可以清楚看到，它是利用 ImageView 的滑動技術所作成的，無論在模擬器或是在實體手機上，都能成功演練。

然而，接下來的兩個操作演練，就必須要在實體手機上了！因為絕大多數的 PC 螢幕都未有支援多點觸控螢幕的功能。如圖 4-14(c)和(d)所示，分別是對畫面下方和上方的鈕扣圖片，進行兩指的放大與縮小之動作，果然圖片就因此變大或縮小了！

讀者可能聽過 Zooming 這個名詞，經常用在像是相機從長鏡頭到特寫鏡頭平滑地變化動作，也常在地圖或其他顯示資訊的軟體見到 ➕ 和 ➖ 的縮放按鈕。這就是 DragZoom_1 專案名稱裏頭 Zoom 的由來，其實它主要包含一個 DragZoomListener，本質就是一個 OnTouchListener。

它的用法確實如同 OnTouchListener，讀者可以查看 DragZoom_1 專案裏頭的 MainActivity.java 程式，用法如後。

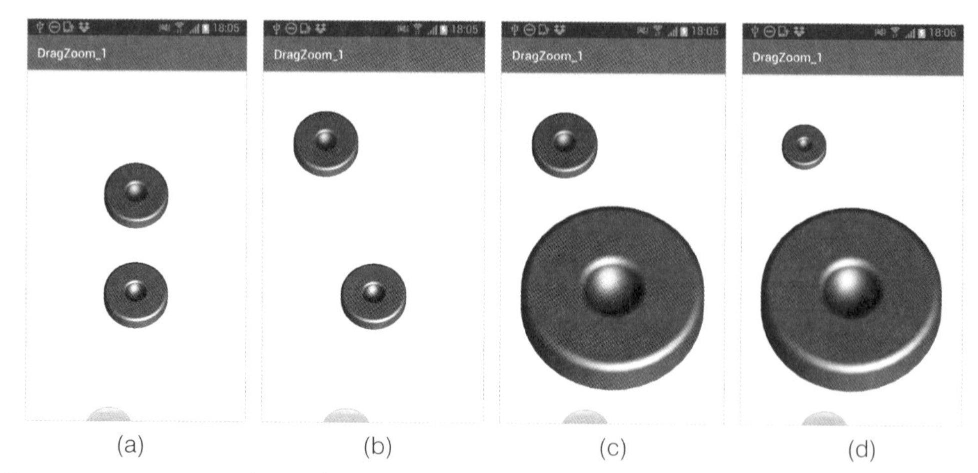

圖4-14 DragZoom_1 專案的執行結果：(a)初始畫面，兩個 ImageView 呈現兩張圖片；(b)用手指(或是在模擬器則用滑鼠)將上方圖片往左上角移動；(c)利用兩隻手指(可能無法在模擬器用滑鼠實驗)，將下方圖片作「撐開手勢」完成放大；(d) 再利用兩隻手指，將上方圖片作「擠回手勢」完成縮小。

如前述，這兩個鈕扣圖片既然是運用 ImageView 加以呈現的，我們就可以透過 findViewById()指令先取得該物件指標：

```
ImageView iv1 = (ImageView) findViewById(R.id.imageView1);
```

然後如同 OnTouchListener 的註冊方式，將 DragZoomListener 物件初始化以後，作為 setOnTouchListener()指令的參數，就能開始使用，用法是不是很直覺呢？

```
iv1.setOnTouchListener(new DragZoomListener());
```

程式列表 4-1 有幾個值得觀察與欣賞的重點：

① 一次包含 CLICK、DRAG、與 ZOOM，是怎麼辦到的？

② spacing(MotionEvent event)和 midPoint(PointF point, MotionEvent event)兩組 API 的作用為何？

③ 為何多了一個 MotionEvent.ACTION_MASK 須和 event.getAction()一起作用？

關於上述①，簡答之，DRAG 最簡單，就是只要沒有第二個手指接觸螢幕，且又發生 ACTION_MOVE 的事件，就是為 DRAG 模式。

CLICK 模式也不難解釋，就是當 DRAG 的移動距離小於一個臨界值（程式列表 4-1 暫定為 x 與 y 的位移各自小於 2，讀者可以自訂），就視為 CLICK。

ZOOM 模式比較複雜，所以用圖 4-15 的流程圖解釋一下，它必須有兩個發生的條件：第二個觸控點事件、以及滿足兩觸控點的最小距離門檻值。

從圖 4-15 能看出上述②關於 spacing()和 midPoint()兩組 API 的應用場景。

至於上述③的 ACTION_MASK 之作用，則需要利用表格 4-1 中，各個事件背後所代表的 16 進位常數值，才能加以解釋。[2]

表4-1 程式列表 4-1 出現的六種 MotionEvent 與其所代表的 16 進位常數值對照 event.getAction()所收到的 16 進位值

編號	名稱（依照出現的順序）	16 進位常數值	event.getAction()
1	MotionEvent.ACTION_MASK	0x000000ff	0x000000ff
2	MotionEvent.ACTION_DOWN	0x00000000	0x00000000
3*	MotionEvent.ACTION_POINTER_DOWN	**0x00000005**	**0x00000105**
4	MotionEvent.ACTION_UP	0x00000001	0x00000001
5	MotionEvent.ACTION_MOVE	0x00000002	0x00000002
6*	MotionEvent.ACTION_POINTER_UP	**0x00000006**	**0x00000106**

從表格 4-1 可以清楚發現，有兩個事件值和缺少執行 ACTION_MASK()的結果是不一樣的，一個是 ACTION_POINTER_DOWN、一個是 ACTION_POINTER_UP，但是差異不大，就在第 3 位的 16 進位值多了一個 1，這個 1 就是代表第 2 個觸控點。換句話說，如果利用 ACTION_MASK 和 event.getAction()彼此作個「位元邏輯&」，就能過濾掉那個 1 了。

2 https://developer.android.com/reference/android/view/MotionEvent.html#ACTION_MASK

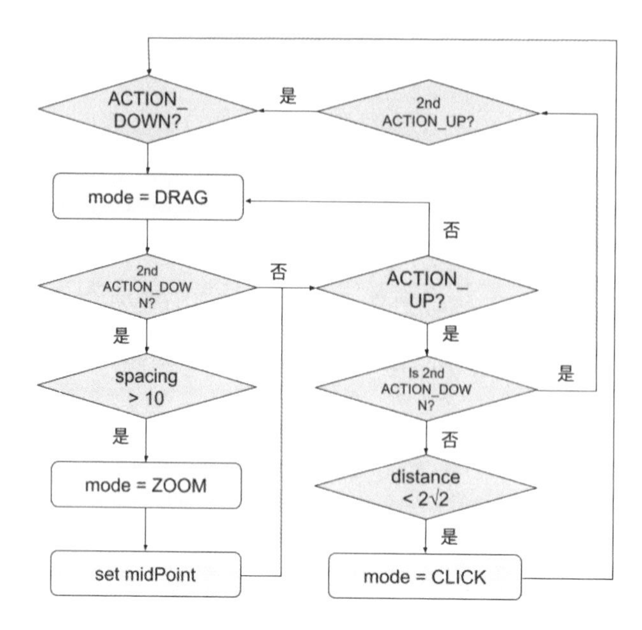

圖4-15 DragZoom_1 專案的重點流程圖，說明 mode 發生 DRAG、ZOOM、CLICK 的時機點，以及 midPoint()和 spacing()兩組 API 的使用點。

程式列表 4-1：DragZoomListener.java

```
10  public class DragZoomListener implements OnTouchListener {
11
12      private static final String TAG = "DragZoomListener";
13
14      private ImageView iv1;
15
16      // We can be in one of these 4 states
17      private static final int NONE = 0;
18      private static final int DRAG = 1;
19      private static final int ZOOM = 2;
20      private static final int CLICK = 3;
21      private int mode = NONE;
22
23      // Remember some things for zooming
24      private PointF start = new PointF();
25      private PointF mid = new PointF();
26      private float oldDist = 1f;
27      private PointF startRef = new PointF();
```

```
28
29      @Override
30      public boolean onTouch(View v, MotionEvent event) {
31          iv1 = (ImageView) v;
32          switch (event.getAction() & MotionEvent.ACTION_MASK) {
33              case MotionEvent.ACTION_DOWN:
34                  start.set(event.getX(), event.getY());
35                  startRef.set(iv1.getX()+event.getX(),
    iv1.getY()+event.getY());
36                  Log.d(TAG, "ACTION_DOWN: " + (iv1.getX()+event.getX()) + ",
    " + (iv1.getY()+event.getY()) );
37                  mode = DRAG;
38                  break;
39              case MotionEvent.ACTION_POINTER_DOWN:
40                  oldDist = spacing(event);
41                  Log.d(TAG, "oldDist=" + oldDist);
42                  if (oldDist > 10f) {
43                      midPoint(mid, event);
44                      mode = ZOOM;
45                      Log.d(TAG,  "mode=ZOOM:  "  +  iv1.getX()  +  ",  "  +
    iv1.getY());
46                  }
47                  break;
48              case MotionEvent.ACTION_UP:
49                  double dxDiff = (iv1.getX()+event.getX()) - startRef.x;
50                  int xDiff = (int) Math.abs(dxDiff);
51                  double dyDiff = (iv1.getY()+event.getY()) - startRef.y;
52                  int yDiff = (int) Math.abs(dyDiff);
53                  if (mode == DRAG && xDiff < 2 && yDiff < 2){
54                      mode = CLICK;
55                      Log.d(TAG, "mode= CLICK");
56                      iv1.performClick();
57                  }
58              case MotionEvent.ACTION_POINTER_UP:
59                  mode = NONE;
60                  Log.d(TAG, "mode=NONE");
61                  break;
62              case MotionEvent.ACTION_MOVE:
63                  if (mode == DRAG) {
64                      // 重點在於 setScaleX,Y 之後的縮放比要反應到 setX,Y 去，反
    應方式如下
65                      iv1.setX(iv1.getX() + (event.getX() - start.x)*iv1.
    getScaleX());
```

```
66                          iv1.setY(iv1.getY() + (event.getY() - start.y)*iv1.
    getScaleY());
67                      }
68                      else if (mode == ZOOM) {
69                          float newDist = spacing(event);
70                          Log.d(TAG, "newDist=" + newDist);
71                          if (newDist > 10f) {
72                              float scale = newDist / oldDist;
73                              iv1.setScaleX(iv1.getScaleX()*scale);
74                              iv1.setScaleY(iv1.getScaleY()*scale);
75                          }
76                      }
77                      break;
78              }
79              return true; // indicate event was handled
80          }
81
82          /** Determine the space between the first two fingers */
83          private float spacing(MotionEvent event) {
84              float x = event.getX(0) - event.getX(1);
85              float y = event.getY(0) - event.getY(1);
86              return (float) Math.sqrt(x * x + y * y);
87          }
88
89          /** Calculate the mid point of the first two fingers */
90          private void midPoint(PointF point, MotionEvent event) {
91              float x = event.getX(0) + event.getX(1);
92              float y = event.getY(0) + event.getY(1);
93              point.set(x / 2, y / 2);
94          }
95      }
```

4.6 思考與練習

讀完本章之後，可以嘗試思考與練習以下題目：

1. 試參考第二章基本動作 12 之 BasicAction_12b 專案，將 4.5 節的 DragZoom_1 專案的 DragZoomListener 作成 Android Library，再於 MainActivity 利用專案之 Project Structure 對話框，新增 Module Dependency，觀察程式的動作是否仍然正確？

   或是直接開啟隨書雲端 zip 之 DragZoom_2 專案，加以執行測試。

2. 試將 MoveImage_2 專案內的 param 的作法，改成 DragZoom_1 專案內的 setX()和 setY()的作法，觀察程式的動作是否仍然正確？

3. 試將隨書雲端 zip 之 FingerPaint_1 專案執行起來，並測試以下功能：

   - 在預設的色彩下，用手指或滑鼠寫下安卓兩個字。
   - 擦掉安卓兩個字，並更換色彩。
   - 在更換的色彩下，用手指或滑鼠寫下 Android 英文字。

CHAPTER

05

自製清單

5.1 前言

清單（List）是一種表列式的資料呈現方式，在行動裝置上可謂屢見不鮮，特別是畫面較小的手機裝置，經常採用一維（One-Dimensional）的線性（Linear）風格顯示諸如聯絡人（Contact）、通話記錄（Calling Log）、電子郵件（Email）、簡訊（SMS）等等多重項目資料，使人一目瞭然。

Android 為此內建了清單套件便於運用，直式的套件稱為 ListView，橫式的套件從前稱為 Gallery。這種內建的清單套件有很強的複合特性（Composite），例如結合觸控手勢的捲軸元件（ScrollView）就被整合進去了！

清單的功能為何需要包含捲軸元件？是因為清單的項目如果超過一個畫面才能顯示完畢，則需仰賴捲軸捲動視野，才好一覽無遺！此外，清單的作用不止顯示資料而已，通常也容許使用者作一些點選的動作，達到人機互動。

最後一提的是，清單的內容不僅限於列出文字資料，現代的設計取向往往偏重圖文並茂，或是圖文並重，因此同時圖文並列的清單顯示技巧也是本章探討的重點。

清單的教學策略，往往需要運用一點觀念拆解的手段，由下而上、逐步釐清，這就是本章以「自製清單」命題的主要用意，也是為了下一章預作準備。

5.2 LayoutInflater 的用法

LayoutInflater 這個類別功能從官方文件的第一句話就能開宗明義[1]：

```
Instantiates a layout XML file into its corresponding View objects.
```

關鍵動詞就是「Instantiate（實體化）」，關鍵名詞則是「layout XML file（版面 xml 檔案）」以及「corresponding View objects（對應的 View 物件）」。

圖 5-1 的四組不同的專案卻完成同樣的版面設計，其中圖(a)是我們最熟悉的方法，因為這也是大部份初學者實施第一支 Hello World 程式的作法！

圖5-1 四種不同的作法，卻呈現完全相同的版面結果：(a)SetContentView_1 專案直接以 R.layout.OOO 作為 setContentView()參數，所呈現的版面，這也是 Android SDK 內定的方法；(b)SetContentView_2 專案透過 LayoutInflater 的處理機制，分兩步驟完成版面配置；(c)SetContentView_3 專案也透過 LayoutInflater 的處理機制，但將部份定義的版面，加上 Java 程式部份定義的 GUI 元件加以完成；(d)SetContentView_4 專案乃透過兩次的 LayoutInflater 的處理機制加以完成。

其實，許多讀者可能不知道還可以利用圖(b)～(d)所對應的 LayoutInflater 的作法達到同樣的效果，但是我們已經在第二章的基本動作裡預先舉過這個例子，就是先將版面 xml 檔案實體化成 View 物件，再設成版面！

---

1 http://developer.android.com/reference/android/view/LayoutInflater.html

圖 5-2 (c)與(d)則是 LayoutInflater 作法的變形，我們先以圖 5-2(a)與(b)作說明。(a)與(b)主要突顯一種實施「階段（phase）」的差異，它們所對應的程式碼分別可在圖 5-3(a)與(b)看出來：就是 SetContentView_1 專案中的 setContentView() 其實可以拆解成（或說是隱含著）兩個動作加以完成的。

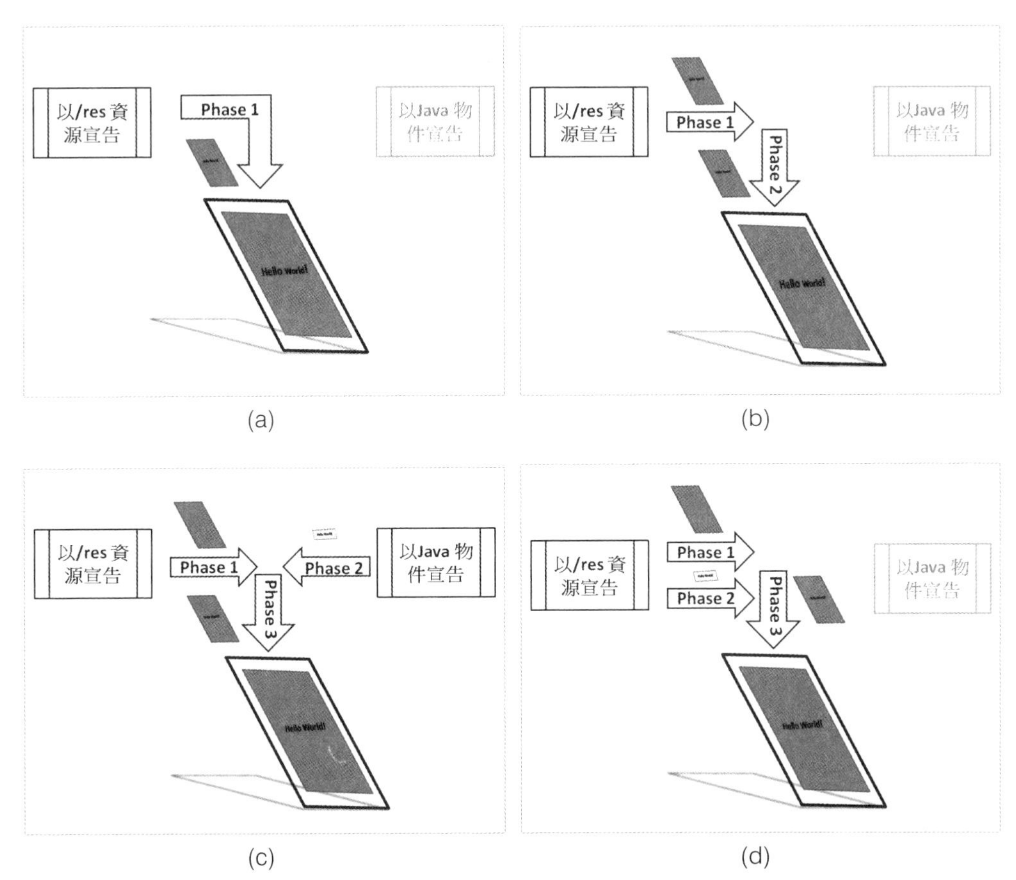

圖5-2 四組專案的流程圖示：(a)SetContentView_1 是以 1 個 Phase 完成版面設定；(b)SetContentView_2 是以 2 個 Phase 完成版面設定；(c)SetContentView_3 以 3 個 Phase 完成版面設定；(d)SetContentView_4 同樣以 3 個 Phase 完成版面設定，但與 SetContentView_3 的差異在於 Phase 2 來自版面 xml 檔案的實體化。

圖 5-2 的(c)、(d)和(b)一樣是採用 LayoutInflater 的處理機制，但是以 3 個階段完成！不同的是，SetContentView_3 將部份定義的版面移到 Java 程式才來定義；而 SetContentView_4 專案則是透過兩次的 LayoutInflater 來達成的。

SetContentView_3 與 SetContentView_4 專案的程式重點分別列在圖 5-3(c)與圖 5-4(d)，兩相比較，讀者可以發現作法三的程式碼偏多，而作法四因為善用版面 xml 檔案，所以程式碼縮減不少！

然而為何要有作法三與作法四呢？這個問題請讀者們有空時不妨思考一下！

```
MainActivity
1   package com.aerael.setcontentview_1;
2
3   import ...
5
6   public class MainActivity extends AppCompatActivity {
7
8       @Override
9       protected void onCreate(Bundle savedInstanceState) {
10          super.onCreate(savedInstanceState);
11          setContentView(R.layout.activity_main);
12      }
13  }
```

(a)

```
MainActivity
1   package com.aerael.setcontentview_2;
2
3   import ...
6
7   public class MainActivity extends AppCompatActivity {
8
9       @Override
10      protected void onCreate(Bundle savedInstanceState) {
11          super.onCreate(savedInstanceState);
12  //        setContentView(R.layout.activity_main);
13          View v = getLayoutInflater().inflate(R.layout.activity_main, root: null);
14          setContentView(v);
15      }
16  }
```

(b)

```
MainActivity
7
8
9
10
11
12
13
14
15
16
17
18
19
20
21
22
23
24
25
26
27
28
29
30
31
32
33
import android.widget.RelativeLayout.LayoutParams;
import android.widget.TextView;

public class MainActivity extends AppCompatActivity {

    @Override
    protected void onCreate(Bundle savedInstanceState) {
        super.onCreate(savedInstanceState);
        setContentView(R.layout.activity_main);
        View v = getLayoutInflater().inflate(R.layout.activity_main, root: null);
        RelativeLayout layout1 = (RelativeLayout) v.findViewById(R.id.relativeLayout1);
        // 以 Java new 的方式，實體化TextView
        TextView tv1 = new TextView( context: this);
        // 設定文字內容
        tv1.setText("Hello World!");
        // 定義版面參數，最基本的是寬與高的設定
        LayoutParams params = new LayoutParams(LayoutParams.WRAP_CONTENT, LayoutParams.WRAP_CONTENT);
        // 定義置中對齊
        params.addRule(RelativeLayout.CENTER_IN_PARENT);
        // 設定版面參數
        tv1.setLayoutParams(params);
        // 將 TextView 加進 RelativeLayout內
        layout1.addView(tv1);
        // 最後以 RelativeLayout 作為整個視窗的內容視圖
        setContentView(layout1);
    }
}
```

(c)

圖5-3 (a)SetContentView_1 專案的主程式，採用 layout 資源 id 為參數進行版面設定；(b)SetContentView_2 專案的主程式，先將 layout 資源 id 所代表的物件架構以 LayoutInflater 加以展開，再作為參數進行版面設定；(c)SetContentView_3 專案的主程式，作法類似 SetContentView_2 專案，差異在於 TextView 元件是以 Java 程式宣告並設定的方式進行，因此程式較為冗長。

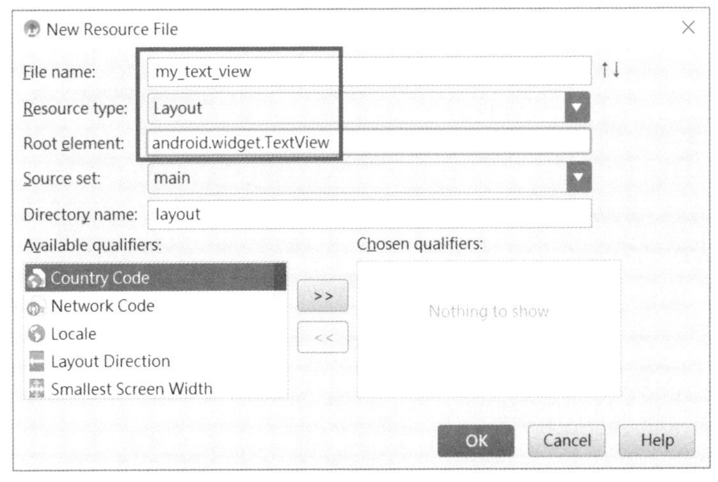

(a)

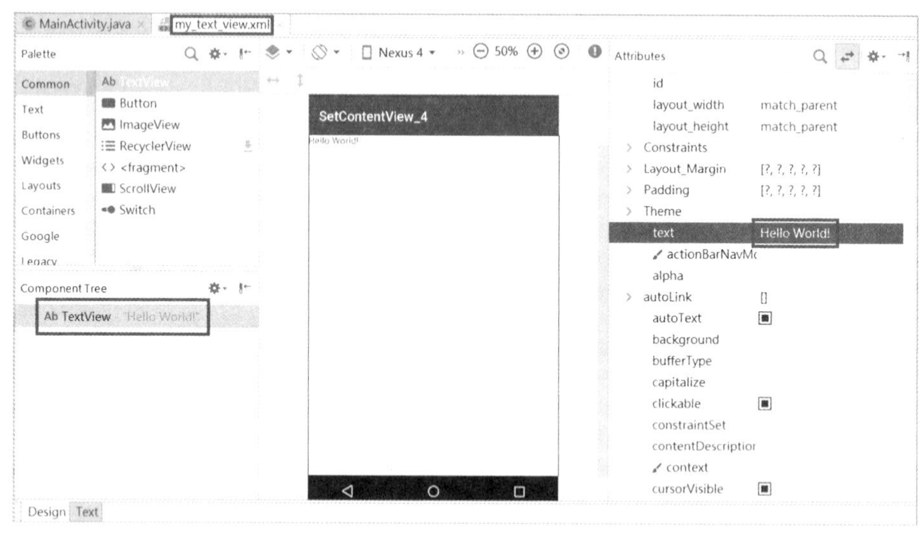
MainActivity.java
my_text_view.xml
Palette
Nexus 4
50%
Attributes
Common
Text
Buttons
Widgets
Layouts
Containers
Google
Legacy
Button
ImageView
RecyclerView
<fragment>
ScrollView
Switch
SetContentView_4
id
layout_width match_parent
layout_height match_parent
Constraints
Layout_Margin [?, ?, ?, ?, ?]
Padding [?, ?, ?, ?, ?]
Theme
text Hello World!
actionBarNavMc
alpha
autoLink []
autoText
background
bufferType
capitalize
clickable
constraintSet
contentDescriptior
context
cursorVisible
Component Tree
Ab TextView "Hello World!"
Design Text

(b)

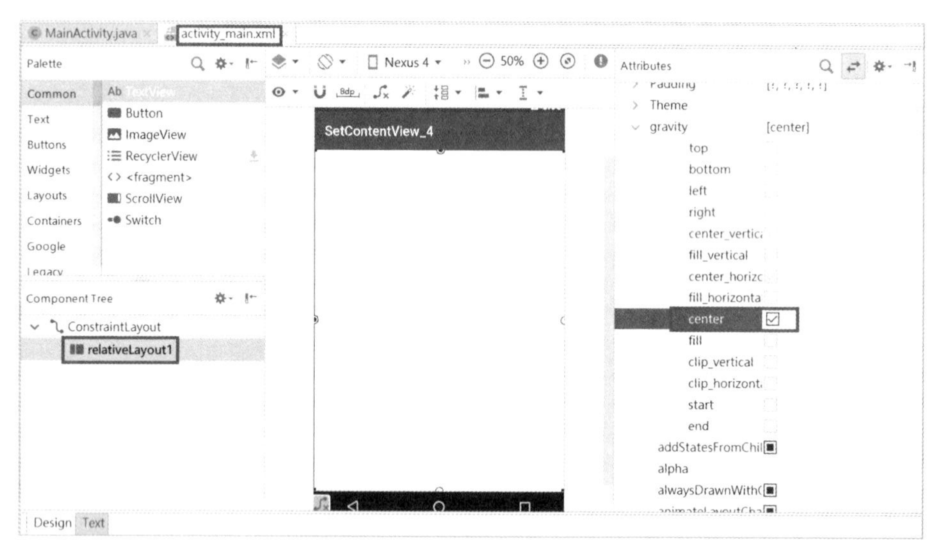
MainActivity.java
activity_main.xml
Palette
Nexus 4
50%
Attributes
Common
Text
Buttons
Widgets
Layouts
Containers
Google
Legacy
Button
ImageView
RecyclerView
<fragment>
ScrollView
Switch
SetContentView_4
Theme
gravity [center]
top
bottom
left
right
center_vertic
fill_vertical
center_horizc
fill_horizonta
center
fill
clip_vertical
clip_horizont
start
end
addStatesFromChil
alpha
alwaysDrawnWith(
Component Tree
ConstraintLayout
relativeLayout1
Design Text

(c)

```
MainActivity.java × activity_main.xml ×
1     package com.demo.setcontentview_4;
2
3     import ...
8
9     public class MainActivity extends AppCompatActivity {
10
11        @Override
12        protected void onCreate(Bundle savedInstanceState) {
13            super.onCreate(savedInstanceState);
14    //        setContentView(R.layout.activity_main);
15            View v = getLayoutInflater().inflate(R.layout.activity_main, root: null);
16            RelativeLayout layout1 = (RelativeLayout) v.findViewById(R.id.relativeLayout1);
17            //
18            TextView tv = (TextView) getLayoutInflater().inflate(R.layout.my_text_view, root: null);
19            // 將 TextView 加進 RelativeLayout內
20            layout1.addView(tv);
21            // 最後以 Parent Layout 作為整個視窗的內容視圖
22            setContentView(v);
23        }
24    }
```

(d)

圖5-4 SetContentView_4 專案的關鍵內容：(a)新增一個 Root element 為 TextView 之 Layout 檔，名為 my_text_view.xml；(b)文字內容設為 Hello World!；(c)將主程式的 layout 資源 xml 檔移除 TextView 元件，加入 RelativeLayout，Id 設為 relativeLayout1，並將重心設為 center；(d)對照 SetContentView_3 專案的主程式，簡化許多屬性設定的步驟。

5.3 動態決定 List 的內容

上一節最後所拋出的問題「為何要有作法三與作法四呢？」可以在這一節得到解答，是為了能夠動態決定 List 內容而預作準備。

5.3.1 單一元件式之內容項目

假設我們現在手邊有一通訊錄，其中的聯絡人共有 N 位（N 的數目可變），若我們直接以 layout xml 檔案來規劃版面，第一個要面臨的問題是：若 N 為一未知的變數，那我們如何在 layout xml 檔案中呈現？因為 layout xml 檔案中的元件數目都是固定的。

的確，這種所謂的「動態數量」的資料問題不能單靠 layout xml 檔案來解決，而是要採取類似上一節 SetContentView_3 或 SetContentView_4 專案的作法，也就是一部份工作要交由 Java 程式來進行。

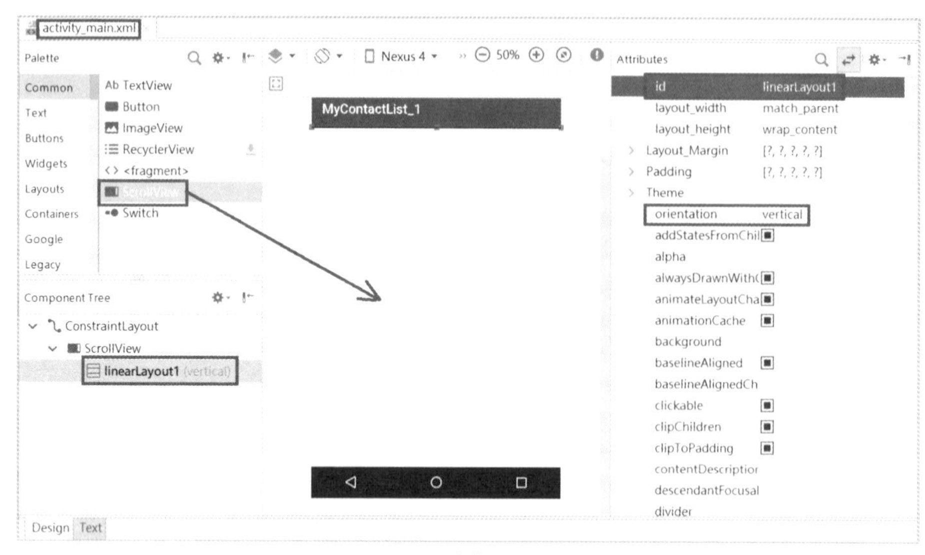
activity_main.xml
Palette
Common
Text
Buttons
Widgets
Layouts
Containers
Google
Legacy
Ab TextView
Button
ImageView
RecyclerView
<fragment>
ScrollView
Switch
Nexus 4
50%
MyContactList_1
Component Tree
ConstraintLayout
ScrollView
linearLayout1 (vertical)
Attributes
id
linearLayout1
layout_width
match_parent
layout_height
wrap_content
Layout_Margin
Padding
Theme
orientation
vertical
alpha
background
clickable
clipChildren
clipToPadding
divider
Design
Text

(a)

5:25
MyContactList_1
陳一
林二
張三
李四
王五
小六
川七
老八
馬九
全十

(b)

activity_main.xml × MainActivity.java

```
 9  public class MainActivity extends AppCompatActivity {
10
11      String [] data = {"陳一", "林二", "張三", "李四", "王五",
12              "小六", "川七", "老八", "馬九", "金十"};
13
14      @Override
15      protected void onCreate(Bundle savedInstanceState) {
16          super.onCreate(savedInstanceState);
17  //        setContentView(R.layout.activity_main);
18          View v = getLayoutInflater().inflate(R.layout.activity_main, root: null);
19          LinearLayout layout1 = (LinearLayout) v.findViewById(R.id.linearLayout1);
20          for(int i=0; i<data.length; i++) {
21              // 以 LayoutInflater的方式，實體化TextView
22              TextView tv = (TextView) getLayoutInflater().inflate(R.layout.my_text_view, root: null);
23              // 設定 TextView 的內容
24              tv.setText(data[i]);
25              tv.setTextSize(20);
26              tv.setPadding( left: 10, top: 10, right: 10, bottom: 10);
27              // 將 TextView 加進 LinearLayout內
28              layout1.addView(tv);
29          }
30          // 最後以 Root Layout 作為整個視窗的內容視圖
31          setContentView(v);
32      }
33  }
```

(c)

圖5-5 MyContactList_1 專案的重點內容：(a)先以 ScrollView 為版面 xml 檔內容；(b)初始畫面；(c)延伸 SetContentView_4 的版本，但以 for 迴圈搭配聯絡人字串陣列，新增 N 筆 TextView 於 ScrollView 中。

如此一來，才能動態地將內容項目加以決定，這類應用最直覺的 UI 呈現方式就是 List，我們就先以直式的 List 來進行說明。

延伸上一節 SetContentView_4 的案例，同樣以單一 TextView 元件式之 layout xml 檔案來作為版面內容，差別在於我們現在要重複作 N 次，也就是以 N 筆 TextView 完成通訊錄上 N 位聯絡人的資料顯示，因此，我們需要引進一種複合式的元件稱為 ScrollView，重點設定如圖 5-5(a)所示。

ScrollView 元件可以讓我們的 N 筆資料在超過一個螢幕時能以捲軸捲動的方式顯示完畢，如圖 5-5(b)所示。這樣的作法其實只要事先將 N 筆字串資料準備好，並搭配 for 迴圈一一加入新增的 N 筆 TextView 中即可，換成圖片也行。

所以讀者可以對照圖 5-5(c)與圖 5-6(b)的程式邏輯基本上是一樣的，只是原來的文字變成圖片而已，畫面可對照圖 5-5(b)與 5-6(a)。

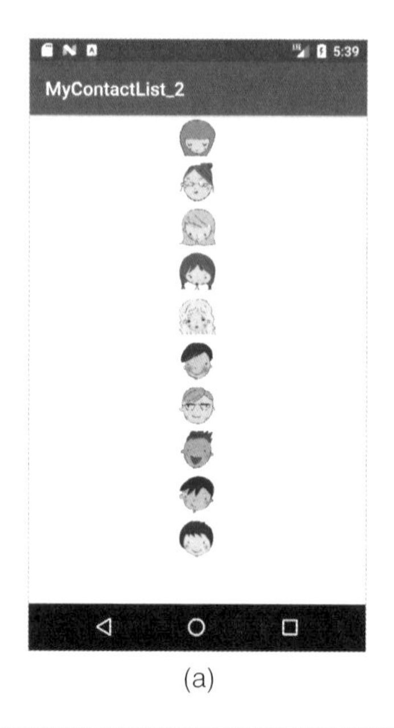

(a)

```
MainActivity
11  public class MainActivity extends AppCompatActivity {
12
13      int [] resId = {R.drawable.icon_01, R.drawable.icon_02, R.drawable.icon_03,
14              R.drawable.icon_04, R.drawable.icon_05, R.drawable.icon_06, R.drawable.icon_07,
15              R.drawable.icon_08, R.drawable.icon_09, R.drawable.icon_10};
16
17      @Override
18      protected void onCreate(Bundle savedInstanceState) {
19          super.onCreate(savedInstanceState);
20  //        setContentView(R.layout.activity_main);
21          View v = getLayoutInflater().inflate(R.layout.activity_main, root: null);
22          LinearLayout layout1 = (LinearLayout) v.findViewById(R.id.linearLayout1);
23          for(int i=0; i<resId.length; i++) {
24              // 以 LayoutInflater的方式，實體化ImageView
25              ImageView iv = (ImageView) getLayoutInflater().inflate(R.layout.my_image_view, root: null);
26              // 設定 ImageView 的內容
27              Bitmap bitmap = BitmapFactory.decodeResource(getResources(), resId[i]);
28              bitmap = Bitmap.createScaledBitmap(bitmap, dstWidth: 120, dstHeight: 120, filter: false);
29              iv.setImageBitmap(bitmap);
30              iv.setPadding( left: 10, top: 10, right: 10, bottom: 10);
31              // 將 ImageView 加進 LinearLayout內
32              layout1.addView(iv);
33          }
34          // 最後以 Root Layout 作為整個視窗的內容視圖
35          setContentView(v);
36      }
37  }
```

(b)

圖5-6 MyContactList_2 專案的重點內容：(a)初始畫面；(b)稍微修改 MyContactList_1 的版本，將字串陣列換成相片 drawable 的 id 陣列，TextView 的 setText()換成 ImageView 的 setImageBitmap()，同樣以 for 迴圈搭配聯絡人相片陣列，新增 N 筆資料。但要注意圖片縮放的問題。

5.3.2 複合元件式之內容項目

前一小節所呈現的 List 有一個瓶頸是都只能顯示一種元件，要不 TextView，要不 ImageView，可否複合兩者，有圖又有文？

MyContactList_3 專案就要解決這個瓶頸，其實道理並不難，就是再利用一種容器（Container）類的元件 – 橫向的（Horizontal）LinearLayout，如圖 5-7(a)與(b)所示，一次整合容納圖與文兩種元件，就能辦得到！

執行結果就如圖 5-7(c)的效果。

當然，程式方面也要有所調整：讀者可以先參考圖 5-8(a)幫助釐清觀念。

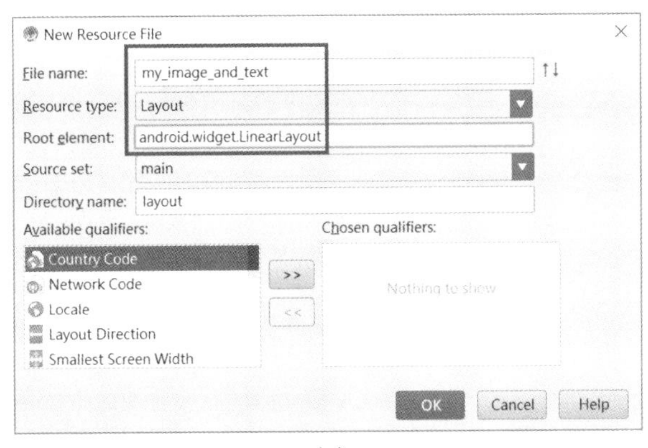

(a)

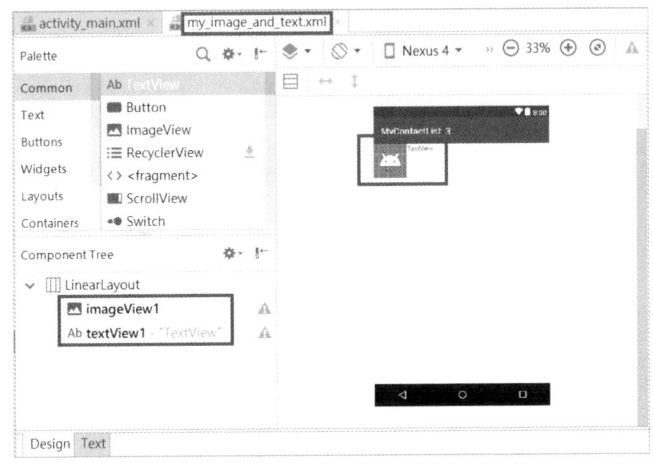

(b)

(c)

圖5-7 MyContactList_3 專案的重點內容：(a)自訂以以橫向 LinearLayout 為版面 xml 檔內容，命名為 my_image_and_text，Root element 可以直接輸入 android.widget.LinearLayout，預備作為 List 的項目版面；(b)將(a)的 LinearLayout 加入一組 ImageView 和 TextView；(c)初始畫面。

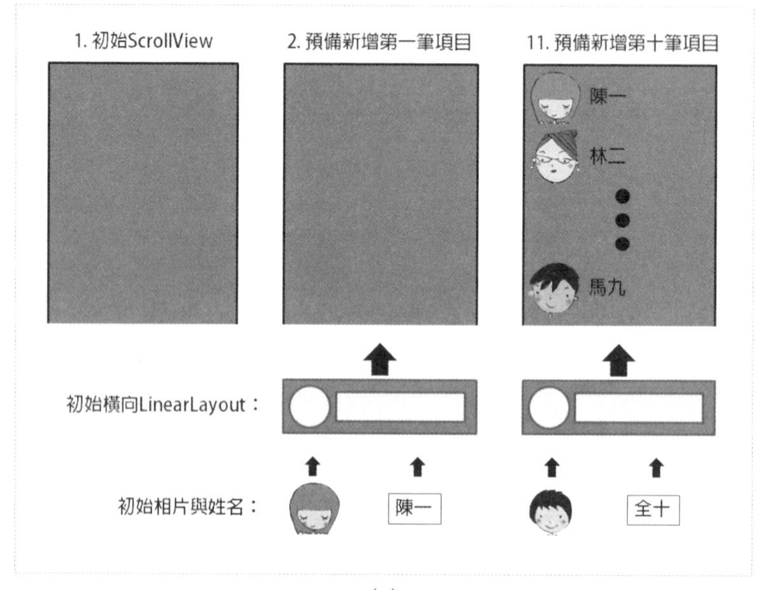

(a)

```
MainActivity
21        @Override
22        protected void onCreate(Bundle savedInstanceState) {
23            super.onCreate(savedInstanceState);
24    //        setContentView(R.layout.activity_main);
25            View v = getLayoutInflater().inflate(R.layout.activity_main,  root: null);
26            LinearLayout layout1 = (LinearLayout) v.findViewById(R.id.linearLayout1);
27            for(int i=0; i<resId.length; i++) {
28                // 以 LayoutInflater的方式，實體化LinearLayout
29                LinearLayout layout2 = (LinearLayout) getLayoutInflater().inflate(
30                        R.layout.my_image_and_text,  root: null);
31                layout2.setGravity(Gravity.CENTER_VERTICAL);
32                /* 以 LayoutInflater的方式，實體化TextView, 並設定 TextView 的內容 */
33                TextView tv = (TextView) layout2.findViewById(R.id.textView1);
34                tv.setText(data[i]);
35                tv.setTextSize(20);
36                tv.setPadding( left: 10,  top: 10,  right: 10,  bottom: 10);
37                /* 以 LayoutInflater的方式，實體化ImageView, 並設定 ImageView 的內容 */
38                ImageView iv = (ImageView) layout2.findViewById(R.id.imageView1);
39                Bitmap bitmap = BitmapFactory.decodeResource(getResources(), resId[i]);
40                bitmap = Bitmap.createScaledBitmap(bitmap,  dstWidth: 120,  dstHeight: 120,  filter: false);
41                iv.setImageBitmap(bitmap);
42                iv.setPadding( left: 10,  top: 10,  right: 10,  bottom: 10);
43                /* 將每一筆 layout2 都加進 LinearLayout1內*/
44                layout1.addView(layout2);
45            }
46            // 最後以 Root Layout 作為整個視窗的內容視圖
47            setContentView(v);
48        }
```

(b)

圖5-8 MyContactList_3 專案的程式重點：(a)以分解動作圖示程式的邏輯；(b)對應的 Java 主程式。

關於圖 5-8(a)，第一個提醒是，ScrollView 一般內嵌一個 LinearLayout 作為容器來擺放視圖元件，所對應的 Java 程式為圖 5-8(b)的第 25~26 行。

其次，不論預備的是第一筆聯絡人的相片與姓名，或是最後一筆聯絡人的相片與姓名，都是在迴圈之內搭配適當的陣列來達成，這個部份是與前一小節一致的。

不同之處在於，MyContactList_3 專案是屬於「複合元件式之內容項目」，因此須先將此複合元件的容器（此例是橫向的 LinearLayout）實體化（對應第 29~30 行）。

然後，再分別將相片與姓名完成初始化動作（對應第 32~42 行），最後才可以將此容器整個「塞入」ScrollView 所內嵌的直向 LinearLayout 中（對應第 44 行）！

日常生活俯拾皆是的應用還有：

- 點餐介面：有餐點的照片以及名稱，讀者可利用最後一節的習題作練習。
- 檔案總管：較為進階的功能，就是將類似手機的/sdcard 內之檔案內容，按資料夾的層次結構，以 List 顯示出來，其中資料夾和檔案的不同屬性可以利用圖片加以區別。
- 九九乘法表：有較為進階的作法，就是將 72 道題目以 List 呈現之外，還可以在每一題附上一張圖片，仿傚第三章介紹的翻牌機制，為每一題的答案製作一個正確答案卡供答案揭曉之用！

不一而足，讀者可以舉一反三，以此類推，多方應用。

5.3.3 內容項目的分隔線

前三個 MyContactList_x 專案還缺一條分隔線的效果，其實僅需再準備一張「任意寬度、1 pixel 高度」的圖片（如圖 5-9(a)）即可作到圖(b)的分隔效果。但要記得執行圖(c)所示的 setScaleType(ScaleType.FIT_XY)指令才行。

(a)

(b)

(c)

圖5-9 MyContactList_3a 專案的程式重點：(a)準備一個 10x1 的直線圖片，當作分隔線的素材；(b)執行結果；(c)setScaleType(ScaleType.FIT_XY)指令能將過長或過短的圖片按 LayoutParams 的指示定進行縮放。

5.4 為 List 註冊監聽

在 5.1 前言我們就提到：「清單的作用不止顯示資料而已，通常也容許使用者作一些點選的動作，達到人機互動。」為了達到點選的動作，我們都知道需要註冊一些像是 onClick 或 onTouch 等之監聽事件，並加以實作。

對於一種複合式的 List，乃存在著多元的註冊策略，可以簡單歸納如圖 5-10 所示，也就是可以將每一個項目以一個整體來看，合體加以註冊；或是將它的內部組成元件分開處理，各別註冊。

接下來兩小節就分別用這圖 5-10 所示的兩組策略下去實施，這兩組策略對於圖或文的進一步詳細資料展示應有一定程度的啟發作用。

圖5-10 複合式的 List 至少存在著兩組註冊策略，如圖左與圖右所示。

5.4.1 註冊策略一：1 項目 1 動作

圖 5-11 顯示第一項策略的執行結果，就是以整組項目為單位，不論點擊到項目內的任一位置，都會在上方出現 TextView 顯示該聯絡人的電郵資訊。

詳細的程式設定如圖 5-12 所示。首先是在版面 xml 檔案內新增一個 TextView，以 LinearLayout 容器加以規範，並設定相關顏色等屬性，最重要的是先將能見度（Visibility）設為 Gone（消失不佔空間），因為平常時候，這個視覺項目不僅看不見，而且還不佔據版面空間。

其次，依序在 Java 程式內將必要的資訊準備好，最後就是為每一項目註冊並實作 onClick，處理相關的資訊顯示行為。

要注意在此是以整體的 LinearLayout 元件作為事件註冊的策略。

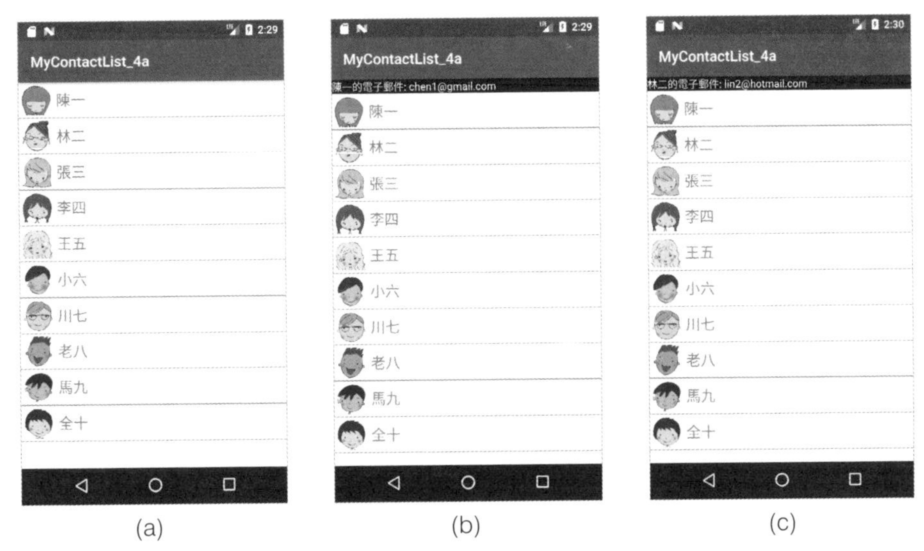

圖5-11 MyContactList_4a 專案的執行重點：(a)初始畫面；(b)點擊「陳一」項目，上方出現 TextView 詳述陳一的電郵資訊；(c)點擊「林二」項目，在(b)所述位置同樣出現林二的電郵資訊。

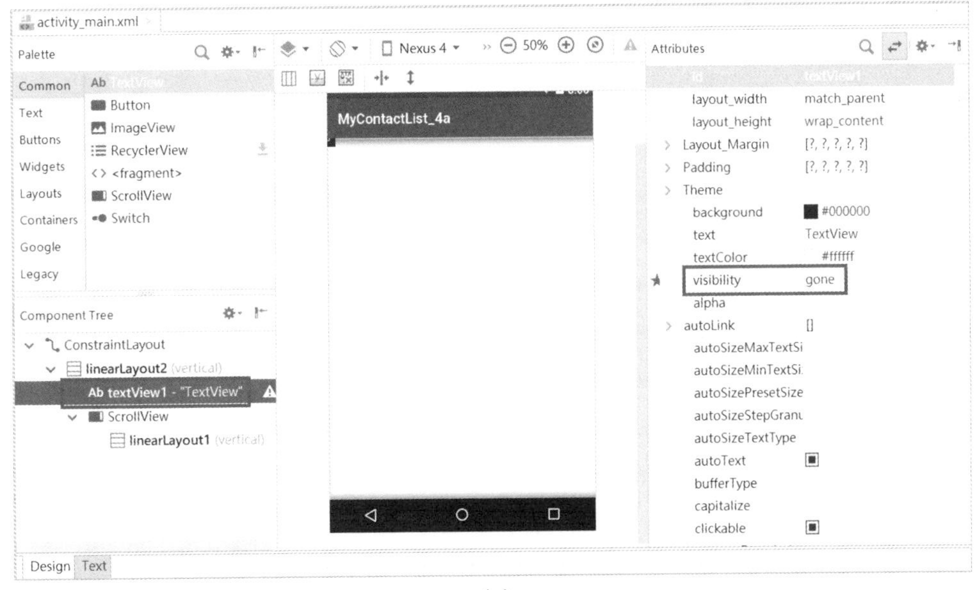

```
MainActivity
16  public class MainActivity extends AppCompatActivity {
17
18      int [] resId = {R.drawable.icon_01, R.drawable.icon_02, R.drawable.icon_03,
19              R.drawable.icon_04, R.drawable.icon_05, R.drawable.icon_06, R.drawable.icon_07,
20              R.drawable.icon_08, R.drawable.icon_09, R.drawable.icon_10};
21      String [] data = {"陳一", "林二", "張三", "李四", "王五",
22              "小六", "川七", "老八", "馬九", "全十"};
23      String [] email = {"chen1@gmail.com", "lin2@hotmail.com", "chang3@hinet.net",
24              "lee4@yahoo.com", "wang5@seednet.net", "little6@school.edu",
25              "river7@church.org", "elder8@center.net", "ma9@roc.gov", "all10@all10.idv"};
```

(b)

```
MainActivity  onCreate()
27      @Override
28      protected void onCreate(Bundle savedInstanceState) {
29          super.onCreate(savedInstanceState);
30  //          setContentView(R.layout.activity_main);
31          View v = getLayoutInflater().inflate(R.layout.activity_main, root: null);
32          LinearLayout layout1 = (LinearLayout) v.findViewById(R.id.linearLayout1);
33          // 在自製 ListView 之前，擺放一個 TextView，作為顯示電郵訊息之用
34          final TextView emailContent = (TextView) v.findViewById(R.id.textView1);
35          emailContent.setOnClickListener(new OnClickListener(){
36              @Override
37              public void onClick(View v) {
38                  emailContent.setVisibility(View.GONE);
39              }
40          });
```

(c)

```
MainActivity  onCreate()
41          for(int i=0; i<resId.length; i++) {
42              // 以 LayoutInflater的方式，實體化LinearLayout
43              LinearLayout layout2 = (LinearLayout) getLayoutInflater().inflate(
44                      R.layout.my_image_and_text, root: null);
45              layout2.setGravity(Gravity.CENTER_VERTICAL);
46              // 為 LinearLayout 註冊 OnClick，並設定Tag作為編號
47              layout2.setTag(i);
48              layout2.setOnClickListener(new OnClickListener(){
49                  @Override
50                  public void onClick(View v) {
51                      int index = (Integer) v.getTag();           // 取得所點擊的Tag編號
52                      emailContent.setVisibility(View.VISIBLE);   // 將Email的TextView打開能見度
53                      emailContent.setText(data[index] +"的電子郵件: "+ email[index]);
54                  }});
```

(d)

圖5-12 MyContactList_4a 專案的程式重點：(a)在 layout xml 檔案中新增一 TextView，並設定相關屬性；(b)於 Java 程式內新增 email 字串陣列資訊；(c)於 Java 程式內為新增的 TextView 註冊並實作 onClick；(d)為整體的 LinearLayout 元件註冊 onClick，並設定 Tag 作為編號供後續運用。

5.4.2 註冊策略二：1 項目 N 動作

圖 5-13 顯示第二項策略的執行結果，就是以項目內各別元件為單位，當點擊到項目內的圖片，會在螢幕上方出現 ImageView 顯示該聯絡人較大張的相片資訊。

至於點擊到項目內的文字時，效果同 MyContactList_4a 專案一樣，會在螢幕上方出現 TextView 顯示該聯絡人的電郵資訊。

再次點擊此 ImageView 或是 TextView 就會讓元件消失。

詳細的程式設定如圖 5-14 所示，首先圖(a)是在版面 xml 檔案內新增一個 ImageView，但以 RelativeLayout 容器加以規範。

其餘圖(b)到(d)的程式重點各別為項目的子元件進行註冊與實作，即可達到「1 項目 N 動作」的註冊策略。

圖5-13 MyContactList_4b 專案的執行重點：(a)初始畫面；(b)點擊「陳一」項目的相片，螢幕上方出現陳一較大張的相片資訊；(c)點擊「林二」項目，在(b)所述位置同樣出現林二較大張的相片資訊。

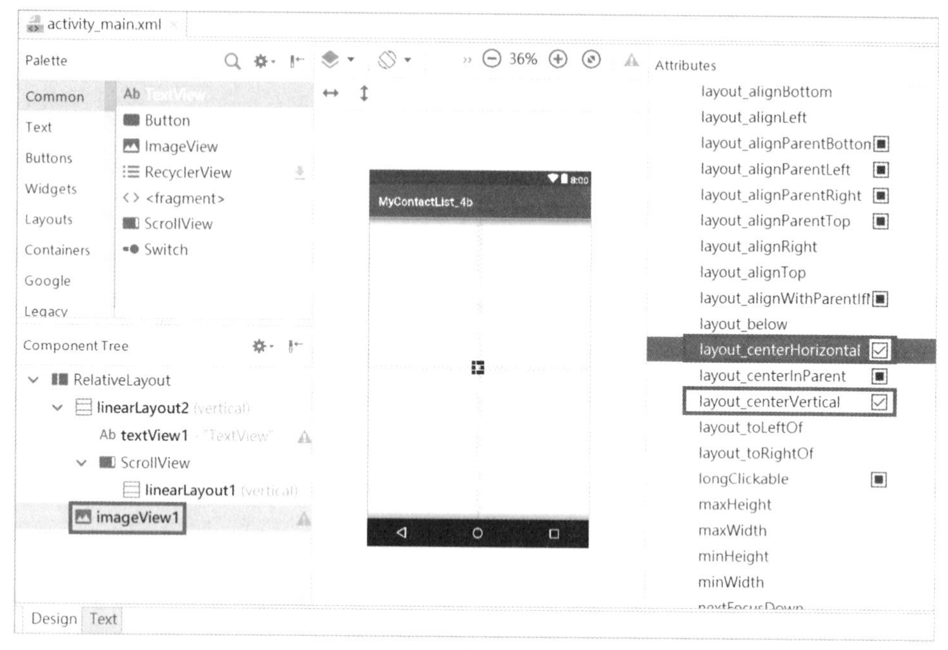

(a)

MainActivity

```
16  public class MainActivity extends AppCompatActivity {
17
18      int [] resId = {R.drawable.icon_01, R.drawable.icon_02, R.drawable.icon_03,
19              R.drawable.icon_04, R.drawable.icon_05, R.drawable.icon_06, R.drawable.icon_07,
20              R.drawable.icon_08, R.drawable.icon_09, R.drawable.icon_10};
21      int [] resId2 = {R.drawable.role_01, R.drawable.role_02, R.drawable.role_03,
22              R.drawable.role_04, R.drawable.role_05, R.drawable.role_06, R.drawable.role_07,
23              R.drawable.role_08, R.drawable.role_09, R.drawable.role_10};
```

(b)

MainActivity onCreate()

```
44          // 在自製 ListView 之前，擺放一個ImageView, 作為顯示大張相片之用
45          final ImageView largePhoto = (ImageView) v.findViewById(R.id.imageView1);
46          largePhoto.setOnClickListener(new OnClickListener(){
47              @Override
48              public void onClick(View v) {
49                  largePhoto.setVisibility(View.GONE);
50              }
51          });
```

(c)

```
activity_main.xml × | MainActivity.java ×
MainActivity | onCreate()
57            /* 以 LayoutInflater的方式，實體化TextView, 並設定 TextView 的內容 */
58            TextView tv = (TextView) layout2.findViewById(R.id.textView1);
59            tv.setText(data[i]);
60            tv.setTextSize(20);
61            tv.setPadding( left: 10,  top: 10,  right: 10,  bottom: 10);
62            // 為 TextView 註冊 OnClick,並設定Tag作為編號
63            tv.setTag(i);
64            tv.setOnClickListener(new OnClickListener(){
65                @Override
66                public void onClick(View v) {
67                    int index = (Integer) v.getTag();             // 取得所點擊的Tag編號
68                    emailContent.setVisibility(View.VISIBLE);    // 將Email的TextView打開能見度
69                    emailContent.setText(data[index] +"的電子郵件: "+ email[index]);
70                }});
71            /* 以 LayoutInflater的方式，實體化ImageView, 並設定 ImageView 的內容 */
72            ImageView iv = (ImageView) layout2.findViewById(R.id.imageView1);
73            Bitmap bitmap = BitmapFactory.decodeResource(getResources(), resId[i]);
74            bitmap = Bitmap.createScaledBitmap(bitmap,  dstWidth: 60,  dstHeight: 60,  filter: false);
75            iv.setImageBitmap(bitmap);
76            iv.setPadding( left: 10,  top: 10,  right: 10,  bottom: 10);
77            // 為 ImageView 註冊 OnClick,並設定Tag作為編號
78            iv.setTag(i);
79            iv.setOnClickListener(new OnClickListener(){
80                @Override
81                public void onClick(View v) {
82                    int index = (Integer) v.getTag();             // 取得所點擊的Tag編號
83                    largePhoto.setVisibility(View.VISIBLE);      // 將大張相片的ImageView打開能見度
84                    largePhoto.setImageResource(resId2[index]);
85                }});
```

(d)

圖5-14 MyContactList_4b 專案的程式重點：(a)在 layout xml 檔案中新增一 ImageView，並設定相關屬性；(b)於 Java 程式內新增 resId2 圖片陣列資訊；(c)於 Java 程式內為新增的 ImageView 註冊並實作 onClick；(d)為各別的 TextView 和 ImageView 元件註冊 onClick，並設定 Tag 作為編號供後續運用。

5.5 List 排版方法補充

自製 List 排版還有一個重要的議題是：可否依照排版者預先訂下的高度比例來顯示項目？

如圖 5-15，LineOnRatio 專案以 onSizeChanged()搭配 draw(canvas)方法，將螢幕模擬 List 劃分成五塊區域，不論是直式或是橫式都能將螢幕等比例顯示。

但不知 List 要用什麼辦法才能辦到？以下兩小節我們示範有別於 LineOnRatio 專案的作法。

圖5-15 LineOnRatio 專案以 draw(canvas)將螢幕縱向劃分成五塊區域，模擬 List：(a)直向顯示；(b)橫向顯示。

5.5.1 項目高度計算方法一：粗略版

Android 提供一種方法可以在 Activity 的 onCreate()執行期間就可以取得整個裝置螢幕的寬與高，首先須執行以下：

```
DisplayMetrics dm = new DisplayMetrics();
getWindowManager().getDefaultDisplay().getMetrics(dm);
```

然後透過 dm.heightPixels 所取得的螢幕高度，就能粗略地當做畫面高度。

ListOnRatio_1 專案就是以此方法加以計算並顯示 List，如圖 5-16(a)，程式先利用上述方法算出 List 中每張圖片的高度（dm.heightPixels/RATIO，其中 RATIO=5），然後以此圖片的高度作為 List 的高度。

執行結果如圖 5-16(b)與(c)，讀者可以發現雖說 RATIO 值為 5，但是圖 5-16(b)中的第五列被「切掉」大半，圖 5-16(c)甚至完全看不到第五列！

這是因為上述方法並未將狀態欄與標題欄的高度算進去，所以此方法只能算是粗略的估算方法！

```java
MainActivity
43        private void initBmp() {
44            DisplayMetrics dm = new DisplayMetrics();
45            this.getWindowManager().getDefaultDisplay().getMetrics(dm);
46            for(int i=0; i<bitmap.length; i++) {
47                bitmap[i] = BitmapFactory.decodeResource(getResources(), iResDrawableId[i]);
48                bitmap[i] = Bitmap.createScaledBitmap(bitmap[i],
49                        dstWidth: dm.heightPixels/RATIO,  dstHeight: dm.heightPixels/RATIO,  filter: false);
50            }
51        }
```

(a)

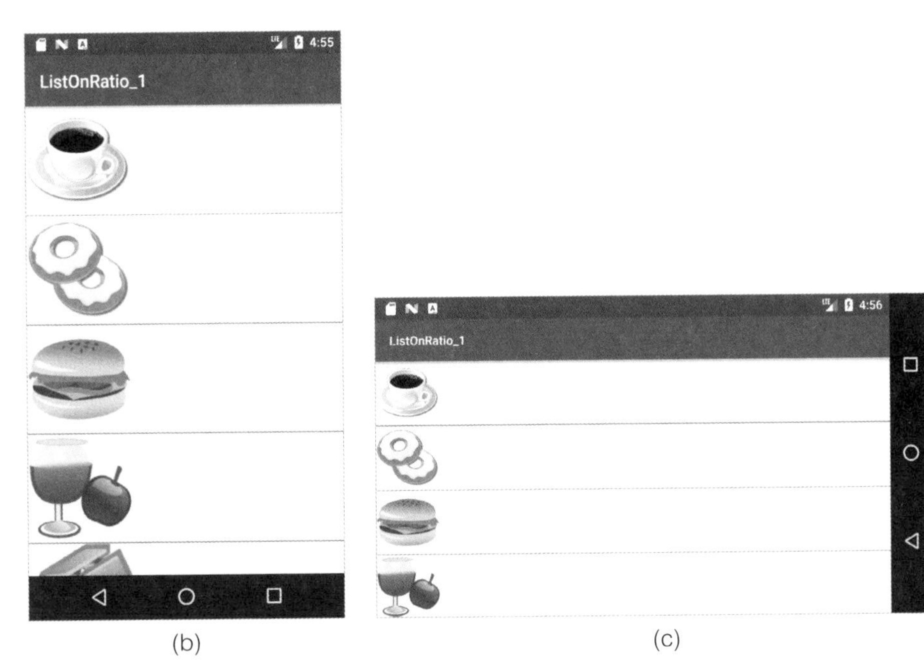

(b) (c)

圖5-16 ListOnRatio_1 專案以 getWindowManager().getDefaultDisplay().getMetrics(DisplayMetrics)粗略地讓 List 與螢幕高度形成大約 1:5：(a)關鍵方法；(b)直向顯示；(c)橫向顯示。

5.5.2 項目高度計算方法二：精確版

圖 5-17 的 ListOnRatio_2 專案是精確版的項目高度計算方法，也就是需要扣除狀態欄與標題欄的高度，如圖(a)所示

而圖 5-17(b)與(c)執行結果無論直式與橫式就都能精準的按照比例顯示高度，不會有 ListOnRatio_1 專案的情形。

讀者看到圖 5-17(a)是否很眼熟？這就是我們在第二章的基本動作中所介紹的掌控器（Handler）的用法，只是為何沒見到 Handler 物件？

原來，Android 為每個視覺元件直接賦予 Handler 功能，因此只需要以 findViewById()這個 API 取得某個視覺元件，就能執行 post()用來處理執行緒。

```
MainActivity.java
28          linearLayout1.post(new Runnable() {
29
30              public void run() {
31                  layoutHeight = findViewById(R.id.constraintLayout1).getHeight();
32                  // 0. 先將圖片比例設好
33                  initBmp();
34                  // 開始塞入List項目
•••                 •••
49              }
50          });
```

(a)

ListOnRatio_2

(b)

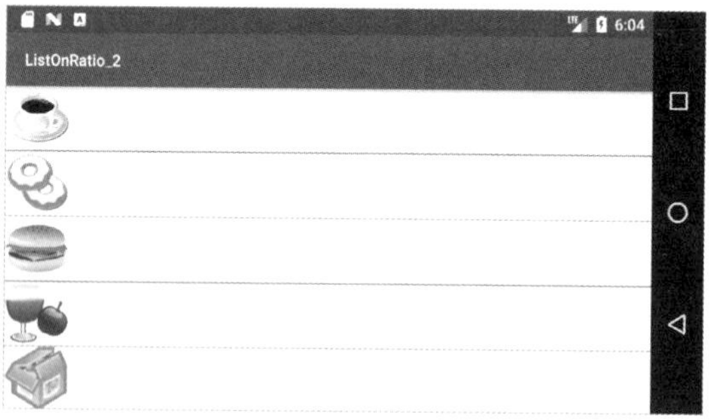

ListOnRatio_2

(c)

圖5-17 ListOnRatio_2 專案以精確地讓 List 與螢幕高度形成 1:5：(a)關鍵方法須考慮扣除狀態欄與標題欄的高度；(b)直向顯示；(c)橫向顯示。

5.6 思考與練習

讀完本章之後，可以嘗試思考與練習以下題目：

1. 試以隨書雲端 zip 的五張 png 圖片（coffee、donut、ham、juice、milk），配合 LayoutInflater 的運用，製作一個具有餐點名稱的自製 List。
2. 將第 1 題的餐點 List，參考第 5.4 節的第二種註冊策略，為此 List 加以註冊並實作，並滿足以下規定：
   (a) 點擊餐點圖片之後，圖片置中並放大。
   (b) 點擊餐點名稱之後，顯示價格與熱量。
3. 試解釋圖 5-17 的 ListOnRatio_2 專案中，為何利用 findViewById(R.id.constraintLayout1).getHeight()指令就能完成扣除狀態欄與標題欄的高度？

CHAPTER

06

內建清單

6.1 前言

在前一章「自製清單」中，我們充份運用 LayoutInflater 的功能，就是將 layout xml 檔案中的視覺元件加以實體化，並將該實體化的物件指標取得之後，儲存在 Java 程式的變數中，就能加以使用。

從第一印象看來，LayoutInflater 帶給開發者最大的好處應該就是「能夠善用調色板對於視覺元件的友善宣告介面，進而讓 Java 程式能動態地調整這些視覺元件的數量與屬性等內容」。

要知道，像這種「動態地調整」之功能，目前仍須以 Java 程式設計的方式才能進行，而且對於許多的 App 應用，是不可或缺的功能。著名的例子像是聯絡人清單、電郵清單、簡訊清單、通聯清單、資料夾內的檔案清單等等。

本章主要就是要介紹 LayoutInflater 如何與 Android 內建的清單套件作搭配，如：ListView、RecycerView 等等。

然而，若是讀者所要顯示的清單資料相當地單純，例如字串文字而已，則「內建清單」可省去 LayoutInflater 的步驟（其實是在其他地方進行處理），簡單運用幾個步驟就能完成；此外，內建的 ListView 還可搭配專屬的 ListActivity 一起運用，更加省力喔！

6.2 文字清單轉接器的用法

這一小節先介紹給讀者所謂簡單的「字串文字」清單資料，並不需要 LayoutInflater 的協助就能輕鬆完成，有作者歸納的 1+4 步驟，甚至更少。

我們需要用到一個 Android 內建的轉接器（Adapter）工具，其中一種稱為 ArrayAdapter；沒錯，轉接器的名稱就代表一種資料型式的轉換。首先，它有 Java 的泛型（Generic）機制，可以限定採用某種資料型態：

```
ArrayAdapter<String>(Context, android.R.layout.simple_
                    list_item_1, String [])
```

從它的建構子來看，除了第一個參數是傳入 Android 應用程式的 Context 指標（此處為 Activity 之指標）之外，第二個參數的 Android layout 資源 id，加上第三個參數的字串文字，就能共同「轉換」成我們所要的「文字清單」！

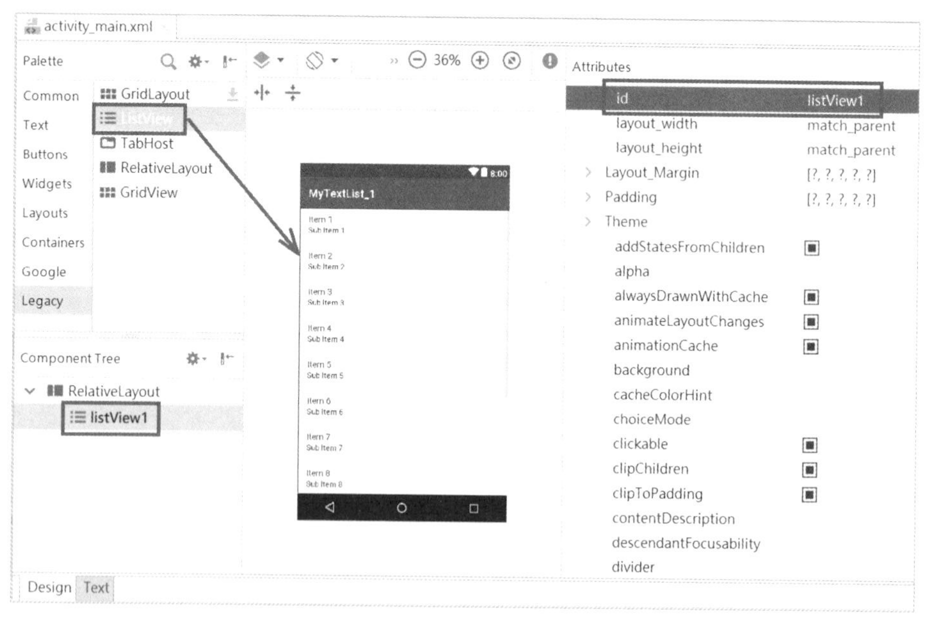

(a)

```
MainActivity  onCreate()
1   package com.aerael.mytextlist_1;
2
3   import android.support.v7.app.AppCompatActivity;
4   import android.os.Bundle;
5   import android.widget.ArrayAdapter;
6   import android.widget.ListView;
7
8   public class MainActivity extends AppCompatActivity {
9
10      @Override
11      protected void onCreate(Bundle savedInstanceState) {
12          super.onCreate(savedInstanceState);
13          setContentView(R.layout.activity_main);
14          // 步驟 1:準備資料
15          String [] data = {"陳一", "林二", "張三", "李四", "王五",
16                  "小六", "川七", "老八", "馬九", "全十"};
17          // 步驟 2:準備ListView
18          ListView lv1 = (ListView) findViewById(R.id.listView1);
19
20          // 步驟 3:宣告轉接器
21          ArrayAdapter<String> adapter = new ArrayAdapter<String>()
```

```
@NonNull Context context, @LayoutRes int resource
@NonNull Context context, @LayoutRes int resource, @IdRes int textViewResourceId
@NonNull Context context, @LayoutRes int resource, @NonNull String[] objects
@NonNull Context context, @LayoutRes int resource, @IdRes int textViewResourceId, @NonNull String[] objects
@NonNull Context context, @LayoutRes int resource, @NonNull List<String> objects
@NonNull Context context, @LayoutRes int resource, @IdRes int textViewResourceId, @NonNull List<String> objects
```

(b)

```
MainActivity  onCreate()
1   rael.mytextlist_1;
2
3   .support.v7.app.AppCompatActivity;
4   .os.Bundle;
5   .widget.ArrayAdapter;
6   .widget.ListView;
7
8   ainActivity extends AppCompatActivity {
9
10
11  void onCreate(Bundle savedInstanceState) {
12  onCreate(savedInstanceState);
13  tentView(R.layout.activity_main);
14  1:準備資料
15   [] data = {"陳一", "林二", "張三", "李四", "王五",
16    "小六", "川七", "老八", "馬九", "全十"};
17  2:準備ListView
18  ew lv1 = (ListView) findViewById(R.id.listView1);
19
20  3:宣告轉接器
```

```
simple_list_item_1 ( = 17367043)            int
simple_list_item_2 ( = 17367044)            int
simple_list_item_activated_1                int
simple_list_item_activated_2                int
simple_list_item_checked ( = 173...         int
simple_list_item_multiple_choice            int
simple_list_item_single_choice              int
simple_expandable_list_item_1               int
simple_expandable_list_item_2               int
simple_selectable_list_item                 int
```

```
@NonNull Context context, @LayoutRes int resource
@NonNull Context context, @LayoutRes int resource, @IdRes int textViewResourceId
@NonNull Context context, @LayoutRes int resource, @NonNull String[] objects
@NonNull Context context, @LayoutRes int resource, @IdRes int textViewResourceId, @NonNull String[] objects
@NonNull Context context, @LayoutRes int resource, @NonNull List<String> objects
@NonNull Context context, @LayoutRes int resource, @IdRes int textViewResourceId, @NonNull List<String> objects
```

(c)

圖6-1 MyTextList_1 專案的 1+4 步驟說明：(a) 版面 xml 檔案設計，選取調色板中的 ListView 元件；(b)準備資料、宣告轉接器、並設定轉接器；(c)設定轉接器的第二個參數 android.R.layout.simple_list_item_1，作 ListView 版面的設定。

圖 6-1 說明所歸納的 1+4 步驟，1 是指版面 xml 設計，4 是指 Java 程式：

1. 版面 xml 檔案設計：可利用調色板將 ListView 從 Legacy 類別選出來，如圖 6-1(a)所示。

2. 準備資料：目前 Android 提供 String []和 List 兩種資料型態，圖 6-1(b)所採用的是前者，宣告了一個名為 data 的字串陣列作準備。

3. 準備 ListView：這一步很簡單，就如同前面幾章也用到的 findViewById() 方法，指向版面 xml 檔案內的 ListView 元件。

4. 宣告轉接器：圖 6-1(b)說明如何利用 Studio 開發工具輸入到左括號時，就能出現建構子參數型式的提示畫面，但不能點選畫面中項目；圖 6-1(c)則是利用開發工具選擇內建專用於 ListView 的 android.R.layout.simple_OOOO 系列的版面 id。

5. 設定轉接器：圖 6-1(c) 尚未完整顯示出，其實就是簡單執行 lv1.setAdapter(adapter);即可。

圖 6-2(a)就是 MyTextList_1 專案的執行結果，是否與前一章的自製清單所設計的顯示效果幾乎一樣？其實膨脹器的工作，就是讓轉接器給做掉了！

圖 6-2(b)與(c)則另外開啟 MyTextList_1a 和 MyTextList_1b 專案，執行結果一樣，只是資料的來源不同，分別說明如後。

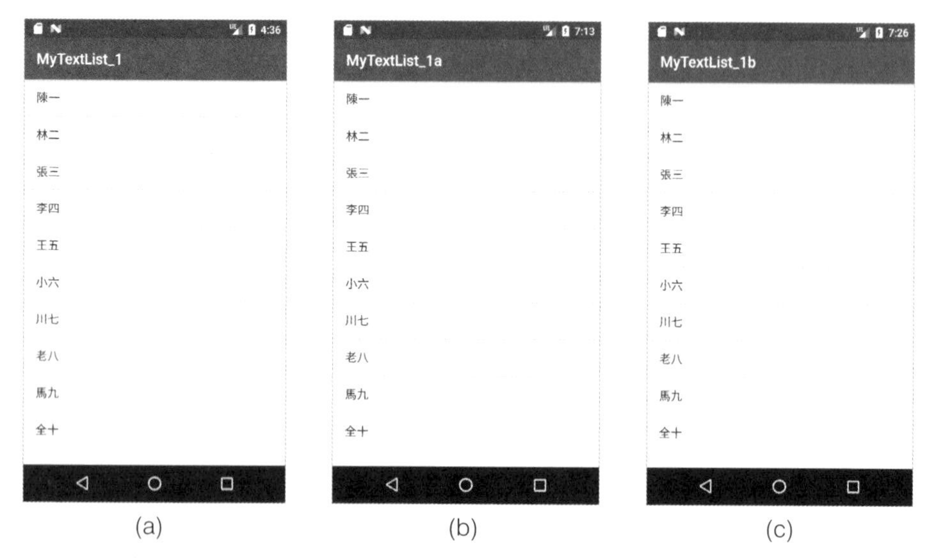

圖6-2 三個專案的執行結果相同：(a)MyTextList_1 專案；(b)MyTextList_1a 專案；(c)MyTextList_1b 專案。

6.2.1 利用 res/values 準備資料

Android 提供 Java 程式設計以外的管道準備字串文字的資料，其中最常見的就是利用資源管理介面，可以參考圖 5-4 從無到有初始資源檔的步驟，以「File->New->Android resource file」，但記得 Resource type 要選 Values。

但是現在我們可以省略此步驟，因為預設存在一個 strings.xml，就是屬於 Values 之 Resource type。如圖 6-3(a)所示，開啟 strings.xml 後，輸入左角括弧(<)的同時，IDE 工具彈出 xml 標籤選單，選取 string-array 標籤。然後再如圖 6-3(b)與(c)所示，選擇 Item 元素型態之後，開始建立項目 Item。

圖6-3 MyTextList_1a 專案利用 res/values 準備字串陣列：(a)利用 IDE 工具之選單選取 String Array 作為資料型態；(b)再利用 IDE 工具之選單點選 Item 開始建立陣列內容；(c)建立第一筆文字陣列資料「陳一」；(d)逐一將 MyTextList_1a 專案內的 10 筆文字字串建立起來。

圖 6-4 的程式目標是希望利用 res/values/strings.xml 內所準備的字串陣列資料，取代原本在 MyTextList_1 專案內的作法，產生完成等效的程式結果。

所以在圖 6-3(c)和(d)就看到我們將原本的 10 筆姓名字串一一地建立起來，最後執行的結果依舊相同，如圖 6-2(b)所示。

```
MainActivity
8   public class MainActivity extends AppCompatActivity {
9
10      @Override
11      protected void onCreate(Bundle savedInstanceState) {
12          super.onCreate(savedInstanceState);
13          setContentView(R.layout.activity_main);
14          // 步驟 1:準備資料
15          String [] data = getResources().getStringArray(R.array.name);
16          // 步驟 2:準備ListView
17          ListView lv1 = (ListView) findViewById(R.id.listView1);
18
19          // 步驟 3:宣告轉接器
20          ArrayAdapter<String> adapter
21                  = new ArrayAdapter<String>( context: this, android.R.layout.simple_list_item_1, data);
22          // 步驟 4:設定轉接器
23          lv1.setAdapter(adapter);
24      }
25  }
```

圖6-4 MyTextList_1a 專案的主程式關於「準備資料」的重點內容：資料準備方式改成利用 res/values/strings.xml 來準備。

6.2.2 利用 assets 準備資料

除了可以在 res/values/strings.xml 裡頭定義字串陣列之外，還有一種文字.txt 檔案格式可以採用，如圖 6-5 所示。

通常會將它們放在 Android 專案的 assets（資產）資料夾內，而關於 assets 資料夾的建議用法，官網有段話描述如下：[1]

… navigate this directory in the same way as a typical file system using URIs and read files as a stream of bytes using the AssetManager.

中譯為「您可以使用 URI 以與典型文件系統相同的方式導航此目錄，並使用 AssetManager 將文件作為位元組流讀取。」

1 https://developer.android.com/studio/projects

AssetManager 配合特有的指令來取得：

```
getAssets().open("0000.txt");
```

圖 6-5 顯示 MyTextList_1b 專案利用 assets 準備字串陣列的過程，從(a)內容準備、(b)編碼型式、(c)(d)從無到有建立 assets 夾、到(e)檔案擺放，都一一圖示標明，最後得到同樣的文字清單！

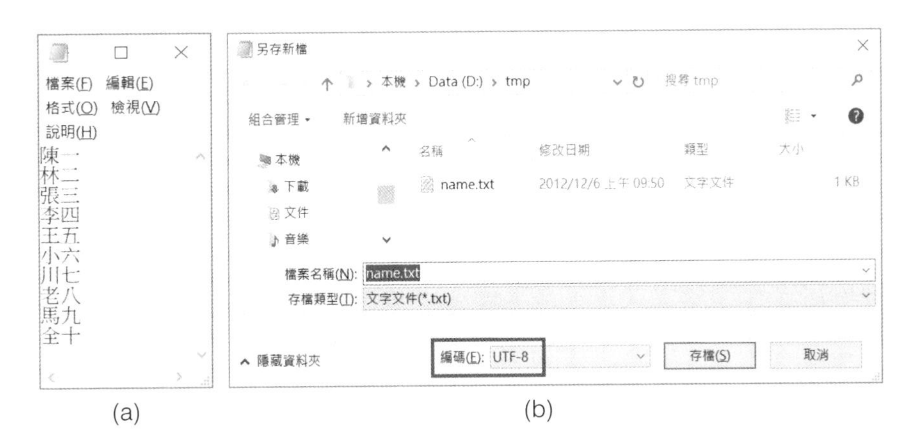

(a) (b)

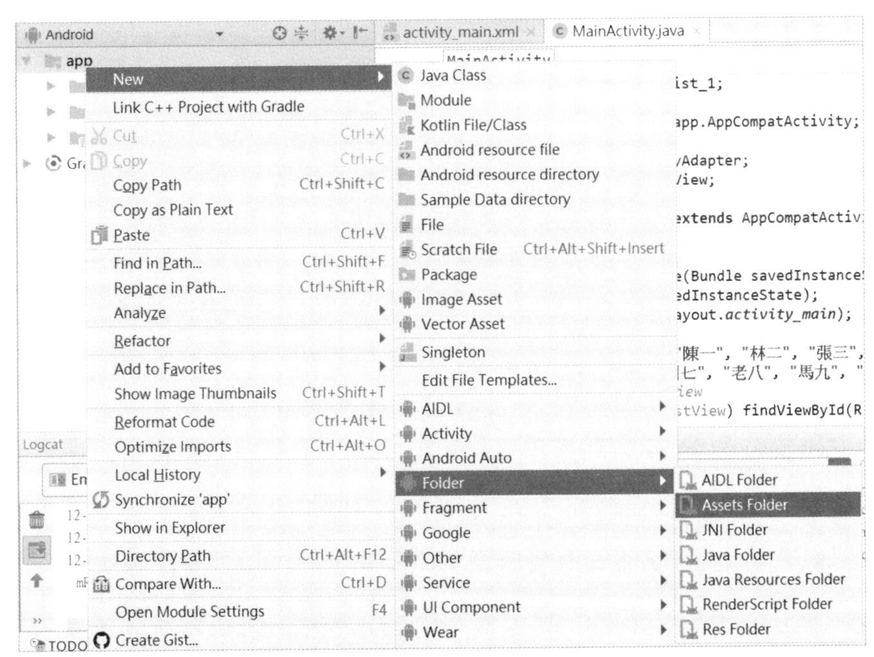

(c)

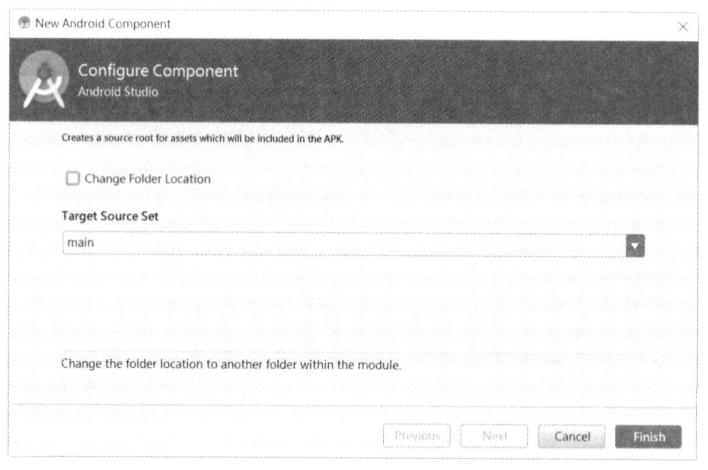

(d)

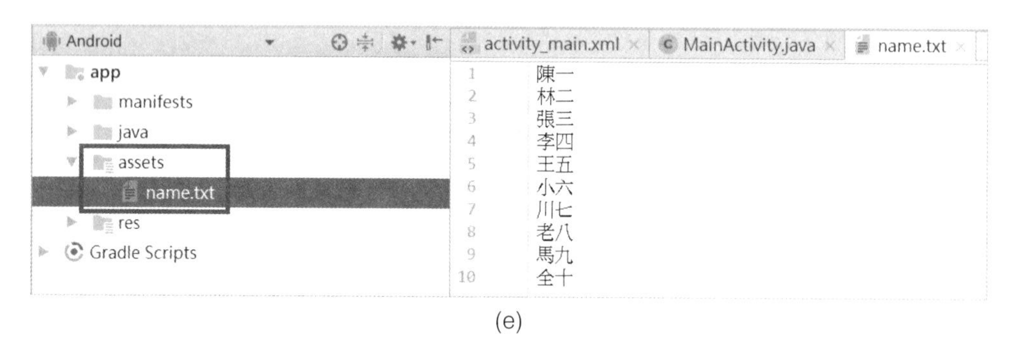

(e)

圖6-5 MyTextList_1b 專案利用 assets 準備字串陣列：(a)可先利用文字編輯器將 10 筆字串資料寫好並存檔；(b)記得將文字檔以 UTF-8 的編碼格式存檔，才能在 Android 系統內正確使用；(c)按右鍵新增 Assets Folder；(d)不需改變預設位置；(e)將所準備的文字檔 name.txt 利用複製、貼上，拷貝至專案內的 assets 資料夾內。

圖 6-6 則顯示 MyTextList_1b 專案的主程式，除了透過 getAssets()取得 assets 資料夾內的檔案之外，還要注意 open()的回傳型態是 InputStream，因此我們還需要為它準備一個 byte 陣列當作資料的存放區，但是裡頭的資料每一筆的結束都包含一個換行符號，也就是 Java 語言的"\n"跳脫（Escape）字元。

所以，在將 10 筆聯絡人資料放入 buffer 陣列時，還需要作兩次的轉換：

1. 將 byte[]轉成 String：可直接利用 Java 對於 String 特有的建構子設計，即可直接以 new String(byte [])的方式作轉換。

2. 將資料內的 10 筆資料按分界符號加以取出，並放入 String [] data 內：可直接利用 Java 對於 String 特有的 split(char)加以自動完成。

如此就能利用 assets 備妥文字字串資料並加以列出清單。

```
MainActivity
11  public class MainActivity extends AppCompatActivity {
12
13      @Override
14      protected void onCreate(Bundle savedInstanceState) {
15          super.onCreate(savedInstanceState);
16          setContentView(R.layout.activity_main);
17          // 步驟 1:準備資料
18          String [] data = null;
19          try {
20              // 1. 讀asset
21              InputStream is = getAssets().open( fileName: "name.txt");
22              int size = is.available();
23              // Read the entire asset into a local byte buffer.
24              byte[] buffer = new byte[size];
25              is.read(buffer);
26              is.close();
27              // 2. 轉成String
28              String text = new String(buffer);
29              // 3. 萃取每一行
30              data = text.split( regex: "\n");
31          } catch (IOException e1) {
32              // TODO Auto-generated catch block
33              e1.printStackTrace();
34          }
35          // 步驟 2:準備ListView
36          ListView lv1 = (ListView) findViewById(R.id.listView1);
37
38          // 步驟 3:宣告轉接器
39          ArrayAdapter<String> adapter
40                  = new ArrayAdapter<~>( context: this, android.R.layout.simple_list_item_1, data);
41          // 步驟 4:設定轉接器
42          lv1.setAdapter(adapter);
43      }
44  }
```

圖6-6 MyTextList_1b 專案的主程式關於「準備資料」的重點內容：資料準備方式改成利用 assets 來準備。

6.2.3 如何調整文字屬性

目前對於利用 ArrayAdapter 所建立的文字清單，若要進行文字等相關屬性的調整，都比較不那麼直覺便利，因為需要對它覆寫一個叫做 getView()的方法來加以調整。

例如，圖 6-7 的 MyTextList_2 專案，就是針對文字的前景與背景顏色作了調整。

圖 6-7(a)之所以能將文字的前景從黑色變成藍色，並將背景顏色作成相間隔的效果，是因為 ArrayAdapter 內的每一個項目基本上就是一組 TextView！而這組 TextView 必須經過圖 6-7(b)的第 31 至 32 行才能加以取得。

最後，如圖 6-7(b)所示，第 34 至 38 行就是在調整文字屬性，使它執行的結果如圖 6-7(a)。

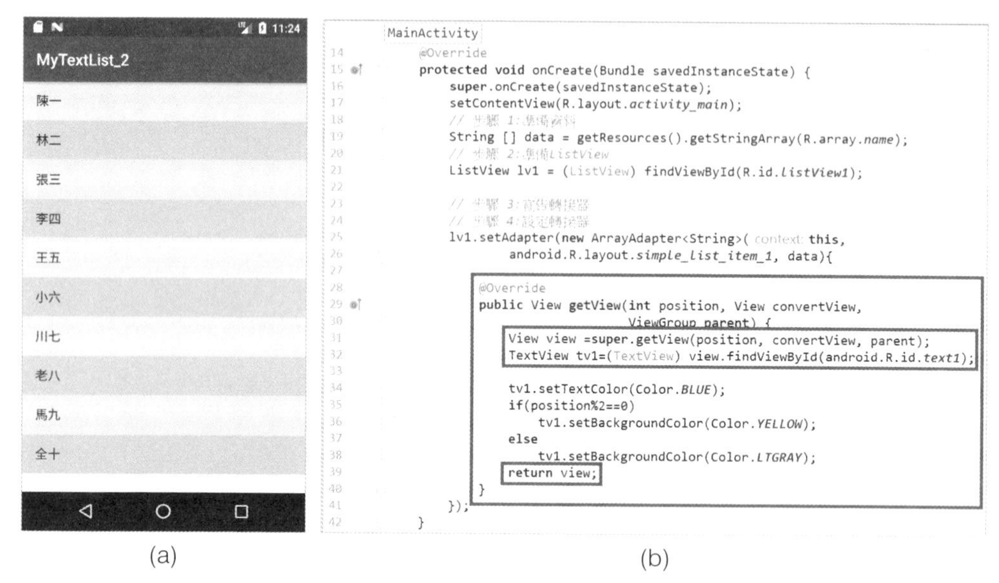

圖6-7 MyTextList_2 專案的重點內容：(a)初始畫面；(b)以 MyTextList_1b 修改，將 ArrayAdapter 覆寫 getView()方法以調整文字屬性。

6.3 圖文清單轉接器的用法

6.3.1 BaseAdapter 轉接器

其實，MyTextList_2 專案之所以需要覆寫 ArrayAdapter 類別中的 getView()方法，原是因為 ArrayAdapter 乃是一個稱為 BaseAdapter 的子類別，其中 getView()就是這個抽象的 BaseAdapter 類別所包含的四個待實作的抽象方法之一（備註：抽象類別與抽象方法屬於 Java 物件導向的觀念）。

圖 6-8 的 MyCompositeList_1 專案就是以 BaseAdapter「模擬」ArrayAdapter 完成文字清單。

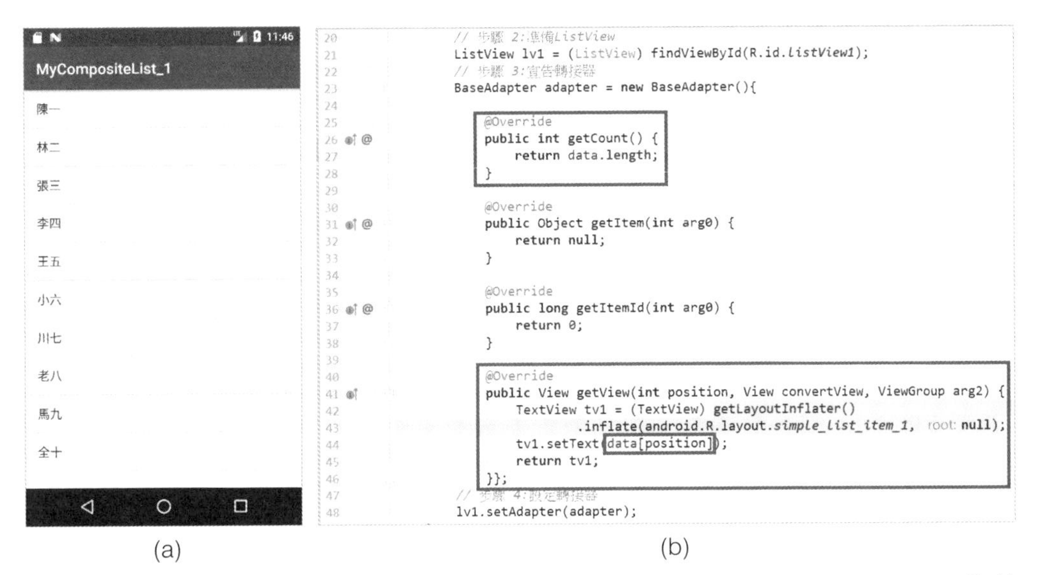

圖6-8 MyCompositeList_1 專案的重點內容：(a)初始畫面；(b)以 BaseAdapter 代替 ArrayAdapter 的動作完成清單。

請讀者注意兩件事：

1. 雖然 MyCompositeList_1 專案第 42 行 LayoutInflater 的用法曾在前一章用過，但仍要重申它「展開」R.layout.my_text 背後所代表的意義：

> **這個版面 xml 檔案的內容在此雖然僅僅宣告一個 TextView，以及相關的 padding 邊界屬性而已，但要知道，若是將此 xml 檔案設計更豐富的圖文元件，就能建構出漂亮的圖文清單了！**

然而與前一章不同的是：為何看不到迴圈敘述，卻能精準的傳入 position 參數，使能正確地走訪每一項文字陣列的元素？

2. 上述疑問的解答就在圖 6-8(b)的第 25~28 行，因為我們在 getCount()中寫上 return data.length;敘述，因此 BaseAdapter 內部所內建、我們沒看到的迴圈，就會以 getCount()作為它的計數上限，呼叫 getView()！

換句話說，BaseAdapter 正是 Android 許多 AdaptiveView 的轉接器！

6.3.2 以 ListView 顯示圖文

有了 MyCompositeList_1 專案的基礎，就可以讓我們繼續構築這一小節所希望見到的「圖文 ListView」範例。

如圖 6-9(a)與(b)所示，MyCompositeList_2 專案可以 BaseAdapter 成功轉換成「圖文清單」的秘訣就在圖(c)與(d)的版面設計、和圖(e)的版面展開。

在 MyCompositeList_2 專案我們善用調色板的一項功能稱為<include>，顧名思義，它用來包含另一個版面檔案，在此，我們就拿來包含前面不斷使用的 android.R.layout.simple_list_item_1.xml。

<include>的用法可以在圖 6-9(c)看得很清楚，<include>的項目可以在調色板的 Advanced（進階的）群組內找得到，完成後在 my_composite.xml 內出現以下的 xml 描述：

```
<include layout="@android:layout/simple_list_item_1"
android:layout_width="wrap_content"
android:layout_height="wrap_content" />
```

最後關於 getView()的程式覆寫重點，讀者可參照圖 6-9(f)的說明。

(a)

(b)

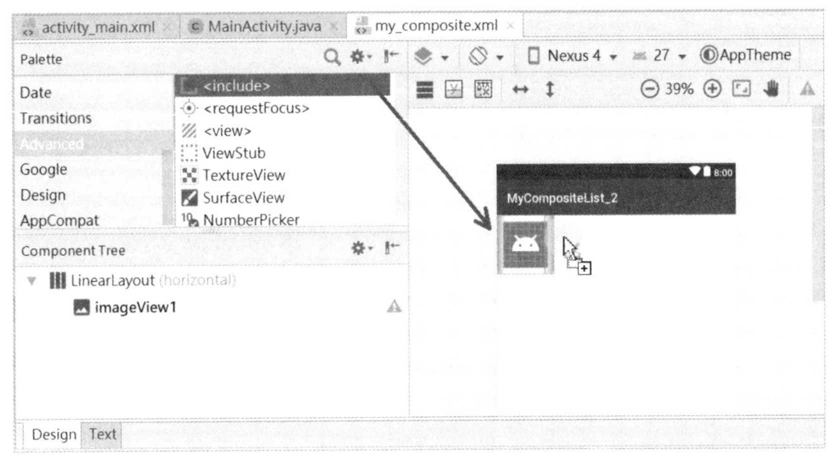
activity_main.xml
MainActivity.java
my_composite.xml
Palette
Nexus 4
27
AppTheme
Date
Transitions
Advanced
Google
Design
AppCompat
<include>
<requestFocus>
<view>
ViewStub
TextureView
SurfaceView
NumberPicker
39%
8:00
MyCompositeList_2
Component Tree
LinearLayout (horizontal)
imageView1
Design
Text

(c)

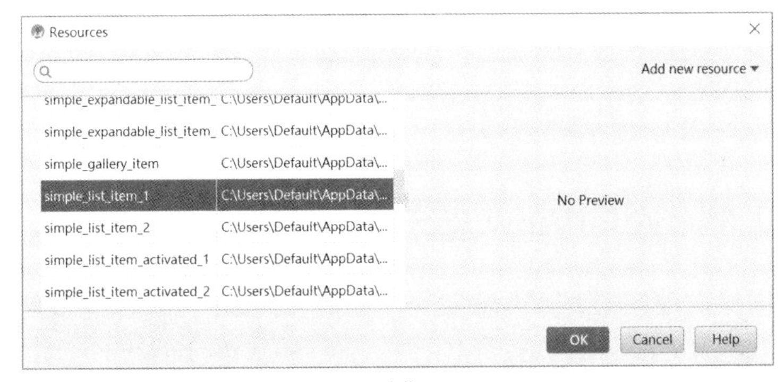
Resources
Add new resource
simple_expandable_list_item_ C:\Users\Default\AppData\...
simple_expandable_list_item_ C:\Users\Default\AppData\...
simple_gallery_item C:\Users\Default\AppData\...
simple_list_item_1 C:\Users\Default\AppData\...
simple_list_item_2 C:\Users\Default\AppData\...
simple_list_item_activated_1 C:\Users\Default\AppData\...
simple_list_item_activated_2 C:\Users\Default\AppData\...
No Preview
OK
Cancel
Help

(d)

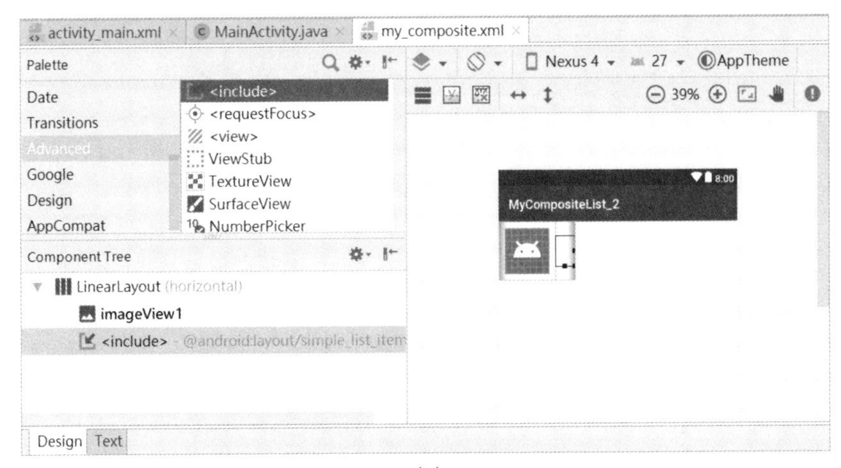
activity_main.xml
MainActivity.java
my_composite.xml
Palette
Nexus 4
27
AppTheme
Date
Transitions
Advanced
Google
Design
AppCompat
<include>
<requestFocus>
<view>
ViewStub
TextureView
SurfaceView
NumberPicker
39%
8:00
MyCompositeList_2
Component Tree
LinearLayout (horizontal)
imageView1
<include> - @android:layout/simple_list_item
Design
Text

(e)

```
MainActivity  onCreate()  new BaseAdapter
46            @Override
47            public View getView(int position, View convertView, ViewGroup arg2) {
48                View view = getLayoutInflater().inflate(R.layout.my_composite, root: null);
49                // 設定圖片
50                ImageView iv1 = (ImageView) view.findViewById(R.id.imageView1);
51                Bitmap bitmap = BitmapFactory.decodeResource(getResources(), resId[position]);
52                bitmap = Bitmap.createScaledBitmap(bitmap, dstWidth: 120, dstHeight: 120, filter: false);
53                iv1.setImageBitmap(bitmap);
54                // 設定文字
55                TextView tv1 = (TextView) view.findViewById(android.R.id.text1);
56                tv1.setText(data[position]);
57                return view;
58            }};
```

(f)

圖6-9 MyCompositeList_2 專案的重點內容：(a)初始畫面；(b)捲軸到底的畫面內容；(c)以調色板設計 R.layout.my_composite 的圖文版面，其中的 TextView 打算以 Advanced 分類的<include>嵌入內建的 android.R.layout.simple_list_item_1；(d)拖曳 Advanced 分類的<include>之後，會自動跳出 Resources 對話框，此時選取 simple_list_item_1 即可；(e) 以<include>嵌入 android.R.layoutsimple_list_item_1 完畢；(f)以 R.layout.my_composite 的版面資源做 inflate 動作，並將 ImageView 和 TextView 元件按 position 逐項設定，其中 TextView 元件採用內建的 android.R.id.text1 作為資源 id。

6.3.3 以 RecyclerView 顯示圖文

除了直向操作捲軸的 ListView 之外，從前有個橫向操作捲軸的「Gallery」，也是「AdapterView」的子類別，但已經宣告作廢（deprecated）。[2]

其實除了 Gallery，官網所推薦的 HorizontalScrollView 和 ViewPager 以外，還有一個官方元件稱為 RecyclerView，可以在調色板（Palette）找到並選取，只是還需要在 build.gradle 內加上 dependencies 選項，如圖 6-10(c)所示。[3]

先看看以 RecyclerView 取代 Gallery 元件後的效果。如圖 6-11(a)(b)，這是將 MyCompositeList_2 專案內的 my_composite.xml 版面複製過來使用的結果。

圖 6-11(c)則顯示和 ListView 比較起來，除了 RecyclerView 也有自己專屬的 Adapter 需要設定以外，最大的不同是多了一個 LayoutManger 需要設定。只是 LayoutManger 重點放在 LinearLayoutManager.HORIZONTAL 參數。

---

[2] https://developer.android.com/reference/android/widget/Gallery.html

[3] https://developer.android.com/reference/android/support/v7/widget/RecyclerView.html

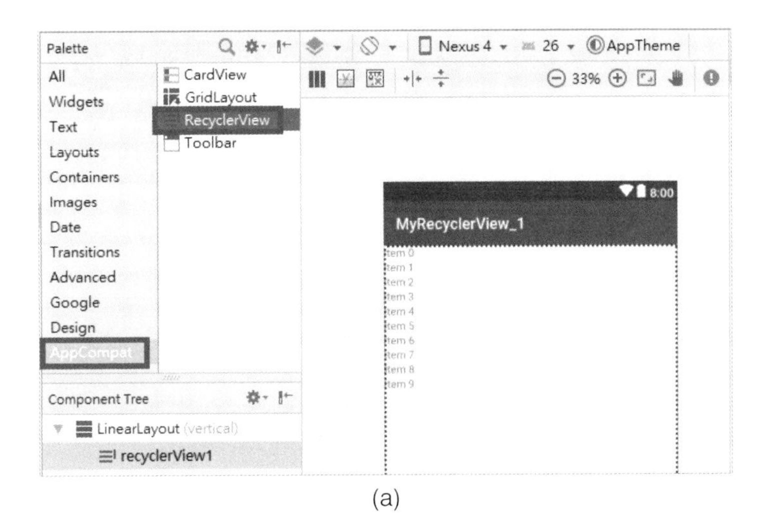

(a)

activity_main.xml

```
1   <?xml version="1.0" encoding="utf-8"?>
2   <LinearLayout xmlns:android="http://schemas.android.com/apk/res/android"
3       xmlns:tools="http://schemas.android.com/tools"
4       android:layout_width="match_parent"
5       android:layout_height="match_parent"
6       android:orientation="vertical"
7       tools:context="com.aerael.myrecyclerview_1.MainActivity"
8       >
9
10      <android.support.v7.widget.RecyclerView
11          android:id="@+id/recyclerView1"
12          android:layout_width="fill_parent"
13          android:layout_height="fill_parent"
14          />
15
16  </LinearLayout>
```

(b)

app

```
22      dependencies {
23          implementation fileTree(dir: 'libs', include: ['*.jar'])
24          testImplementation 'junit:junit:4.12'
25          implementation 'com.android.support:appcompat-v7:26.1.0'
26          implementation 'com.android.support:recyclerview-v7:26.1.0'
27          implementation 'com.android.support:cardview-v7:26.1.0'
28          implementation 'com.github.bumptech.glide:glide:3.7.0'
29      }
```

(c)

圖6-10 RecyclerView 元件：(a)可以從調色板（Palette）的 AppCompat 分類中選取；(b)來自 android.support.v6.widget.RecyclerView 程式庫；(c)需要在 build.gradle 內加上 dependencies 選項。

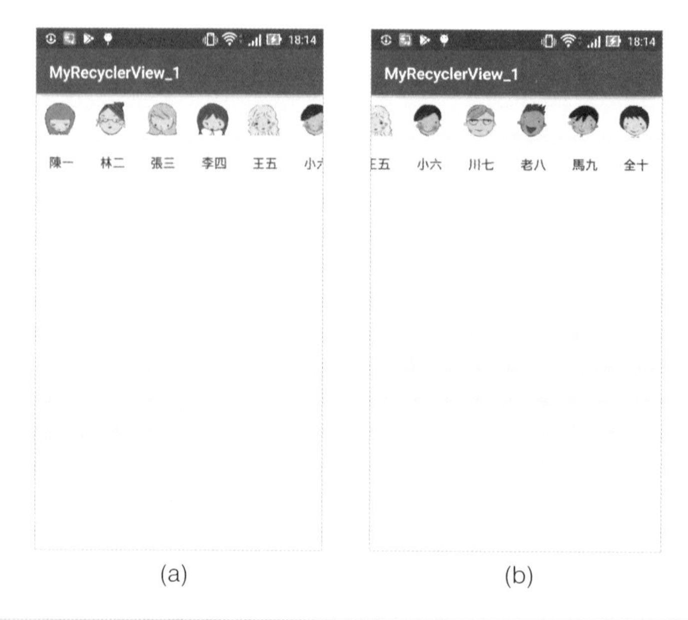

(a) (b)

```java
public class MainActivity extends AppCompatActivity {

    RecyclerView recyclerView;
    RecyclerView.Adapter recyclerViewAdapter;
    RecyclerView.LayoutManager recylerViewLayoutManager;

    @Override
    protected void onCreate(Bundle savedInstanceState) {
        super.onCreate(savedInstanceState);
        requestWindowFeature(Window.FEATURE_ACTION_BAR);

        setContentView(R.layout.activity_main);

        recyclerView = (RecyclerView) findViewById(R.id.recyclerView1);

        recylerViewLayoutManager =
                new LinearLayoutManager(
                        context: this,
                        LinearLayoutManager.HORIZONTAL,
                        reverseLayout: false);

        recyclerView.setLayoutManager(recylerViewLayoutManager);

        recyclerViewAdapter = new RecyclerViewAdapter( context: this);

        recyclerView.setAdapter(recyclerViewAdapter);
    }

}
```

(c)

圖6-11 MyRecyclerView_1 專案的重點內容：(a)初始畫面；(b)滑動到底的畫面內容；(c) RecyclerView 也有自己專屬的 Adapter 需要設定。

```
62        @Override
63        public RecyclerViewAdapter.ViewHolder onCreateViewHolder(ViewGroup parent, int viewType){
64
65            view = (LinearLayout) LayoutInflater.from(context)
66                                .inflate(R.layout.my_composite,parent, attachToRoot: false);
67            view.setOrientation(LinearLayout.VERTICAL);
68            viewHolder = new ViewHolder(view);
69
70            return viewHolder;
71        }
72
73        @Override
74        public void onBindViewHolder(ViewHolder holder, final int position){
75            // 載圖
76            Glide.with(context).load(resId[position]).into(holder.imageView);
77            // 載文
78            holder.textView.setText(data[position]);
79        }
80
81        @Override
82        public int getItemCount() { return resId.length; }
```

(a)

```
RecyclerViewAdapter.java
RecyclerViewAdapter  RecyclerViewAdapter()
44      public class ViewHolder extends RecyclerView.ViewHolder
45
46          public ImageView imageView;
47          public TextView textView;
48
49          public ViewHolder(View v){
50              super(v);
51              // 圖片元件
52              imageView = (ImageView) v.findViewById(R.id.imageView1);
53              LinearLayout.LayoutParams params = (LinearLayout.LayoutParams) imageView.getLayoutParams();
54              params.width = 120;
55              params.height = 120;
56              imageView.setLayoutParams(params);
57              // 文字元件
58              textView = (TextView) v.findViewById(android.R.id.text1);
59          }
60      }
```

(b)

圖6-12 RecyclerView.Adapter 的重點內容：(a)覆寫三個基本方法（onCreateViewHolder、onBindViewHolder 和 getItemCount），其中的 onCreateViewHolder()方法內需要準備好 View 以及對應的 ViewHolder；(b) RecyclerView 也有自己專屬的 RecyclerView.ViewHolder 需要設定。

圖 6-12(a)顯示 RecyclerView 有專屬的 Adapter 稱為 RecyclerView.Adapter，是一種內部類別的用法。而在使用 RecyclerView.Adapter 的過程當中，會不只一次用到 ViewHolder，顧名思義就是持有（Hold）視圖（View）。

類似的情況是 RecyclerView 的 ViewHolder 也是專屬的 RecyclerView.ViewHolder，用法參見圖 6-12(b)。

6.4 思考與練習

完本章之後，可以嘗試思考與練習以下題目：

1. 如何將 MyTextList_1 專案加以修改，使它成為如下圖的雙標題效果，其中主標題顯示姓名，次標題顯示電子郵件。

   提示：

   (a) 準備一個 LinkedList<String[]>()資料型態，放入姓名與電子郵件字串陣列。

   ```
   List<String[]> myList = new LinkedList<String[]>();
   ```

   (b) 運用 ArrayAdapter<String[]>作為轉接器，並宣告如下。

   ```
   new ArrayAdapter<String[]>(this,
               android.R.layout.simple_list_item_2,
               android.R.id.text1,
                   myList){};
   ```

   (c) 設法覆寫 getView()如下：

   ```
   View view = super.getView(position, convertView, parent);
   String[] entry = myList.get(position);
   TextView text1 = (TextView)
                    view.findViewById(android.R.id.text1);
   TextView text2 = (TextView)
                    view.findViewById(android.R.id.text2);
   text1.setText(entry[0]);
   text2.setText(entry[1]);
   return view;
   ```

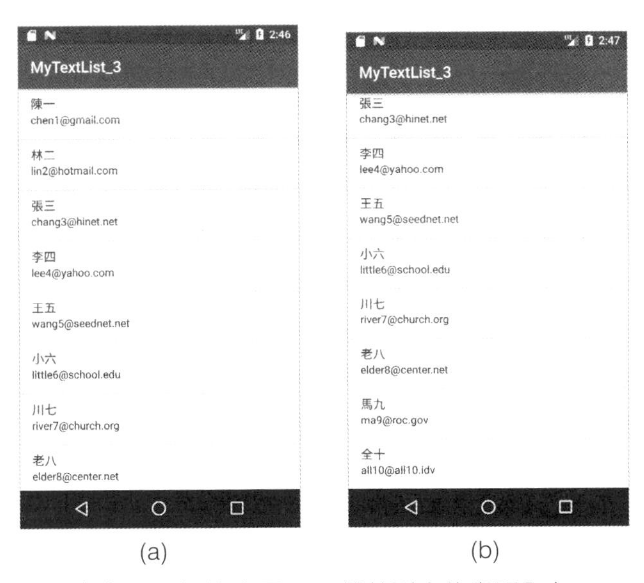

圖6-13 MyTextList_3 專案：(a)初始畫面；(b)捲軸到底的畫面內容。

2. 試將 MyRecyclerView_1 專案加以修改成 MyRecyclerView_2 專案，使點擊圖片時 Toast 顯示位置，達成圖 6-14 的效果。

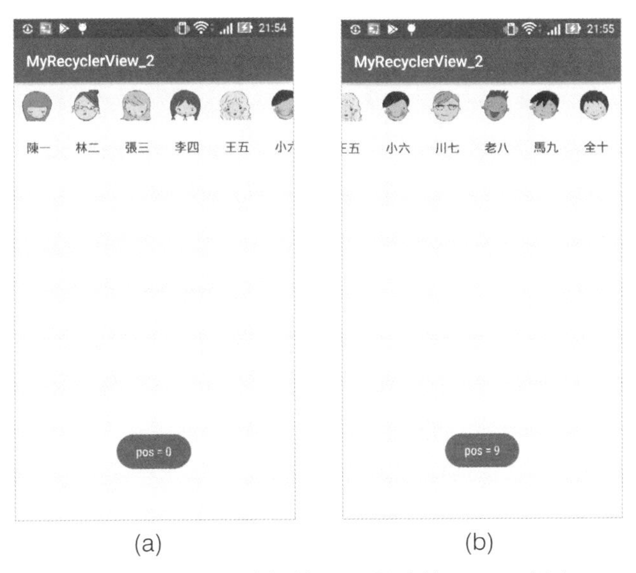

圖6-14 MyRecyclerView_2 專案：(a)點擊第一張圖片的 Toast 訊息；(b)捲軸到底，點擊最後一張圖片的 Toast 訊息。

CHAPTER

07 資料庫房

7.1 前言

資料庫（Database），基本上是電腦化的資料存取（Access）系統，可以說是一種電子化的檔案櫃。檔案櫃可以容納一個以上的檔案；既是檔案，使用者就可以對檔案中的資料執行新增、擷取（或稱查詢）、更新（或稱修改）、刪除等操作。

資料庫管理系統（Database Management System，簡稱 DBMS）是為管理資料庫而設計的電腦軟體系統，可依據所用查詢語言來分類，例如：SQL、XQuery 等。而 Android 內部所支援的 SQLite 是一種輕量版（Lite）的 SQL，因此同樣提供資料的新增（Insert）、查詢（Query）等操作用的 API，讓 Android 的 App 可以為它們的資料安排最適當的儲存處所與管理介面。[1]

然而，Android App 到底要如何組織它的資料庫內容？資料庫的架構為何？這個問題可以藉由圖 7-1 的圖示，說明其中資料的架構呈現階層狀（Hierarchical）：即資料庫包含資料表（Table）、資料表包含資料記錄（Record）。

以下先以第三方軟體體驗 Sqlite，再以此軟體製作 Android 可以讀取的資料庫內容，最後以可讀寫資料庫內容的 App 作為本章的結束。

---

1 http://sqlite.org

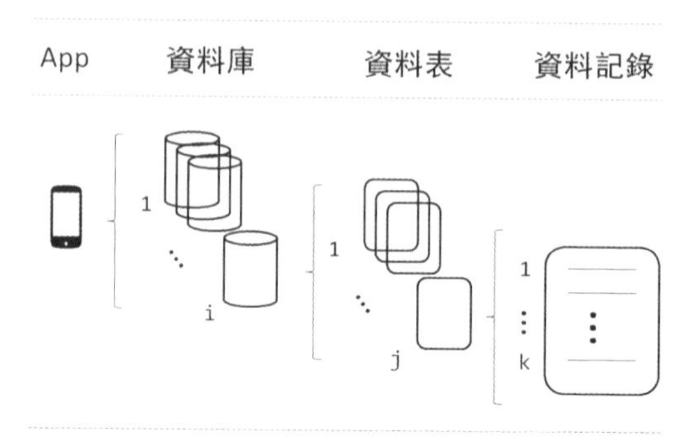

圖7-1 Android App 之資料庫架構概念圖：每一個 App 可以有 1~i 個資料庫（i≥0）；每一個資料庫可以有 1~j 個資料表（j≥0）；每一個資料表可以有 1~k 筆資料記錄（k≥0）。

7.2 以第三方軟體體驗 Sqlite

第三方之 sqliteman 專案屬於「自由及開放原始碼軟體（Free and open source software，縮寫為 FOSS）」使用寬鬆的許可權，給予用戶使用、學習、改變及改進其提供的原始碼，是個很好學習 Sqlite 的軟體。[2]

圖 7-2 說明如何下載與執行 sqliteman，它的「免安裝」特性使用戶很容易上手。

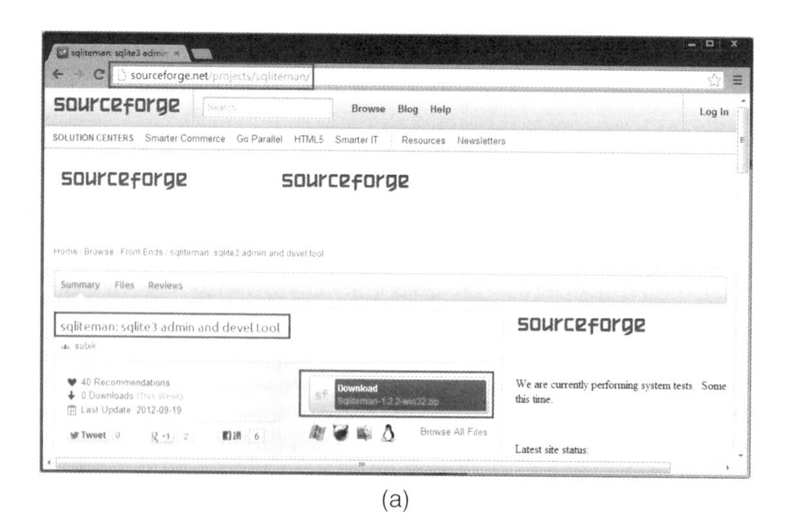

(a)

2 http://sourceforge.net/projects/sqliteman/

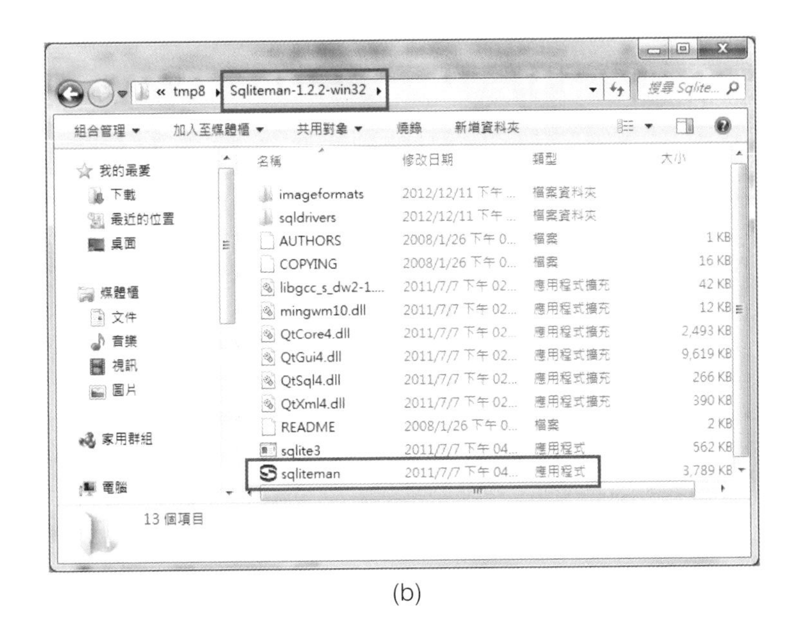

(b)

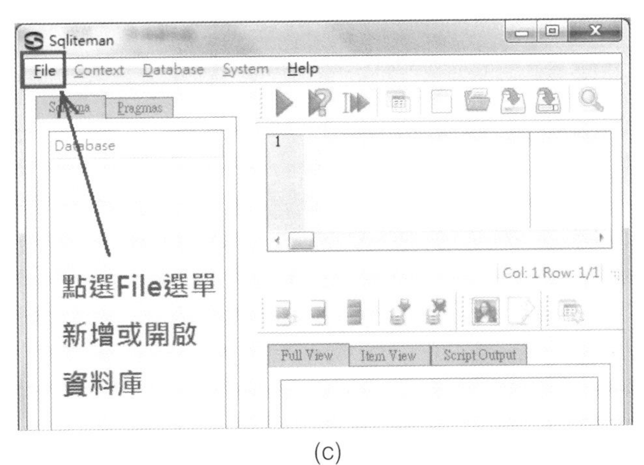

(c)

圖7-2 第三方之 sqliteman 專案：(a)位於 sourceforge 網站的下載進入點；(b)解壓縮找到 sqliteman 應用程式，免安裝即可執行；(c)初始畫面。

接下來三個小節分別展示如何以 sqliteman 建立資料庫、資料表、以及資料記錄。

7.2.1 以 sqliteman 建立資料庫

以 sqliteman 建立資料庫的步驟很簡單，如圖 7-3(a)所示，只要點選 File->New，並輸入資料庫名稱後，存檔即可。圖 7-3(b)則顯示一個空的資料庫畫面，因為這時尚未建立任何資料表。

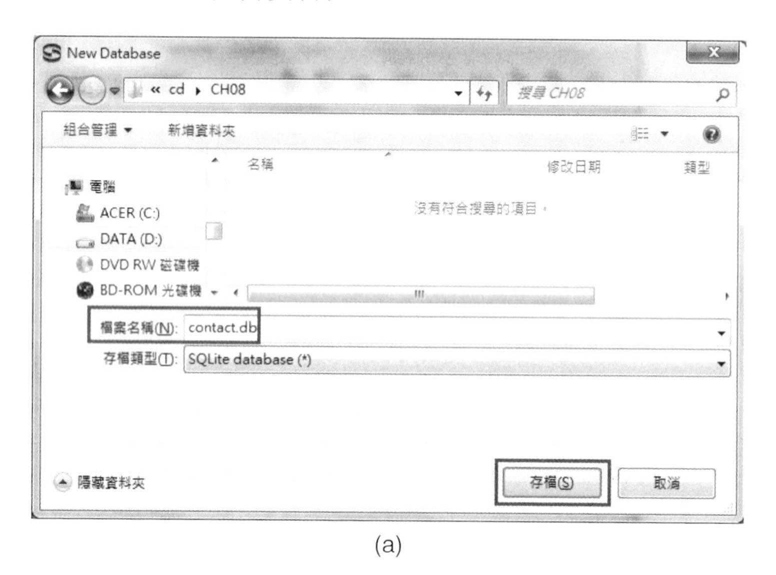

(a)

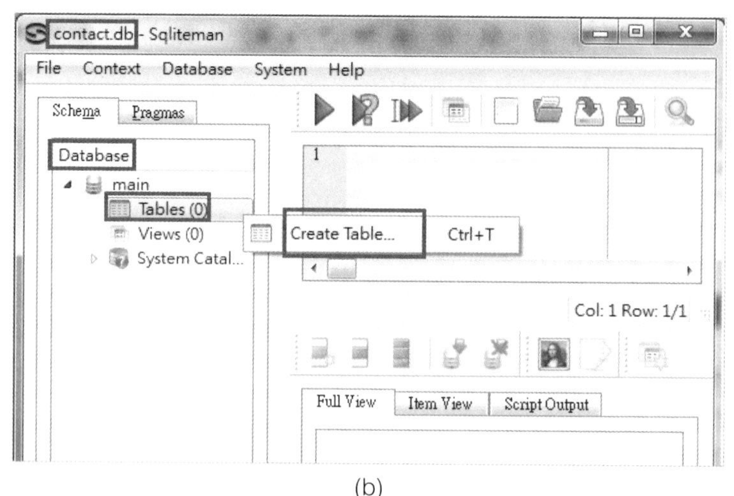

(b)

圖7-3 以 sqliteman 建立資料庫：(a)選 File->New，並輸入資料庫名稱後，按下存檔鈕；(b)建立成功後，顯示檔名於標題列，且資料表數量為 0。

7.2.2 以 sqliteman 建立資料表

延續圖 7-3(b)的操作，我們可以移動滑鼠到「Table」字樣上點擊右鍵，就會出現「Create Table ...」功能項目供選取，或按下快速鍵「Ctrl +T」，同樣都能進入圖 7-4(a)的畫面。

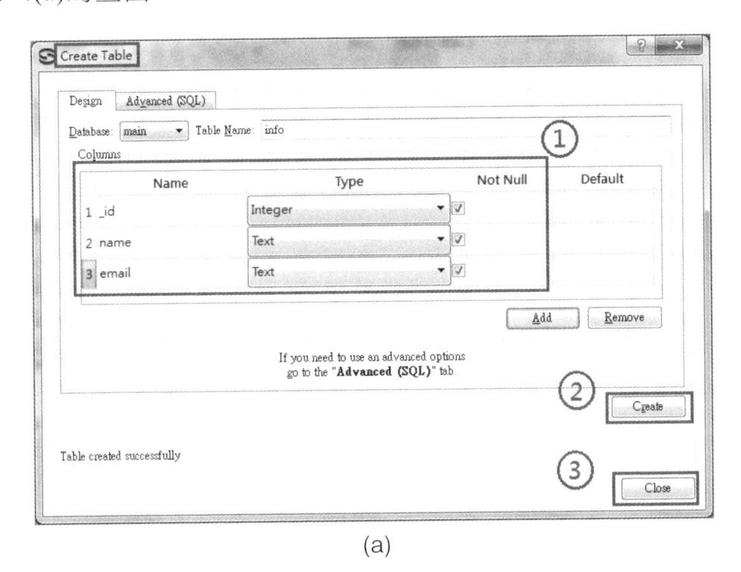

(a)

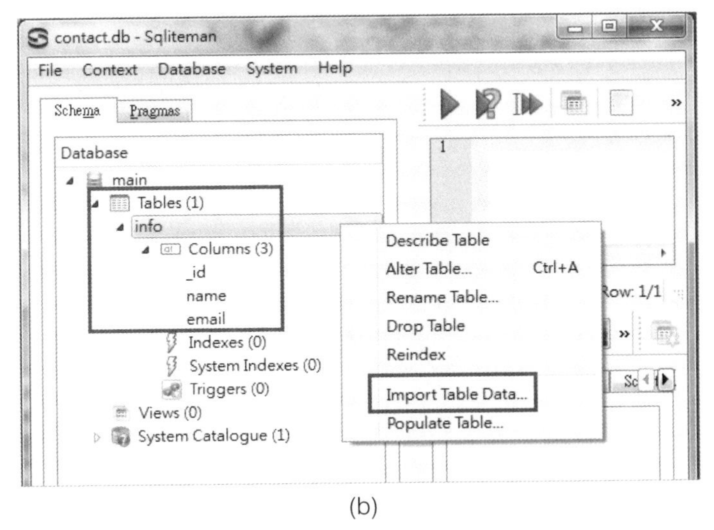

(b)

圖7-4 以 sqliteman 建立資料表：(a)選 Database->Create Table，輸入資料表名稱以及各欄位的名稱與屬性後，按下 Create 鈕，若成功建立，再按下 Close 鈕離開；(b)建立成功後，Table 數量顯示 1，欄位數量顯示 3，並顯示名稱。

圖 7-4(a)顯示出我們在此的資料表稱為 info，是為了建立聯絡人之用，而每位聯絡人我們在此很簡單地設計三個欄位作為表示：

- 身份代號：以_id 命名，屬性為 Integer 整數，不可空白（Not Null）
- 姓名：以 name 命名，屬性為 Text 字串，不可空白（Not Null）
- 電子郵件：以 email 命名，屬性為 Text 字串，不可空白（Not Null）

因此，我們依序填入，成功建立表格 info 之後，就會出現圖 7-4(b)的畫面，裡頭包含我們所訂的欄位，這樣的表格『格式』又稱為「Schema」，但此時表格沒有任何資料記錄。

此外，以「Not Null」屬性定義資料欄位是為了確保資料的完整度，也就是每一筆記錄中都不可以缺少該項資料欄位的內容。

7.2.3 以 sqliteman 建立資料記錄

延續圖 7-4(b)的操作，我們可以移動滑鼠到「Table」字樣上點擊右鍵，就會出現「Import Table Data...」功能項目供選取，並以文字編輯器事先準備好圖 7-5(a)所示的文檔（或直接取用隨書雲端 zip 資料夾內的_id_name_email.txt），準備進入圖 7-5(b)的畫面匯入資料。

循序依照圖 7-5(b)到(d)的框線指示，就能將 10 筆聯絡人的資料，照著前面所規畫的 Schema，成功匯入 contact.db 資料庫中的 info 資料表內，這時，contact.db 就是符合 sqlite 格式的資料庫了，拿到別處就可以打開讀取！

(a)

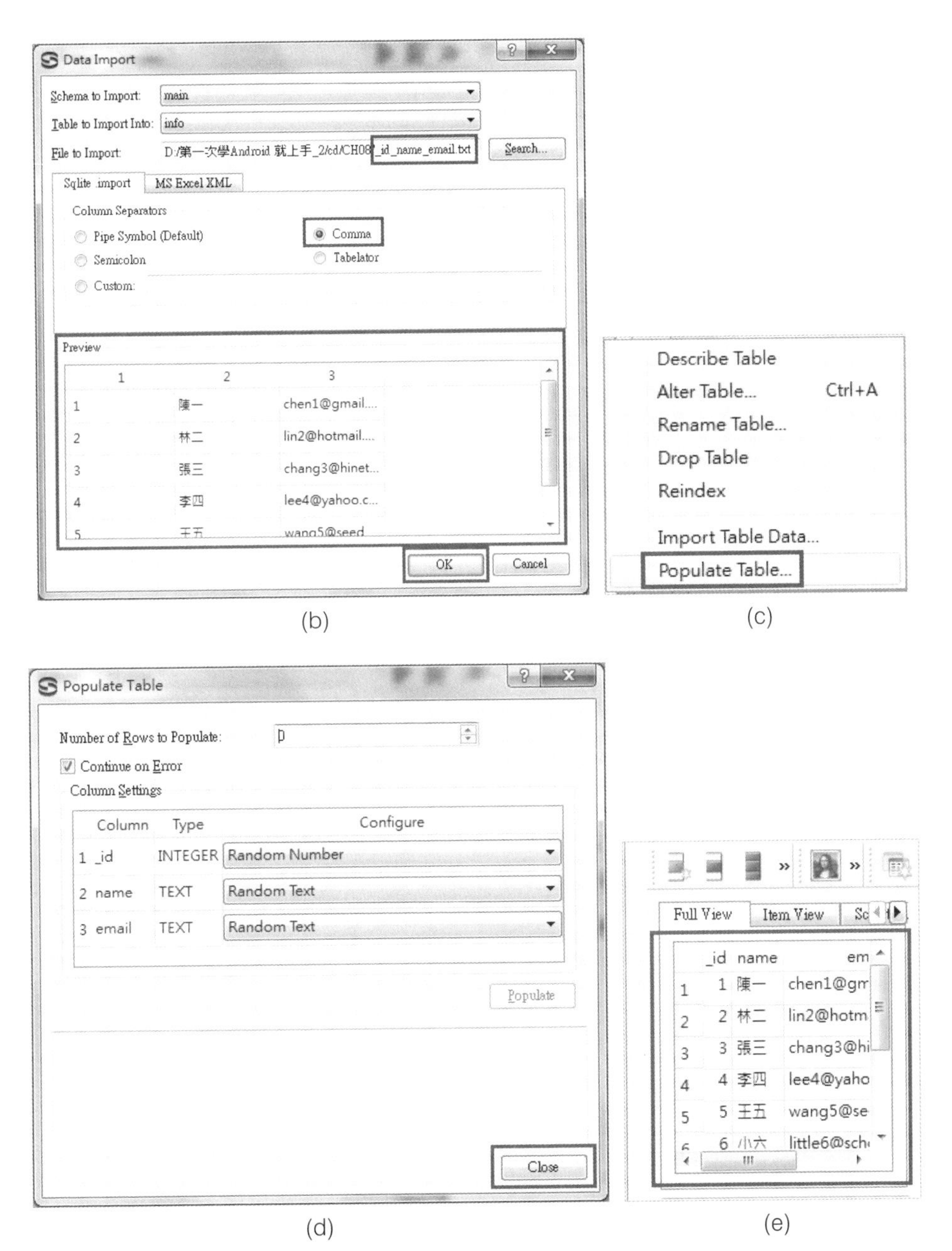

圖7-5 以 sqliteman 建立資料記錄：(a)事先以記事本準備 10 筆記錄，以 UTF-8 格式儲存；(b)再讓 sqliteman 匯入，並選擇逗號（comma）為分隔點；(c)建立成功後，Table 數量顯示 1，欄位數量顯示 3，並顯示名稱；(d)利用 Populate Table 確認資料內容，直接點選 Close 鈕也可以；(e)回到主畫面，看到右下角的 Full View 內含 10 筆資料記錄。

7.3 讓 App 讀取資料庫

圖 7-6 顯示如何運用 ReadDB_1 專案讀取 contact.db，就是前一小節所製作的資料庫，並以 ListView 的方式將每一筆記錄的姓名顯示出來。

要注意在圖 7-6 中，並非從圖(a)直接點擊按鈕就能顯示圖(b)的結果畫面：中間還須經過圖(c)與(d)所示的「自動選取檔案」步驟。自動選取檔案的步驟是將 assets/contact.db 檔案加以拷貝動作：

1. 開啟 assets/contact.db 待命拷貝。
2. 建立/data/data/com.demo.readdb_2/databases 資料夾，待命被拷貝。
3. 利用 FileOutputStream 之 Java 檔案 I/O 套件的指令進行拷貝。

其中，第 3 步驟的檔案拷貝所運用的是 Java 內建的檔案套件指令。

(a)

(b)

```
MainActivity.java
30        @Override
31        protected void onCreate(Bundle savedInstanceState) {
32            super.onCreate(savedInstanceState);
33            setContentView(R.layout.activity_main);
34
35            // 1. 準備 ListView, 及 DB 的資料夾, 預備手動讀取DB
36            lv1 = findViewById(R.id.listView1);
37            File dbDir = new File(PATH,  child: "databases");
38            dbDir.mkdir();
39            copyAssets(PATH);
40        }
```

(c)

```
MainActivity.java
MainActivity
73      private void copyAssets(String path) {
74          InputStream in = null;
75          OutputStream out = null;
76          try {
77              in = getAssets().open(DBNAME);
78              out = new FileOutputStream( name: PATH + "/databases/" + DBNAME);
79              copyFile(in, out);
80              in.close();
81              out.flush();
82              out.close();
83          } catch(IOException e) {
84              e.printStackTrace();
85          }
86      }
87      /*
88       * 一既有的工具程式，可將來源 InputStream 物件所指向的資料串流
89       * 拷貝到OutputStream 物件所指向的資料串流去
90       */
91      private void copyFile(InputStream in, OutputStream out) throws IOException {
92          byte[] buffer = new byte[in.available()];
93          int read;
94          while((read = in.read(buffer)) != -1){
95              out.write(buffer,  off: 0, read);
96          }
97      }
98  }
```

(d)

圖7-6 ReadDB_1 專案的重點內容：(a)初始畫面，準備讀取資料庫；(b)若準備好資料庫，按下按鈕後，就能成功讀取；(c)將 assets 內的 contact.db 拷貝到指定的資料夾中；(d)拷貝的三個主要動作：①取得 assets 內之檔案的 InputStream 指標、②取得資料庫指定資料夾之檔案的 OutputStream 指標、③執行拷貝動作。

圖 7-7 則是 ReadDB_1 專案的重點步驟：

1. 開啟指定的資料庫：首先宣告 SQLiteDatabase dataBase 變數，再以 dataBase.openOrCreateDatabase() 方法進行開啟，其中 openOrCreateDatabase()方法的第一個參數就是資料庫名稱。

2. 讀取指定的資料表：首先宣告 Cursor cursor 變數，再以 dataBase.query ()方法進行開啟，其中 query()方法的第一個參數就是資料表名稱。

3. 讀取每一筆資料記錄中的指定欄位：首先宣告 List<String> list = new ArrayList<>() 變數，再控制好 cursor 的指標位置（第一次執行 moveToFirst()，之後每次執行 moveToNext()），就能以 cursor.getOOOO (int)方法進行讀取，其中 getString(1)方法就是讀取索引值 1 所指向的姓名字串欄位。

其中，dataBase.openOrCreateDatabase() 方法的第二個參數，MODE_WORLD_READABLE 從 Android4.2（即 API 17）以後已經作廢（Deprecated），可改用 MODE_PRIVATE 代替。

```
MainActivity.java
MainActivity  onCreate()
42        public void clickToReadDB(View view) {
43     ①     // 2. 準備資料庫
44            dataBase = openOrCreateDatabase(DBNAME, MODE_PRIVATE,  factory: null);
45            try {
46     ②         cursor = dataBase.query(TABLENAME,  columns: null,  selection: null,  selectionArgs: null,
47                         groupBy: null,  having: null,  orderBy: null);
48               if(cursor!=null) {
49                   int iRow = cursor.getCount(); // 取得資料記錄的筆數
50     ③             cursor.moveToFirst();
51                   for(int i=0; i<iRow; i++) { // 第 0 欄位：_id, 第 1欄位：name, 第 2 欄位：email
52                       String name = cursor.getString( i: 1);
53                       list.add(name);
54                       cursor.moveToNext();
55                   }
56                   // 3. 準備adapter：利用 SimpleCursorAdapter 之 DB 須包含 _id 欄位
57                   ArrayAdapter<String> adapter = new ArrayAdapter<String>( context: MainActivity.this,
58                           android.R.layout.simple_list_item_1,
59                           list);
60                   // 4. 設定adapter
61                   lv1.setAdapter(adapter);
62                   // 5. 關閉 DB
63                   dataBase.close();
64               }
65               else {
66                   setTitle("Hint 1: 請將db準備好!");
67               }
68            }
69            catch (Exception e) {
70               setTitle("Hint 2: 請將db準備好!");
71            }
72        }
```

圖7-7 ReadDB_1 專案的程式重點步驟：①開啟指定的資料庫（名稱記在 DBNAME 內）；②讀取指定的資料表（名稱記在 TABLENAME 內）；③讀取每一筆資料記錄中的指定欄位（第二個欄位是 name，索引值為 1，因為從 0 算起）。

讀者可以比較 ReadDB_1 專案和 BasicAction_9 專案之間，程式撰寫上的差異！無論如何，這兩個專案都將 DB 中的十筆姓名資料，利用 ListView 元件顯示出來。

總之，透過這個例子要能了解：①資料庫②資料表③資料記錄三者的階層關係，甚至將第二章所整理的 5x5 共 25 字口訣記起來，撰寫程式時會更順手。

7.4 讓 App 寫入資料庫

經過 7.2 節的資料庫、資料表、與資料記錄的建立，再接著 7.3 節 App 自動讀取每一筆資料記錄並顯示到 ListView 中的學習過程，讀者是否對於資料庫有了初步的互動感受？有否建立起對於資料庫的使用信心？！

讀者若是期待從 App 寫資料記錄到資料表中的感覺，就可以將 ReadDB_1 所擴充成的 WriteDB_1 專案，練習寫入、也能讀取資料庫的操作內容！

然而，要作到圖 7-8 這樣的擴充功能，至少有以下幾樣事情要完成：

1. 最好先將資料表清空，再拷貝到指定資料夾；並且若在 App 執行之後實際有寫入資料，則下次再執行 App 時，就不應再拷貝資料庫了。
2. 如圖 7-8(b)所示，要為寫入資料記錄來設計一個版面，並將此版面與原來的 ListView 整合起來，作適當的切換。
3. 要為圖 7-8(b)所示的「儲存」鈕，註冊並實作一個 onClick 方法，用來執行資料庫的寫入動作。
4. 要重新審視圖 7-8 的「讀取資料庫」鈕之 onClick 方法，看看程式中，有無版面或資料結構等處是需要調整的。

首先，圖 7-9 從圖(a)到(e)說明要如何以 sqliteman 清空資料記錄。

(a)

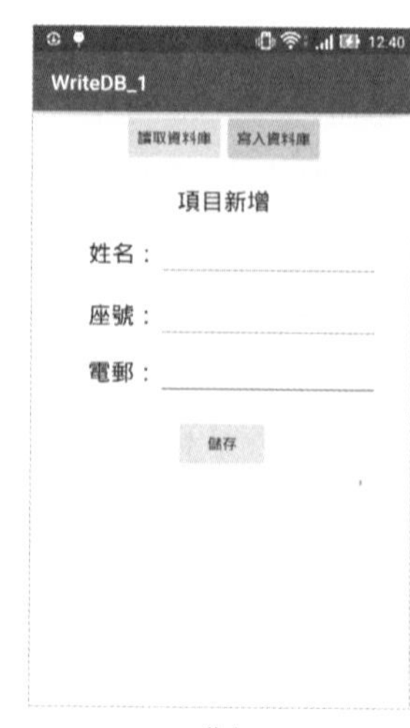

(b)

圖7-8 WriteDB_1 專案的執行畫面：(a)初始畫面；(b)按下「寫入資料庫」後的畫面。

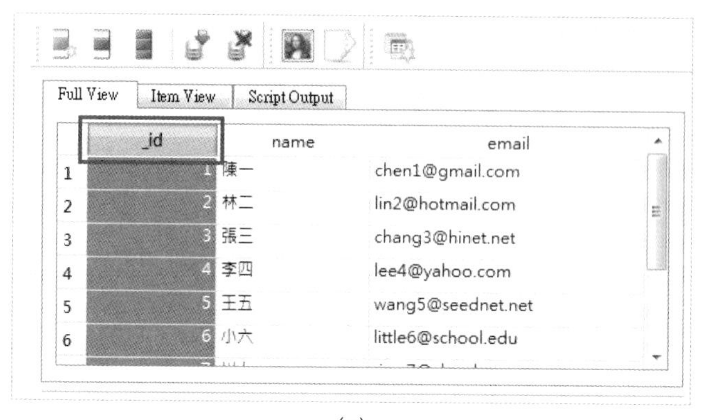

(a)

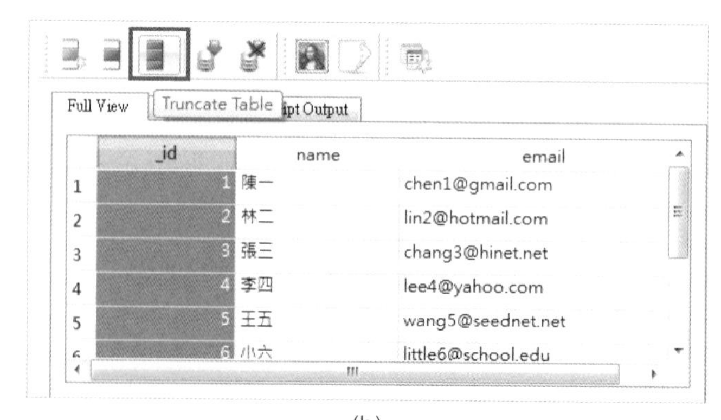

(b)

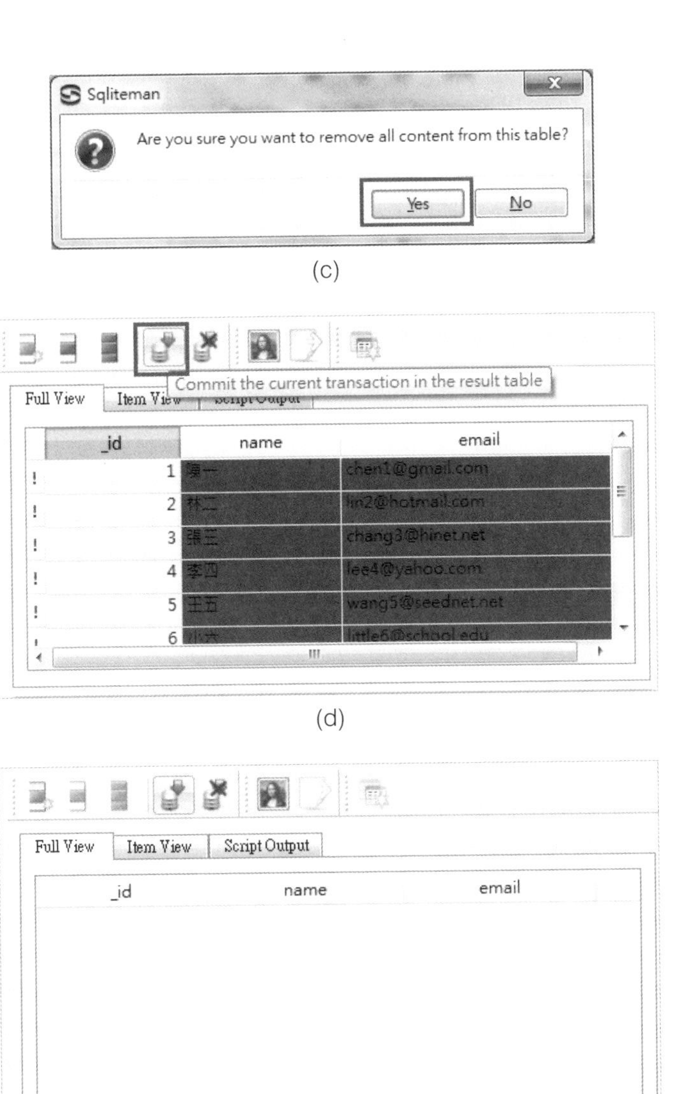

圖7-9 以 sqliteman 清空所有資料記錄的步驟：(a)將 contact.db 開啟，並以滑鼠點擊 Full View 標籤中的_id 欄位，使整欄被選取；(b) 此時再點擊圖片中框線所框的按鈕，為一分三格的紅色鈕，表示要將表格內容全部截掉（Truncate）；(c)當出現「確認」之對話框時，按下「Yes」鈕；(d)這時表格中原本白底的欄位會變成紅底，此時再點擊圖片中框線所框的按鈕，表示提交（Commit）執行；(e)執行清除後的結果畫面，顯示沒留下任何資料記錄。

當 contact.db 被清空之後，就可以放到 Android 專案的 asset 資料夾之內，準備拷貝到指定的位置。其次，就要開始規劃版面 xml 檔，如圖 7-10(a)所示，將三個 EditText 準備好，以對應_id、name、和 email 三個資料欄位。

準備好之後，我們可以利用一個「Include Other Layout」元件，如圖 7-10(b)所示，整合到主畫面的版面之中。但要記得先讓「Include Other Layout」元件的能見度（Visibility）初始為「看不見且不佔位置」的 View.GONE，並記得指派 Id 代號為 writeView1。

接下來要為圖 7-8(b)所示的「儲存」鈕註冊並實作一個 onClick 方法，但在此之前，先要為「寫入資料庫」鈕實作一個 onClick 方法，如圖 7-11(a)所示，就是將 ListView 和 writeView1 元件彼此的能見度屬性相反過來：讓 writeView1 元件變成 View.VISIBLE、ListView 則是 View.GONE。

然後為「儲存」鈕實作 onClick 方法如圖 7-11(b)所示，就是作寫入資料庫的動作。最後，再加上資料庫拷貝與否的判斷，如圖 7-11(c)所示，以避免每次執行都將資料庫 contact.db 歸零，造成不必要的錯誤。

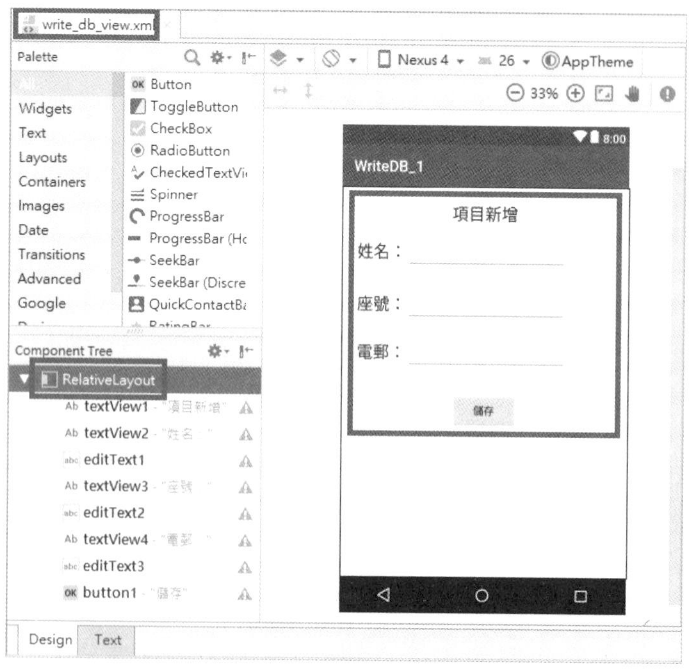

(a)

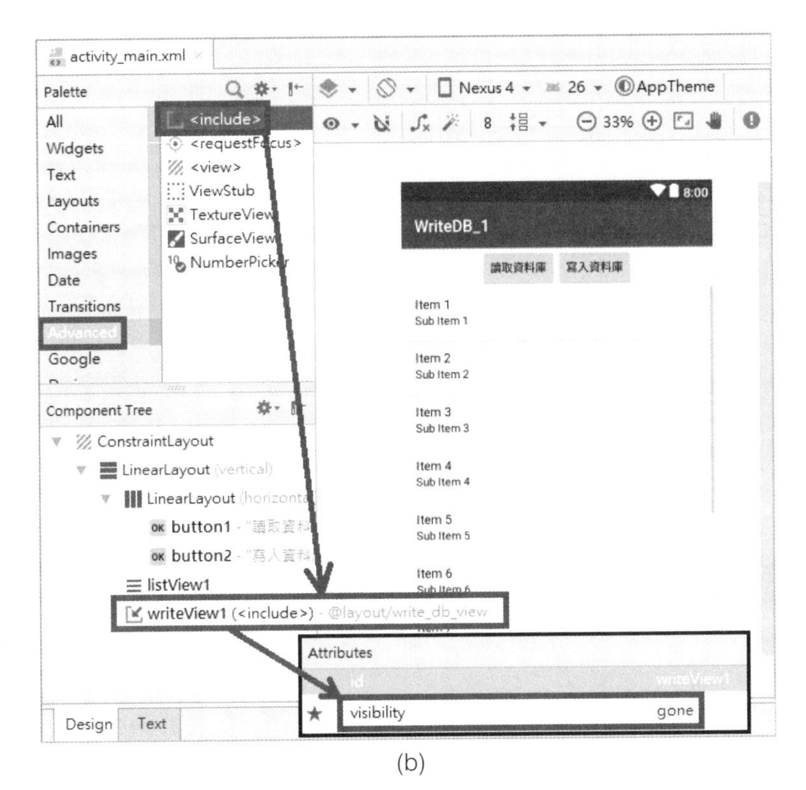

(b)

圖7-10 為 WriteDB_1 專案設計版面：(a)利用 EditText 與 Button 等元件，將聯絡人的輸入介面準備好；(b)利用「Include Other Layout」版面元件，可以將(a)所設計的輸入版面整合到主畫面的版面中，並記得指派一 Id 代號為 writeView1。

```
MainActivity
121        public void clickToShowForm(View view) {
122            writeView1.setVisibility(View.VISIBLE);
123            lv1.setVisibility(View.GONE);
124        }
```

(a)

```
MainActivity
126        public void clickToWriteDB(View view) {
127            // 1. 寫入資料庫前，先檢查是否有填完整
128            String data1 = et1.getText().toString();
129            String data2 = et2.getText().toString();
130            String data3 = et3.getText().toString();
131            if(data1.equals("")) { setTitle("請將 Name 準備好!"); return; }
132            if(data2.equals("")) { setTitle("請將 Id 準備好!"); return; }
133            if(data3.equals("")) { setTitle("請將 Email 準備好!"); return; }
134            // 2. 利用 ContentValues 物件暫存所要寫入的資料
135            ContentValues values = new ContentValues();
136            values.put("name", data1);
137            values.put("_id", data2);
138            values.put("email", data3);
139            // 3. 以 dataBase 開檔，insert()方法寫入
140            dataBase = openOrCreateDatabase(DBNAME, MODE_PRIVATE,  factory: null);
141            long result = dataBase.insert(TABLENAME,  nullColumnHack: null, values);
142            if(result!=-1L) {         // 若是回傳值不等於 -1，表示寫入成功。
143                dataBase.close();
144                et1.setText("");
145                et2.setText("");
146                et3.setText("");
147                Toast.makeText(getApplicationContext(),  text: "新增項目成功", Toast.LENGTH_SHORT).show();
148            }
149            else {
150                Toast.makeText(getApplicationContext(),  text: "新增項目失敗", Toast.LENGTH_SHORT).show();
151            }
152        }
```

(b)

```
MainActivity
36         @Override
37         protected void onCreate(Bundle savedInstanceState) {
38             super.onCreate(savedInstanceState);
39             setContentView(R.layout.activity_main);
40
41             // 0. 準備 寫資料庫相關的 View
42             writeView1 = findViewById(R.id.writeView1);
43             et1 = findViewById(R.id.editText1);
44             et2 = findViewById(R.id.editText2);
45             et3 = findViewById(R.id.editText3);
46             // 1. 準備 ListView, 及 DB 的資料夾, 預備手動拷貝
47             lv1 = findViewById(R.id.listView1);
48             File dbDir = new File(PATH,  child: "databases");
49             dbDir.mkdir();
50             File dbFile = new File( parent: PATH+"/databases", DBNAME);
51             if(dbFile.exists() && dbFile.isFile())
52                 setTitle("DB 已經存在!!");
53             else
54                 copyAssets(PATH);
55         }
```

(c)

圖7-11 兩個按鈕的 onClick 實作，以及 db 檔案拷貝前的檢查：(a)「寫入資料庫」鈕 onClick 會將 ListView 消失看不見、並讓 writeView1 的能見度變成看得見；(b)「儲存」鈕 onClick 會將資料寫入 contact.db 中；(c)在 onCreate()方法中，如圖第 51~54 行所示，加上拷貝與否的判斷。

7.5 思考與練習

讀完本章之後，可以嘗試思考與練習以下題目：

1. 試將 ReadDB_1 專案加以修改成 ReadDB_1a 專案，使它滿足以下兩點，並能在一執行就顯示如下圖的初始畫面：

   (a) 移除按鈕。

   (b) 一執行程式就能自動讀取 assets/contact.db 之資料庫中的每一筆姓名於 ListView 中。

圖7-12 ReadDB_1a 專案的初始畫面。

2. 試將 WriteDB_1 專案加以修改成 WriteDB_1a 專案，使它滿足以下：

- 按下「讀取資料庫」，點擊姓名，就能跳出該姓名所對應之 email 提示，執行結果如下圖。

圖7-13 WriteDB_1a 專案的執行畫面：(a)按下「寫入資料庫」，寫入一筆資料成功；(b) 按下「讀取資料庫」，點擊姓名，跳出 email 提示。

CHAPTER

08

多重線程

8.1 前言

自動化技術（Automation）是一門綜合性技術，它和計算機技術、控制論、資訊理論、系統工程等理論或技術有著密切關係，且因計算機技術在此範疇扮演重要關鍵的角色，因此，以計算機為資訊載具的應用經常會善用此一技術來成就其應用主題之核心或附加價值。而多重線程的技術在其中又是重中之重。

現今當道的智慧行動裝置就是典型的範例，其上所執行的 App 無論是工具（Productivity）或遊戲（Game）等類型，都能經常看到自動化技術的身影以及它們所帶來的好處。

作者在此為 App 的自動化技術簡單定義為：不需人為導向的操作，就能以 App 程式自動地呈現、感應、控制、且不限多媒體、社群網路、地圖導航、通訊、遊戲等主題之軟硬體技術。

在 Android App 所採用的自動化核心程式技術其實來自 Java 的多重線程（Multi-Thread）概念，也就是在原本的主程式（又稱主線程）以外，新增其它的輔助線程，以背景執行的方式進行相關的應用。

本章除了介紹基本觀念用法，並展開許多有趣的應用，像是文字跑馬燈、動畫效果、投影片播放、智慧隱身控件等之實作。

8.2 線程基本觀念

Thread 中譯為線程，常聽到「**多重線程**（Multi-thread）」的名稱也沒錯，其實是一種相對的說法，因為一支程式至少就有一條線程，因此，若程式當中出現了「Thread 類別」或「Runnable 介面」的運用，則可以想見此程式有了複數條線程了。

「線」，是來自資訊界以外的一種借語，為作業系統能夠進行運算排程的最小單位。線有線頭、線尾，以此比喻程式單位的執行有開始和結尾。此外，線有線的特性，簡稱線性，表示一種先後執行的次序性，語法及用法如下。

語法：

```
class [          ] extends Thread {
    …
    @Override
    public void run() { // 非強制
        …
    }
}
```

或者，

```
class [          ] implements Runnable {
    …
    @Override
    public void run() { // 強制
        …
    }
}
```

其中，

- [   ]：為類別名稱之**識別字**，命名原則同一般類別。
- …：為相關成員（Member）之定義區域，必須描述在 { } 內。
- 兩種語法的主要差別
  - ✓ Runnable 的 run()有強制性，但 Thread 的 run()沒有強制性

✓ Thread 有提供「已實作完成」的 start()函式，用來啟動線程，但 Runnable 沒有 start()函式，須「借用」Thread 的，因介面的原則有規定「介面內的方法須全是抽象方法」。

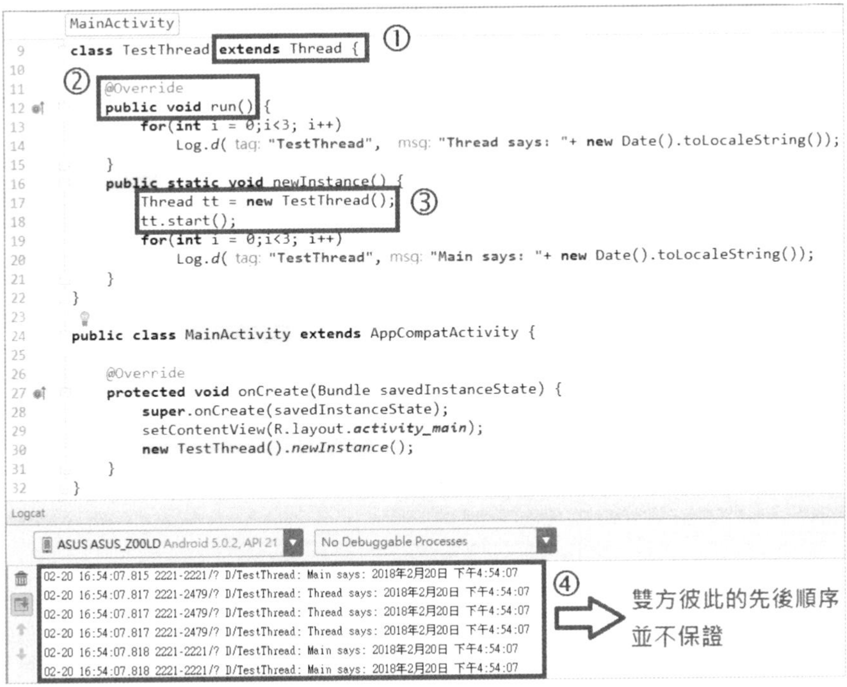

```
MainActivity
9   class TestThread extends Thread {          ①
10
11      ② @Override
12        public void run() {
13            for(int i = 0;i<3; i++)
14                Log.d( tag: "TestThread",  msg: "Thread says: "+ new Date().toLocaleString());
15        }
16        public static void newInstance() {
17            Thread tt = new TestThread();       ③
18            tt.start();
19            for(int i = 0;i<3; i++)
20                Log.d( tag: "TestThread", msg: "Main says: "+ new Date().toLocaleString());
21        }
22  }
23
24  public class MainActivity extends AppCompatActivity {
25
26      @Override
27      protected void onCreate(Bundle savedInstanceState) {
28          super.onCreate(savedInstanceState);
29          setContentView(R.layout.activity_main);
30          new TestThread().newInstance();
31      }
32  }
```

```
Logcat
ASUS ASUS_Z00LD Android 5.0.2, API 21    No Debuggable Processes
02-20 16:54:07.815 2221-2221/? D/TestThread: Main says: 2018年2月20日 下午4:54:07
02-20 16:54:07.817 2221-2479/? D/TestThread: Thread says: 2018年2月20日 下午4:54:07
02-20 16:54:07.817 2221-2479/? D/TestThread: Thread says: 2018年2月20日 下午4:54:07
02-20 16:54:07.817 2221-2479/? D/TestThread: Thread says: 2018年2月20日 下午4:54:07
02-20 16:54:07.818 2221-2221/? D/TestThread: Main says: 2018年2月20日 下午4:54:07
02-20 16:54:07.818 2221-2221/? D/TestThread: Main says: 2018年2月20日 下午4:54:07
```

④ 雙方彼此的先後順序並不保證

圖8-1 以 TestThread 進行線程測試：①Thread 為一類別，須以 extends 來繼承；②Thread 非抽象類別，不會強制子類別要覆寫 run()函式，編譯器並不會「提醒」程式員，所以必須由程式員主動來行完成；③Thread 有自己既有的 start()函式作啟動線程之用；④此程式的執行結果，由主線程和子線程分別依序報時三次，但雙方彼此的先後則不保證誰先誰後。

用法：

1. 按照語法①的規定：如圖 8-1 所示，將程式宣告一個 Thread，並由主線程和子線程分別依序報時三次。

   ✓ 圖 8-1 將程式以框線框出四個重點，並分別說明。

   ✓ 其中所用到的「報時」函式乃 Java 提供的 API 類別 Date()。

2. 按照語法②的規定：如圖 8-2 所示，將程式宣告一個 Runnable，同樣由主線程和子線程分別依序報時三次。

   ✓ 圖 8-2 將程式以框線框出四個重點，作為對照，並分別說明。

   ✓ 其中 Thread 與 Runnable 的主要差別有①和③，但最後第④部份的執行動作則確實相同，只是都不保證主線程和子線程雙方彼此的先後順序。

總之，線程提供類別與介面的機制既能滿足不同情況的應用，又能突破 Java 只能繼承一個父類別的限制。

```
MainActivity
9   class TestRunnable implements Runnable {                ①
10
11      @Override                                            ②
12      public void run() {
13          for(int i = 0;i<3; i++)
14              Log.d( tag: "TestRunnable",  msg: "Runnable says: "+ new Date().toLocaleString());
15      }
16      public static void newInstance() {
17          Runnable rr = new TestRunnable();                ③
18          Thread tt = new Thread(rr);
19          tt.start();
20          for(int i = 0;i<3; i++)
21              Log.d( tag: "TestRunnable", msg: "Main says: "+ new Date().toLocaleString());
22      }
23  }
24
25  public class MainActivity extends AppCompatActivity {
26
27      @Override
28      protected void onCreate(Bundle savedInstanceState) {
29          super.onCreate(savedInstanceState);
30          setContentView(R.layout.activity_main);
31          new TestRunnable().newInstance();
32      }
33  }
```

```
Logcat
ASUS ASUS_Z00LD Android 5.0.2, API 21    No Debuggable Processes
02-20 17:08:15.194 3754-3754/? D/TestRunnable: Main says: 2018年2月20日 下午5:08:15
02-20 17:08:15.196 3754-4055/? D/TestRunnable: Runnable says: 2018年2月20日 下午5:08:15
02-20 17:08:15.196 3754-4055/? D/TestRunnable: Runnable says: 2018年2月20日 下午5:08:15
02-20 17:08:15.197 3754-4055/? D/TestRunnable: Runnable says: 2018年2月20日 下午5:08:15
02-20 17:08:15.197 3754-3754/? D/TestRunnable: Main says: 2018年2月20日 下午5:08:15
02-20 17:08:15.198 3754-3754/? D/TestRunnable: Main says: 2018年2月20日 下午5:08:15
4: Run   TODO   6: Logcat   Android Profiler   Terminal   0: Messages
```

④ 雙方彼此的先後順序並不保證

圖8-2 以 TestRunnable 進行線程測試：①Runnable 為一介面，須以 implements 來實作；②介面是一種抽象類別，所以會強制子類別要覆寫 run()函式，編譯器會「提醒」程式員加以完成，；③Runnable 因為是介面，沒有自己的 start()函式作啟動線程之用，必須借助 Thread，將 Runnable 的物件當作是 Thread 的建構子，重新包成 Thread 再宣告一次；④此程式的執行結果，由主線程和子線程分別依序報時三次，但雙方彼此的先後則不保證誰先誰後。

8.3 線程對於 UI 的應用技術

Android 的 UI 元件可利用線程的特性展現動態的圖文效果，但不能直接利用 Thread 的 start()來啟動更新，而要利用 UI 元件所內建的 post()相關 API。

8.3.1 以線程動態呈現文字訊息

圖 8-3(a)到(c)顯示 TextCounter 專案如何利用線程動態呈現文字訊息，圖(d)則是程式部份，簡潔地以 1 秒為間隔不斷執行 Runnable 所構成的線程。

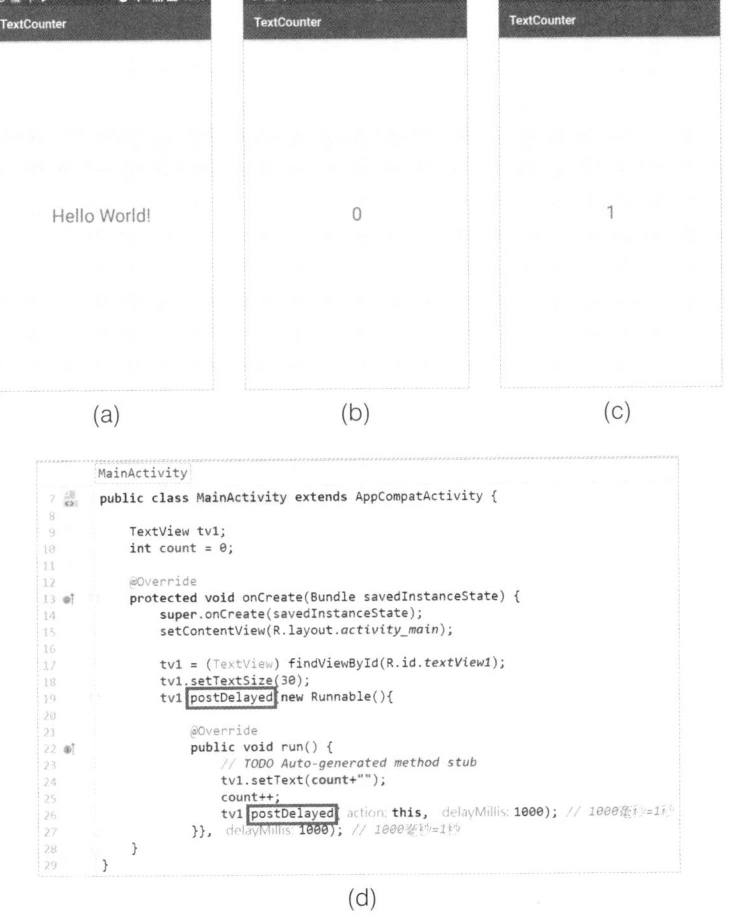

圖8-3 TextCounter 專案的重點內容：(a)初始畫面；(b)執行後第 1 秒畫面；(c)執行後第 2 秒畫面；(d)以 TextView 物件之 postDelayed()指令搭配線程執行。

8.3.2 以線程動態呈現圖片訊息

線程除了能將文字內容動態呈現，也能將圖片動態顯現，甚至快到一個地步，還能變成動畫效果！

圖 8-4 的 ImageLooper 專案還是保持每隔一秒更動一次內容的頻率，事實上，ImageLooper 專案是從 TextCounter 專案修改而來的，也就是除了保留原本的 TextView 實施計時的動作，還可以加上 ImageView 切換圖片，執行效果以擷圖方式顯示在圖 8-4(a)至(f)，四花色從此周而復始地出現。

程式的技巧如圖 8-4(g)所示，所框線的部份是主要有別於 TextCounter 專案的部份；其中較值得注意的是，ImageView 物件的內容變更是可以透過另一元件（例如此處的 TextView 物件）所發出的線程動作來完成的。

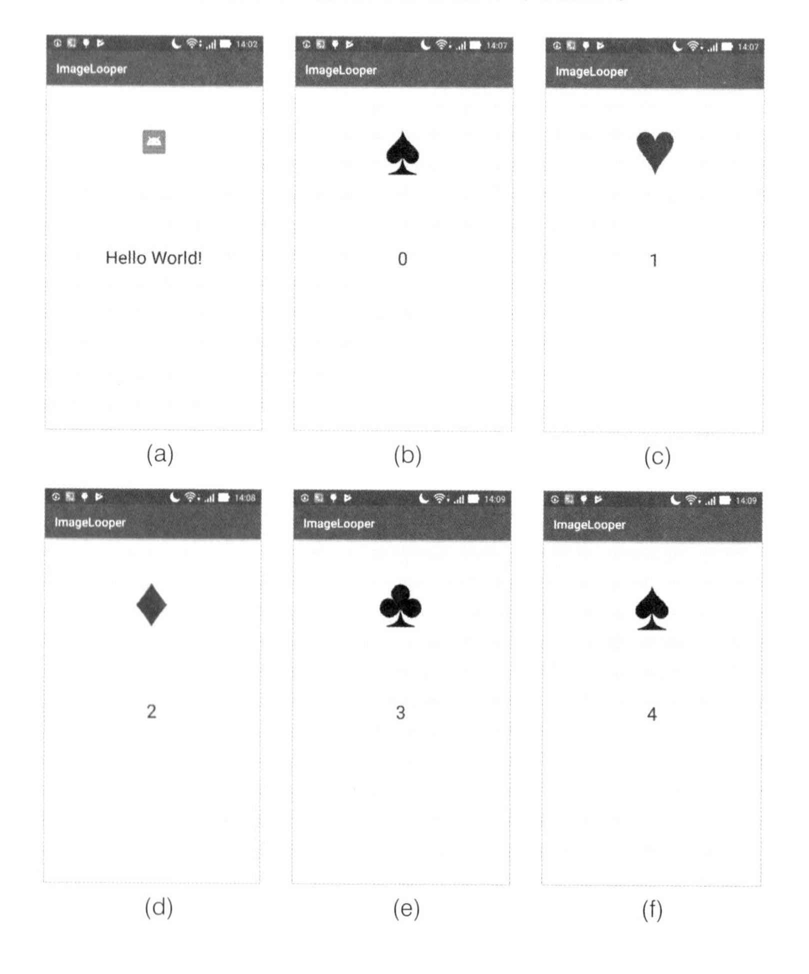

(a) (b) (c) (d) (e) (f)

```
MainActivity
8   public class MainActivity extends AppCompatActivity {
9
10      int [] resId = {R.drawable.spade, R.drawable.heart,
11              R.drawable.diamond, R.drawable.club};
12      ImageView iv1;
13      TextView tv1;
14      int count = 0;
15
16      @Override
17      protected void onCreate(Bundle savedInstanceState) {
18          super.onCreate(savedInstanceState);
19          setContentView(R.layout.activity_main);
20
21          iv1 = (ImageView) findViewById(R.id.imageView1);
22          tv1 = (TextView) findViewById(R.id.textView1);
23          tv1.setTextSize(30);
24          tv1.postDelayed(new Runnable(){
25
26              @Override
27              public void run() {
28                  // TODO Auto-generated method stub
29                  tv1.setText(count+"");
30                  iv1.setImageResource(resId[count%resId.length]);
31                  count++;
32                  tv1.postDelayed( action: this,  delayMillis: 1000); // 1000毫秒=1秒
33              }},  delayMillis: 1000); // 1000毫秒=1秒
34      }
35  }
```

(g)

圖8-4 ImageLooper 專案的重點內容：(a)初始畫面；(b)執行後第 1 秒畫面；(c)執行後第 2 秒畫面；(d)執行後第 3 秒畫面；(e)執行後第 4 秒畫面；(f)執行後第 5 秒畫面；(g)以 TextView 物件之 postDelayed()指令搭配線程執行，同樣可以在線程中改變 ImageView 的圖片顯示，達成動態呈現圖與文的效果。

8.3.3 以線程執行雲端下載

線程常見的另一種應用是輔助 App 進行網路雲端的資料下載，例如下載圖片就是一例。但是，這類的動作如果讓用戶等待太久則不好，因為可能誤認為是當機等等錯誤，因此，通常 UI 設計時會加上 Progress（進展）元件。

如圖 8-5(a)至(c)就是一例，利用雲端 API 將 QR 碼圖片產生並下載的執行過程，如圖(d)的版面設計，預先隱藏 Progress，等到按下按鈕之後，如圖(e)所示，先顯示 Progress，待將圖片下載後，再隱藏 Progress。圖(f)則是預先準備好的「網址轉 Bitmap」方法，可以當成工具程式，作雲端下載圖片之用。

然而，自從 API Level 11（即 Android 3.0）之後對於 UI 線程的網路下載有所規範，以下敘述是較為簡單的解決方案之一：

```
StrictMode.ThreadPolicy policy = new
  StrictMode.ThreadPolicy.Builder().permitAll().build();
StrictMode.setThreadPolicy(policy);
```

最後，還要記得在 AndroidMenifest.xml 打開 Internet 的使用權限。

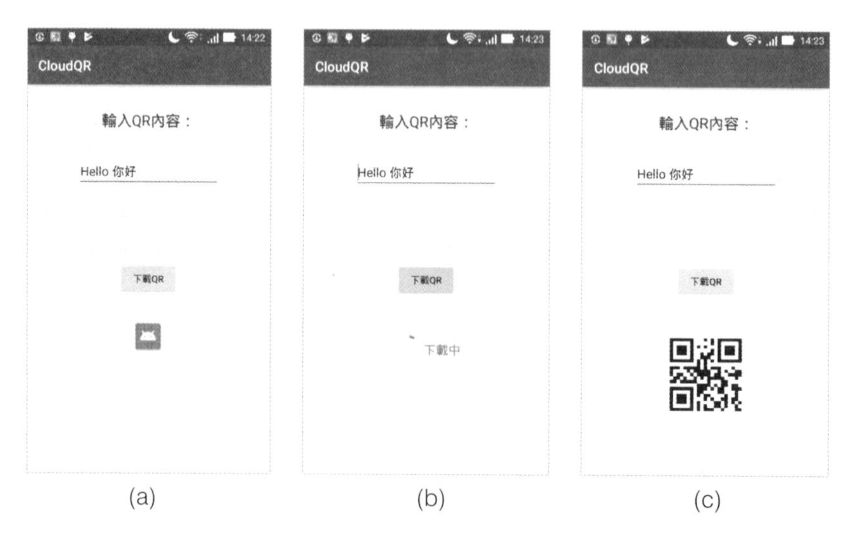

(a) (b) (c)

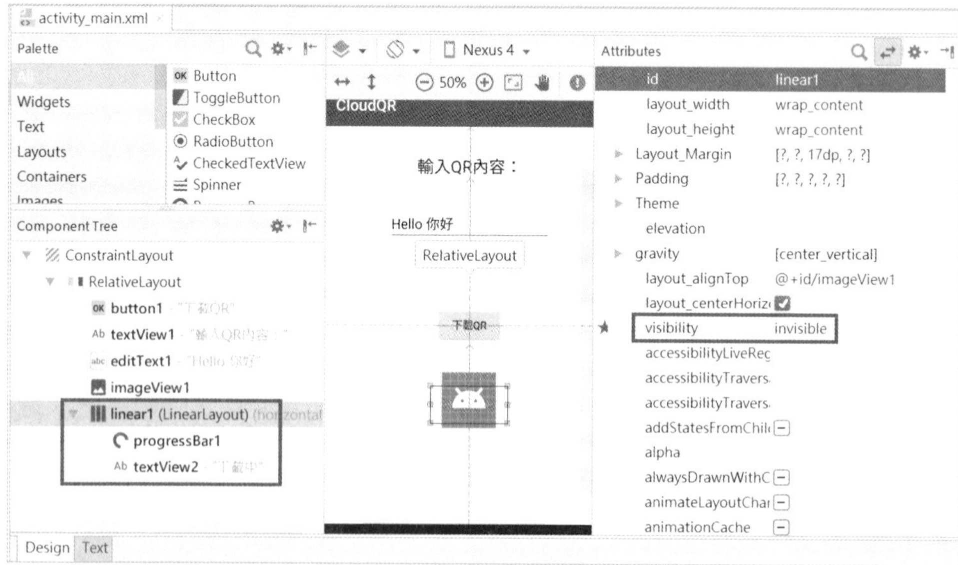

(d)

```
MainActivity  convert()
40        public void convert(View view) {
41            final String inputText = et1.getText().toString();
42            if(inputText.length()==0) {
43                Toast.makeText( context: this,  text: "請輸入內容!", Toast.LENGTH_SHORT).show();
44            }
45            else {
46                linear1.setVisibility(View.VISIBLE);
47                iv1.setVisibility(View.INVISIBLE);
48                iv1.postDelayed(() → {
51                        String imagePath = "";
52                        try {
53                            imagePath = "http://chart.apis.google.com/chart?cht=qr&chs=300x300&chl="+
54                                    URLEncoder.encode(inputText,  enc: "UTF-8") ;
55                        } catch (UnsupportedEncodingException e) {
56                            e.printStackTrace();
57                        }
58                        Bitmap bimage=  getBitmapFromURL(imagePath);
59                        iv1.setImageBitmap(bimage);
60                        linear1.setVisibility(View.INVISIBLE);
61                        iv1.setVisibility(View.VISIBLE);
62                },  delayMillis: 100);
63            }
64
65        }
```

(e)

```
MainActivity  getBitmapFromURL()
67        public Bitmap getBitmapFromURL(String src) {
68            try {
69                URL url = new URL(src);
70                HttpURLConnection connection = (HttpURLConnection) url.openConnection();
71                connection.setDoInput(true);
72                connection.connect();
73                InputStream input = connection.getInputStream();
74                Bitmap myBitmap = BitmapFactory.decodeStream(input);
75                return myBitmap;
76            } catch (IOException e) {
77                e.printStackTrace();
78                return null;
79            }
80        }
```

(f)

圖8-5 CloudQR 專案的重點內容：(a)初始畫面；(b)執行下載 QR 進行中的畫面；(c)下載 QR Code 完畢的畫面；(d)版面設計，預先隱藏 Progress 元件；(e)於程式執行過程顯示/隱藏 Progress 元件；(f)利用預先準備好的「網址轉 Bitmap」方法進行圖片下載。

8.4 雲端載圖播放之應用

為示範雲端載圖的功能，網路上有許多可以自己創建圖表並取得下載網址的工具網站，其用法非常容易，如圖 8-6 所示，有多種圖形類別可供選取，並能在

調整參數後取得 URL。[1] [2]

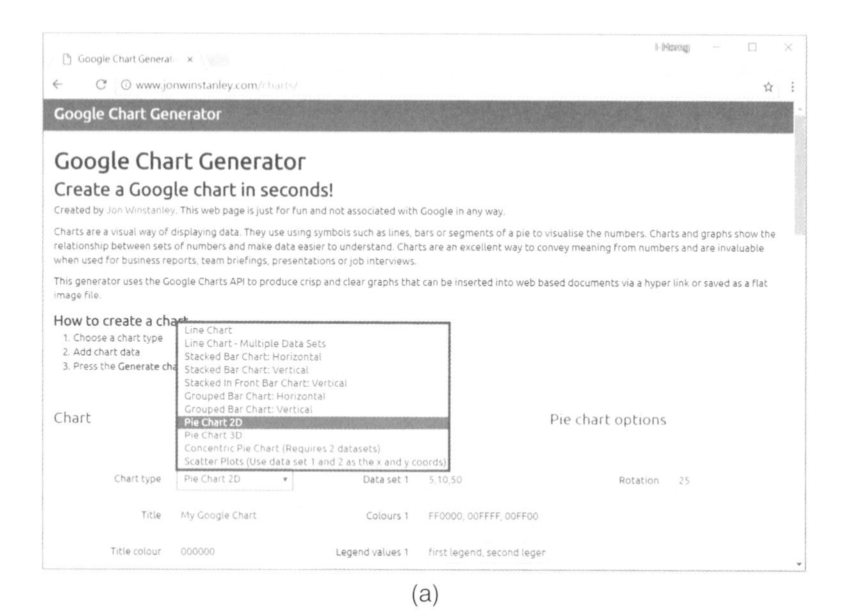

(a)

Google Chart Generat

www.jonwinstanley.com/charts/

Google Chart Generator

Share

Share chart

Code

Chart Url

http://chart.apis.google.com/chart?cht=p&chs=500x250&chdl=first+legend%7Csecond+legend%7Cthird+legend&chl=first+label%7Csecond+label%7Cthird+label&chco=FF0000|00FFFF|00FF00,6699CC|CC33FF|CCCC33&chp=0.436326388889&chtt=My+Google+Chart&chts=000000,24&chd=t:5,10,50|25,35,45

(b)

圖8-6 利用 Google Chart Generator 創建圖表：(a)網站截圖；(b)自製 Pie 形圖。

---

1 http://www.jonwinstanley.com/charts/

2 http://charts.hohli.com/

8.4.1 雲端載圖

利用 Chart Generator 所創建圖表 API 其實和 CloudQR 專案來自同一個，都是 Google 所提供、網址為 http://chart.googleapis.com/chart 的雲端程式，藉由不同的參數，就能產生形形色色宛如微軟辦公室軟體 Excel 的圖表。

首先，我們就利用此網站預設的參數作成一個 Pie 形圖。圖 8-6(b)就是預設參數時所擷取的畫面，然後將所對應的網址 link 拷貝到圖 8-7(c)所示的 CloudPie_1 專案就能下載成功。

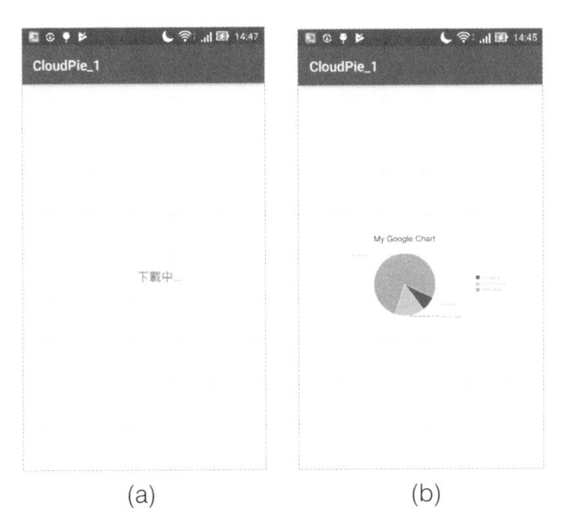

(a) (b)

```
MainActivity  onCreate()
22      @Override
23      protected void onCreate(Bundle savedInstanceState) {
24          super.onCreate(savedInstanceState);
25          setContentView(R.layout.activity_main);
26          // 1. 允許執行緒從網路下載
27          StrictMode.ThreadPolicy policy = new StrictMode.ThreadPolicy.Builder().permitAll().build();
28          StrictMode.setThreadPolicy(policy);
29          // 2. find views
30          iv1 = (ImageView) findViewById(R.id.imageView1);
31          linear1 = (LinearLayout) findViewById(R.id.linear1);
32          // 3. 下載圖片
33          iv1.postDelayed(new Runnable(){
34              @Override
35              public void run() {
36                  String imagePath = "";
37                  imagePath = "http://chart.apis.google.com/chart?cht=p&" +
38                          "chs=500x250&chdl=first+legend%7Csecond+legend%7Cthird+legend&" +
39                          "chl=first+label%7Csecond+label%7Cthird+label&" +
40                          "chco=FF0000|00FFFF|00FF00,6699CC|CC33FF|CCCC33&" +
41                          "chp=0.436326388889&chtt=My+Google+Chart&" +
42                          "chts=000000,24&chd=t:5,10,50|25,35,45";
43                  Bitmap bimage=  getBitmapFromURL(imagePath);
44                  iv1.setImageBitmap(bimage);
45                  linear1.setVisibility(View.INVISIBLE);
46                  iv1.setVisibility(View.VISIBLE);
47              }}, delayMillis: 100);
48      }
```

(c)

圖8-7 CloudPie_1 專案的重點內容：(a)執行下載的初始畫面；(b)下載成功畫面；(c)改寫 CloudQR 專案，修改網址路徑，並使從 UI 一開始毋須按鈕，就能下載。

圖 8-7 的 CloudPie_1 專案之原理同 CloudQR，只是不經過按鈕，直接將圖顯示出來。

圖 8-8 的 CloudPie_1a 專案則換成另一種圖形類別，所謂的 Stacked Bar Chart。如圖 8-8(a)所示，讀者可以前往網站，適度調整 width 與 height 參數，讓圖表看起來大一些。

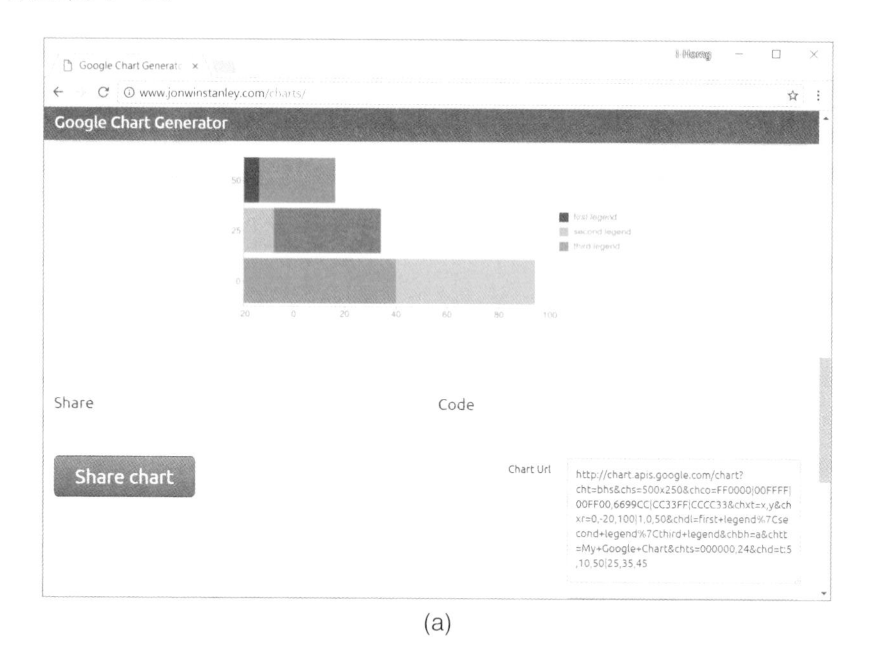

(a)

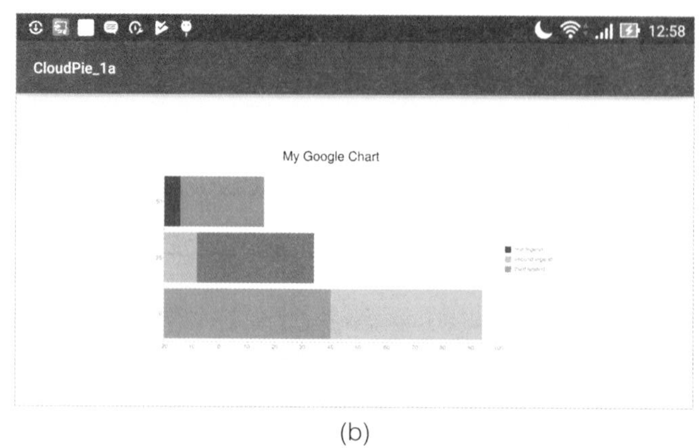

(b)

圖8-8 CloudPie_1a 專案的重點內容：(a)先利用 Chart Generator 創建能顯示國家地區的地圖圖表；(b)執行下載成功畫面。

8.4.2 雲端載圖後播放

如果有一種需求是要將網路的圖片或是廣告載下來再播放，則讀者可以參考圖 8-9 的專案作法，總之就是要善用線程和 UI 的 post()系列 API 即可。

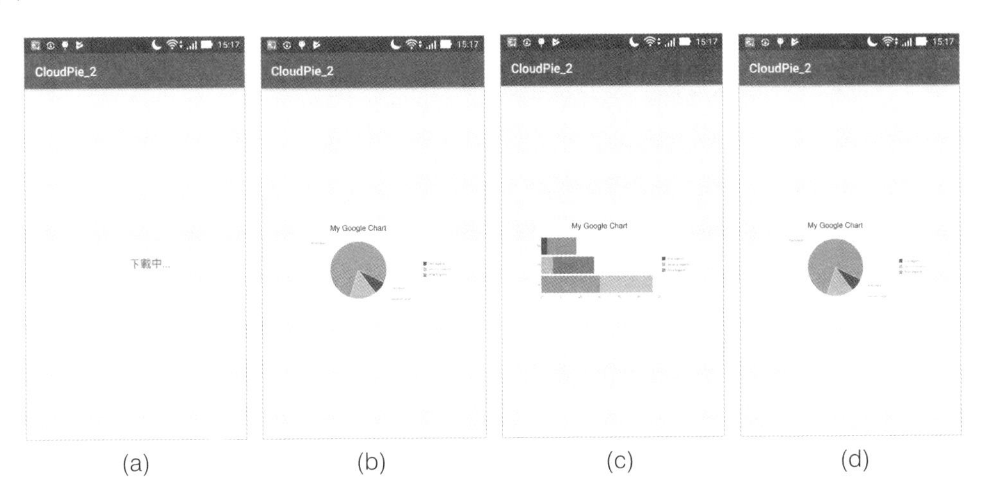


```
34          // 3. 下載圖片
35          iv1.postDelayed(new Runnable(){
36              @Override
37              public void run() {
38                  // 3.1 圖片_1
39                  String imagePath = "";
40                  imagePath = "http://chart.apis.google.com/chart?cht=p&" +
41                          "chs=500x250&chdl=first+legend%7Csecond+legend%7Cthird+legend&" +
42                          "chl=first+label%7Csecond+label%7Cthird+label&" +
43                          "chco=FF0000|00FFFF|00FF00,6699CC|CC33FF|CCCC33&" +
44                          "chp=0.436326388889&chtt=My+Google+Chart&" +
45                          "chts=000000,24&chd=t:5,10,50|25,35,45";
46                  bimage[0] =  getBitmapFromURL(imagePath);
47                  // 3.2 圖片_2
48                  imagePath = "http://chart.apis.google.com/chart?cht=bhs&chs=500x250&" +
49                          "chco=FF0000|00FFFF|00FF00,6699CC|CC33FF|CCCC33&chxt=x,y&" +
50                          "chxr=0,-20,100|1,0,50&chdl=first+legend%7Csecond+legend%7Cthird+legend&" +
51                          "chbh=a&chtt=My+Google+Chart&chts=000000,24&chd=t:5,10,50|25,35,45";
52                  bimage[1] =  getBitmapFromURL(imagePath);
53                  iv1.setImageBitmap(bimage[0]);
54                  linear1.setVisibility(View.INVISIBLE);
55                  iv1.setVisibility(View.VISIBLE);
56                  // 3.3 開始播圖
57                  iv1.postDelayed(new Runnable(){
58                      @Override
59                      public void run() {
60                          iv1.setImageBitmap(bimage[count%bimage.length]);
61                          count++;
62                          iv1.postDelayed( action: this,  delayMillis: 2000); // 一再輪播, 播放速度可以調整
63                      }},  delayMillis: 100);
64              }},  delayMillis: 100);
```

(e)

圖8-9 CloudPie_2 專案的重點內容：(a)執行下載的初始畫面；(b)下載成功後顯示第 1 張圖片；(c)2 秒後切換第 2 張圖片；(d)再 2 秒後切回第 1 張圖片，以此類推；(e)播放程式的重點，整合動態呈現圖片和雲端下載兩種應用。

8.5 思考與練習

讀完本章之後，可以嘗試思考與練習以下題目：

1. 試將 ImageLooper 專案的四張花色圖片，改成三張錦鯉圖片（可使用本書提供的 koi_1.png、koi_2.png、koi_3.png 三張圖片），連續播放，並嘗試縮短時間間格，看縮到幾秒以內錦鯉的游動看起來最自然？

2. 試利用 Google Play 下載免費的 QR Code 解碼器，掃瞄 CloudQR 執行後的 QR 碼，看看是否與執行 CloudQR 專案時，所輸入的文字字串相同？

   例如：

(a)

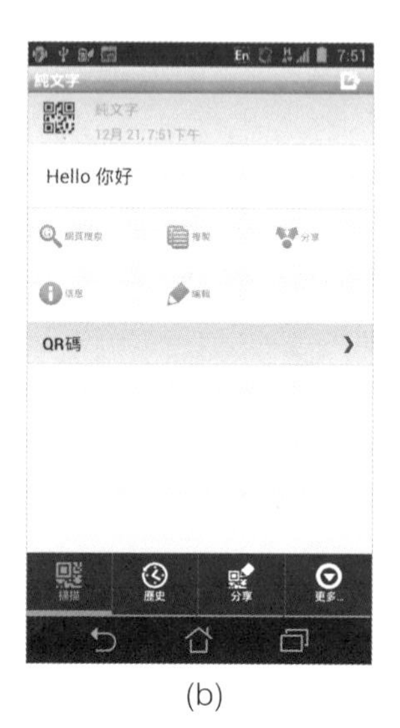

(b)

圖8-10 下載 PlayStore 上的 QRDroid 工具作測試：(a)以 QRDroid 掃瞄中的畫面；(b)掃瞄結果正確的畫面。

3. 試將隨書雲端 zip 內的 CloudQR_2 專案執行起來，並和 CloudQR 專案比較一下：

   ✓ CloudQR_2 專案為何取消 StrictMode 指令後，仍能連線上網？

   ✓ 兩專案在線程的寫法上有何異同之處？

CHAPTER

09

基本視窗

9.1 前言

現代電腦程式不論在哪一種作業系統平台，都有一種稱為**視窗**（Windows）的圖形介面表現方式，Android 也不例外，Android 的視窗被稱為**活動**（Activity）。

視窗的組成元素一般至少包括視窗的**標題**（Title）、**內文視圖**（Content View）、**選單**（Menu）、**結束**（Finish）等。

前面章節有許多重點圍繞在內文視圖的部份，提到圖與文的各種技巧，的確是行動裝置程式很重要的環節。而現在我們藉由本章的篇幅來討論一下視窗的其餘重點。

另外還有一項重點是，Android 系統的視窗主要採取一畫面一視窗的作法，它的精神原是一種精簡的理念，因為智慧行動裝置的起源從手機開始漫燒，手機的畫面原是比較小的，不需要同時顯示兩個視窗。當初 Android 真的沒料想到**平板**（Tablet，俗稱小筆電）會進展得這麼快速。

因此，當 App 程式一個視窗不足以呈現所有的資訊時，就會採取多個視窗的設計策略（此處為單一 App 之多視窗），讓使用者能更順利地進行程式。所以本章內容也會涵蓋如何在視窗之間彼此切換，以及相關的參數傳遞方法。

讀者手邊或許有 Android N（7.0 ~ 7.1.2）以上的手機，是否曾經見過「多個 App 同時出現的多視窗畫面」？圖 9-1 是從官網上對於「多視窗支援」說明文件所截取的範例圖片。讀者手邊若有 Android N 以上版本的手機，不妨嘗試看看，能否達到和圖 9-1 一樣的顯示效果？！[1]

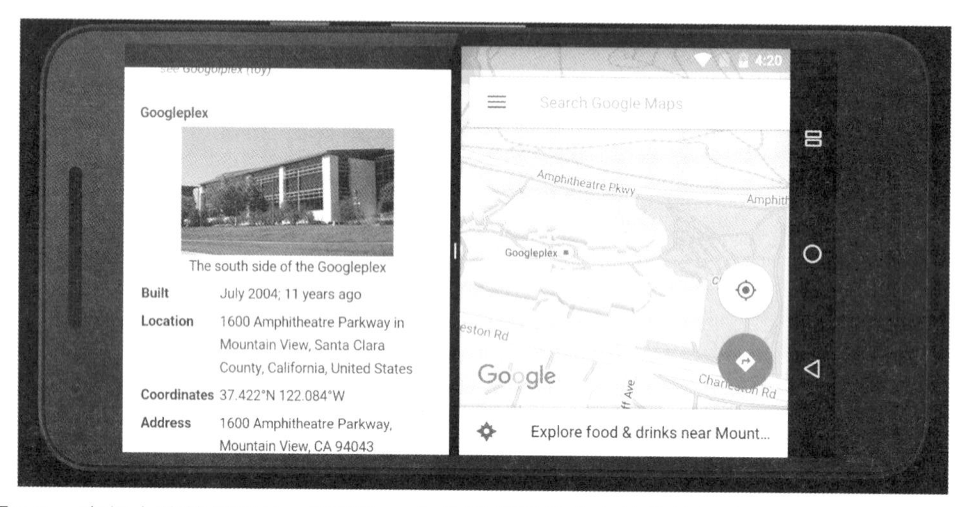

圖9-1 官網上的範例圖片，標題為：在分割畫面模式中並排執行的兩個應用程式。

9.2 三組常用的視窗指令

圖 9-2(a)顯示一個典型的 Activity 所呈現在手機上的三塊區域：**通知欄**（Notification Bar，或稱**狀態欄**，Status Bar）、**標題欄**（Title Bar）和**視圖區**（View Area）。程式可隨著需要調整，因此會有以下三組常用的視窗指令：

- 無通知欄（Without Notification Bar）：
  getWindow().setFlags(WindowManager.LayoutParams.FLAG_FULLSCREEN, WindowManager.LayoutParams.FLAG_FULLSCREEN);
- 無標題欄（Without Title Bar）：
  - ✓ requestWindowFeature(Window.FEATURE_NO_TITLE); // 舊版
  - ✓ getSupportActionBar().hide();

---

1 https://developer.android.com/guide/topics/ui/multi-window?hl=zh-tw

● 直橫式：

✓ `setRequestedOrientation(ActivityInfo.SCREEN_ORIENTATION_PORTRAIT); //` 直式（In Portrait Mode）

✓ `setRequestedOrientation(ActivityInfo.SCREEN_ORIENTATION_LANDSCAPE); //` 橫式（In Landscape Mode）

圖 9-2(b)則顯示應用上述指令達成橫式、全螢幕的 Activity 之效果。

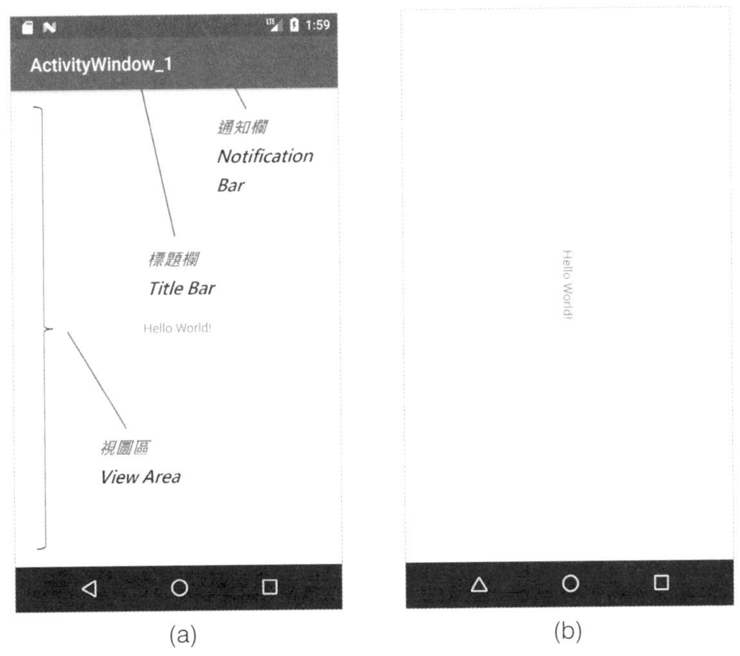

圖9-2 (a)執行 Activity 的三個典型區域；(b)以「無通知欄」+「無標題欄」+「橫式」方式將 ActivityWindow_1 專案改成「全螢幕」之 ActivityWindow_2 版本。

9.3 Menu 鍵與 Back 鍵

Menu 鍵與 Back 鍵原是 Android 手機上明顯就可以看到的兩個按鍵，中文名稱為「選單」與「返回」鍵，Menu 鍵之效用等同於 PC 上之視窗程式的「功能選單」，Android 也有相似的選單邏輯。如圖 9-3(a)所示的就是典型的一款介面，其中同時出現了「選單」與「返回」鍵。

但是到了 4.x 版以後，或許是因為「選單」功能不必然出現在 App 中，「選單」硬體鍵因此取消，所以圖 9-3(b)只保留「返回」鍵，就是希望達到「物盡其用」的美意。

Back 鍵通常扮演相當於 PC 上的 Esc 鍵，也就是「脫離」、「返回」，事實上，模擬器也確實以此 Esc 鍵模擬 Android 的 Back 鍵。

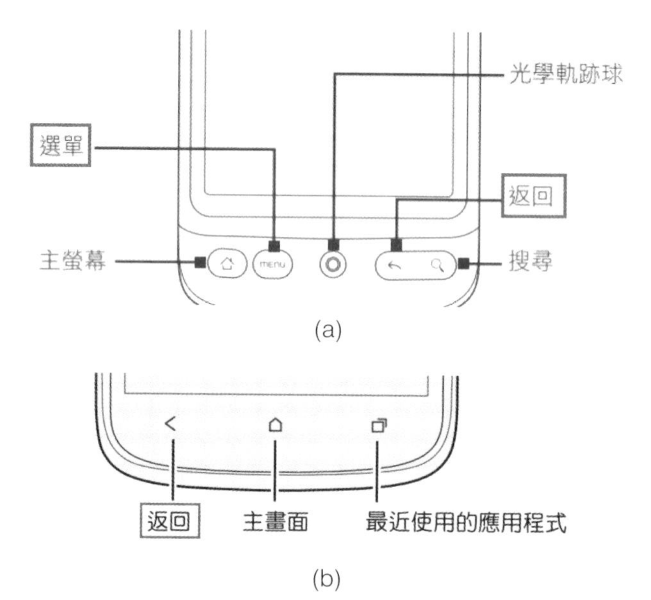

圖9-3 (a)典型的 Android 2.x 版實機硬體機構部份圖示，包括「選單」與「返回」鍵；(b)典型的 Android 4.x 版以上實機硬體機構部份圖示，其中「選單」鍵已消失，「返回」鍵則仍保留。

9.3.1 Menu 鍵用法

在 Android 發表 4.x 版時，所對應的 Eclipse 之 SDK 中就包括：在新增一個所謂的「Hello World!」專案時，程式內部會自動包含選單及其一個項目，但是到了 Studio 之 SDK 的作法就又不同，需要依靠程式員自行新增選單。

如圖 9-4，Studio 提供一系列步驟，就能從無到有建立「Menu」資源檔。其中圖 9-4(b)和(d)顯示如何為選單設定 Menu 檔案名稱和 Menu Item 的標題名稱。另外值得一提的是，在圖 9-4(c)內可以看到 Studio 利用滑鼠拖曳的操作方式，提供程式員建立選單裡的每一筆 Menu Item。

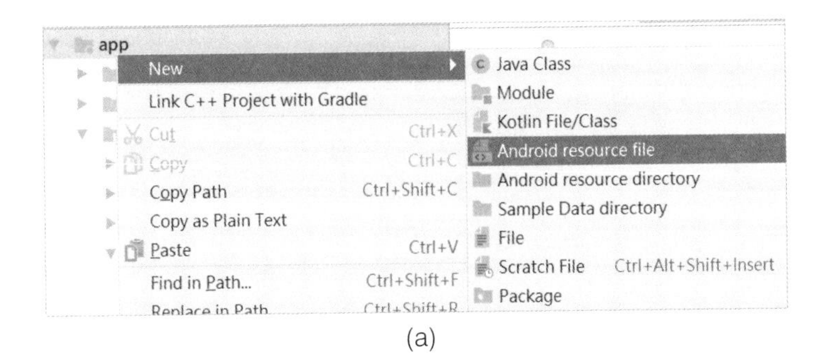
app
New
Link C++ Project with Gradle
Cut Ctrl+X
Copy Ctrl+C
Copy Path Ctrl+Shift+C
Copy as Plain Text
Paste Ctrl+V
Find in Path... Ctrl+Shift+F
Java Class
Module
Kotlin File/Class
Android resource file
Android resource directory
Sample Data directory
File
Scratch File Ctrl+Alt+Shift+Insert
Package

(a)

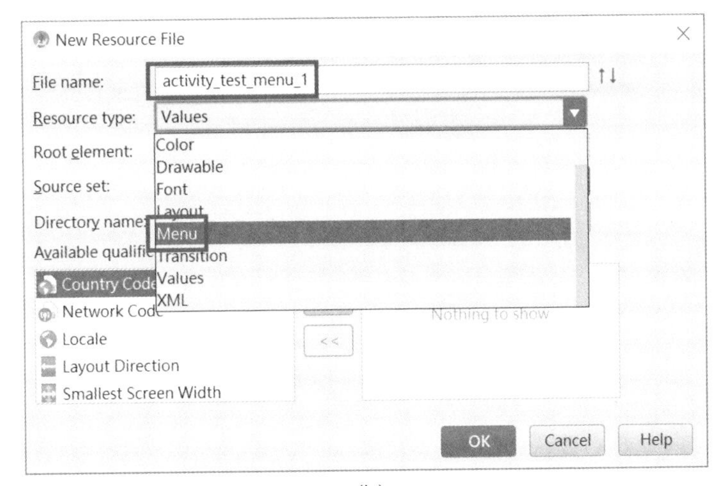
New Resource File
File name: activity_test_menu_1
Resource type: Values
Root element:
Source set:
Directory name
Available qualifi
Color
Drawable
Font
Layout
Menu
Transition
Values
XML
Country Code
Network Code
Locale
Layout Direction
Smallest Screen Width
Nothing to show
OK
Cancel
Help

(b)

(c)

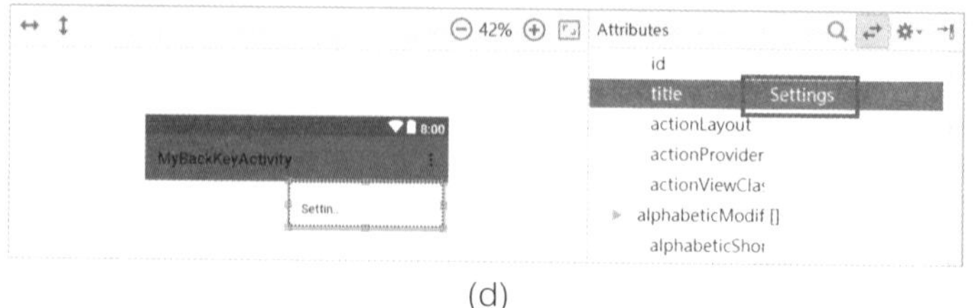

(d)

圖9-4 從無到有初始 Menu 的步驟：(a)以右鍵選單選取「Android resource file」；(b)選取 Resource type 為 menu，並為此 menu 命名；(c)新增一個「Menu Item」到 menu 內；(d)將 Menu Item 的標題重設為「Setting」。

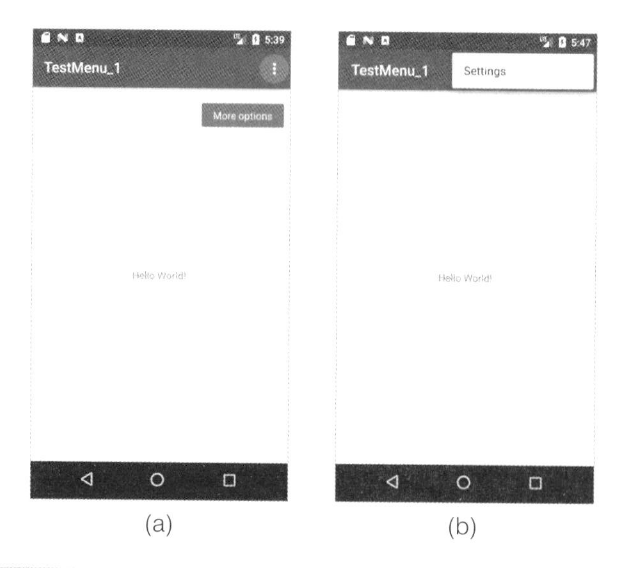

(a) (b)

```
MainActivity
 7  public class MainActivity extends AppCompatActivity {
 8
 9      @Override
10      protected void onCreate(Bundle savedInstanceState) {
11          super.onCreate(savedInstanceState);
12          setContentView(R.layout.activity_main);
13      }
14
15      @Override
16      public boolean onCreateOptionsMenu(Menu menu) {
17          // Inflate the menu; this adds items to the action bar if it is present.
18          getMenuInflater().inflate(R.menu.activity_test_menu_1, menu);
19          return true;
20      }
21  }
```

(c)

圖9-5 TestMenu_1 專案的重點說明：(a)初始畫面；(b)位於畫面右上角，屬於標題欄的區域所出現的「 ⋮ 」符號，就是代表著「選單」鍵；(c)新增一個「public boolean onCreateOptionsMenu(Menu menu)」函式方法。

對照圖 9-3，新版的「選單」按鍵移動到了畫面右上方，變成一個軟體按鍵，點擊之後會出現「Setting」項目，如圖 9-5(a)與(b)所示。

圖 9-5(c)則顯示 Java 程式實作「public boolean onCreateOptionsMenu(Menu menu)」函式之後，呼叫以下 API：

```
getMenuInflater().inflate(R.menu.activity_test_menu_1, menu);
```

此行就能夠產生選單，否則就不會出現「Setting」項目。R.menu.activity_test_menu_1 的內容來自/res/menu/activity_test_menu_1.xml，內容如圖 9-6，其中圖(a)是以文字形式呈現，是用 xml 格式來定義。如果讀者擔心對於 xml 不熟，則可以點擊「Design」標籤，如圖(b)以圖形介面來處理。

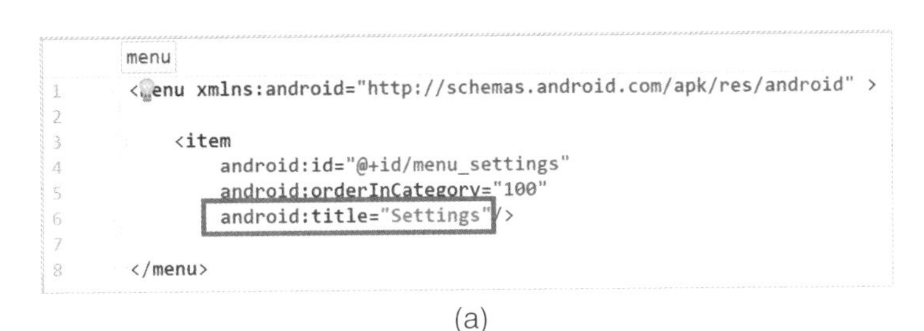

(a)

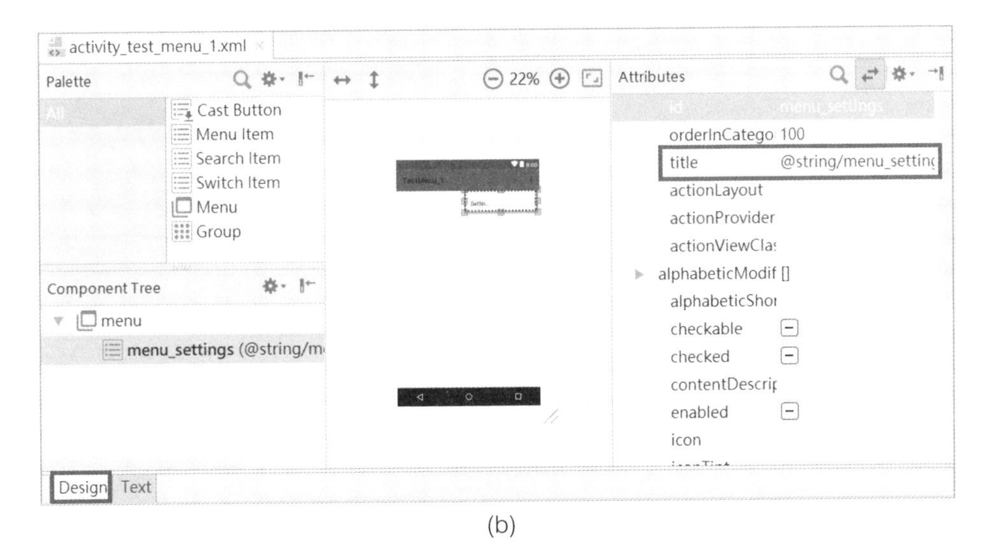

(b)

圖9-6 TestMenu_1 專案的 activity_test_menu_1.xml 內容：(a)以文字形式呈現；(b)若點擊「Design」標籤，則顯示圖形介面。

接下來的問題是，為何點擊「Setting」項目並沒有任何反應？我們可以從圖 9-7 所介紹的 TestMenu_2 專案來說明。

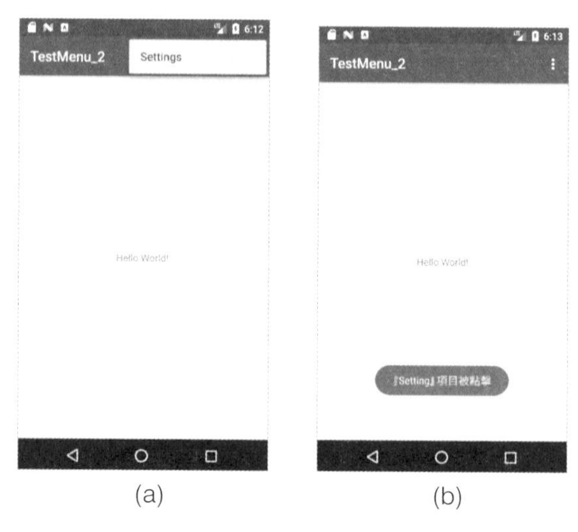

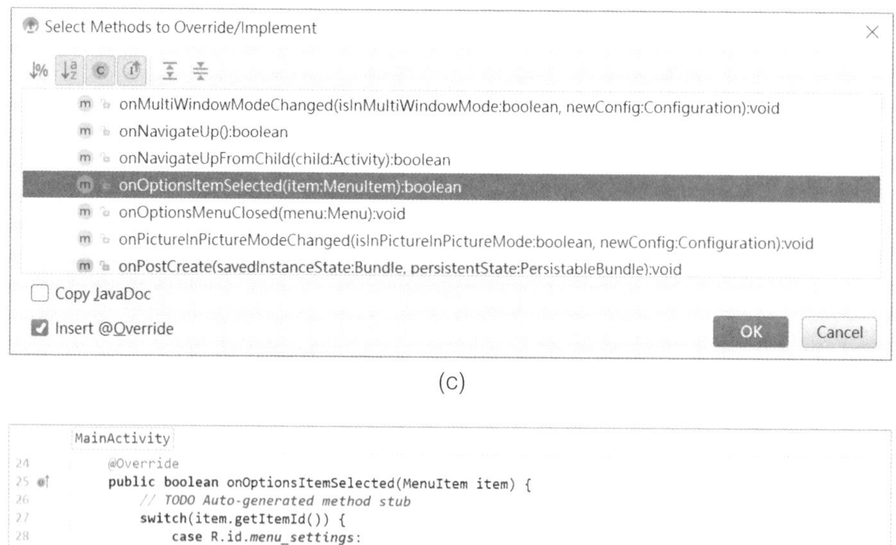


```
24     @Override
25     public boolean onOptionsItemSelected(MenuItem item) {
26         // TODO Auto-generated method stub
27         switch(item.getItemId()) {
28             case R.id.menu_settings:
29                 Toast.makeText( context: this,  text: "『Setting』項目被點擊", Toast.LENGTH_SHORT).show();
30         }
31         return super.onOptionsItemSelected(item);
32     }
```

(d)

圖9-7 TestMenu_2 專案：(a)初始畫面；(b)點擊「Setting」項目出現 Toast 訊息；(c)選取 Activity 處理 Menu 鍵的「public boolean onOptionsItemSelected(MenuItem item) 」方法加以 Override；(d)根據所傳來的 item 參數之 id 值來判斷執行。

要能達到圖 9-7(a)到(b)的動作，還需要「覆寫」以下之函式方法，可利用 Studio 工具叫出對話框，如圖 9-7(c)所示，選取以下的方法：

```
public boolean onOptionsItemSelected(MenuItem item)
```

最後，在此方法中，藉由所傳來的參數「item」之 id 值，如圖 9-7(d)所示，以 item.getItemId()配合 switch-case 或 if 等流程控制機制，來判斷所點擊的項目 id 編號，就能據以執行相對應的 Toast 訊息動作。

9.3.2 Back 鍵用法

如前述，Android 的 Back 鍵代表「脫離」目前畫面、「返回」前一畫面，因此，讀者可以測試前面所有的範例程式，都能藉由按下 Back 鍵結束程式。其實，這裡隱含兩個待釐清的觀念：

1. 前面章節所列舉的各程式因為只有一個畫面（嚴謹地說，是只有一項 Activity），否則按下 Back 鍵並不會結束程式，而是「返回」前一畫面。
2. 「按下 Back 鍵結束程式」並非鐵律，這是可以用程式改變的，特別對於某些應用程式不希望用戶因為「誤觸」Back 鍵而結束程式時，都會利用程式加以避開。

圖 9-8 就是在以上第 2 點的考量下所作的示範，其中的圖 9-8(a)將一個稱為 onBackPressed()的方法加以覆寫，並移除圖 9-8(b)中的第 26 行，就能將 Back 鍵的功能「Disable」掉，因為程式第 25 至 28 行表示要讓 Back 鍵失效。

讀者可以參考圖 9-8(c)到(e)分別就是初始畫面以及分別按下 Back 鍵和「Quit」按鈕的擷圖，而按下「Quit」按鈕會以 finish()將視窗關閉。

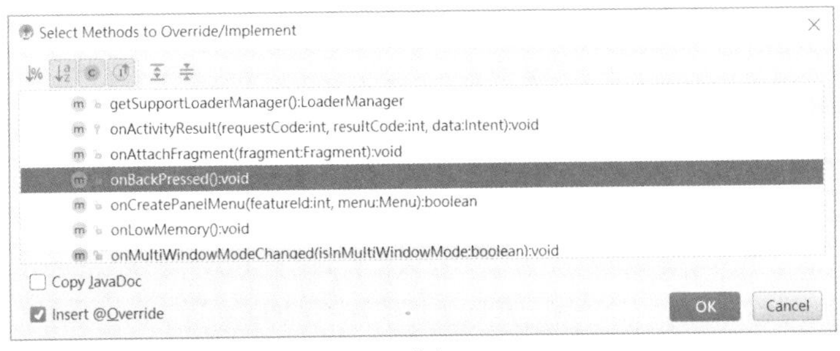

(a)

```
MainActivity
9   public class MainActivity extends AppCompatActivity {
10
11      @Override
12      protected void onCreate(Bundle savedInstanceState) {
13          super.onCreate(savedInstanceState);
14          setContentView(R.layout.activity_main);
15
16          Button btn = (Button) findViewById(R.id.button1);
17          btn.setOnClickListener(new View.OnClickListener(){
18              @Override
19              public void onClick(View arg0) {
20                  finish();
21              }});
22      }
23
24      @Override
25      public void onBackPressed() {
26          //super.onBackPressed();
27          Toast.makeText( context: this,  text: "『Back』鍵被點擊", Toast.LENGTH_SHORT).show();
28      }
29  }
```

(b)

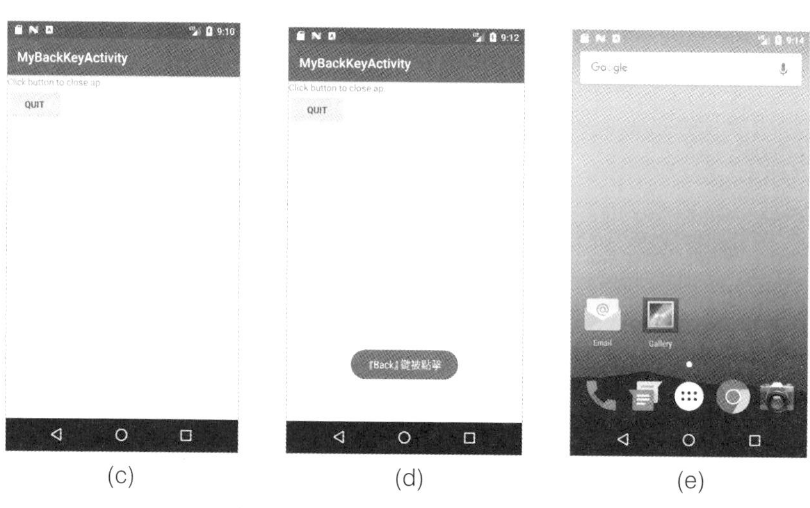

(c) (d) (e)

圖9-8 MyBackKeyActivity 專案：(a)選取 Activity 處理 Back 鍵的「public void onBackPressed()」方法加以 Override；(b)實作 onBackPressed()方法，取消 super.onBackPressed();，加上 Toast 訊息顯示；(c)初始畫面；(d)點擊 Back 鍵無法結束程式，只能顯示 Toast 訊息；(e)點擊「Quit」按鈕結束程式。

若是讀者未來會設計一種 App 是擁有兩個以上的視窗，而且有機會在任一視窗執行「結束程式」、而非「關閉視窗」，則可以考慮執行以下指令：

```
System.exit(0);
```

值得一提的是，同一個 App 的多個視窗，目前仍以彼此「垂直」相疊的方式呈現。

9.4 Activities 切換與資料傳遞

9.4.1 App 內部視窗切換

Android 的 Activity 就如同 PC 的視窗程式一般，且能提供不止一扇窗；然而由於 Android 的版面策略，使得 Activity 一次只能顯示「一扇」，因此開發者只能視需求在多個視窗之間彼此切換，好滿足其彈性安排版面的設計目標。至於一個 Activity 想要顯示「多扇」窗，則有 Fragment 的機制可用，請讀者參考第 13 章的版型五：主從畫面。

圖 9-9 就是一項活動切換的範例，要達到從無到有建立一個 App，使其內部進行視窗切換，其準備的步驟分成三大部份：

- 新增 Activity 部份：如圖 9-9(a)與(b)所示，以 Studio 新增 Activity 框架，並選取 Empty Activity，將自動產生 Activity 和其中的 Layout XML，並自動在 AndroidManifest.xml 登錄 Activity。
- 新增 Layout View 部份：如圖 9-9(c)所示，以 Layout Editor，就是調色板工具拖曳一個 TextView 元件到 Layout 中，如果使用 ConstraintLayout 時，記得設定至少兩組邊界的 Constraint。[2]
- 新增 onClick 部份：在 activity_a.xml 內，將原本的 HelloWorld 文字改成 Goto Activity B，並新增註冊 onClick 方法為 clickToB，如圖 9-9(d)所示。
- 實作 onClick 部份：新增註冊 onClick 方法還不夠，還需要實作 clickToB！參考圖 9-9(e)，點擊之後要能成功進行切換的兩道關鍵指令敘述為：

```
Intent intent = new Intent(Activity_A.this, Activity_B.class);
this.startActivity(intent);
```

其中 Intent 中譯表示「企圖、意圖」，兩個參數的意義：Activity_A.this 表示出發地、Activity_B.class 表示目的地。至於 startActivity()的意義，則讀者可以顧名思義。

---

2 https://developer.android.com/training/constraint-layout/index.html

Android
app
manifests
java
com
aerael
testactiv
com (androidTe
com (test)
res
Gradle Scripts

New
Link C++ Project with Gradle
Cut Ctrl+X
Copy Ctrl+C
Copy Path Ctrl+Shift+C
Copy as Plain Text
Copy Reference Ctrl+Alt+Shift+C
Paste Ctrl+V
Find Usages Alt+F7
Find in Path... Ctrl+Shift+F
Replace in Path... Ctrl+Shift+R
Analyze
Refactor
Add to Favorites

Java Class
Kotlin File/Class
Android resource file
Android resource directory
Sample Data directory
File
Scratch File Ctrl+Alt+Shift+Insert
Package
Image Asset
Vector Asset
Singleton
Edit File Templates...
AIDL
Activity

Gallery...
Android TV Activity (Requires
Android Things Empty Activity
Android Things Peripheral Acti
Basic Activity
Blank Wear Activity (Requires
Bottom Navigation Activity
Empty Activity
Fullscreen Activity
Login Activity
Master/Detail Flow
Navigation Drawer Activity
Scrolling Activity
Settings Activity
Tabbed Activity

(a)

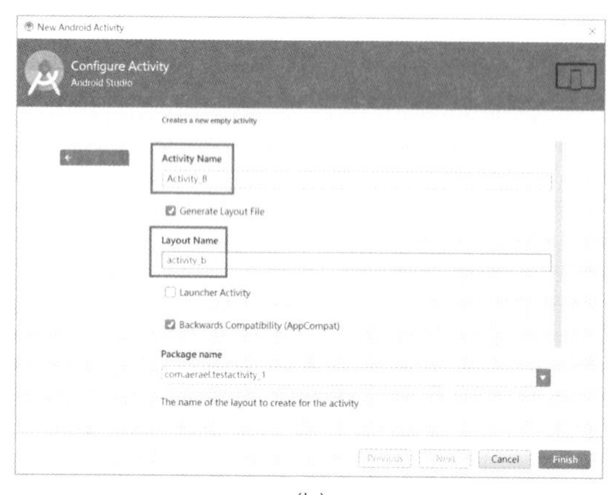

(b)

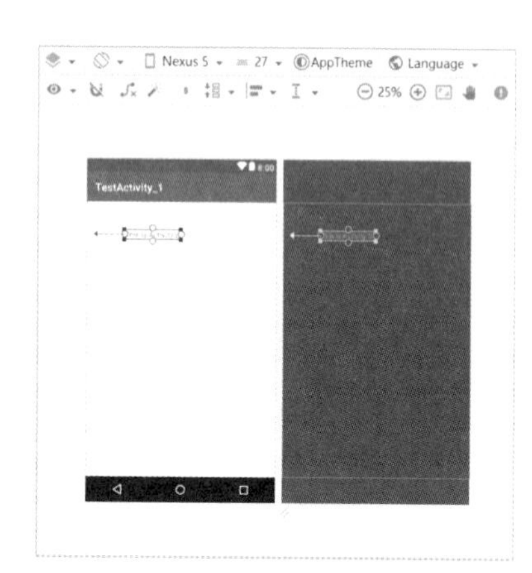

(c)

activity_a.xml | Activity_A.java | activity_b.xml | Activity_B.java

```
1  <?xml version="1.0" encoding="utf-8"?>
2  <android.support.constraint.ConstraintLayout xmlns:android="http://schemas.android.com/apk/res/android"
3      xmlns:app="http://schemas.android.com/apk/res-auto"
4      xmlns:tools="http://schemas.android.com/tools"
5      android:layout_width="match_parent"
6      android:layout_height="match_parent"
7      tools:context="com.aerael.testactivity_1.Activity_A">
8
9      <TextView
10         android:layout_width="wrap_content"
11         android:layout_height="wrap_content"
12         android:onClick="clickToB"
13         android:text="Goto Activity B."
14         app:layout_constraintBottom_toBottomOf="parent"
15         app:layout_constraintLeft_toLeftOf="parent"
16         app:layout_constraintRight_toRightOf="parent"
17         app:layout_constraintTop_toTopOf="parent" />
18
19 </android.support.constraint.ConstraintLayout>
```

(d)

```
Activity_A.java
1   package com.demo.testactivity_1;
2
3   import ...
7
8   public class Activity_A extends AppCompatActivity {
9
10      @Override
11      protected void onCreate(Bundle savedInstanceState) {
12          super.onCreate(savedInstanceState);
13          setContentView(R.layout.activity_a);
14      }
15
16      public void clickToB(View v) {
17          Intent intent = new Intent( packageContext: Activity_A.this, Activity_B.class);
18          this.startActivity(intent);
19      }
20  }
```

(e)

TestActivity_1

Goto Activity B

(f)

TestActivity_1

This is Activity B

(g)

圖9-9 TestActivity_1 專案的執行步驟：(a)以 Studio 工具新增一個 Activity 的方法；(b)為 Activity 及其 Layout 命名；(c)ConstraintLayout 特有的新增邊界之 Contraint 的操作；(d)將原本的 HelloWorld 文字改成 Goto Activity B，並新增註冊 onClick 方法為 clickToB；(e) Activity_A.java 實作 clickToB 之 onClick 程式，內容切換 Activity 的指令；(f)初始畫面，包括一個按鈕提供點擊作 App 內部視窗切換；(g)點擊按鈕之後，視窗成功由 Activity_A 切換至 Activity_B。

9.4.2 啟動 App 外部程式

視窗程式的切換並不限於 App 內部，有時候需要仰賴 App 外部的程式來完成一些工作。例如，以下要介紹的 QR Code 二維條碼掃瞄程式，就是現在手機程式非常熱門的一種功能。

QR 代表「Quick Response」的縮寫，是在 1994 年由日本 DENSO WAVE 公司所發明的一種二維條碼。發明者希望 QR 碼可讓其內容快速被解碼。

現在這項發明已經廣為應用，網路上也存在多個開放碼或自由軟體，像是 zxing、QR Droid 等都相當好用，主要就是利用手機上的相機功能，在預覽的同時隨時比對條碼內容，因此 QR Code 的掃瞄程式背後都有一套精心設計的圖樣辨識演算法（Pattern Recognition Algorithm）在支援著軟體。

也因此，一般運用 QR Code 的 App 不需要再從頭開發這個掃瞄程式，轉而以呼叫現成 App 的方式，如圖 9-10 就顯示如何下載 QR Droid App。

然而，如果未安裝 QR Droid 程式，就貿然按下「GOTO QR Droid」按鈕，則會導致 App 當掉！讀者可以參考第二章介紹的 BasicAction_11 專案作法，為 TestActivity_2 專案加上 try...catch 語法機制，防止 App Crash！

圖9-10 到 Google Play 尋找 App：(a)輸入 qrdroid 搜尋 QR Droid 掃瞄軟體；(b)找到後，準備下載；(c)安裝完畢。

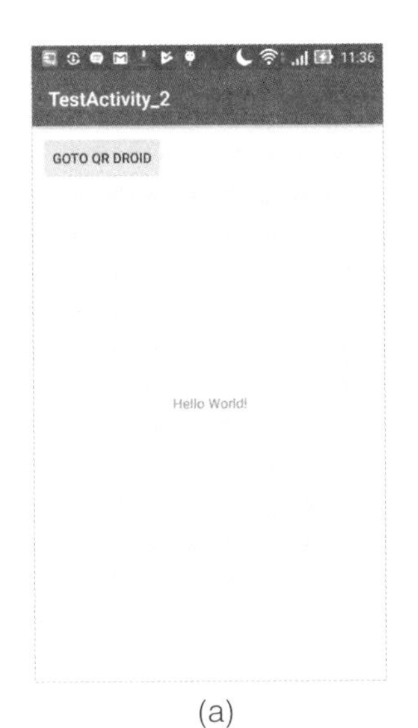

(a)

(b)

```
MainActivity
8   public class MainActivity extends AppCompatActivity {
9
10      public static final String SCAN = "la.droid.qr.scan";
11
12      @Override
13      protected void onCreate(Bundle savedInstanceState) {
14          super.onCreate(savedInstanceState);
15          setContentView(R.layout.activity_main);
16      }
17
18      public void clickToQR(View v) {
19          //Set action "la.droid.qr.scan"
20          Intent intent = new Intent( SCAN );
21          this.startActivity(intent);
22      }
23  }
```

(c)

圖9-11 TestActivity_2 專案：(a)初始畫面，準備點擊「Goto QR Droid」按鈕；(b)點擊之後，成功呼叫 QR Droid App；(c)藉由設定 QR Droid 的啟動 Action 字串，即可啟動位於 TestActivity_2 外部的 QR Droid App 程式。

經過查詢得知，若要呼叫 QR Droid App，則需要將所謂的 Action Code 作為 Intent 的建構子參數，而 QR Droid 的啟動碼為"la.droid.qr.scan"，如圖 9-10 所示，可以從某個 TestActivity_2 專案經過觸發直接呼叫 QR Droid App 起來。[3]

3 http://qrdroid.com/android-developers/

而這樣的動作可以應用在任何 App 之間，如圖 9-12 所示，就是從某個 TestActivity_3 專案呼叫另一個 TestActivity_3a 專案。

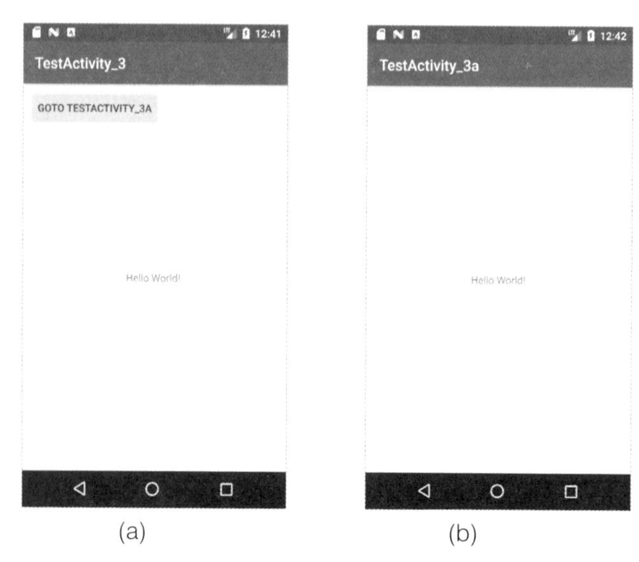

(a) (b)

圖9-12 TestActivity_3 專案執行重點：(a)初始畫面，準備點擊「Goto TestActivity_3a」按鈕；(b)點擊之後，成功呼叫 TestActivity_3a App。

```
public class MainActivity extends AppCompatActivity {

    public static final String CUSTOM_INTENT = "com.demo.testactivity_3a.main";

    @Override
    protected void onCreate(Bundle savedInstanceState) {
        super.onCreate(savedInstanceState);
        setContentView(R.layout.activity_main);
    }

    public void clickToAction(View v) {
        // 方法一：Set action "com.demo.testactivity_3a.main"
        Intent intent = new Intent( CUSTOM_INTENT );
        this.startActivity(intent);
        // 方法二：
//      Intent intent = new Intent(Intent.ACTION_MAIN);
//      intent.setComponent(new ComponentName("com.demo.testactivity_3a",
//              "com.demo.testactivity_3a.MainActivity"));
//      startActivity(intent);
        // 方法三：
//      Intent intent = getPackageManager().getLaunchIntentForPackage( "com.demo.testactivity_3a" );
//      startActivity(intent);
    }
}
```

(a)

```
AndroidManifest.xml
1   <?xml version="1.0" encoding="utf-8"?>
2   <manifest xmlns:android="http://schemas.android.com/apk/res/android"
3       package="com.demo.testactivity_3a">
4
5       <application
6           android:allowBackup="true"
7           android:icon="@mipmap/ic_launcher"
8           android:label="TestActivity_3a"
9           android:roundIcon="@mipmap/ic_launcher_round"
10          android:supportsRtl="true"
11          android:theme="@style/AppTheme">
12          <activity android:name=".MainActivity">
13              <intent-filter>
14                  <action android:name="android.intent.action.MAIN" />
15
16                  <category android:name="android.intent.category.LAUNCHER" />
17
18                  <action android:name="com.demo.testactivity_3a.main" />
19                  <category android:name="android.intent.category.DEFAULT" />
20
21              </intent-filter>
22          </activity>
23      </application>
24
25  </manifest>
    manifest › application › activity › intent-filter
Text  Merged Manifest
```

(b)

圖9-13 TestActivity_3 和 TestActivity_3a 專案的重要內容：(a)在 TestActivity_3 專案內至少存在三種方法可以呼叫 TestActivity_3a App；(b)其中第一種方法稱為 Custom Intent，需要在 TestActivity_3a 的 Menifest.xml 內新增一組 action 和 category 的定義。

不僅如此，其實啟動 App 外部程式的方法不止一種，除了定義所謂的客製化（Custom）Intent 之外，如圖 9-13 所示，若是已知呼叫對象的完整套件加類別名稱，就可以透過 setComponent()的方式達成；又倘若只知道套件名稱，但不曉得類別名稱，就可以 getLaunchIntentForPackage()嘗試啟動對方！

9.4.3 設定參數切換視窗

App 在切換視窗的時機，最常見的情況就是轉換成另一類的功能或服務，不論是哪一種，經常都需要作到資料的交換。

資料的交換又分單向與雙向，以圖 9-14 的 TestActivity_4 專案為例，它不只能將帳號密碼的資訊從某個 A 視窗帶到 B 視窗去，甚至 B 視窗也能夠返回嗜好與年齡的資訊。

若單純只從 Activity_A 傳資料給 Activity_B，而不由 Activity_B 返回資料給 Activity_A，則只需要以 startActivity()這個 API 來切換視窗，而不需用到像是圖 9-15(a)的 startActivityForResult()這種相較之下比較複雜的 API。

讀者可以從圖 9-15(a)與(b)看到，只要是傳參數，都用到 intent.putExtra()的 API；相對地，接收參數則都是利用 Bundle 這個類別物件來作處理。至於資料的型態種類，則可以是文字型的 String，也可以是數值型的 Integer 等。

最後要注意的是，圖 9-15(a)的 onActivityResult()方法是為了接收從 Activity_B 所回傳的資料，其中的 requestCode == 0 是因為第 22 行的 startActivityForResult()所傳的第 2 個參數，來回都需要一致；而 resultCode == RESULT_OK 是因為圖 9-15(b)的第 31 行所設定，也需要一致。

讀者可以在此複習第二章的基本動作：「意圖帶資料」的 5x5 記憶口訣，甚至嘗試重現 TestActivity_4 專案之 Activity_A 與 Activity_B 的撰寫動作，或是將 TestActivity_3 和 TestActivity_3a 修改成「意圖帶資料」的版本，將一些參數從 TestActivity_3 帶到 TestActivity_3a 去，並顯示出來。

圖9-14 TestActivity_4 專案執行重點：(a)初始畫面；(b)按下按鈕成功傳送兩筆資料；(c)按下 Back 鍵成功返回兩筆資料。

```
Activity_A
10  public class Activity_A extends AppCompatActivity {
11
12      @Override
13      protected void onCreate(Bundle savedInstanceState) {
14          super.onCreate(savedInstanceState);
15          setContentView(R.layout.activity_a);
16          Button btn = (Button) findViewById(R.id.button1);
17          btn.setOnClickListener(new View.OnClickListener(){
18              public void onClick(View v) {
19                  Intent intent = new Intent( packageContext: Activity_A.this, Activity_B.class);
20                  intent.putExtra( name: "NAME",  value: "paul");
21                  intent.putExtra( name: "PASSWD",  value: 1234);
22                  startActivityForResult(intent,  requestCode: 0);
23              }});
24      }
25
26      @Override
27      protected void onActivityResult(int requestCode, int resultCode, Intent data) {
28          if (requestCode == 0) {
29              if (resultCode == RESULT_OK) {
30                  Bundle b = data.getExtras();
31                  // get return parameters
32                  String hobby = b.getString( key: "HOBBY");
33                  int age = b.getInt( key: "AGE");
34                  TextView tv1 = (TextView) findViewById(R.id.textView1);
35                  tv1.setText(tv1.getText() + "\n" + "Data returned:\nHobby: "
36                          + hobby + "\n" + "Age: "+ age);
37              }
38          }
39      }
40  }
```

(a)

```
Activity_B
8   public class Activity_B extends AppCompatActivity {
9
10      @Override
11      protected void onCreate(Bundle savedInstanceState) {
12          super.onCreate(savedInstanceState);
13          setContentView(R.layout.activity_b);
14          TextView tv1 = (TextView) findViewById(R.id.textView1);
15          // get parameters
16          Bundle b = getIntent().getExtras();
17          String name = b.getString( key: "NAME");
18          int passwd = b.getInt( key: "PASSWD");
19          tv1.setText(tv1.getText() + "\n" + "Data received:\nName: "
20                  + name + "\n" + "Passwd: "+ passwd);
21      }
22
23      @Override
24      public void onBackPressed() {
25
26          Intent intent = new Intent();
27          intent.putExtra( name: "HOBBY",  value: "看電影");
28          intent.putExtra( name: "AGE",  value: 25);
29
30          //回應信息，回到Activity_A，resultCode == RESULT_OK
31          setResult(RESULT_OK, intent);
32
33          finish();
34      }
35  }
```

(b)

圖9-15 TestActivity_4 專案的程式重點：(a)在 Activity_A 點擊按鈕之後，會設定兩筆參數再進行視窗切換，另有 onActivityResult()方法承接返回的資料；(b)Activity_B 一啟動就會收到兩筆參數資料，而所覆寫的 onBackPressed()則用在按下返回鍵時作資料的回傳。

9.4.4 系統 Activities 切換

除了開發者自行設計的多個 Activities 彼此之間進行切換與參數傳遞以外，別忘了系統本身也存在一些重要且基本的「附屬應用程式」，就如這一節所要介紹的五類應用，如圖 9-16 所示。[4]

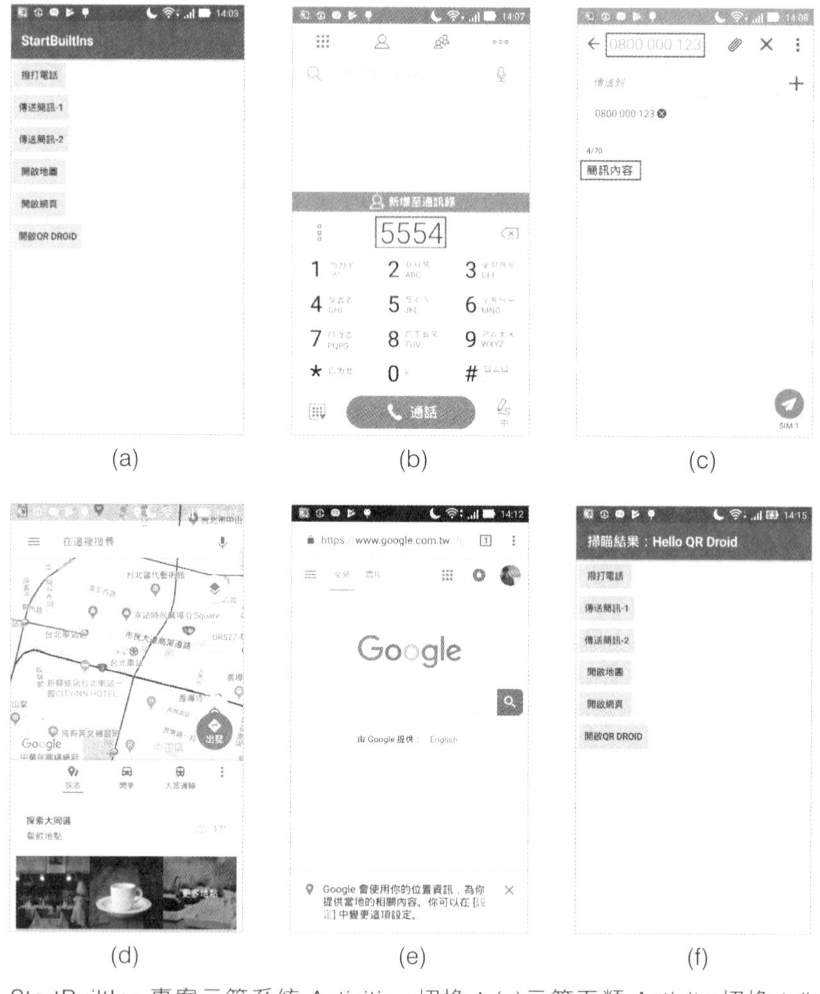

圖9-16 StartBuiltIns 專案示範系統 Activities 切換：(a)示範五類 Activity 切換；(b)撥打電話之示意；(c)傳送簡訊之示意；(d)顯示地圖某經緯度於中央位置之示意；(e)顯示啟動瀏覽器之示意；(f)顯示 QR Code 之掃瞄結果於標題區的示意。

---

[4] http://developer.android.com/guide/appendix/g-app-intents.html

```
MainActivity  clickToAction()
35      public void clickToAction(View v) {
36          Uri uri;
37          Intent intent;
38          if(v==btn[0]) {
39              uri = Uri.parse("tel:5554");
40              intent = new Intent(Intent.ACTION_DIAL, uri);
41              startActivity(intent);
42          }
43          else if(v==btn[1]) {
44              intent = new Intent(Intent.ACTION_VIEW);
45              intent.putExtra( name: "sms_body",  value: "簡訊內容");
46              intent.setType("vnd.android-dir/mms-sms");
47              startActivity(intent);
48          }
49          else if(v==btn[2]) {
50              uri = Uri.parse("smsto:0800000123");
51              intent = new Intent(Intent.ACTION_SENDTO, uri);
52              intent.putExtra( name: "sms_body",  value: "簡訊內容");
53              startActivity(intent);
54          }
55          else if(v==btn[3]) {
56              uri = Uri.parse("geo:25.047924,121.517081?z=15");
57              intent = new Intent(Intent.ACTION_VIEW, uri);
58              startActivity(intent);
59          }
60          else if(v==btn[4]) {
61              uri = Uri.parse("http://www.google.com");
62              intent = new Intent(Intent.ACTION_VIEW, uri);
63              startActivity(intent);
64          }
65          else if(v==btn[5]) {
66              //Set action "la.droid.qr.scan"
67              intent = new Intent( SCAN );
68              intent.putExtra( COMPLETE ,  value: true);
69              //Send intent and wait result
70              try {
71                  startActivityForResult(intent, ACTIVITY_RESULT_QR_DRDROID);
72              } catch (ActivityNotFoundException activity) {
73                  Toast.makeText( context: this,  text: "ActivityNotFoundException", Toast.LENGTH_SHORT).show();
74              }
75          }
76      }
```

(a)

```
MainActivity
79      protected void onActivityResult(int requestCode, int resultCode, Intent data) {
80          if( ACTIVITY_RESULT_QR_DRDROID==requestCode && null!=data && data.getExtras()!=null ) {
81              //Read result from QR Droid (it's stored in la.droid.qr.result)
82              String result = data.getExtras().getString(RESULT);
83              this.setTitle("掃瞄結果："+result);
84          }
85      }
86  }
```

(b)

圖9-17 StartBuiltIns 專案的重要內容：(a)在點擊按鈕之後，會先判斷是哪個按鈕被按下，然後以 intent 設定適當的 Action Code，再切換視窗。其中第六個按鈕延續 TestActivity_2 的 QRDroid 範例，設定適當的參數，以雙向資料進行視窗切換；(b)以 onActivityResult()方法，配合參數的判斷，就能取得掃瞄結果。

其中，圖 9-16(b)至(e)乃為圖 9-17(a)中之前五種按鈕之 onClick 所處理，並不需要回傳值，而「傳送簡訊-1」與「傳送簡訊-2」的主要差別在於有無 Uri 的電話號碼作為參數。

特別值得一提的是圖 9-16(d)的地圖位置顯示功能，完全不需要在專案中處理關於地圖的 GUI，也不需要理睬 apiKey、Internet 權限等之設定，這是它的便利之處。然而，這種方式目前無法以圖釘標示出位置，是比較可惜之處。

至於所謂的「專案中處理關於地圖的 GUI、apiKey、Internet 權限等之設定」問題，我們會在後續「雲端版型」專章加以介紹。

最後一項關於開啟 QRcode 之範例就需要回傳值的處理，程式碼參見圖 9-17，成功掃瞄「Hello QR Droid」字串之 QRcode 之後，顯示在標題欄上。

9.5 思考與練習

讀完本章之後，可以嘗試思考與練習以下題目：

1. 參考圖 9-18，嘗試重現「多 App 之多視窗畫面顯示」，其中注意的是圖 9-18 只是一個範例，不一定其他手機的設定畫面皆相同，但是 Android 7.0 以上的手機承諾都會支援此功能。
2. 試參考 TestMenu_2 專案，自行製作一個 TestMenu_3 專案，達成以下：
   - ✓ 新增兩個 Menu 項目如下圖(a)。
   - ✓ 點擊這兩個新的項目之後，同樣能以 Toast 顯示訊息，如下圖(b)與(c)所示。

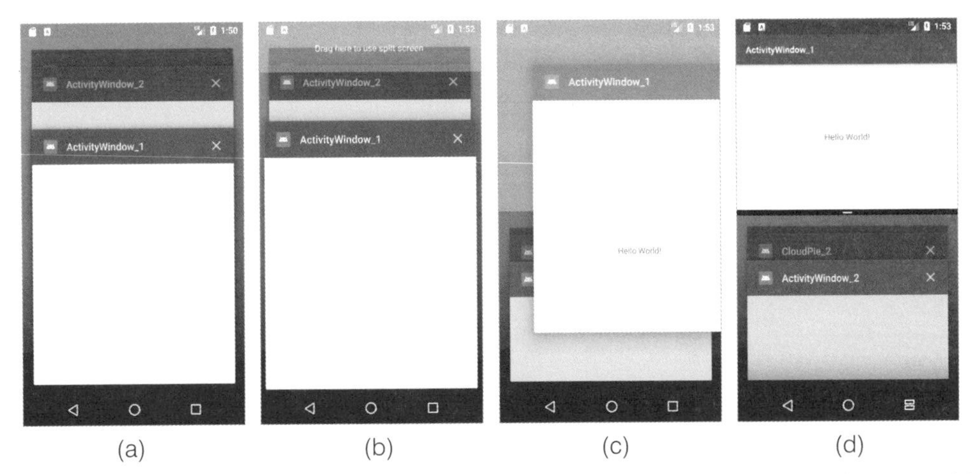

圖9-18 嘗試利用 Android 7.0 以上的手機或模擬器，完成多 App 之多視窗畫面顯示（此處以模擬器為例截圖示意）：(a)按下「歷史」鈕；(b)點擊（不放手）其中一支曾執行過的 App；(c)拖曳至提示區域（例如：Drag here to use split screen），完成第一個分割視窗畫面。

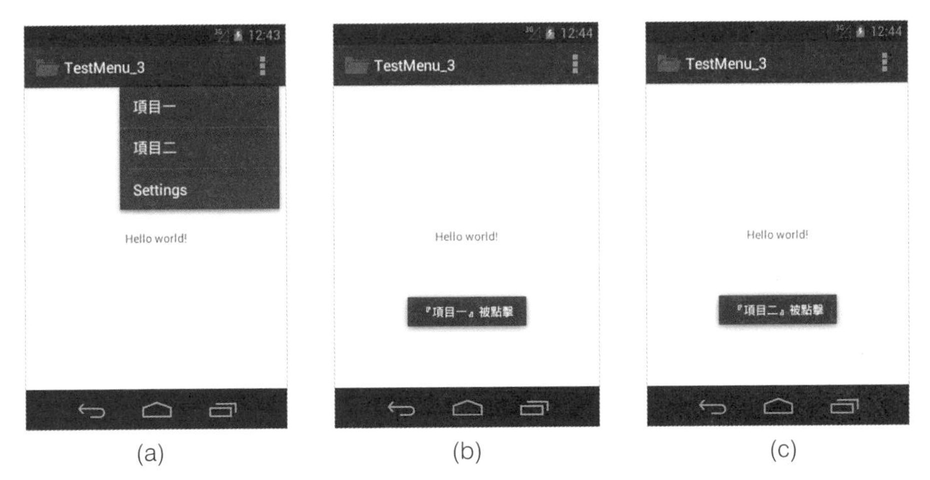

圖9-19 TestMenu_3 專案：(a)畫面首頁；(b)在「項目一」點一下之後，以 Toast 顯示訊息；(c)在「項目二」點一下之後，同樣以 Toast 顯示訊息。

CHAPTER

10

背景服務

10.1 前言

承接前一章「系統 Activities 切換」小節的電話撥號、簡訊發送與通訊錄（或稱聯絡人）讀取之應用範例，其實這些是每一支手機所必備的功能，從傳統非智慧型手機時代就已具備。除了電話之外的上述這些應用，有一個專有名詞 - PIM（Personal Information Management），負責管理個人的相關資訊，所以不僅這些軟體，還有所謂 To-do List（通常以日曆形式呈現）、簡易文書處理或瀏覽等等，都是非常基本的手機 App，也因此，這種能夠處理 PIM 的裝置又稱為「**個人資訊管理系統**（Personal Information Manager）」，通常以行動裝置的形式出現。

更進一步思考，具有個人資訊管理系統功能的手機要如何才能兼顧收發電話和 PIM 的功能？App 愈多加上人機介面愈豐富，似乎反而容易影響正常電話通訊的運作，豈不本末倒置！

某種程度這種潛在的可能性也直接見間接地影響了手機走出傳統、進入智慧型手機時代的腳步，因為手機**製造商**（Manufacturers）和**電信業者**（Operators）會擔心通信品質與資訊安全所造成的責任歸屬。

因此，要能達到這些品質與安全需求，最基本的就是手機作業系統的穩定與安全，還必須能作到**多工**（Multi-Tasking），讓正常 App 在**前景**（Foreground）

執行時，系統也能正常地在**背景**（Background）進行電話所應有的運作功能。而 Linux 以**嵌入式**（Embedded）的形式出現，以及由來已久的穩定與安全口碑，就成為 Android 的首選系統。

不僅如此，Android SDK 還提供方法讓 App 能夠以背景執行的方式攔截來電、攔截簡訊等，讓 App 可以全方位發展手機上的應用。這個部份要仰賴 Android SDK 所提供的 BroadcastReceiver（Broadcast：**廣播**）等背景處理機制來達成。

其實，Android 應用程式所包括四種主要的**建構區塊**（Building Block）為 Activity、BroadcastReceiver、Service 和 ContentProvider。而其中的 BroadcastReceiver 與 Service（服務）等就是 Android 的背景機制。對於上述這些簡訊、聯絡人、日曆等資料，Android 就是利用內建的 ContentProvider（內容提供者）資料庫加以儲存，因為 ContentProviders 是唯一能讓資料跨越應用程式的方法。本章聚焦在廣播與服務，ContentProvider 會在下一章介紹。[1] [2]

10.2 再談 Activity

上一章我們談到 Activity 的建立、切換與資料傳遞，也順帶提到 Menu 鍵和 Back 鍵對於 Activity 視窗的影響。Activity 除了實作視窗的 Callback 介面之外，也實作許多其它的 Callback 如下：

- `ComponentCallbacks2`
- `KeyEvent.Callback`
- `LayoutInflater.Factory2`
- `View.OnCreateContextMenuListener`
- `Window.Callback`

所以一個視窗的確內含有視圖 View 與版面 Layout 相關的元件，也包含一些事件 Event 處理的元件，這些 API 數量之多，如圖 10-1 就是針對 Activity 而透過 Android Studio 功能之所「Code ⇨ Override Methods」或是「滑鼠右鍵⇨

---

1 http://developer.android.com/guide/topics/providers/content-providers.html

2 http://developer.android.com/reference/android/content/ContentProvider.html

Generate ⇨ Override Methods ...」快照的畫面，其相關 API 的數量繁多，程式開發者應隨時查閱文件學習。[3]

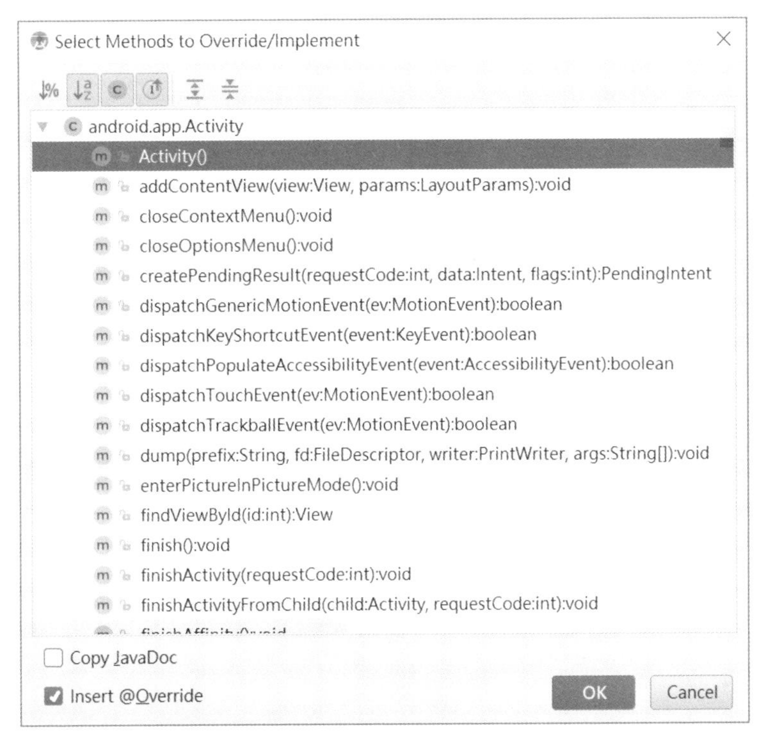

圖10-1 Android Studio 之「Code ⇨ Override Methods」功能畫面。

除了藉由 IDE 工具的協助使用 Activity 的 APIs，我們還可以從 Android 為 Activity 所定義的**生命週期**（Life Cycle）學習七個重要的 API，如圖 10-2 所示，包括 onCreate()、onStart()、onResume()、onPause()、onStop()、onRestart()和 onDestroy()七個重要的狀態 Callbacks。而這七組重要的 Callbacks 可以藉由隨書雲端 zip 中的 ActivityLifecycle 專案加以測試，而作者先將測試畫面擷取如圖 10-3，並列舉幾種測試場景如後，就能將這些狀態重現。

3 http://developer.android.com/reference/android/app/Activity.html

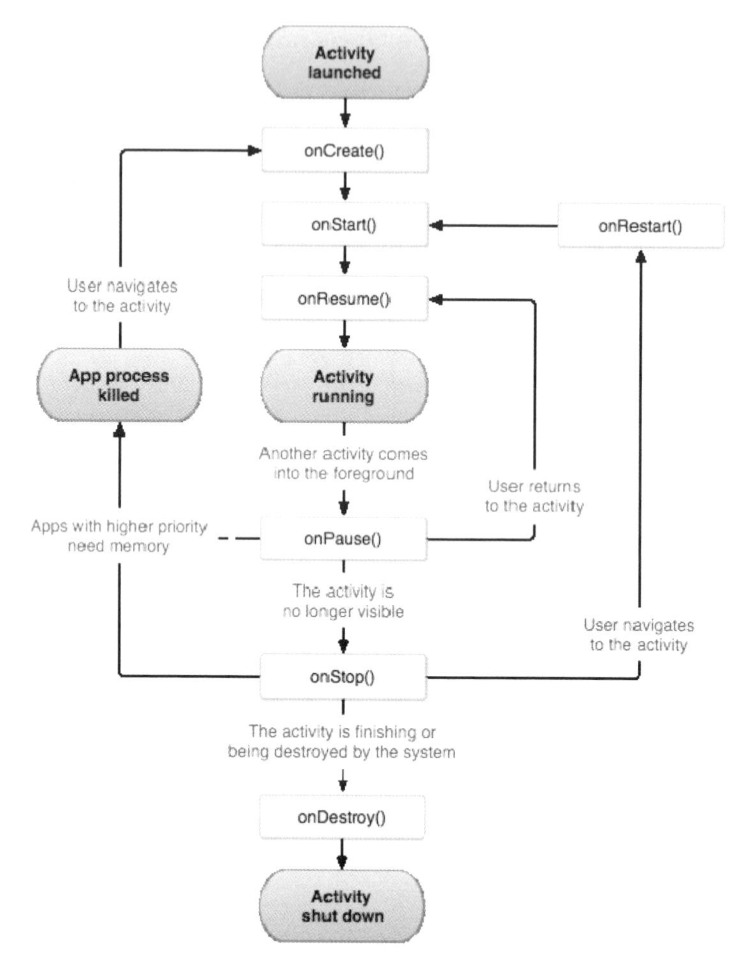

圖10-2 Activity 的生命週期，以流程圖的方式顯示。

① 執行 ActivityLifecycle App：出現圖 10-3(a)到(c)。

② 結束 ActivityLifecycle App，就是按下 Back 鍵（◁）：出現圖 10-3(d)、(e)、(g)，但三組背景圖應相同。

③ 執行 ActivityLifecycle 並按下 Home 鍵（○）：出現圖 10-3(d)到(e)。

④ 執行上述第③的案例之後，再返回 ActivityLifecycle App：出現圖 10-3(f)、(b)、(c)的畫面。

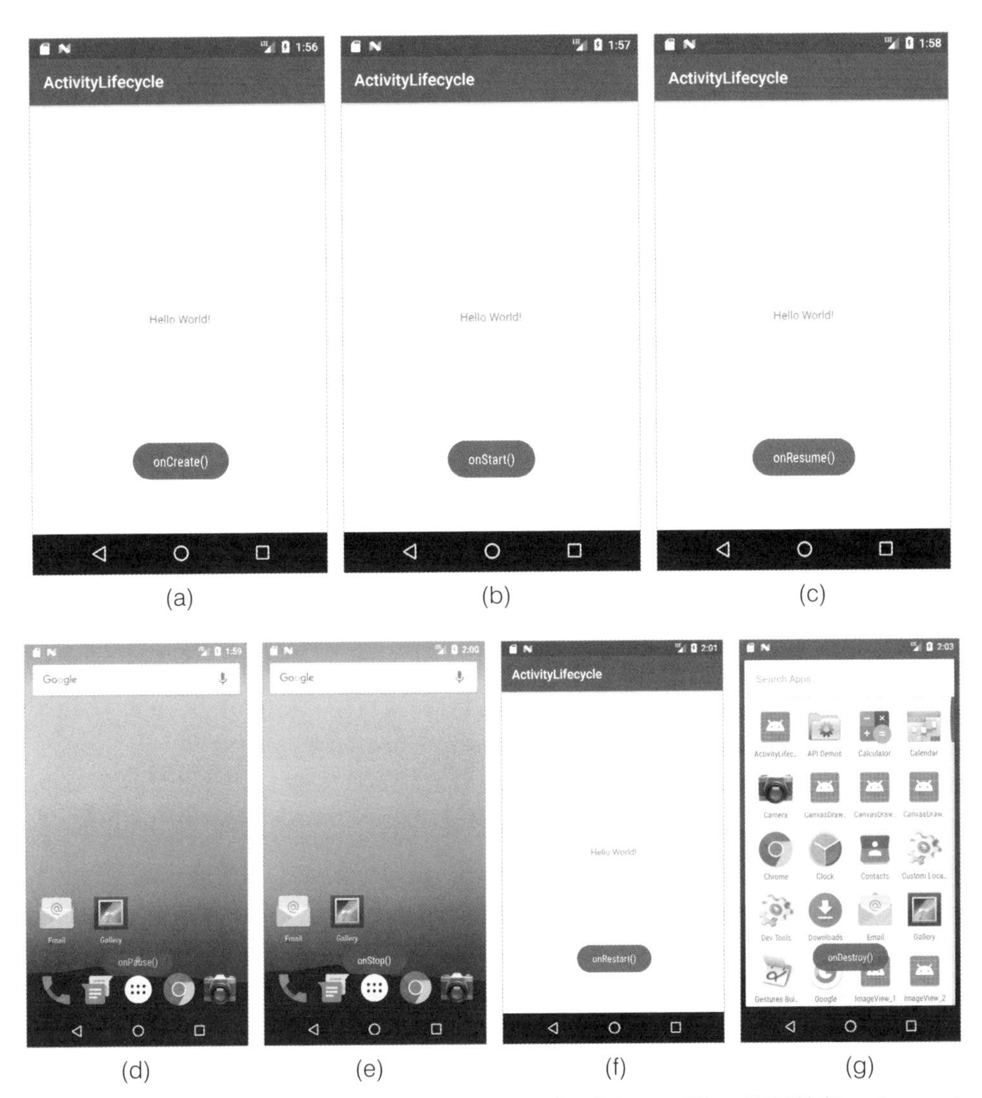

圖10-3 Activity 生命週期的七個主要 Callback 之測試，(a)到(g)分別對應 onCreate()、onStart()、onResume()、onPause()、onStop()、onRestart()和 onDestroy()。

上述第③的測試案例對應到圖 10-2 的「Another activity comes into the foreground」場景，看得出 Android 將 Activity 對等於作業系統的執行單元。

但官網也立即解釋：

多視窗模式不會變更活動生命週期。

也就是說，上述的 ActivityLifecycle 專案，或是圖 10-2 所示的 Activity 生命週期流程圖，都是不變的。

10.2.1 以 Activity 發出通知

在 ActivityLifecycle 專案執行如圖 10-3 時，讀者會發現程式是以一個稱為 Toast 的物件來進行訊息的顯示，它的用法很簡單，訊息顯示完會自動收掉：

```
Toast.makeText(this,"onCreate()",Toast.LENGTH_SHORT).show();
```

若顯示的字串內容固定，還可以採用以下的方式執行，而訊息顯示的時間長度則有 Toast.LENGTH_SHORT 和 Toast.LENGTH_LONG 兩種選擇：

```
1.  Toast t = Toast.makeText(this,"onCreate()",Toast.LENGTH_SHORT);
2.  if(t!=null) t.show();
```

除此之外，還有 AlertDialog.Builder、Dialog、NOTIFICATION_SERVICE 等方式來進行訊息的傳遞。本節先就 NOTIFICATION_SERVICE 來作示範，我們先看所要執行的目標結果，如圖 10-4 所示，步驟列舉如後。

- 步驟一：就是按下(a)圖預設的按鈕之後，於上方通知欄顯示⚠圖案於通知欄，同時關閉該 Activity。
- 步驟二：再來是類似「拉下窗簾」的著名動作，這是系統對於通知欄所內建的**觸控事件**（Touch Event），藉由拖曳動作模擬出類似拉下滑蓋或拉下窗簾的動作。模擬器在此以半透明的方式作出滑蓋或窗簾的效果。此動作會帶出所有系統未清除的通知訊息如(c)圖，顯示的內容為「My notification」和「Hello World!」，可以程式進行內容的設定。
- 步驟三：若點擊(c)圖上的任意一個通知訊息，則可以觸發切換 Activity 的行為，在此我們僅僅希望能回到原來的 Activity 即可。

程式列表 10-1 就是程式的實作內容，它的 GUI 元件很簡單，就是在 Hello 程式中多加一個按鈕，並利用匿名類別的宣告技巧，為該按鈕註冊一個 OnClickListener 之訊息處理事件。並於事件觸發時呼叫 showNotification()方法，再執行 finish()方法關閉 Activity。

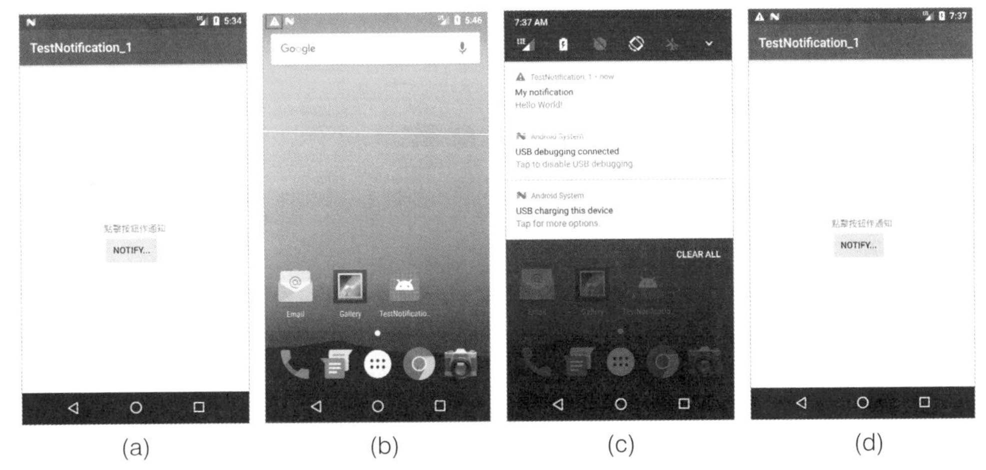

圖10-4 程式列表 10-1 的執行結果：點擊(a)中的按鈕進到畫面(b)；拉下(b)的上方通知欄進到畫面(c)；點擊(c)中的通知選項進到畫面(d)，重新切換到原 Activity。

讀者可以在心中為前面敘述勾勒出一個 MVC 的圖畫：

- V（View）：第 21 行的 Button btn。
- C（Controller）：第 22 至 29 行的 OnClickListener 註冊加實作。
- M（Model）：第 27 至 28 行的 showNotification()加上 finish()方法。

至於 Notification 的顯示方法就在第 32 至 60 行，這段程式可在 Android Developers 內的「建立簡易通知」範例程式中找到樣本加以改寫，重點如下：[4]

- 先透過第 34 至 38 行的 NotificationCompat.Builder 取得 builder 物件，允許更輕鬆地控制所有旗標，並幫助構建典型的通知佈局。
- 再在第 40 行，為 Activity 創建一個明確的 Intent。
- 然後第 44 至 48 行，因為 Android 3.0 及更高版本上，需要用到 TaskStackBuilder 構建用於跨任務導航的歷史堆棧的實用工具類。
- 然後再初始化一個 PendingIntent 物件（第 49 至 53 行）：如果用戶選擇此通知，則以該 PendingIntent 推出 Activity。

---

4 https://developer.android.com/guide/topics/ui/notifiers/notifications?hl=zh-tw

- 最後透過第 55 至 56 行的 getSystemService(NOTIFICATION_SERVICE);取得 NotificationManager 型態物件。

完成以上幾個初始化之準備動作之後，就可以第 58 行的 mNotificationManager.notify(0, mBuilder.build());執行以 TestNotification_1 之 Activity 發出通知，其中第一個參數 0 是程式員自定的，只要是應用程序中的唯一標識符即可。

最後補充一點就是，Android Studio 有貼心提供 Notification 之範例版型，就是點滑鼠右鍵⇨New⇨UI Component⇨Notification，就能出現，但是內容比較複雜一些，讀者不妨先利用 TestNotification_1.java 的內容先學習。

程式列表 10-1：TestNotification_1.java

```
14  public class TestNotification_1 extends AppCompatActivity {
15
16      @Override
17      public void onCreate(Bundle savedInstanceState) {
18          super.onCreate(savedInstanceState);
19          setContentView(R.layout.activity_main);
20
21          Button btn = (Button) findViewById(R.id.Button01);
22          btn.setOnClickListener(new OnClickListener() {
23
24              @Override
25              public void onClick(View v) {
26                  // TODO Auto-generated method stub
27                  showNotification();
28                  finish();
29              }});
30      }
31
32      protected void showNotification () {
33
34          NotificationCompat.Builder mBuilder =
35              new NotificationCompat.Builder(this)
36              .setSmallIcon(android.R.drawable.stat_sys_warning)
37              .setContentTitle("My notification")
38              .setContentText("Hello World!");
39  // 在您的應用中為 Activity 創建一個明確的 Intent
```

```
40          Intent resultIntent = new Intent(this, MainActivity.class);
41
42  // 堆棧構建器對象將包含啟動的 Activity 的人工後退堆棧。
43  // 這確保了從 Activity 導航到您的應用程序導航到主屏幕。
44              TaskStackBuilder stackBuilder = TaskStackBuilder.create(this);
45  // 為 Intent 添加回棧（但不是 Intent 本身）
46              stackBuilder.addParentStack(MainActivity.class);
47  // 將啟動 Activity 的 Intent 添加到堆棧的頂部
48              stackBuilder.addNextIntent(resultIntent);
49              PendingIntent resultPendingIntent =
50                  stackBuilder.getPendingIntent(
51                  0,
52                  PendingIntent.FLAG_UPDATE_CURRENT
53              );
54              mBuilder.setContentIntent(resultPendingIntent);
55              NotificationManager mNotificationManager =
56              (NotificationManager)
    getSystemService(Context.NOTIFICATION_SERVICE);
57
58              mNotificationManager.notify(0, mBuilder.build());
59
60      }
61  }
```

10.3 背景機制

10.1.1 的例子是以 Activity 發出 Notification 通知欄訊息，本節就接下去以 Android 所提供的兩種背景機制作版本改寫。一個是由 Activity 廣播某個事先註冊的訊息，讓一個稱為 BroadcastReceiver 的背景機制協助發出通知欄訊息；另一個則是同樣由 Activity 啟動，但先執行一個稱為 Service 的背景機制，再由它來廣播這個已經事先註冊的訊息。

10.3.1 背景廣播機制

BroadcastReceiver 是所有藉由 sendBroadcast()發送而接收 intent 物件的一個基底類別（Base Class）。可以動態的方式在 Java 程式碼中以 registerReceiver() 方法作註冊，或是靜態地在 AndroidManifest.xml 中以<receiver>標籤來註冊。

程式列表 10-2：TestNotification_2.java

```
16  public class MainActivity extends AppCompatActivity {
17
18      public static final String ACTION = "Notification by Receiver";
19
20      private class NotificationReceiver extends BroadcastReceiver {
21          @Override
22          public void onReceive(Context context, Intent intent) {
23              showNotification();
24              System.out.println("Notification by Receiver");
25          }
26      }
27      //宣告 BroadcastReceiver 程式 receiver
28      private final NotificationReceiver receiver = new NotificationReceiver();
29
30      @Override
31      public void onCreate(Bundle savedInstanceState) {
32          super.onCreate(savedInstanceState);
33          setContentView(R.layout.main);
34
35          Button btn = (Button) findViewById(R.id.Button01);
36          btn.setOnClickListener(new OnClickListener() {
37
38              @Override
39              public void onClick(View v) {
40                  // 送出信息給廣播接收程式：改由 NotificationReceiver
41                  // 收到 Action 之後來作 showNotification() 的動作
42                  sendBroadcast(new Intent(ACTION));
43                  finish();
44              }});
45
46             //註冊廣播接收 receiver
47          IntentFilter filter = new IntentFilter(ACTION);
48          registerReceiver(receiver, filter);
49      }
50
51      @Override
52      protected void onDestroy() {
53          super.onDestroy();
54          unregisterReceiver(receiver);
55      }
56
```

```
57
58
59      protected void showNotification() {
            …
82      }
83  }
```

程式列表 10-2 將程式列表 10-1 加以改寫，採用 BroadcastReceiver 的方式。讀者可以看到第 42 行當按下按鈕之後不再是執行 showNotification()的動作，而是 sendBroadcast(**new** Intent(ACTION))。

讀者注意到這個 **new** Intent(ACTION)很有意思，和我們之前所見到的 Intent 物件的建構子參數不同，查一下第 18 行 ACTION 的定義就發現它其實只是一個程式員自訂的字串。而 BroadcastReceiver 的內容定義在第 20 至 26 行之間，由於 BroadcastReceiver 是一個抽象類別，內含一個抽象方法叫做 **public void** onReceive()，因此 NotificationReceiver 類別繼承 BroadcastReceiver，並實作 onReceive()方法完畢，讀者可以看到第 23 行果然就有在程式列表 10-1 第 27 行的 showNotification()的動作，改到這裡由 Receiver 來執行。

不僅如此，要等到第 48 行執行完 registerReceiver(receiver, filter);才算完成，registerReceiver 所用到的兩個參數分別為：

- BroadcastReceiver 物件：第 28 行所宣告並初始化，Broadcast 顧名思義是要廣播，讓 Receiver 物件收到某個訊息。
- IntentFilter 物件：第 47 行所宣告並初始化，Filter 顧名思義是要過濾，過濾出的 ACTION 結果會以 Intent 為參數傳給 Receiver 物件收取。

程式的執行結果和驗證步驟與圖 10-5 所示完全相同，但須注意，既然有註冊，就應該有一個相對的註銷動作，所以在 Activity 生命週期的結束前，應該要執行一次 unregisterReceiver(receiver)。

此外，廣播還可以跨 App，也就是說，我們可以實作一個專案，讓它僅僅執行 sendBroadcast(**new** Intent(ACTION));，如 TestNotification_2a 所作的，卻不自己宣告並註冊 BroadcastReceiver 物件。

執行後，讀者將會發現，***只要 TestNotification_2 專案沒有結束***，按下 TestNotification_2a 視窗畫面中的「Notify...」按鈕，同樣可以發出廣播，讓 TestNotification_2 專案中的 NotificationReceiver 接收到！

10.3.2 背景服務機制

初步介紹了背景廣播機制後，我們現在所要介紹的背景服務機制，雖然也是背景機制，但角色與功能都與 BroadcastReceiver 非常不同，因此，彼此在實作上的關係往往相輔相成，分工合作的機會比較多。

合作案例一：以背景服務啟動背景廣播

以下就承襲前面的範例，繼續以程式列表 10-3 至 10-5 的 TestNotification_3 專案完成 Service 的實作演練，目標要能以 Service 的背景服務機制達成 showNotification()的目標。然而，此 Service 在專案中所扮演的角色為何？讀者可以參照圖 10-5。

原來 TestNotification 的第 1 和第 2 版本對於 BroadcastReceiver 的註冊動作都是發生在 Activity 視窗程式中，而第 3 版則改成以 Service 背景程式來執行註冊動作，此時 Activity 扮演的角色只是將背景服務啟動而已。

兩個背景在此的合作案例是將 Service 以註冊方式啟動 BroadcastReceiver，分成列表 10-3 至 10-5 三個 Java 程式。

首先，程式列表 10-3 在此的角色是將 TestNotification_3 之 Activity 類別在 onCreate()階段以 startService()啟動 NotificationService 服務程式之後，就將自己結束掉。因為它將「註冊廣播」的任務交給服務程式來完成。

程式列表 10-3：TestNotification_3.java

```
07  public class MainActivity extends AppCompatActivity {
08
09      @Override
10      public void onCreate(Bundle savedInstanceState) {
11          super.onCreate(savedInstanceState);
12          setContentView(R.layout.activity_main);
13
```

```
14            Intent intent = new Intent(MainActivity.this, NotificationService.class);
15            startService(intent);
16
17            finish();
18        }
19    }
```

程式列表 10-4：NotificationService.java

```
03  import android.app.Service;
04  import android.content.Intent;
05  import android.content.IntentFilter;
06  import android.os.IBinder;
07
08  public class NotificationService extends Service {
09
10      private NotificationReceiver mNotificationReceiver = null;
11
12      @Override
13      public IBinder onBind(Intent intent) {
14          throw new UnsupportedOperationException("Not yet implemented");
15      }
16
17      @Override
18      public void onDestroy() {
19          super.onDestroy();
20          unregisterReceiver(mNotificationReceiver);
21      }
22
23      @Override
24      public void onCreate() {
25
26          mNotificationReceiver = new NotificationReceiver();
27
28          //註冊廣播接收 receiver
29          IntentFilter filter = new IntentFilter(NotificationReceiver.ACTION);
30          registerReceiver(mNotificationReceiver, filter);
31      }
32  }
```

程式列表 10-5：NotificationReceiver.java

```
11  public class NotificationReceiver extends BroadcastReceiver {
12
13      public static final String ACTION = "Notification by Receiver";
14
15      @Override
16      public void onReceive(Context context, Intent intent) {
17          showNotification(context);
18          System.out.println("Notification by Receiver");
19      }
20
21       protected void showNotification(Context context) {
             …
49       }
50  }
```

其次，在談到列表 10-4 的 Service 服務前，讓我們先回到官網給予的定義：[5]

A Service is an application component representing either an application's desire to perform a longer-running operation while not interacting with the user or to supply functionality for other applications to use.

意思是說，服務是一個應用程式組件，代表著兩種意義中的其中一種：

1. 某種應用程式的意願，希望執行一個長時間執行的操作，而不是與使用者進行互動。
2. 提供功能給其它應用程式來使用。

列表 10-4 屬於前者，因它提供一個「顯示通知」的廣播可長時間運作。

其實，如圖 10-6 所示，啟動服務有兩條路可走，而列表 10-4 所走的是左邊那一條。

列表 10-5 實作 BroadcastReceiver，它和程式列表 10-2 有一點不同，就是它從原本在列表 10-2 為內部巢狀類別獨立出來，成為一個 java 檔，但也因為如此，它無法直接「享受」到 TestNotification_3 裡頭的資源，例如，context，需要以參數的方式接收下來，也因此 `showNotification()` 方法需要改成再傳入 context 參數才能進行運用。

---

5 http://developer.android.com/reference/android/app/Service.html

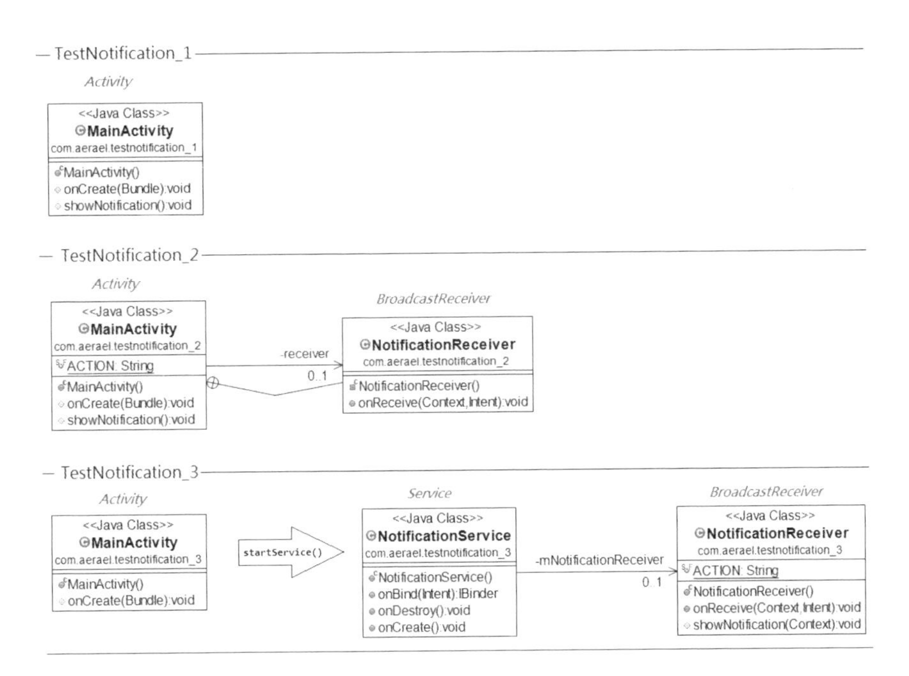

圖10-5 程式列表 10-1 至 10-5 三個 TestNotification 版本內之類別的彼此合作關係。

另外補充一點就是，Android Studio 有貼心提供 Service 之範例版型，就是點 File⇨New⇨Service⇨ Service，就能出現。

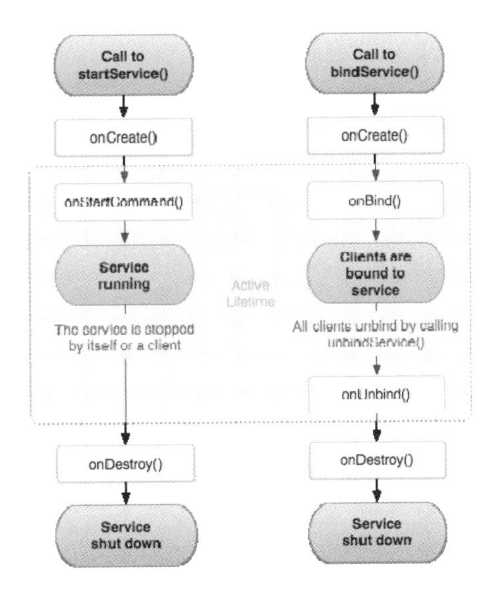

圖10-6

服務的生命週期。左圖是以 startService()命令啟動之服務的週期；右圖是以 bindService()命令啟動之服務的週期，本圖取自官網。[6]

6 http://developer.android.com/guide/topics/fundamentals/services.html

合作案例二：以背景廣播啟動背景服務

在這個案例是要在 BroadcastReceiver 中啟動 Service，如圖 10-7 所示，我們又將 BroadcastReceiver 放回 TestNotification_4 之 Activity 類別中，並且以 bindService()的方式啟動背景服務機制，就是走圖 10-6 右邊那一條路。

我們將圖 10-7 所示的類別圖以列表 10-6 至 10-7 加以實作，其中列表 10-7 是參照官網的 LocalServiceSample 範例加以改寫的，讀者可以看到列表 10-6 的第 21 和 23 行分別藉由 `bindService()`和 `unbindService()`開關服務，而此程式同樣要配合 TestNotification_2a 進行驗證測試，更為客觀。[7]

藉由這兩個「廣播與服務」的合作範例，讀者更能彈性地應用這兩組背景機制；然而，背景服務在系統記憶體不夠時會有優先退場機制。此外，目前 Android 基於用戶安全的立場，仍不開放「安裝即啟動服務」的執行模式。[8,9]

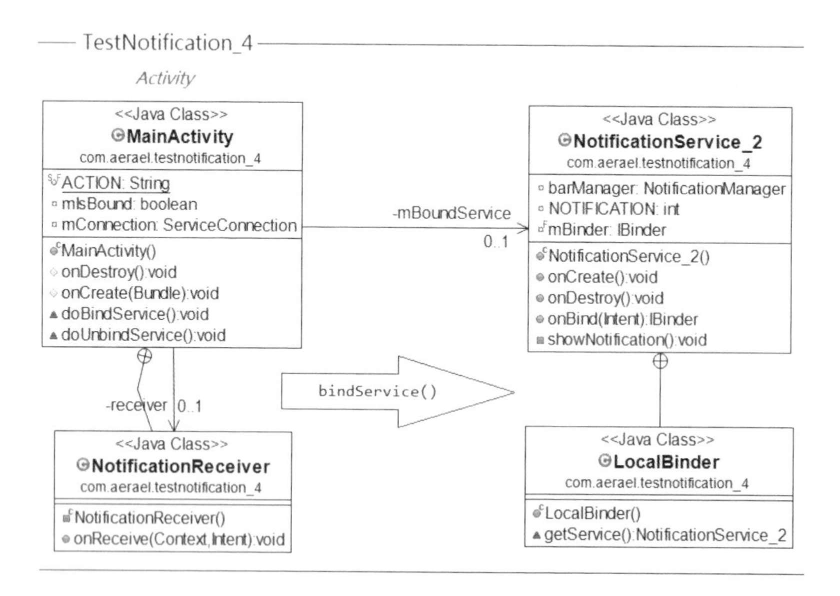

圖10-7 列表 10-6 至 10-7（即 TestNotification_4 版本）內之類別的彼此合作關係。

---

7 http://developer.android.com/reference/android/app/Service.html#LocalServiceSample

8 http://developer.android.com/reference/android/app/Service.html#ProcessLifecycle

9 http://stackoverflow.com/questions/2127044/how-to-start-android-service-on-installation

程式列表 10-6：TestNotification_4.java

```
14  public class MainActivity extends AppCompatActivity {
15
16      public static final String ACTION = "Notification by Receiver";
17
18      private class NotificationReceiver extends BroadcastReceiver {
19          @Override
20          public void onReceive(Context context, Intent intent) {
21              doBindService();
22              System.out.println("bindService by Receiver");
23              doUnbindService();
24              System.out.println("unbindService by Receiver");
25              }
26      }
27      //宣告 BroadcastReceiver 程式 receiver
28      private final NotificationReceiver receiver = new NotificationReceiver();
29
30      private NotificationService_2 mBoundService;
31      private boolean mIsBound;
32
33      @Override
34      protected void onDestroy() {
35          super.onDestroy();
36          unregisterReceiver(receiver);
37          System.exit(0);
38      }
39
40      @Override
41       public void onCreate(Bundle savedInstanceState) {
42          super.onCreate(savedInstanceState);
43          setContentView(R.layout.main);
44
45          //註冊廣播接收 receiver
46          IntentFilter filter = new IntentFilter(ACTION);
47          registerReceiver(receiver, filter);
48      }
49
50      private ServiceConnection mConnection = new ServiceConnection() {
51          public void onServiceConnected(ComponentName className, IBinder
    service) {
52              // 取得所要的服務物件，用以和服務作溝通
53              mBoundService = ((NotificationService_2.LocalBinder)
    service).getService();
```

```
54
55                  // Tell the user about this for our demo.
56                  Toast.makeText(MainActivity.this, R.string.local_service_connected,
57                          Toast.LENGTH_SHORT).show();
58              }
59
60              public void onServiceDisconnected(ComponentName className) {
61                  // 這個函式會在與服務的連結在不預期中斷時被呼叫
62                  mBoundService = null;
63                  Toast.makeText(TestNotificationV4.this, R.string.local_
    service_disconnected,
64                          Toast.LENGTH_SHORT).show();
65              }
66          };
67
68          void doBindService() {
69              // 建立與服務的連線
70              bindService(new Intent(MainActivity.this,
71                      NotificationService_2.class), mConnection, Context.BIND_
    AUTO_CREATE);
72              mIsBound = true;
73          }
74
75          void doUnbindService() {
76              if (mIsBound) {
77                  // 進行離線
78                  unbindService(mConnection);
79                  mIsBound = false;
80              }
81          }
82      }
```

程式列表 10-7：NotificationService_2.java

```
13  public class NotificationService_2 extends Service {
14
15      private NotificationManager barManager = null;
16
17      private int NOTIFICATION = R.string.local_service_started;
18
19      public class LocalBinder extends Binder {
20          NotificationService_2 getService() {
21              return NotificationService_2.this;
22          }
23      }
24
25      @Override
26      public void onCreate() {
27          barManager = (NotificationManager) getSystemService(Context.
    NOTIFICATION_SERVICE);
28          showNotification();
29      }
30
31      @Override
32      public void onDestroy() {
33          // Cancel the persistent notification.
34          barManager.cancel(NOTIFICATION);
35
36          // Tell the user we stopped.
37          Toast.makeText(this, R.string.local_service_stopped, Toast.
    LENGTH_SHORT).show();
38      }
39
40      @Override
41      public IBinder onBind(Intent intent) {
42          return mBinder;
43      }
44
45      // 此物件用來接收用戶端的互動訊息
46      private final IBinder mBinder = new LocalBinder();
47
48      private void showNotification() {
            …
69      }
70  }
```

10.4 背景廣播機制之兩類應用

除了 10.2 節所呈現之**使用者自訂**（Self-defined）的背景廣播訊息之外，系統還提供了許多內建的背景廣播訊息，作者認為至少有兩大類的應用：

- 手機硬體相關之系統訊息：例如，接收**開機**（Boot）訊息、USB 插拔訊息、電池電量改變訊息，等等。
- 手機通訊相關之系統訊息：例如，來電訊息、接收**簡訊**（Simple Message，SMS）訊息，等等。

本節就以接收開機和接收簡訊訊息為例，各作一個示範。

10.4.1 背景廣播開機訊息

當手機每次開機時，如果就能啟動我們的程式，效果就有如長駐一般長遠地提供服務，而這項便利的功能，Android 就是以背景廣播的方式提供。然而這項強大的功能卻也不難實作，但基於初學者不熟其步驟，因此本小節就將此功能示範從無到有建置起來，圖示如 10-8 至 10-11，詳細分解說明：

- 圖 10-8(a)：建立一個具備 Activity 的專案之後，在套件名稱上用滑鼠點擊一下，並執行 File⇨New⇨Other⇨ BroadcastReceiver，就能自動產生一個繼承抽象類別 android.content.BroadcastReceiver 的子類別，預設名稱定為 MyReceiver。
- 然後填寫相關測試用的日誌訊息，例如：Log.i("OnBootCompletedBR", "Hi, I'm OnBootCompletedBR!!");
- 圖 10-8(b)：打開 AndroidManifest.xml，參考圖片內的框線內容，在適當的位置填入 uses-permission 和 intent.action：

```
<uses-permission android:name="android.permission.RECEIVE_BOOT_
COMPLETED" />
<action android:name="android.intent.action.BOOT_COMPLETED" />
```

- 圖 10-8(c)：最後開啟模擬器驗證。
- 圖 10-8(d)：觀察模擬器關閉（須確實 Powe Off）、再重開之後，Logcat 是否有顯示程式原先所設計的訊息？

關於 Logcat 訊息的觀察有個技巧，就是要在「大量」的日誌訊息中找著自我程式的訊息，往往效率不高。這時透過 Logcat 的 Filter 文字輸入框輸入「OnBootCompletedBR」，就可以馬上過濾出來。圖 10-8d 正是用此技巧達成的。

```
1    package com.demo.mybootcompleted;
2
3    import ...
7
8    public class MyReceiver extends BroadcastReceiver {
9
10       @Override
11       public void onReceive(Context context, Intent intent) {
12           // TODO: This method is called when the BroadcastReceiver is receiving
13           Log.i( tag: "OnBootCompletedBR",  msg: "Received action: " + intent.getAction());
14           Log.i( tag: "OnBootCompletedBR",  msg: "Hi, I'm OnBootCompletedBR!!");
15       }
16   }
```

(a)

```
     manifest
5        <uses-permission android:name="android.permission.RECEIVE_BOOT_COMPLETED" />
6
7        <application
8            android:allowBackup="true"
9            android:icon="@mipmap/ic_launcher"
10           android:label="@string/app_name"
11           android:roundIcon="@mipmap/ic_launcher_round"
12           android:supportsRtl="true"
13           android:theme="@style/AppTheme">
14           <activity android:name=".MainActivity">
15               <intent-filter...>
20           </activity>
21
22           <receiver
23               android:name=".MyReceiver"
24               android:enabled="true"
25               android:exported="true">
26               <intent-filter>
27                   <action android:name="android.intent.action.BOOT_COMPLETED" />
28               </intent-filter>
29           </receiver>
30       </application>
```

(b)

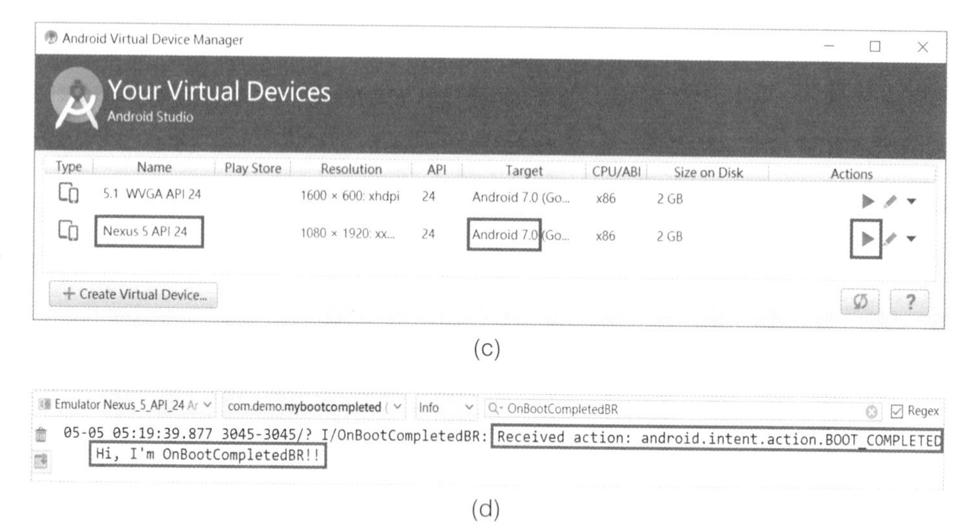

圖10-8 以 SDK 建立並測試 BroadcastReceiver 的步驟：(a)以 File⇨New⇨Other⇨BroadcastReceiver 新增 BroadcastReceiver 子類別，並自動新增<receiver>標籤於 AndroidManifest.xml 內；(b)繼續在 AndroidManifest.xml 內補上 uses-permission 和 intent.action；(c)以 Tools⇨Android⇨AVD Manager 啟動預先準備的模擬器版型；(d)安裝 OnBootCompletedBR 專案以後，將模擬器手動關閉再重啟模擬器，就能在 Logcat 看到對應的 Log 訊息。

```
manifest
5     <uses-permission android:name="android.permission.SEND_SMS" />
6     <uses-permission android:name="android.permission.RECEIVE_SMS"/>
7
8     <application
9         android:allowBackup="true"
10        android:icon="@mipmap/ic_launcher"
11        android:label="SMS_BR"
12        android:roundIcon="@mipmap/ic_launcher_round"
13        android:supportsRtl="true"
14        android:theme="@style/AppTheme">
15        <activity android:name=".MainActivity">
16            <intent-filter>
17                <action android:name="android.intent.action.MAIN" />
18
19                <category android:name="android.intent.category.LAUNCHER" />
20            </intent-filter>
21        </activity>
22
23        <receiver
24            android:name="MyReceiver"
25            android:enabled="true"
26            android:exported="true">
27            <intent-filter>
28                <action android:name="android.provider.Telephony.SMS_RECEIVED"/>
29            </intent-filter>
30        </receiver>
31
32    </application>
```

圖10-9 程式列表 10-8 之 SMS_BR 專案的 AndroidManifest.xml 內容。

10.4.2 背景廣播簡訊訊息

10.3.1 節的「背景廣播開機訊息」在本書中歸類為手機硬體相關之系統訊息，而為了說明攔截手機通訊相關之系統訊息，我們就以常見且實用的攔截簡訊訊息為例作為示範。

首先，本節與 10.3.1 節範例的第一個主要差異如圖 10-9 所示，就是在 Permission 和 Intent Filter 的 Action 之內容的不同；其次，由於簡訊的內容有其固定的傳輸協定格式需要遵循，

因此，程式列表 10-8 的第 14 至 30 行就是要將所收到的內容藉由 intent 參數，配合 getExtra()方法取得並加以解析。而第 34 至 36 行則是將簡訊發送人號碼和簡訊內容一併以 Toast 的方式顯示出來。

圖 10-10 顯示驗證程式的過程。其中有兩點值得一提：

1. 圖 10-10(a)所出現之「要求安全授權」的對話框，來自圖 10-11 所示之程式檢查碼，執行在 Android 6 系統以上的 App 在執行第一次時，需要取得使用者親自授權才能使用該功能，這是因為簡訊、通訊錄等 PIM 資訊，在 Android 6 以後被視為「Dangerous permissions」，附錄 A 有表格整理，讀者可以前往參考。[10]
2. Android Studio 的 SDK 有模擬發送簡訊的功能，只須按下圖 10-10(b)右下方的「…」按鈕即可出現。

Android 的功能日新月異，往往在新的作業系統版本會出現新的做法，特別是關於安全方面的考量，讀者需要隨時多加注意。

---

[10] https://developer.android.com/guide/topics/permissions/overview#dangerous-permission-prompt

程式列表 10-8：SMS_BR 專案之 MyReceiver.java

```
01  package com.demo.sms_br;
02  
03  import android.content.BroadcastReceiver;
04  import android.content.Context;
05  import android.content.Intent;
06  import android.os.Bundle;
07  import android.telephony.SmsMessage;
08  import android.util.Log;
09  import android.widget.Toast;
10  
11  public class MyReceiver extends BroadcastReceiver {
12  
13      @Override
14      public void onReceive(Context context, Intent intent) {
15          Bundle bundle = intent.getExtras();
16          String sPhoneNo = "";
17          String sMsgBody = "";
18          if (bundle != null) {
19              //The messages are stored in an Object array in the PDU format.
20              Object[] pdus = (Object[])bundle.get("pdus");
21              SmsMessage[] smsMsgs = new SmsMessage[pdus.length];
22              for (int i = 0; i < pdus.length; i++){
23                  smsMsgs[i] = SmsMessage.createFromPdu((byte[])pdus[i]);
24              }
25              //取得簡訊發送人的電話號碼
26              sPhoneNo = smsMsgs[0].getDisplayOriginatingAddress();
27              //取得簡訊內容
28              for (SmsMessage msg : smsMsgs)
29                  sMsgBody += msg.getDisplayMessageBody();
30          }
31          Log.i("MyReceiver", "sPhoneNo" + sPhoneNo);
32          Log.i("MyReceiver", "sMsgBody" + sMsgBody);
33          //以 Toast 顯示簡訊
34          Toast.makeText(context,
35                  "簡訊發送人號碼：" + sPhoneNo + "\n 簡訊內容：" + sMsgBody,
36                  Toast.LENGTH_LONG).show();
37      }
38  }
```

(a)

(b)

Extended controls

Location
Cellular
Battery
Phone
Directional pad
Fingerprint
Virtual sensors
Settings
Help

From
(650) 555-1212
HOLD CALL
CALL DEVICE
SMS message
Nougat is sweet!
SEND MESSAGE

(c)

(d)

圖10-10 程式列表 10-8 之驗證：(a)程式安裝並執行第一次時，要求安全授權；(b)將 Activity 移到背景；(c)以模擬器模擬發送簡訊；(d)成功接收簡訊並 Toast 出來。

```
23      /**
24       * 檢查應用程序是否具有SMS權限。
25       */
26      private void checkForSmsPermission() {
27          if (ActivityCompat.checkSelfPermission( context: this,
28                  Manifest.permission.SEND_SMS) != PackageManager.PERMISSION_GRANTED) {
29              // 尚未授予權限。 使用requestPermissions ( ) 。
30              // MY_PERMISSIONS_REQUEST_SEND_SMS是一個應用程序定義的int常量。
31              // 回調方法獲取請求的結果。
32              ActivityCompat.requestPermissions( activity: this,
33                      new String[]{Manifest.permission.SEND_SMS},
34                      MY_PERMISSIONS_REQUEST_SEND_SMS);
35          }
36      }
```

圖10-11 程式列表 10-8 之 SMS_BR 專案的 MainActivity.java 內容。

10.5 思考與練習

讀完本章之後，可以嘗試思考與練習以下題目：

1. 試將 10.3 節以 Activity 之按鈕，點擊後啟動 Notification 的機制，改寫成 10.4 節攔截到簡訊（SMS）以後再啟動 Notification 的方式。

2. 試參考 10.4 節實作電池訊息攔截之廣播程式，其中假設有一廣播物件 BroadcastReceiver mBatInfoReceiver，採用以下之註冊與註銷的方法：

```
registerReceiver(mBatInfoReceiver, new
                IntentFilter(Intent.ACTION_BATTERY_CHANGED));
unregisterReceiver(mBatInfoReceiver);
```

3. 試將 10.3 節所介紹的以下兩組合作案例，選擇一種，並自己設計一種應用場景作為主題，加以實作出來：

   ✓ 合作案例一：以背景服務啟動背景廣播。

   ✓ 合作案例二：以背景廣播啟動背景服務。

4. 試比較隨書雲端程式 zip 內的 Notify_Above_Android_8 專案，和 TestNotification_1 專案在做法上有何異同？

CHAPTER

11

內容提供

11.1 前言

前面章節已將 Android 應用程式所包括的四種主要建構區塊的其中三種--Activity、BroadcastReceiver 和 Service 作了初步的介紹。本章則是要對 ContentProvider 作一個說明，讓讀者對整個建構區塊建立起完整的概念。

ContentProvider，顧名思義，是個提供內容的機制，其實「骨子裡」是以資料庫的形式呈現的，因此，在介紹 ContentProvider 時，也須一併提到 SQLite，也就是 Android 內部針對資料庫功能所提供的**輕量版**（Lite）的 SQL 資料庫系統。[1]

而 SQL 屬於資訊技術的一種，是 ISO/IEC 9075 所規範的資料庫語言，只是 SQLite 它的實作概念與一般 SQL 不同，它是**自成體系**（Self-contained, serverless）、**非伺服器型**（Serverless）、**零設定**（Zero-configuration）、**交易型**（Transactional）之**嵌入式的**（Embedded）SQL 資料庫**引擎**（Engine）。[2]

有了內容（Content），接下來要能將它們正確且合理地顯示出來，特別要留意的是內容的項目數量往往動態地改變。

---

1 http://www.sqlite.org/about.html

2 http://www.iso.org/iso/catalogue_detail.htm?csnumber=45498

在第七章我們已經先以開放之第三方 sqliteman 專案來對輕量版的 SQLite 入門，並且利用 Android 的 openOrCreateDatabase() API 介面進行資料庫的開啟或建立。本章則引入另一種套件—SQLiteOpenHelper 來達到類似的功能。

11.2 系統內建之內容案例

11.2.1 從 Content Provider 讀取簡訊

承續前面章節的簡訊範例，有發送，有攔截，現在我們就來試試讀取簡訊。自從手機收到簡訊之後，系統就將它存到一個可以讓所有應用程式都可以存取的區域（前提當然是有登錄 Permission），而這個區域正是 Android 所謂的「Content providers（內容提供者）」。

因此，所有的內容提供者都會實作一個共同的介面用來查詢（Querying）、新增（Adding）、修改（Adding）以及刪除（Deleting），而這個介面（其實是個抽象類別）通常就是 ContentResolver，且在一個 Activity 中可以直接以 getContentResolver()獲得。[3] [4]

取得簡訊內容之後，因為簡訊的筆數並不固定，因此要能有一個具有彈性的資料結構來加以存放就很要緊。所以，在第七章所介紹的 ArrayList 就是個不錯的選擇，再搭配泛型機制之後的 ArrayList<String>就能夠將簡訊號碼和內容動態地暫存起來。

最後，我們要將每一則簡訊以 TextView 顯示出來，程式整理如列表 11-1。如果讀者無法執行 SMS_Read，請改用 SMS_Read_Above_Android_6 專案。

---

3 http://developer.android.com/guide/topics/providers/content-providers.html

4 http://developer.android.com/reference/android/content/ContentResolver.html

程式列表 11-1：SMS_Read.java

```
04  import android.net.Uri;
05  import android.support.v7.app.AppCompatActivity;
06  import android.os.Bundle;
07  import android.widget.LinearLayout;
08  import android.widget.ScrollView;
09  import android.widget.TextView;
10
11  import java.util.ArrayList;
12  import java.util.List;
13
14  public class MainActivity extends Activity {
15
16      @Override
17      public void onCreate(Bundle savedInstanceState) {
18          super.onCreate(savedInstanceState);
19          //setContentView(R.layout.activity_main);
20
21          List<String> msgList = getSMS();
22
23          setContentView(makeMyList(msgList));
24          setTitle(getTitle() + ": 共 " + msgList.size() + " 則簡訊");
25      }
26
27      private List<String> getSMS() {
28          List<String> list = new ArrayList<String>(); // 集合框架之 ArrayList
29          Uri uri = Uri.parse("content://sms/inbox"); // 系統存放簡訊之收件夾
    位置
30          Cursor c = getContentResolver().query(uri, null, null, null, null);
    // SQL 查詢指令
31          if(c!=null) { // 若無資料則返回 null
32              String sPhoneNo, sMsgBody;
33                  for (boolean hasData = c.moveToFirst(); hasData; hasData =
    c.moveToNext()) {
34                      sPhoneNo = c.getString(c.getColumnIndex("address"));
35                      sMsgBody = c.getString(c.getColumnIndexOrThrow("body"));
36                      list.add("簡訊發送人號碼: " + sPhoneNo + "\n 簡訊內容: " +
    sMsgBody + "\n");
37                  }
38              c.close();
39          }
```

```
40           return list;
41       }
42
43       private ScrollView makeMyList(List<String> msgList) {
44          ScrollView sv = new ScrollView(this);        // 自訂捲軸視圖
45          LinearLayout ll = new LinearLayout(this); // 自訂線性版面視圖
46          ll.setOrientation(LinearLayout.VERTICAL);// 設定以垂直方向
47          sv.addView(ll,new LayoutParams(
48                      LayoutParams.FILL_PARENT,    // 與螢幕同寬
49                      LayoutParams.WRAP_CONTENT));// 高度隨內容而定
50          for(int i=0;i<msgList.size();i++){
51             String msg = msgList.get(i); // 以 ArrayList 之 get 搭配迴圈索引
52             TextView tv = new TextView(this); // 處理文字之專用視圖元件
53             tv.setText(i + ": " + msg);      // 設定字串內容
54             tv.setTextSize(20.0f);           // 設定文字尺寸
55             ll.addView(tv, new LayoutParams(
56                            LayoutParams.WRAP_CONTENT,
57                            LayoutParams.WRAP_CONTENT));
58          }
59          return sv;
60       }
61   }
```

SMS_Read: 共 302 則簡訊

1: 簡訊發送人號碼: 0911510172
簡訊內容: 手術前一天，禁止飲酒或食用中藥及補品，例如:薑母鴨.人參.麻油雞等。手術當天1.請穿著領口寬鬆(v領)或排扣.拉鍊方便的衣物前來。2.請準備寬鬆帽緣帽子(漁夫帽)或連帽外套。3.手術當天請務必先吃簡單早餐，請勿飲食漲氣類食物，例如豆漿.糯米等。4.禁止自行開車或騎車前來。明天尾款再麻煩您請準備現金268900元。謝謝您!電腦系統發送請勿回傳

2: 簡訊發送人號碼: 0987571439
簡訊內容: 親愛的家長您好：再次提醒您叮囑貴子弟，注意戲水、旅遊、交通及工讀安全，拒菸毒、不涉不當場所、不酒駕騎車！臺北醫學大學學務處關心您！

3: 簡訊發送人號碼: 0911510172
簡訊內容: 歡慶父親節！康是美【富運】門市8/2(四)結帳金額再9折！千件商品任選第2件5折！大安區復興南路二段279號 02-27014264

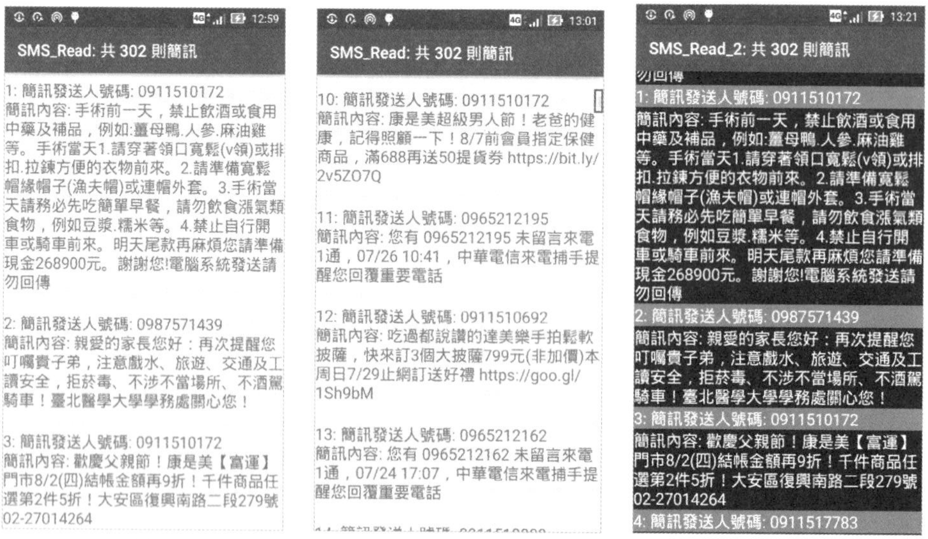

(a)

SMS_Read: 共 302 則簡訊

10: 簡訊發送人號碼: 0911510172
簡訊內容: 康是美超級男人節！老爸的健康，記得照顧一下！8/7前會員指定保健商品，滿688再送50提貨券 https://bit.ly/2v5ZO7Q

11: 簡訊發送人號碼: 0965212195
簡訊內容: 您有 0965212195 未留言來電1通，07/26 10:41，中華電信來電捕手提醒您回覆重要電話

12: 簡訊發送人號碼: 0911510692
簡訊內容: 吃過都說讚的達美樂手拍鬆軟披薩，快來訂3個大披薩799元(非加價)本周日7/29止網訂送好禮 https://goo.gl/1Sh9bM

13: 簡訊發送人號碼: 0965212162
簡訊內容: 您有 0965212162 未留言來電1通，07/24 17:07，中華電信來電捕手提醒您回覆重要電話

(b)

SMS_Read_2: 共 302 則簡訊

1: 簡訊發送人號碼: 0911510172
簡訊內容: 手術前一天，禁止飲酒或食用中藥及補品，例如:薑母鴨.人參.麻油雞等。手術當天1.請穿著領口寬鬆(v領)或排扣.拉鍊方便的衣物前來。2.請準備寬鬆帽緣帽子(漁夫帽)或連帽外套。3.手術當天請務必先吃簡單早餐，請勿飲食漲氣類食物，例如豆漿.糯米等。4.禁止自行開車或騎車前來。明天尾款再麻煩您請準備現金268900元。謝謝您!電腦系統發送請勿回傳
2: 簡訊發送人號碼: 0987571439
簡訊內容: 親愛的家長您好：再次提醒您叮囑貴子弟，注意戲水、旅遊、交通及工讀安全，拒菸毒、不涉不當場所、不酒駕騎車！臺北醫學大學學務處關心您！
3: 簡訊發送人號碼: 0911510172
簡訊內容: 歡慶父親節！康是美【富運】門市8/2(四)結帳金額再9折！千件商品任選第2件5折！大安區復興南路二段279號 02-27014264
4: 簡訊發送人號碼: 0911517783

(c)

圖11-1　(a)與(b)：程式列表 11-1 在實機上的執行結果，此實機共 302 則簡訊，一頁顯示不下，因此有捲軸協助；(c)列表 11-2 的執行結果，顯示方式有所調整。

表11-1 程式列表 11-1 之內容讀取、暫存和顯示所用到的主要物件

內容處理各階段名稱	所用到的主要物件名稱
內容讀取	● Uri uri (第 29 行) ● Cursor c (第 30 行)
內容暫存	● List<String> msgList, list (第 21 和 28 行)
內容顯示	● ScrollView sv (第 44 行) ● LinearLayout ll (第 45 行) ● TextView tv (第 52 行)

內容讀取機制

程式列表 11-1 對於內容讀取、暫存和顯示所用到的主要物件整理如表格 11-1。首先為了讀取內容，需要 Uri 和 Cursor 兩個類別，而 Uri 全名為 Uniform Resource Identifiers（統一資源識別符號），有 RFC 2396 文件規範。[5]

第 30 行用到一個 static 方法將簡訊的 URI 路徑「content://sms/inbox」加以解析。早期不錯的官方文件的說明截取如圖 11-2 所示。

換言之，知道資料的路徑以後，就能以 getContentResolver().query() 進行讀取，特別是因為以下 query()之**原型**（Prototype）的第一個參數就是 Uri：

```
Cursor query(Uri uri, String[] projection, String selection, String[] selectionArgs, String sortOrder)
```

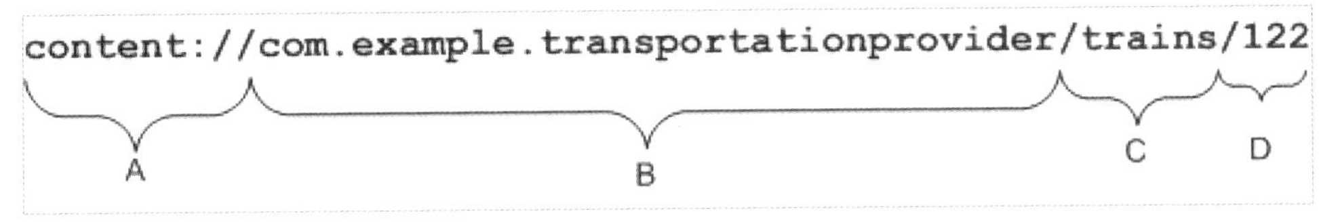

圖11-2 Content URI 摘要：A 是標準的前綴字首，B 就是 ContentProvider 所授權處理的名稱，C 這個名稱是用來確定所被請求的資料種類，D 則視需要才寫，是所被請求的資料 ID。

---

5 http://www.faqs.org/rfcs/rfc2396.html

至於其它四個參數：projection、selection、selectionArgs 和 sortOrder 的用法，都和資料庫的觀念有關，像 projection 設定回傳欄（Column）、selection 設定回傳列（Row）等等，屬於 SQL 的指令參數，讀者可進一步從文件了解。

Cursor 是 Android 為資料庫所內建的一個抽象介面（android.database.Cursor），提供資料庫的隨機（Random）讀取介面。雖然程式列表 11-1 從第 33 至 37 行所用的技巧是以循序的方式讀取，和第二章所介紹的基本動作九之 API 很像，卻是不同，所以第 33 行可以改成如下之等效指令：

```
for (int i= 0; i < c.getCount() && c.move(1); i++)
```

這項修改讀者可以在文末進行思考與練習。

內容暫存機制

接下來是第 21 和 28 行的內容暫存功能。原來程式從第 21 行呼叫 getSMS() 方法取得簡訊內容時，必須要有一個容器來暫存這些內容，而能保留資料順序性且能動態伸縮的 ArrayList<String>元件算是首選。

因此，讀者見到第 36 行的 list.add()指令將每一則簡訊加入 list 資料結構中，最後整個 List 回傳給第 21 行的 msgList，作後續顯示處理之用。

內容顯示機制

讀者從程式列表 11-1 很快地看到作者捨棄第 19 行的 setContentView(R.layout.activity_main);之 main.xml 所作的版面配置，取而代之的是第 23 行的 setContentView(makeMyList(msgList));，這是因為 makeMyList() 函式所返回的正是一個 View，而任何一種 View 都可以作為 setContentView()的參數。

此外，View 有兩種形式：

1. ViewGroup：ViewGroup 顧名思義可以包含許多的 View，是個複數形式，相當於 Java 的 Container 容器類別。它有各式版面配置相關的子類別，如 GridLayout、LinearLayout、RelativeLayout 等等。但是它也是個 View，因為它的原型為

```
ViewGroup extends View implements ViewManager, ViewParent
```

2. Non-ViewGroup：就是 View 類別除了 ViewGroup 以外的 View，著名的子類別有 ImageView、SurfaceView、TextView 等等。

因此視圖階層（View Hierarchy）可以示意如圖 11-3 所示。程式列表 11-1 則採用圖 11-4(a)所設計的視圖階層圖作為版面配置。

從圖 11-4 可以發現原來我們所使用的 ScrollView 和 LinearLayout 等元件確實屬於 ViewGroup，而呈現階層架構，是因為第 43 行的 makeMyList()方法。

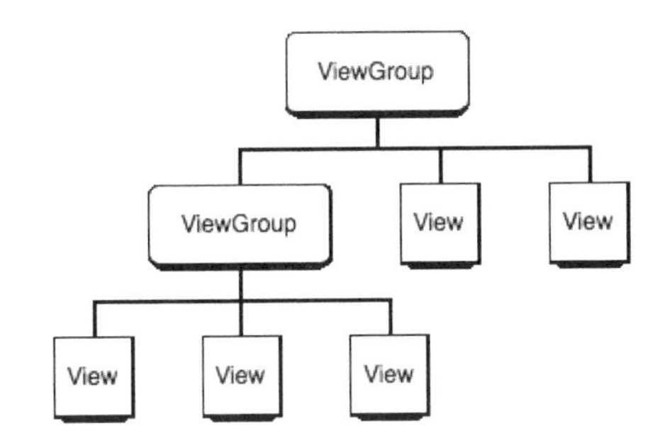

圖11-3 視圖階層示意圖。

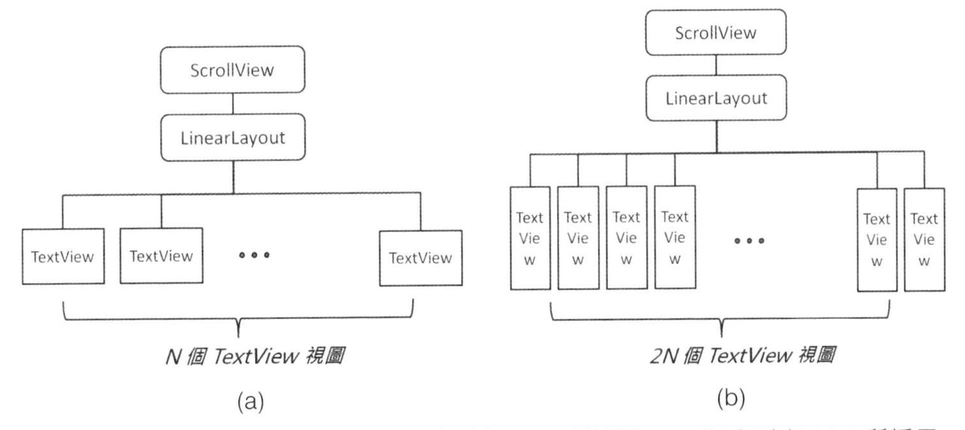

圖11-4 兩種視圖階層示意圖：(a)程式列表 11-1 所採用；(b)程式列表 11-2 所採用。

程式列表 11-2 則採用圖 11-4(b)所設計的版面配置，因為將簡訊號碼和簡訊內容分開較容易處理顏色等格式問題，所以內容讀取多了一次 add 動作：

- list.add("簡訊發送人號碼: " + sPhoneNo);
- list.add("簡訊內容: " + sMsgBody);

這時內容顯示就需要配合將 for 迴圈次數減半, 並在迴圈內以 2*i 和 2*i+1 進行兩次索引，達成版面改版的目標。

程式列表 11-2：SMS_Read_2.java

```
45  private ScrollView makeMyList(List<String> msgList) {
46      ScrollView sv=new ScrollView(this);        // 自訂捲軸視圖
47      LinearLayout ll=new LinearLayout(this);    // 自訂線性版面視圖
48      ll.setOrientation(LinearLayout.VERTICAL); // 設定以垂直方向
49      sv.addView(ll,new LayoutParams(
50                  LayoutParams.FILL_PARENT,    // 與螢幕同寬
51                  LayoutParams.WRAP_CONTENT));// 高度隨內容而定
52      for(int i=0;i<msgList.size()/2;i++){
53          String msg1=msgList.get(i*2);  // get 奇數索引之簡訊號碼
54          TextView tv=new TextView(this); // 處理文字之專用視圖元件
55          tv.setText(i + ": " + msg1);     // 設定字串內容
56          tv.setTextSize(20.0f);           // 設定文字尺寸
57          tv.setTextColor(Color.WHITE);
58          tv.setBackgroundColor(Color.GRAY);
59          ll.addView(tv, new LayoutParams(
60                      LayoutParams.FILL_PARENT,
61                      LayoutParams.WRAP_CONTENT));
62          String msg2=msgList.get(i*2+1);  //  get 偶數索引之簡訊內容
63          TextView tv2=new TextView(this); // 處理文字之專用視圖元件
64          tv2.setText(msg2);       // 設定字串內容
65          tv2.setTextSize(20.0f);            // 設定文字尺寸
66          tv2.setTextColor(Color.WHITE);
67          tv2.setBackgroundColor(Color.BLUE);
68          ll.addView(tv2, new LayoutParams(
69                      LayoutParams.FILL_PARENT,
70                      LayoutParams.WRAP_CONTENT));
71      }
72      return sv;
73  }
```

11.2.2 從 Content Provider 讀取聯絡人

11.2.1 節所自製的 List Viewer 需要以 Java Code 的方式建立每一個 ViewGrouop（如 ScrollView 和 LinearLayout）和 Non-ViewGrouop（TextView），其實 SDK 有現成的 ListView 相關程式庫可以利用。

原來，繼承一種稱為 ListActivity 的特殊 Activity 之後，就能以內部之 setListAdapter()方法將「Content View」加以設定完成。相關官網的定義擷取如下：[6]

- ListActivity：An activity that hosts a ListView to display a list of items by binding to a data source e.g. an array or Cursor.（一種表列用的 Activity）
- ListAdapter：Extended Adapter that is the bridge between a ListView and the data that backs the list, frequently that data comes from a Cursor.（一種將複數資料連接到 ListView 的連接器）

其中有一種簡易的 SimpleCursorAdapter 連接器，摘要如圖 11-5，用法如列表 11-3 的第 40 至 41 行，是一種將子類別 SimpleCursorAdapter 的物件指標放入一個‘父’介面 ListAdapter 變數的典型多形（Polymorphism）用法。[7]

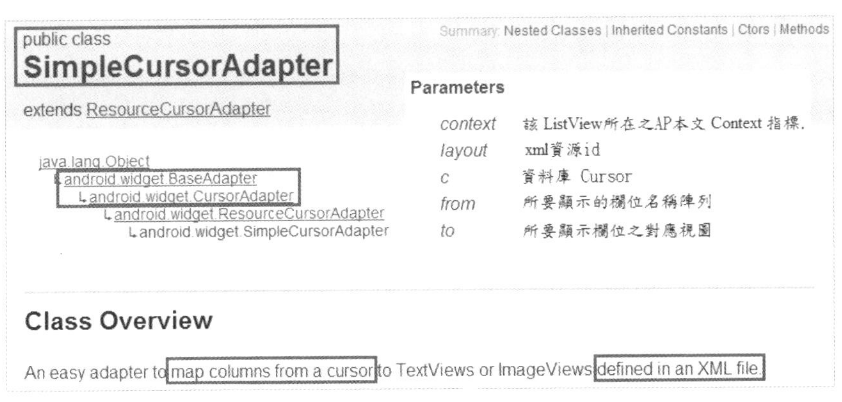

圖11-5 官網之 SimpleCursorAdapter 文件。

---

6 ListActivity ：~/app/ListActivity.html； ListAdapter ：~/widget/ListAdapter.html

7 SimpleCursorAdapter： ~/widget/ SimpleCursorAdapter.html

程式列表 11-3：Contact_Read_1.java

```
11  public class MainActivity extends ListActivity {
12
13      private ListAdapter mListAdapter;
14
15      @Override
16      public void onCreate(Bundle savedInstanceState) {
17          super.onCreate(savedInstanceState);
18          //setContentView(R.layout.main);
19
20          // 取得聯絡人資料
21          Cursor cursor = getContentResolver().query(
22              ContactsContract.CommonDataKinds.Phone.CONTENT_URI, null,
    null, null, null);
23          // 取得筆數
24          int c = cursor.getCount();
25          if (c == 0) {
26              Toast.makeText(this, "無聯絡人資料", Toast.LENGTH_LONG)
27              .show();
28          }
29
30          // 用 Activity 管理 Cursor
31          startManagingCursor(cursor);
32
33          // 欲顯示的欄位名稱
34          String[] columns = { ContactsContract.CommonDataKinds.Phone.
    DISPLAY_NAME,
35                              ContactsContract.CommonDataKinds.Phone.NUMBER };
36
37          // 欲顯示欄位名稱的 view
38          int[] entries = { android.R.id.text1, android.R.id.text2 };
39
40          mListAdapter = new SimpleCursorAdapter(this,
41              android.R.layout.simple_list_item_2,     cursor,     columns,
    entries);
42
43          // 設定 Adapter
44          setListAdapter(mListAdapter);
45      }
46  }
```

上述程式五個 SimpleCursorAdapter 參數中，與內容讀取有關的第三個參數是 Cursor，這與 11.2.1 節的簡訊 Uri 讀取位置不同，其路徑來自 ContactsContract.CommonDataKinds.Phone（見圖 11-6）。[8]

而第二、四和第五個參數則與內容顯示有關，這裡採用 Android 內定的 xml 版面（android.R.layout.simple_list_item_2）和其中的兩項 TextView（android.R.id.text1, android.R.id.text2）作為顯示元件。

程式的執行結果可以參照圖 11-7(a)，11-7(b)與(c)則是列表 11-4 的截圖。

Nested Classes		
interface	ContactsContract.CommonDataKinds.BaseTypes	The base types that all "Typed" data kinds support.
interface	ContactsContract.CommonDataKinds.CommonColumns	Columns common across the specific types.
class	ContactsContract.CommonDataKinds.Email	A data kind representing an email address.
class	ContactsContract.CommonDataKinds.Event	A data kind representing an event.
class	ContactsContract.CommonDataKinds.GroupMembership	Group Membership.
class	ContactsContract.CommonDataKinds.Identity	A data kind representing an Identity related to the contact.
class	ContactsContract.CommonDataKinds.Im	A data kind representing an IM address You can use all columns defined for ContactsContract.Data as well as the following aliases.
class	ContactsContract.CommonDataKinds.Nickname	A data kind representing the contact's nickname.
class	ContactsContract.CommonDataKinds.Note	Notes about the contact.
class	ContactsContract.CommonDataKinds.Organization	A data kind representing an organization.
class	ContactsContract.CommonDataKinds.Phone	A data kind representing a telephone number.
class	ContactsContract.CommonDataKinds.Photo	A data kind representing a photo for the contact.
class	ContactsContract.CommonDataKinds.Relation	A data kind representing a relation.
class	ContactsContract.CommonDataKinds.SipAddress	A data kind representing a SIP address for the contact.
class	ContactsContract.CommonDataKinds.StructuredName	A data kind representing the contact's proper name.
class	ContactsContract.CommonDataKinds.StructuredPostal	A data kind representing a postal addresses.
class	ContactsContract.CommonDataKinds.Website	A data kind representing a website related to the contact.

圖11-6 官網之 ContactsContract.CommonDataKinds 巢狀類別整理表，其中包含程式列表 11-3：Contact_Read_1.java 所用到的 ContactsContract.CommonDataKinds.Phone。

8 ~/provider/ContactsContract.CommonDataKinds.html

程式列表 11-4：Contact_Read_2.java

```
23  public class MainActivity extends ListActivity {
24
25      private ListAdapter mListAdapter;
26
27      Dialog dialog;
28
29      @Override
30      public void onCreate(Bundle savedInstanceState) {
31          super.onCreate(savedInstanceState);
32          //setContentView(R.layout.main);
33
34          // 取得聯絡人欄位
35          String[] columns = { ContactsContract.Contacts.DISPLAY_NAME,
36              ContactsContract.Contacts.PHOTO_ID,
37                                          ContactsContract.Contacts._ID
38                                          };
39          // 取得聯絡人資料
40          Cursor contactCursor = getContentResolver().query(
41              ContactsContract.Contacts.CONTENT_URI,
42              null, null, null, null);
43          // 取得筆數
44          int c = contactCursor.getCount();
45          if (c == 0)
46              Toast.makeText(this, "無聯絡人資料", Toast.LENGTH_LONG)
47              .show();
48
49          // 用 Activity 管理 Cursor
50          startManagingCursor(contactCursor);
51
52          // 欲顯示欄位名稱的 view
53          int[] entries = { android.R.id.text1, android.R.id.text2 };
54
55          mListAdapter = new SimpleCursorAdapter(this,
56              android.R.layout.simple_list_item_2, contactCursor, columns,
    entries);
57
58          // 設定 Adapter
59          setListAdapter(mListAdapter);
60      }
61
62      public static Bitmap loadContactPhoto(ContentResolver cr, long  id)  {
```

```
63
64          Uri uri = ContentUris.withAppendedId(ContactsContract.Contacts.
    CONTENT_URI, id);
65          InputStream input = ContactsContract.Contacts.openContactPhoto
    InputStream(cr, uri);
66          Log.d("Contact_Read_2", uri.toString());
67
68          if (input != null)
69              return BitmapFactory.decodeStream(input);
70          else
71              Log.d("Contact_ReadV2","first try failed to load photo");
72
73          return null;
74      }
75
76      @Override
77      protected void onListItemClick(ListView l, View v, int position, long
    id) {
78          // 取得點選的 Cursor
79          Cursor c = (Cursor) mListAdapter.getItem(position);
80
81          // 取得_id 這個欄位得值
82          int contactId = c.getInt(c.getColumnIndex(ContactsContract.
    Contacts._ID));
83          int photoId = c.getInt(c.getColumnIndex(ContactsContract.
    Contacts.PHOTO_ID));
84          System.out.println("photoId= " + photoId);
85
86          dialog = new Dialog(this);
87          dialog.setContentView(R.layout.custom_dialog);
88          if(photoId == 0)
89              dialog.setTitle("缺照片");
90          else
91              dialog.setTitle("照片");
92
93          ImageView iv = (ImageView) dialog.findViewById(R.id.image);
94          Bitmap bimage=  loadContactPhoto(getContentResolver(), contactId);
95          iv.setImageBitmap(bimage);
96
97          dialog.show();
98          super.onListItemClick(l, v, position, id);
99      }
100 }
```

程式列表 11-3 雖然以 Android 內建的 ListActivity 配合 ListAdapter，將複數型的 Cursor 資料顯示到 ListView 上，但點擊項目後並沒有起作用，因為尚未實作相對應的點擊處理事件，原型如下：

```
protected void onListItemClick(ListView l, View v, int position, long id)
```

因此，列表 11-4 的第二版聯絡人讀取程式除了將點擊處理事件實作完成（參見第 77 至 99 行）之外，並為了驗證實作的效果，特別更換 Cursor 讀取的 Uri 為 ContactsContract.Contacts.CONTENT_URI，讓其中所讀取的 ContactsContract.Contacts._ID 欄位能夠進一步地取出聯絡人的相片，再以 Dialog 的元件顯示出來，結果如圖 11-7(b)與(c)。

至於相片讀取的方法則可參考第 62 至 74 行所寫的 loadContactPhoto()方法，其中所用到 Uri 轉成 InputStream 的手法在後續篇章會再討論。

圖11-7 專案執行結果：(a) Contact_Read_1 專案以較大字體顯示名稱，較小字體顯示電話；(b) Contact_Read_2 專案以較大字體顯示名稱，較小字體顯示 Photo Id，例如：impresa0920/5275 資訊；(c)以 Dialog 將聯絡人的照片顯示出來。

11.3 自製 ContentProvider 之內容案例

11.2 節的例子都是以對應的 Uri 讀取 Android 系統的 ContentProvider 內容，其實，從它們一致的讀取物件 – Cursor 的由來，就知道 ContentProvider 的內部儲存機制其實就是**資料庫**（Database）。如圖 11-8 所示，套件全名為 android.database.Cursor 的「游標（Cursor）」是能隨機方式取得資料庫的項目。

因此，本節於自製 ContentProvider 內容時，就會用到一個資料庫來進行資料存取，分以下小節討論。

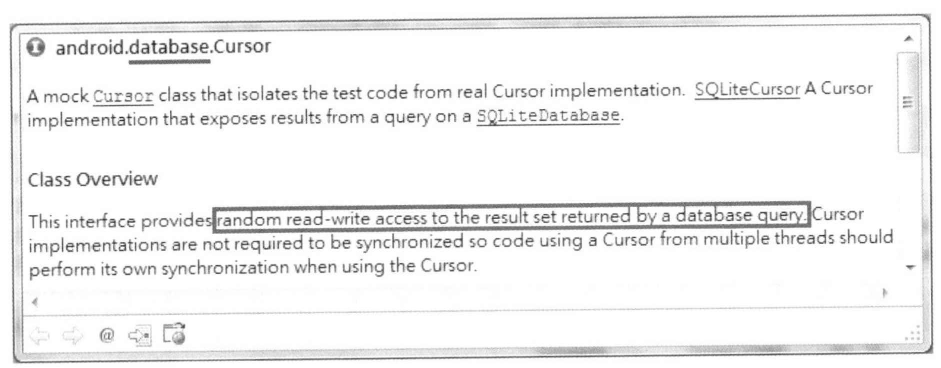

圖11-8 Cursor 資料顯示套件全名為 android.database.Cursor，為資料庫元件。

11.3.1 內容提供機制與測試

首先，透過圖 11-9 的步驟就能以 SDK 建立自製的 ContentProvider。其中程式列表 11-5 可以看到自動產生之抽象類別 android.content.ContentProvider 的子類別所必須實作的六個抽象方法，包括：[9]

- onCreate()：將 provider 初始化
- query(Uri, String[], String, String[], String)：傳回資料給呼叫者
- insert(Uri, ContentValues)：安插新的資料給 content provider
- update(Uri, ContentValues, String, String[])：更新 content provider 中現有的資料

9 http://developer.android.com/reference/android/content/ContentProvider.html

- delete(Uri, String, String[])：更新 content provider 中的資料
- getType(Uri)：回傳 content provider 中資料的 MIME type

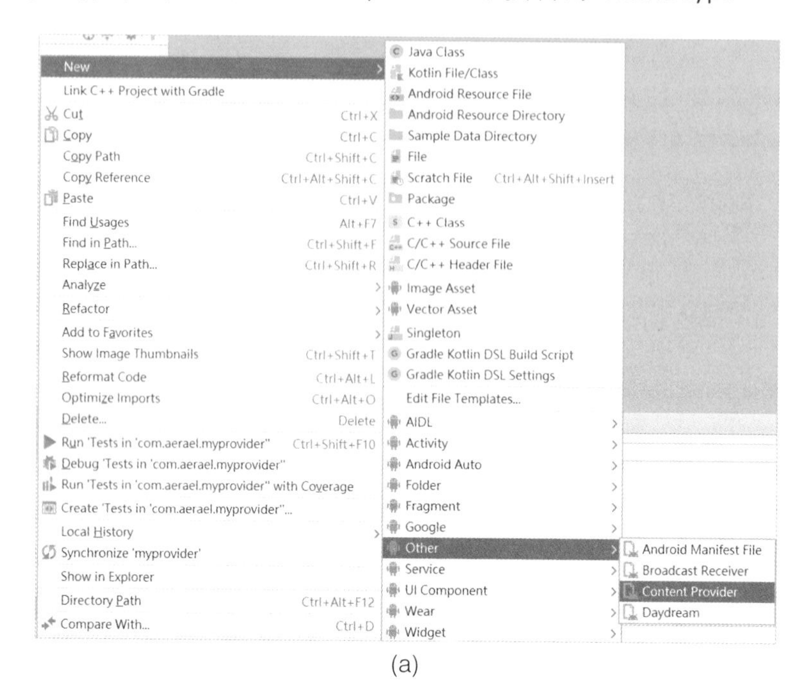

(a)

New Android Component

Configure Component
Android Studio

Creates a new content provider component and adds it to your Android manifest.

Class Name: MyContentProvider
URI Authorities: com.demo.provider.myprovider
☑ Exported
☑ Enabled
Source Language: Java

A semicolon separated list of one or more URI authorities that identify data under the purview of the content provider.

Cancel Finish

(b)

AndroidManifest.xml

```
1  <?xml version="1.0" encoding="utf-8"?>
2  <manifest xmlns:android="http://schemas.android.com/apk/res/android"
3      package="com.demo.myprovider">
4
5      <application
6          android:allowBackup="true"
7          android:icon="@mipmap/ic_launcher"
8          android:label="@string/app_name"
9          android:roundIcon="@mipmap/ic_launcher_round"
10         android:supportsRtl="true"
11         android:theme="@style/AppTheme">
12         <activity android:name=".MainActivity">
13             <intent-filter>
14                 <action android:name="android.intent.action.MAIN" />
15
16                 <category android:name="android.intent.category.LAUNCHER" />
17             </intent-filter>
18         </activity>
19
20         <provider
21             android:name="com.demo.myprovider.MyContentProvider"
22             android:authorities="com.demo.provider.myprovider"
23             android:enabled="true"
24             android:exported="true"></provider>
25     </application>
26
27 </manifest>
```

(c)

圖11-9 以 SDK 建立 ContentProvider 的步驟：(a)在套件名稱上按下右鍵，選取 New => Other => Content Provider；(b)填入 URI Authorities 欄位，例如：com.demo.provider.myprovider；(c)系統自動在 AndroidManifest.xml 之「Application Node」區域產生 Provider 項目，含 Authorities 欄位。

程式列表 11-5：MyContentProvider.java

```
08  public class MyContentProvider extends ContentProvider {
09      public MyContentProvider() {
10      }
11
12      @Override
13      public int delete(Uri uri, String selection, String[] selectionArgs) {
14          // Implement this to handle requests to delete one or more rows.
15          throw new UnsupportedOperationException("Not yet implemented");
16      }
17
18      @Override
19      public String getType(Uri uri) {
20          // TODO: Implement this to handle requests for the MIME type of the
    data
21          // at the given URI.
22          throw new UnsupportedOperationException("Not yet implemented");
23      }
24
25      @Override
26      public Uri insert(Uri uri, ContentValues values) {
27          // TODO: Implement this to handle requests to insert a new row.
28          throw new UnsupportedOperationException("Not yet implemented");
29      }
30
31      @Override
32      public boolean onCreate() {
33          // TODO: Implement this to initialize your content provider on
    startup.
34          return false;
35      }
36
37      @Override
38      public Cursor query(Uri uri, String[] projection, String selection,
39                          String[] selectionArgs, String sortOrder) {
40          // TODO: Implement this to handle query requests from clients.
41          throw new UnsupportedOperationException("Not yet implemented");
42      }
43
44      @Override
45      public int update(Uri uri, ContentValues values, String selection,
46                        String[] selectionArgs) {
```

```
47            // TODO: Implement this to handle requests to update one or more rows.
48            throw new UnsupportedOperationException("Not yet implemented");
49        }
50    }
```

然而，將 MyProvider 專案建置並執行以後，如何確認如圖 11-9 所示的**授權路徑**（Authorities）能夠正確作用？這時，就要以 TestMyProvider 專案進行驗證，因為 ContentProvider 的機制精神就是要能跨 App 提供內容服務。

如程式列表 11-6 第 16、17 兩行，以 getIntent()之 setData()和 getData()取得 Content Provider 的 Uri，再以第 21 行的 managedQuery()加以取得 Cursor，並得到圖 11-10 的日誌訊息。

然而，為何第一次驗證失敗，第二次才成功？那是因為程式列表 11-5 預設是以 UnsupportedOperationException 作為結束程式的方式；讀者只要開啟 MyProvider_1a 加以替代列表 11-5，就能得到圖 11-10(b)的成功結果！

程式列表 11-6：TestMyProviderActivity.java

```
09  public class MainActivity extends AppCompatActivity {
10
11      @Override
12      public void onCreate(Bundle savedInstanceState) {
13          super.onCreate(savedInstanceState);
14          setContentView(R.layout.activity_main);
15          //取得 Content Provider 的 Uri
16          getIntent().setData(Uri.parse("content:// com.demo.provider.
    myprovider"));
17          Uri uri = getIntent().getData();
18          Log.i("TestMyProviderActivity", uri.toString());
19
20          //以 Content Provider 來查詢
21          Cursor cursor = managedQuery(uri, null, null, null, null);
22          if(cursor!=null)
23                  Log.i("TestMyProviderActivity", uri.toString());
24          else
25                  Log.i("TestMyProviderActivity", "cursor==null");
26      }
27  }
```

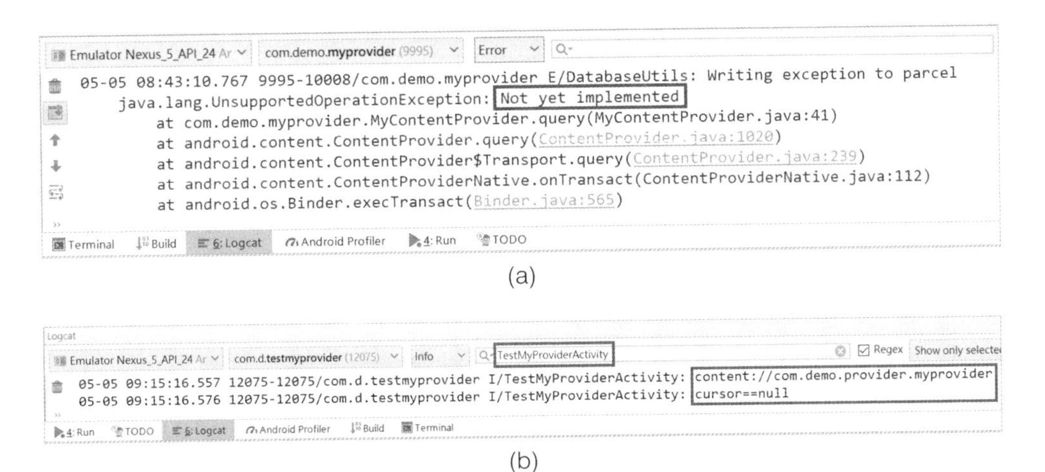

圖11-10 到 LogCat 確認驗證結果：(a)第一次驗證出現 UnsupportedOperationException : Not yet implemented 錯誤訊息；(b)第二次驗證正常顯示訊息。

11.3.2 SQLite 資料庫機制

ContentProvider 是個提供內容的機制，其實是以資料庫的形式呈現的，因此，在介紹 ContentProvider 時，也須一併提到 SQLite，也就是 Android 內部針對資料庫功能所提供的**輕量版**（Lite）的 SQL 資料庫系統。

SQL 屬於資訊技術的一種，是 ISO/IEC 9075 所規範的資料庫語言，SQLite 它的實作概念與一般 SQL 不同，它是嵌入式的（Embedded）SQL 資料庫引擎：

- 自成體系（Self-contained）
- 非伺服器型（Serverless）
- 零設定（Zero-configuration）
- 交易型（Transactional）

但採用 SQL 語法，如：

- DDL（Data Definition Language）- 建立、修改資料庫或表格等語法。
- DML（Data Manipulation Language）- 處理表格內資料的語法。

就以程式列表 11-7 來簡單測試 SQLite 的讀與寫。

程式列表 11-7：MySQLite.java

```
01  package com.demo.MySQLite;
02
03  import android.content.ContentValues;
04  import android.content.Context;
05  import android.database.Cursor;
06  import android.database.sqlite.SQLiteDatabase;
07  import android.database.sqlite.SQLiteOpenHelper;
08  import android.support.v7.app.AppCompatActivity;
09  import android.os.Bundle;
10
11  public class MainActivity extends AppCompatActivity {
12
13      DBConnection helper;
14      SQLiteDatabase db;
15
16      interface MediaSchema {
17          String TABLE_NAME = "MediaTable";      //Table Name
18          String _ID = "_id";                        //_ID
19          String MEDIA_NAME = "media_name";      //Media Name
20          String MIME_TYPE = "mime_type";        //MIME Type
21      }
22
23      String [][] mediaData = { {"myimage.jpg", "image/jpeg"},
24                                {"myvideo.mp4", "video/mp4"},
25                                {"myaudio.mp3", "audio/mp3"} };
26
27      @Override
28      public void onCreate(Bundle savedInstanceState) {
29          super.onCreate(savedInstanceState);
30          setContentView(R.layout.activity_main);
31          //建立資料庫 MediaDB 和表單 MediaTable
32          helper = new DBConnection(this);
33          deleteAll(); // 新增前先歸零
34          for(int i=0; i<mediaData.length; i++)
35              insertDB(mediaData[i]);
36          //取得所有資料的 MEDIA_NAME
37          db = helper.getReadableDatabase();
38          Cursor c = db.query(MediaSchema.TABLE_NAME, null, null, null, null,
    null, null);
39          if(c!=null) {
40              c.moveToFirst();
41              System.out.println("Row count = " + c.getCount());
```

```
42              for (int i = 0; i < c.getCount(); i++) {
43                  System.out.println(c.getString(1));
44                  c.moveToNext();
45              }
46              c.close();
47          }
48      }
49
50      public void deleteAll() {
51          SQLiteDatabase db = helper.getWritableDatabase();
52          db.delete(MediaSchema.TABLE_NAME, null ,null);
53          db.close();
54      }
55
56      public void insertDB(String[] mediaData) {
57          ContentValues values = new ContentValues();
58          values.put(MediaSchema.MEDIA_NAME, mediaData[0]);
59          values.put(MediaSchema.MIME_TYPE, mediaData[1]);
60          SQLiteDatabase db = helper.getWritableDatabase();
61          db.insert(MediaSchema.TABLE_NAME, null, values);
62          db.close();
63      }
64
65      //SQLiteOpenHelper-建立資料庫 MediaDB 和 MediaTable
66      public static class DBConnection extends SQLiteOpenHelper {
67          private static final String DATABASE_NAME = "MediaDB";
68          private static final int DATABASE_VERSION = 1;
69          private DBConnection(Context context) {
70              super(context, DATABASE_NAME, null, DATABASE_VERSION);
71          }
72          public void onCreate(SQLiteDatabase db) {
73              String sql = "CREATE TABLE " + MediaSchema.TABLE_NAME + " ("
74              + MediaSchema._ID  + " INTEGER primary key autoincrement, "
75              + MediaSchema.MEDIA_NAME + " text not null, "
76              + MediaSchema.MIME_TYPE + " text not null "+ ");";
77              db.execSQL(sql);
78          }
79          public void onUpgrade(SQLiteDatabase db, int oldVersion, int
newVersion) {
80              db.execSQL("DROP TABLE IF EXISTS " + MediaSchema.TABLE_NAME);
81          }
82      }
83  }
```

列表 11-7 主要以四個元件搭配完成，列舉如下：

- SQLiteOpenHelper（第 66 行）：負責資料庫與資料表的建置，也就是採用 DDL 語言。
- SQLiteDatabase（第 14、51、60、72 等行）：負責資料的新增（insert）、修改（update）、刪除（delete）、查詢（query），也就是採用 DML 語言。
- ContentValues（第 57 行）：負責新增（insert）資料前用來儲存資料的類別，可以陣列方式宣告一次儲存多筆。
- Cursor（第 38 行）：如 11.2 節所詳述，用來儲存查詢（query）後所得到的資料。

首先，列表 11-7 的第 66 至 82 行的 DBConnection 類別就是繼承 SQLiteOpenHelper，分別完成資料庫與資料表的建置：

- 建構子 DBConnection（第 69 行）：負責建置資料庫。
- 方法 onCreate（第 72 等行）：負責建置資料表。

其次，出現多次的 SQLiteDatabase 物件 db 可以進行資料表內容的讀寫：

- 方法 getWritableDatabase（第 51、60 行）：負責 insert、delete 等動作。
- 方法 getReadableDatabase（第 37 等行）：負責 query 等動作。

至於另外兩項元件，一是曾在 11.3.1 節出現過的 ContentValues，另一則是 11.2.1 節現身的 Cursor，這兩者與資料的存取有關，可以從列表 11-7 看到：

- 方法 insertDB（第 56 至 63 行）：利用 ContentValues 儲存資料。
- Cursor 的用法（第 38 至 47 行）：
  - ✓ 運用 query 取得 Cursor 物件（第 38 行）
  - ✓ 運用 c.moveToFirst()、getCount()、getString()、c.moveToNext()等方法進行操作（第 40 至 46 行）

整個程式的執行驗證如圖 11-11 所示，是以 Log 訊息方式來進行的。

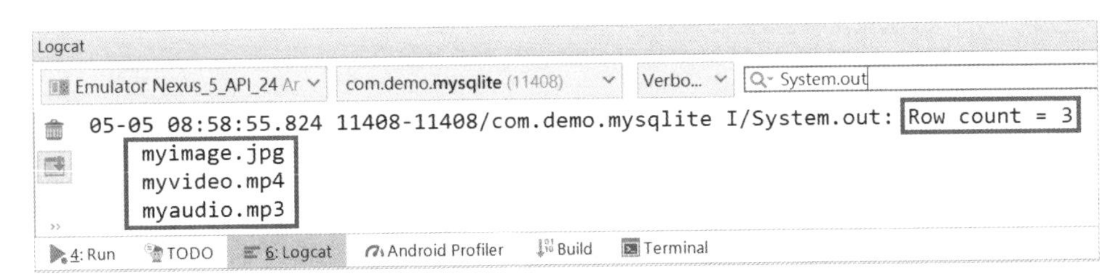

圖11-11 到 LogCat 確認程式列表 11-7 之執行時有正常顯示訊息。

11.3.3 最終整合與測試

最終的整合測試版要將 11.3.2 節的 MySQLite 專案分成兩部份，資料庫及相關 API 的設立放在 MyProvider_2 專案內，而實際的資料增、刪、查、改則安排在 TestMyProvider_2 專案內。

所以，程式列表 11-8 與 11-9 是將 MyProvider_2 專案的屬性宣告和 API 實作分別展示，多了一個 UriMatcher 的物件作 Uri 的相關處理。

程式列表 11-8：MyContentProvider_2.java：第 19 至 41 行

```
17  public class MyContentProvider_2 extends ContentProvider {
18
19      public static final String PROVIDER_NAME = "com.demo.provider.
    myproviderv2";
20
21      public  static  final  Uri  CONTENT_URI  =  Uri.parse("content://"+
    PROVIDER_NAME + "/medias");
22
23      // for SQLite
24      DBConnection helper;
25      SQLiteDatabase db;
26      interface MediaSchema {
27          String TABLE_NAME = "MediaTable";      //Table Name
28          String _ID = "_id";                     //ID
29          String MEDIA_NAME = "media_name";      //Media Name
30          String MIME_TYPE = "mime_type";        //MIME Type
31      }
32
33      private static final int MEDIAS = 1;
34      private static final int MEDIA_ID = 2;
35
```

```
36        private static final UriMatcher uriMatcher;
37        static{
38            uriMatcher = new UriMatcher(UriMatcher.NO_MATCH);
39            uriMatcher.addURI(PROVIDER_NAME, "medias", MEDIAS);
40            uriMatcher.addURI(PROVIDER_NAME, "medias/#", MEDIA_ID);
41        }
          ...
145   }
```

程式列表 11-9：MyContentProvider_2.java：第 54 至 125 行

```
17    public class MyContentProvider_2 extends ContentProvider {
          ...
54        @Override
55        public Uri insert(Uri uri, ContentValues values) {
56            //---add a new media---
57            SQLiteDatabase db = helper.getWritableDatabase();
58            long rowID = db.insert(MediaSchema.TABLE_NAME, null, values);
59            db.close();
60
61            if (rowID!=-1) { //---if added successfully---
62                Uri _uri = ContentUris.withAppendedId(CONTENT_URI, rowID);
63                getContext().getContentResolver().notifyChange(_uri, null);
64                return _uri;
65            }
66            throw new SQLException("Failed to insert row into " + uri);
67        }
68
69        @Override
70        public boolean onCreate() {
71            Log.i("MyProviderV2", CONTENT_URI.toString());
72            helper = new DBConnection(this.getContext());
73            deleteAll(); // 歸零
74            return (helper == null)? false:true;
75        }
76
77        @Override
78        public Cursor query(Uri uri, String[] projection, String selection,
      String[] selectionArgs, String sortOrder) {
79
80            SQLiteQueryBuilder sqlBuilder = new SQLiteQueryBuilder();
81            sqlBuilder.setTables(MediaSchema.TABLE_NAME);
82
```

```
83          if (uriMatcher.match(uri) == MEDIA_ID) //---if getting a particular
    media---
84              sqlBuilder.appendWhere(MediaSchema._ID + " = " +
    uri.getPathSegments().get(1));
85
86          db = helper.getReadableDatabase();
87          Cursor c = sqlBuilder.query(db, projection, selection,
    selectionArgs, null, null, sortOrder);
88          //---register to watch a content URI for changes---
89          c.setNotificationUri(getContext().getContentResolver(), uri);
90          return c;
91      }
92
93      @Override
94      public int update(Uri uri, ContentValues values, String selection,
    String[] selectionArgs) {
95          SQLiteDatabase db = helper.getWritableDatabase();
96          int count = 0;
97          switch (uriMatcher.match(uri)){
98              case MEDIAS:
99                  count = db.update(
100                     MediaSchema.TABLE_NAME,
101                     values,
102                     selection,
103                     selectionArgs);
104                 break;
105             case MEDIA_ID:
106                 count = db.update(
107                     MediaSchema.TABLE_NAME,
108                     values,
109                     MediaSchema._ID + " = " + uri.getPathSegments().get(1) +
110                     (!TextUtils.isEmpty(selection) ? " AND (" +
111                         selection + ')' : ""),
112                     selectionArgs);
113                 break;
114             default: throw new IllegalArgumentException(
115                 "Unknown URI " + uri);
116         }
117         getContext().getContentResolver().notifyChange(uri, null);
118         return count;
119     }
120
121     public void deleteAll() {
```

```
122            SQLiteDatabase db = helper.getWritableDatabase();
123            db.delete(MediaSchema.TABLE_NAME, null ,null);
124            db.close();
125        }
           ...
145    }
```

最後，程式列表 11-10 則是對於 MyProvider_2 專案的 ContentProvider 進行資料的新增、查詢、修改等動作，並以 Log 訊息作為測試驗證。

程式列表 11-10：TestMyProvider_2 專案之 java

```
10  public class MainActivity extends AppCompatActivity {
11
12      interface MediaSchema {
13          String TABLE_NAME = "MediaTable";       //Table Name
14          String _ID = "_id";                     //ID
15          String MEDIA_NAME = "media_name";       //Media Name
16          String MIME_TYPE = "mime_type";         //MIME Type
17      }
18
19      String [][] mediaData = { {"myimage.jpg", "image/jpeg"},
20              {"myvideo.mp4", "video/mp4"},
21              {"myaudio.mp3", "audio/mp3"} };
22
23      Uri [] uri_returned = new Uri [mediaData.length];
24
25      @Override
26      public void onCreate(Bundle savedInstanceState) {
27          super.onCreate(savedInstanceState);
28          setContentView(R.layout.activity_main);
29          //取得 Content Provider 的 Uri
30          getIntent().setData(Uri.parse("content://com.gjun.provider.
    myproviderv2"));
31          Uri uri = getIntent().getData();
32          Log.i("TestMyProvider_2", uri.toString());
33
34          getContentResolver().delete(uri, null, null);
35          // 新增全部
36          testInsert(uri);
37          // 一次查詢全部
38          Log.i("TestMyProvider_2", "Query All:");
39          testQuery(uri);
```

```
40          // 分批查詢
41          Log.i("TestMyProvider_2", "Query Each:");
42          for(int i=0; i<uri_returned.length; i++)
43              testQuery(uri_returned[i]);
44          // 修改某一筆
45          Log.i("TestMyProvider_2", "Update Someitem:");
46          testUpdate(0);
47          testQuery(uri_returned[0]);
48      }
49
50      private void testInsert(Uri uri) {
51          ContentValues[] values = new ContentValues[mediaData.length];
52          for(int i=0; i<mediaData.length; i++) {
53              values[i] = new ContentValues();
54              values[i].put(MediaSchema.MEDIA_NAME, mediaData[i][0]);
55              values[i].put(MediaSchema.MIME_TYPE, mediaData[i][1]);
56              uri_returned[i] = getContentResolver().insert(uri, values[i]);
57              Log.i("TestMyProvider_2", uri_returned[i].toString());
58          }
59      }
60
61      private void testQuery(Uri uri) {
62          Cursor cursor = managedQuery(uri, null, null, null, null);
63          if(cursor!=null) {
64              Log.i("TestMyProvider_2", uri.toString());
65              cursor.moveToFirst();
66              CharSequence[] list = new CharSequence[cursor.getCount()];
67              Log.i("TestMyProvider_2",    "cursor's    count    =    "    +
cursor.getCount());
68              for (int i = 0; i < list.length; i++) {
69                  Log.i("TestMyProvider_2", "_ID = " + cursor.getString(0));
// _ID
70                 Log.i("TestMyProvider_2", "MEDIA_NAME = " +
cursor.getString(1)); // MEDIA_NAME
71                 Log.i("TestMyProvider_2", "MIME_TYPE = " +
cursor.getString(2));  // MIME_TYPE
72                 cursor.moveToNext();
73              }
74              cursor.close();
75          }
76          else
77              Log.i("TestMyProvider_2", "cursor==null");
78      }
```

```
79
80      private void testUpdate(int i) {
81          ContentValues values = new ContentValues();
82          values = new ContentValues();
83          values.put(MediaSchema.MEDIA_NAME, "newimage.jpg");
84          values.put(MediaSchema.MIME_TYPE, mediaData[i][1]);
85          if(i < uri_returned.length) {
86              String selection = uri_returned[i].getPathSegments().get(1);
87              int c = getContentResolver().update(uri_returned[i], values,
  selection, null);
88              Log.i("TestMyProvider_2", c+"");
89          }
90      }
91  }
```

程式列表 11-10 執行時的 Log 訊息，摘錄如下：

```
I/TestMyProvider_2: content://com.demo.provider.myprovider2
I/TestMyProvider_2: content://com.demo.provider.myprovider2/medias/4
I/TestMyProvider_2: content://com.demo.provider.myprovider2/medias/5
I/TestMyProvider_2: content://com.demo.provider.myprovider2/medias/6
I/TestMyProvider_2: Query All:
I/TestMyProvider_2: content://com.demo.provider.myprovider2
    cursor's count = 3
    _ID = 4
    MEDIA_NAME = myimage.jpg
I/TestMyProvider_2: MIME_TYPE = image/jpeg
    _ID = 5
    MEDIA_NAME = myvideo.mp4
    MIME_TYPE = video/mp4
    _ID = 6
    MEDIA_NAME = myaudio.mp3
    MIME_TYPE = audio/mp3
I/TestMyProvider_2: Query Each:
I/TestMyProvider_2: content://com.demo.provider.myprovider2/medias/4
I/TestMyProvider_2: cursor's count = 1
    _ID = 4
    MEDIA_NAME = myimage.jpg
    MIME_TYPE = image/jpeg
I/TestMyProvider_2: content://com.demo.provider.myprovider2/medias/5
    cursor's count = 1
    _ID = 5
    MEDIA_NAME = myvideo.mp4
```

```
    MIME_TYPE = video/mp4
I/TestMyProvider_2: content://com.demo.provider.myprovider2/medias/6
    cursor's count = 1
    _ID = 6
    MEDIA_NAME = myaudio.mp3
    MIME_TYPE = audio/mp3
I/TestMyProvider_2: Update Someitem:
I/TestMyProvider_2: 1
I/TestMyProvider_2: content://com.demo.provider.myprovider2/medias/4
    cursor's count = 1
I/TestMyProvider_2: _ID = 4
    MEDIA_NAME = newimage.jpg
    MIME_TYPE = image/jpeg
```

11.4 思考與練習

讀完本章之後，可以嘗試思考與練習以下題目：

1. 試比較 SMS_Read 和 SMS_Read_android_6 專案兩專案，在程式內容上有何重要差異？會導致在 Android 6 以上的手機或模擬器產生不同的結果，如下圖所示？

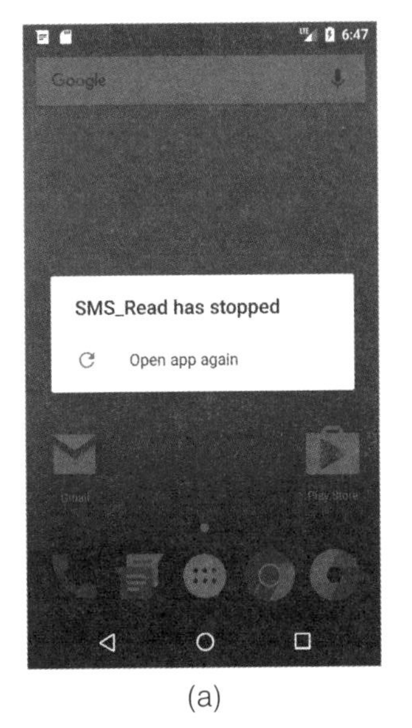

(a)

(b)

圖11-12 (a)無法執行 SMS_Read 專案；(b)可以執行 SMS_Read_android_6 專案。

2. 同上，試將 Contact_Read_1 和 Contact_Read_2 專案都改成 SMS_Read_android_6 專案的做法，使它們都能在 Android 6 以上的手機執行成功。

3. 試將 Cursor 所提供以隨機方式讀取之 API，以如下之等效指令，修改 SMS_Read 專案：

```
for (int i= 0; i < c.getCount() && c.move(1); i++)
```

這項修改讀者可以利用隨書雲端 zip 的 SMS_Read_1a 專案作驗證。

4. 第 11.3 節內的 MyProvider_1a 內容提供專案中，delete()介面僅提供全部資料的實作（deleteAll()），試完成單項刪除的功能。

5. 試仿照第 11.3 節的內容提供法，實作一個自己設計的內容提供機制（例如：MyProvider_3），並完成其測試程式（例如：TestMyProvider_3）。其中應包含新增、修改、刪除、查詢的功能。

CHAPTER

12

傳感行為

12.1 前言

Android 手機到底是甚麼設備？不同的角度會有不同的眼界，不同的立場會有不同的解釋！我們在第一章已經見過 Google 的一些基本的立場，簡單說就是增進生產效能（Productivity）的工具，以及休閒中的人們得到最大娛樂（Entertainment）的平台，雖然我們也舉過影音多媒體為例，證明這兩項「應用」並非彼此完全可以獨立、可以完全分割清楚，它其實只是一種概略的分類。

所以讀者就可以知道，它將手機最基本的通訊功能基本上視為 Productivity 應用，遊戲功能不用說，大多被視為 Entertainment 應用。事實上，Android 內部潛藏著許多傳感器（Sensors），在嵌入式系統（Embedded System）開發者的眼中，它卻是不折不扣的嵌入式系統裝置！

多年前作者曾出版一本討論觸控行為的專書，裡頭曾經對嵌入式系統作過一些解釋，基本上，「嵌入」就是一種設計的精神，具有某種程度的特殊性。

也就是說，嵌入式系統應用的身上有一種標識（Identification）的方法，就在於它的特殊應用，而傳感器在此往往就扮演這種標識的角色。[1]

---

1 http://www.sanmin.com.tw/Product/Index/002514407

表12-1 Android API level 3 所提供的 8 種傳感器種類

編號	名稱	說明
1	**Sensor.TYPE_ACCELEROMETER**	加速度傳感偵測
2	**Sensor.TYPE_MAGNETIC_FIELD**	磁場傳感偵測
3	**Sensor.TYPE_ORIENTATION**	方位傳感偵測
4	**Sensor.TYPE_GYROSCOPE**	陀螺儀傳感偵測
5	**Sensor.TYPE_LIGHT**	亮度傳感偵測
6	**Sensor.TYPE_PRESSURE**	壓力傳感偵測
7	**Sensor.TYPE_TEMPERATURE**	溫度傳感偵測
8	**Sensor.TYPE_PROXIMITY**	近接傳感偵測

Android 不是現在才提供傳感器，如表格 12-1 所示，相當早期就有 Sensor 類別，而最早時「僅有」8 類傳感器。如今，API level 已經進展到 28 了，除了 Sensor.TYPE_ORIENTATION 在 API 15 之後改以 SensorManager.getOrientation() 的方式取代以外，全部留用，甚至後來還擴增到 20 個以上的傳感器種類。

擴增的傳感器種類細節，讀者可以前往官網查看，也可以利用 AndroidStudio 輸入 Sensor 加上 DOT（.）就能彈出 Sensor 所有「類別常數/方法」之表單，讓讀者選取或查看，就不在此贅述。[2]

這些傳感器屬於硬體的元件，雖然 Android 官方支援多達 20 幾種，但不代表所有的 Android 手機或設備都同時具有這些硬體元件，各家手機實際配備的傳感器數量並不一致，須由各家硬體廠商自訂規格。舉例來說，許多手機並未配備溫度傳感偵測器。

傳感偵測器各有各的物理特性，主要是將類比訊號轉換成數位訊號，特殊的傳感器也就帶出特殊的嵌入式應用。本章限於篇幅，在 Sensor 類別主要以 Accelerometer（簡稱加速計）為對象作介紹，其他則以此類推。

此外尚有一些傳感器並未被歸類在 Sensor 類別內，像是類似 SensorManager、負責接收地理位置的 LocationManager，或是負責處理 WiFi 訊號接收以及進行連線斷線等工作的 WiFiManager，分別會在後續小節加以說明。

---

2 https://developer.android.com/reference/android/hardware/Sensor.html

至於為何 Location 偵測以及網路 WiFi 偵測可以視為傳感偵測的行為？可以從 Sensor 的定義加以了解：[3]

傳感器是藉由熱、光、壓力、動作等所刺激的輸入裝置，並轉換此能量為電壓或電流讓電腦讀取（像是光學轉換器、電熱調節器、開關裝置等）

從上述的定義就能確認，並非 Android 的 Sensor 內所定義的項目才屬於傳感器，例如我們已經驗證多次的觸控手勢，它就是透過螢幕上方的觸控面板（Touch Panel）這個平面輸入傳感裝置所傳遞出來的軟硬體訊息，同樣也沒有定義在 Android 的 Sensor 類別內。

12.2 重力傳感器

12.2.1 讀取重力資訊

首先，要讀取傳感器中的重力加速計（Accelerometer）傳感資訊，有一套使用規範與步驟。SensorManager 的官網文件開宗明義就提醒用法如下：[4]

Always make sure to disable sensors you don't need, especially when your activity is paused. Failing to do so can drain the battery in just a few hours. Note that the system will not disable sensors automatically when the screen turns off.

這段英文的重點至少有二：

- 不用 Sensor 時，就把它關掉：直白的說，就是隨手關燈的概念。
- 不關掉 Sensor，則會在數小時內耗盡電源，因為 Sensor 不會自動關掉。

接著，SensorManager 的官網馬上列出一段堪稱完整的範例程式，稍加修改之後就成了本書 Sensor_1 專案，如程式列表 12-1 所示。

程式列表 12-1 的重點主要在於將 onSensorChanged() 這個由 SensorEventListener 監聽器介面所提供的 API，填入第 48 到 59 行之相關程式碼，例如第 48 到 51 行，就是讀取三維重力傳感器資訊的方法：

---

[3] http://www.books.com.tw/products/0010723965

[4] https://developer.android.com/reference/android/hardware/SensorManager.html

1. float[] values = sensorEvent.values;：取得傳感器數值陣列。
2. values[0]、values[1]、values[2]：三維傳感器資訊數值。

因此，讓我們再將讀取重力傳感器的要點複習整理一遍：

1. 實作傳感監聽器（SensorEventListener）：可於所在的 Activity 進行。
2. 宣告初始傳感員（SensorManager）：可於 onCreate()進行。
3. 宣告初始傳感器（Sensor）：可於 onCreate()進行。
4. 註冊傳感監聽器：可於 onResume()進行。
5. 註銷傳感監聽器：可於 onPause()進行。

或許以上 5 項×每項 7 字口訣，可以幫助記誦練習，也是一個學習的好辦法！執行結果如圖 12-1 所展示。

程式列表 12-1：Sensor_1 專案的 MainActivity.java

```
14  public class MainActivity extends AppCompatActivity implements
    SensorEventListener {
15
16      private SensorManager mSensorManager;
17      private Sensor mAccelerometer;
18
19      private DecimalFormat df = new DecimalFormat("####.###");
20
21      private TextView tv;
22
23      @Override
24      protected void onCreate(Bundle savedInstanceState) {
25          super.onCreate(savedInstanceState);
26          setContentView(R.layout.activity_main);
27
28          tv = findViewById(R.id.textView1);
29
30          mSensorManager = (SensorManager)getSystemService(SENSOR_SERVICE);
31          mAccelerometer = mSensorManager.getDefaultSensor(Sensor.TYPE_
ACCELEROMETER);
32      }
33
```

```
34      @Override
35      protected void onResume() {
36          super.onResume();
37          mSensorManager.registerListener(this, mAccelerometer, SensorManager.
    SENSOR_DELAY_NORMAL);
38      }
39
40      @Override
41      protected void onPause() {
42          super.onPause();
43          mSensorManager.unregisterListener(this);
44      }
45
46      @Override
47      public void onSensorChanged(SensorEvent sensorEvent) {
48          float[] values = sensorEvent.values;
49          float x = values[0];
50          float y = values[1];
51          float z = values[2];
52
53          String tmp = "加速度 Gx 負值: " + df.format(x) + "\n" +
54                        "加速度 Gy 負值: " + df.format(y) + "\n" +
55                        "加速度 Gz 負值: " + df.format(z) ;
56
57          Log.i("Sensor_1", tmp);
58
59          tv.setText(tmp);
60      }
61
62      @Override
63      public void onAccuracyChanged(Sensor sensor, int i) {}
64  }
```

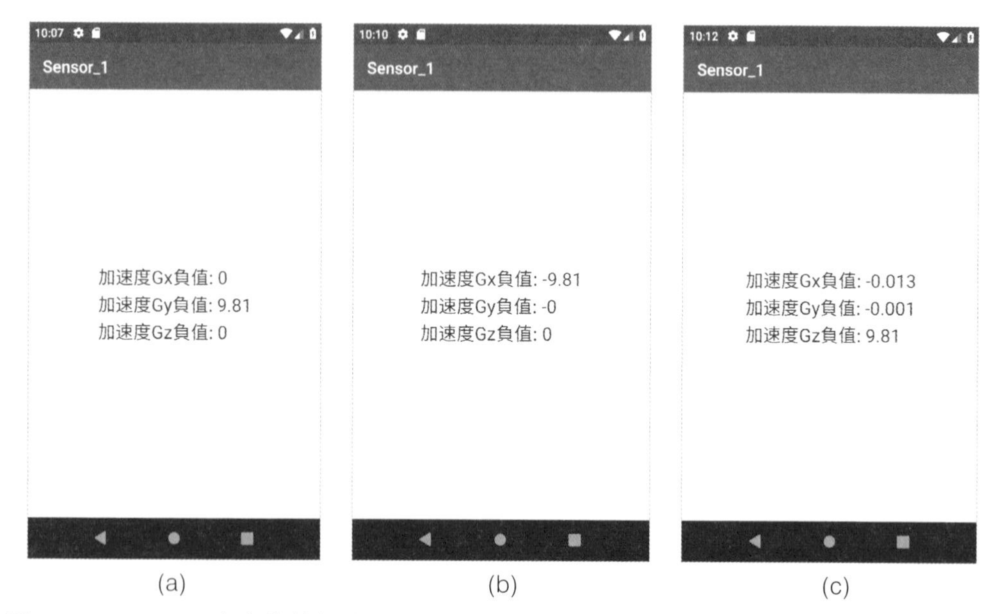

圖12-1 Sensor_1 專案的執行結果：(a)手機 y 軸所受重力；(b)手機 x 軸所受重力；(c) 手機各軸所受重力，但以 z 軸受力最多。

但是何謂「Gx、Gy、Gz」？何謂手機 x、y、z 軸所受重力呢？我們藉由圖 12-2 來作說明。

圖 12-2 截取自 AndroidStudio 模擬器上的「擴展控制（Extended Control）」功能，也就是一旦開啟 Tools => AVD Manager 之模擬器以後，點擊右方功能縱列上的（ ••• ）鈕（如圖 12-2(a)所示），就能看見「擴展控制」視窗，在選取功能表上的「虛擬傳感器（Virtual Sensors）」項目，就能出現如圖 12-2 所示的重力加速計之模擬功能。

圖 12-2(a)~(c)正好對應圖 12-1(a)~(c)的操作執行結果，也就當手機的姿態分別為「立姿」、「側姿」、與「躺姿」時，恰好是對手機的 y 軸、x 軸、與 z 軸施加近乎全部的地球重力（Earth Gravity）。難怪我們會在圖 12-1 中見到三圖都是 9.81、單位 m/s^2 的重力加速計量測值。

程式列表第 53 至 59 行正是把這三軸的重力加速計之數值呈現出來，當然不僅僅圖 12-1 的用法，讀者可以利用最後一節的思考練習題，加以實驗測試。

最後再強調，程式第 41 至 44 行正是 Activity 生命週期的 onPause()階段，適時註銷監聽器，再於 onResume()恢復註冊監聽器，是官方建議的做法。

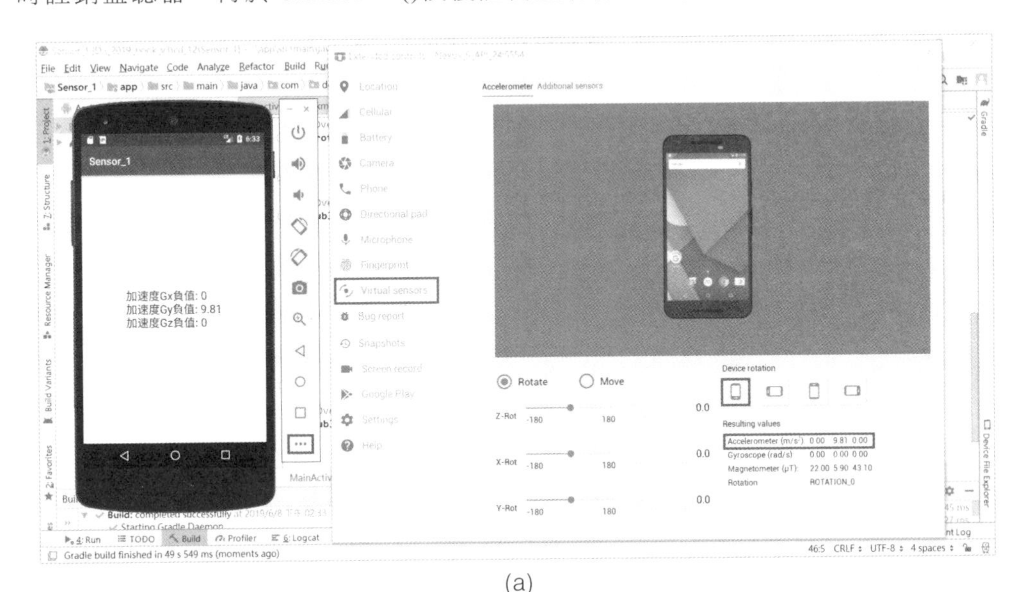

(a)

Accelerometer Additional sensors

(b)

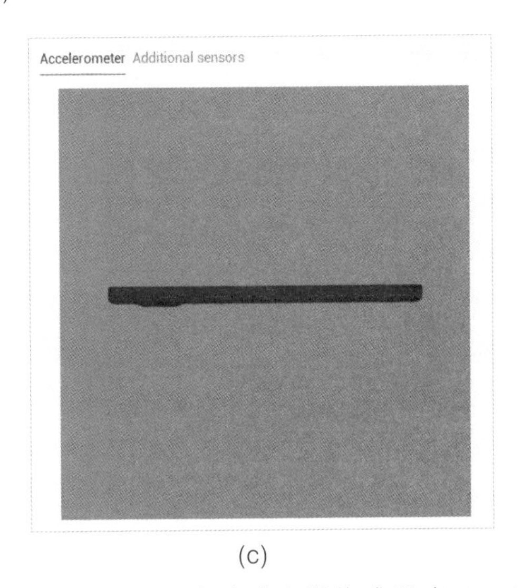

(c)

圖12-2 以模擬器開啟「擴展控制（Extended Control）」中的「虛擬傳感器（Virtual Sensors）」功能項，就能模擬重力變化：(a)預設手機姿態為「立姿」，y 軸受力最多，但可以利用滑鼠改變模擬器的手機姿態，進而改變 x, y, z 軸上的受力分量；(b)將手機姿態轉為「側姿」，x 軸受力最多；(c)將手機姿態轉為「躺姿」，z 軸受力最多。

12.2.2 重力資訊使用案例

這一節我們要對重力資訊稍加應用，因為傳感器本身是個工具，它要能夠被應用，進而達到某種特定的目的，才算是完成這個傳感器的使命！

我們藉由 Sensor_1a 專案來進行解說，事實上，Sensor_1a 專案和 Sensor_1 專案的用法差異不大，主要就是將「單一」傳感器的設定語法，例如：

```
mAccelerometer = mSensorManager.getDefaultSensor(Sensor.TYPE_ACCELEROMETER);
```

改成傳感器列表的設定語法，例如：

```
List<Sensor> sensors =
mSensorManager.getSensorList(Sensor.TYPE_ACCELEROMETER);
```

其實，就目前僅僅使用重力加速計的情況而言，兩者並無不同。

其次的差異在於應用部分，我們希望利用重力加速計作成一個能夠偵測「搖晃手機 1 秒以上」的功能，執行結果如圖 12-3。但這是如何辦到的呢？

圖12-3 執行 Sensor_1a 專案搖晃手機 1 秒以上，則出現 Toast 訊息告知。

類似的應用其實蠻常看到，像是目前普遍存在的交友通訊軟體，就能夠將兩支靠近的手機，藉由彼此互相「搖一搖」的方式，互換帳號，增加 App 使用上的趣味！

使用方法就在程式列表 12-2 內，至少存在三個基本觀念：

- 基本觀念一：三軸 x、y、z 之平方和開根號，就是這支手機正在承受的重力。說得更精確一點，其實是承受的重力加上搖晃的力道！其公式如下：

```
double q = Math.sqrt(x*x + y*y + z*z);
```

- 基本觀念二：承襲觀念一，當手機加上搖晃的力道，整體加總的力道就大於重力 9.81(m/s^2)。那麼，究竟要比重力「大多少」才能稱為「搖晃（Shaking）」，其實並無標準答案，最多就是一種經驗係數值（Empirical coefficient value）。例如，1.05 倍。而對於重力值，Android SDK 更提供一個 GRAVITY_EARTH 常數值供使用，用法如下：

```
q*q > Math.pow(1.05*SensorManager.GRAVITY_EARTH, 2)
```

- 基本觀念三：計算搖晃時間，公式如下：

```
long period = System.currentTimeMillis() - start;
```

有了這三個基本觀念，再對照程式列表 12-2，應該就不難理解了！

程式列表 12-2：Sensor_1a 專案的 MainActivity.java 之第 49 到 81 行

```
49      private long start;
50
51      @Override
52      public void onSensorChanged(SensorEvent sensorEvent) {
53          float[] values = sensorEvent.values;
54          float x = values[0];
55          float y = values[1];
56          float z = values[2];
57
58          double q = Math.sqrt(x*x + y*y + z*z);
59
60          String tmp = "加速度 Gx 負值: " + df.format(x) + "\n" +
61                       "加速度 Gy 負值: " + df.format(y) + "\n" +
```

```
62                          "加速度 Gz 負值: " + df.format(z) + "\n" + q;
63
64          if(q*q > Math.pow(1.05*SensorManager.GRAVITY_EARTH, 2) ) {
65              if(start    ==    0)    start    =    System.currentTimeMillis();
    // 開始計時
66          }
67          else {  // 中間停下來
68              if(start!=0) {
69                  long period = System.currentTimeMillis() - start;
70                  if(period > 1000) { // 超過 1 秒
71                      Log.e("Sensor_1", "=== Shaking ===");
72                      Toast.makeText(this,      "===      Shaking      ===",
    Toast.LENGTH_SHORT).show();
73                  }
74                  start = 0;      // 歸零
75              }
76          }
77
78          Log.i("Sensor_1a", tmp);
79
80          tv.setText(tmp);
81      }
```

12.2.3 應用重力資訊

本節更進一步計畫將重力資訊應用在遊戲概念上，一種稱為跑酷的遊戲（法語：Parkour，有時縮寫為 PK）。跑酷在中國大陸及台灣如此稱呼，多以城市環境為運動的場所，常被歸類為一種極限運動。[5]

然而本節所展示的 Sensor_2 專案並非以人物作為跑酷的主角，而是以虎和鷹這兩種動物取代，象徵較低速和更高速的跑酷呈現。

這些圖片素材經由本書第八章所介紹的線程技術，就能形成動畫，也在此特別感謝 2013 年職訓課程學生賴同學所提供，同意我用在教學教材上。

圖 12-4 就是 Sensor_2 專案之跑酷遊戲的截圖，它是利用重力加速計以手機 y 軸為中心、向左向右翻轉時，所讀取的正負重力向量值，加以判斷並結合動畫效果。然後搭配螢幕觸控點擊作為起跑或停止的指令。

---

[5] https://zh.wikipedia.org/wiki/%E8%B7%91%E9%85%B7

因此，在程式的安排上，可以分成兩大塊：

- 動畫的處理：以程式列表 12-3 來呈現，內容包括圖片的準備、現成的宣告等等。
- 傳感器的處理：以程式列表 12-4 來呈現，內容包括傳感器初始化、讀取重力資訊、將重力資訊分級，並連動修改相關變數值等等。

透過以上兩組程式模塊可以了解：前者就如同前景一般，專司視覺的效果呈現，後者則如同背景一般，專司手機姿態與角色的連動關係。

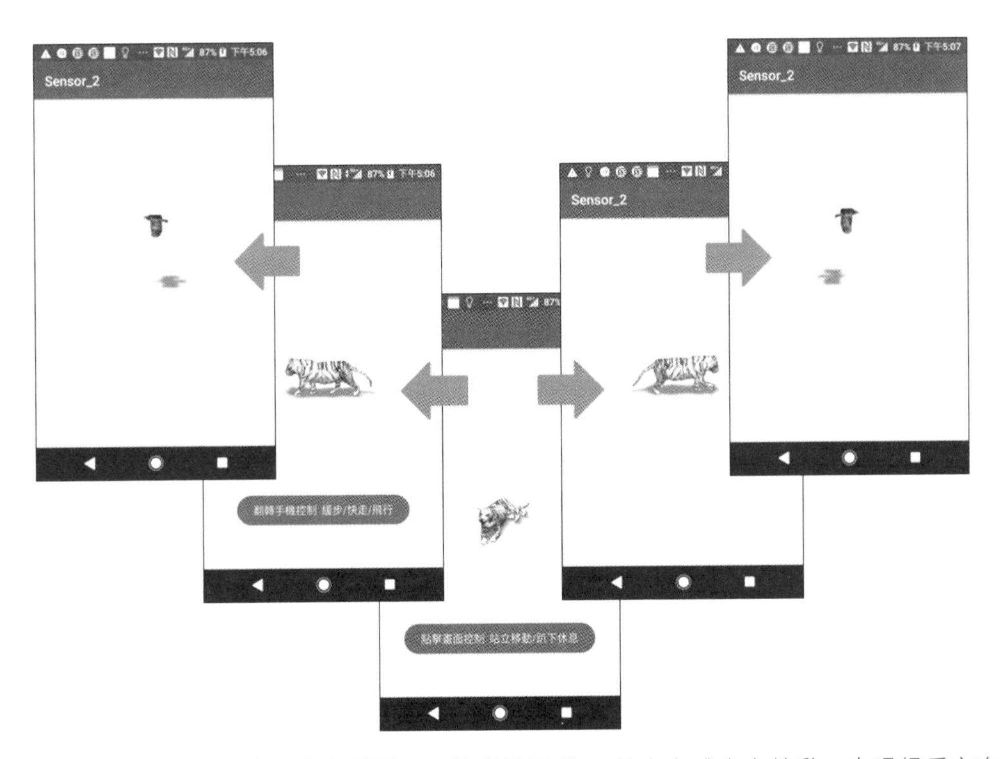

圖12-4 Sensor_2 專案的執行結果：①將手機沿著 y 軸向左或向右轉動，出現相反方向的動物前進姿態，角度大為鷹，角度小為虎；②點擊畫面會出現操作之提示訊息。

程式列表 12-3：Sensor_2 專案的 MainActivity.java 第 23 到 44、49 到 80 行

```
23      private final static int RIGHT = 1;
24      private final static int LEFT  = -1;
25
26      private ImageView     character01 ;
27      // 虎圖向右
28      private int [] resIdwc = {R.drawable.wc0000, R.drawable.wc0001,
    R.drawable.wc0002,R.drawable.wc0003,
29                R.drawable.wc0004,R.drawable.wc0005,R.drawable.
    wc0006,R.drawable.wc0007  };
30      // 鷹圖向右
31      private int [] resIdrc = {R.drawable.rc0000 , R.drawable.rc0001,
    R.drawable.rc0002,R.drawable.rc0003,
32                R.drawable.rc0004,R.drawable.rc0005,R.drawable.
    rc0006,R.drawable.rc0007  };
33      // 虎圖向右蹲臥: R.drawable.ce0000
34
35      private int pspeed=1, dir=LEFT;
36
37      private Action character = Action.SLEEP;
38
39      // 圖片
40      private Bitmap bitmapSleep;
41      private Bitmap [] bitmapTiger = new Bitmap[resIdwc.length];
42      private Bitmap [] bitmapEagle = new Bitmap[resIdrc.length];
43
44      private int pcount = 0, touched = -1;
...      . . .
49      Handler handler = new Handler();
50      Thread r = new Thread(){
51
52          public void run() {
53              pcount++;
54              // 控制角色的分解動作播放
55              switch(character) {
56                  case SLEEP:
57                      character01.setImageBitmap(bitmapSleep);
58                      break;
59                  case WALK:
60                      character01.setImageBitmap(bitmapTiger
    [pcount%resIdwc.length]);
```

```
61                      break;
62                  case FLY:
63                      character01.setImageBitmap(bitmapEagle
    [pcount%resIdrc.length]);
64                      break;
65              }
66              // 控制角色的左右方向
67              character01.setScaleX(dir);
68              handler.postDelayed(r, 100/pspeed);
69          }
70      };
71
72      private void findViewsAndPrepareImages() {
73          character01 = (ImageView) findViewById(R.id.imageView4);
74          //
75          bitmapSleep = BitmapFactory.decodeResource(getResources(),
    R.drawable.ce0000);
76          for(int i=0; i<bitmapTiger.length; i++) {
77              bitmapTiger[i] = BitmapFactory.decodeResource
    (getResources(), resIdwc[i]);
78              bitmapEagle[i] = BitmapFactory.decodeResource
    (getResources(), resIdrc[i]);
79          }
80      }
```

在 Sensor_2 專案中的跑酷動畫效果，是由 ImageView 配合線程不斷更新 Bitmap 所達成的，因此在程式列表 12-3 內有多處程式碼就是處理相關初始化的動作。

我們曾在第 4 章和第 8 章分別介紹過 BitmapFactory 的用法，可以從 resource 載圖，也可以從雲端載圖。在此我們先將虎和鷹的分解動作圖片置於 res/drawable 中，搭配 Bitmap 陣列預先備妥圖片待命。

程式列表中第 50 到 70 行的線程，主要處理角色連續分解動作和左右方向設定。其中，角色姿態運用一個 enum Action 就能方便 switch-case 處理。

另外值得一提的一個 ImageView 用法，是透過 setScaleX(+1)或 setScaleX(-1) 就能決定圖片的水平翻轉，造成向左向右的效果，是不是很妙！最後要注意 pspeed 變數的大小控制，將能改變圖片分解動作的呈現速度。

程式列表 12-4：Sensor_2 專案的 MainActivity.java 第 82~109、124~164 行

```
82      @Override
83      protected void onCreate(Bundle savedInstanceState) {
84          super.onCreate(savedInstanceState);
85
86          setContentView(R.layout.activity_main);
87
88          findViewById(R.id.relativelayout1).setOnClickListener(new
    OnClickListener(){
89
90              @Override
91              public void onClick(View arg0) {
92                  touched++;
93                  System.out.println("touched = " + touched);
94                  if( touched % 2 != 0){
95                      Toast.makeText(getBaseContext(), "翻轉手機控制  緩步/
    快走/飛行", Toast.LENGTH_LONG).show();
96                  }
97                  else{
98                      Toast.makeText(getBaseContext(), "點擊畫面控制  站立移
    動/趴下休息", Toast.LENGTH_SHORT).show();
99                  }
100             }});
101         findViewById(R.id.relativelayout1).performClick();
102         // 分解動作圖片初始
103         findViewsAndPrepareImages();
104         // 分解動作開始播放
105         handler.postDelayed(r, 0);
106
107         mSensorManager = (SensorManager)getSystemService(SENSOR_SERVICE);
108         mAccelerometer = mSensorManager.getDefaultSensor(Sensor.TYPE_
    ACCELEROMETER);
109     }
...     . . .
124     public void onSensorChanged(SensorEvent event) {
125
126         float[] values = event.values;
127
128         float xDir = values[0];
129
130         if(touched%2==0){
```

```
131             character = Action.SLEEP;
132             pspeed = 1;
133         }
134         else if(xDir < -5.0) {
135             character = Action.FLY;
136             pspeed = 1;
137             dir = RIGHT;
138         }
139         else if(xDir < -2.5) {
140             character = Action.WALK;
141             pspeed = 3;
142             dir = RIGHT;
143         }
144         else if(xDir < 0) {
145             character = Action.WALK;
146             pspeed = 1;
147             dir = RIGHT;
148         }
149         else if(xDir > 5.0) {
150             character = Action.FLY;
151             pspeed = 1;
152             dir = LEFT;
153         }
154         else if(xDir > 2.5) {
155             character = Action.WALK;
156             pspeed = 3;
157             dir = LEFT;
158         }
159         else  {
160             character = Action.WALK;
161             pspeed = 1;
162             dir = LEFT;
163         }
164     }
```

程式列表 12-4 的目的在於說明傳感器的處理部分，除了前面小節已經介紹的傳感器初始化、讀取重力資訊等等先不談，重點放在重力資訊分級，並連動修改相關變數值。

因此，我們看到在第 130 到 163 行之間就是在處理分級之後要如何連動動畫處理的相關變數？很快可以找到 character 變數處理 Action 姿態屬鷹或虎？pspeed 變數的大小影響播放速度！最後 dir 變數控制向左或向右。

12.3 位置傳感器

12.3.1 讀取位置資訊

類似 SensorManager、負責接收地理位置（Location）的 LocationManager，所生成的所有位置都保證具有有效的緯度（latitude），經度（longitude）和時間戳（UTC 時間和自啟動以來經過的實時），以及其他參數選項。[6]

位置傳感器的讀取方法和重力傳感器類似，讓我們再將讀取位置傳感器的要點複習整理一遍，而最大的差異在於以下第三點：

1. 實作位置監聽器（LocationListener）：可於所在的 Activity 進行。
2. 宣告初始位置員（LocationManager）：可於 onCreate()進行。
3. 決定位置提供者（Provider）：目前常用的有 NETWORK_PROVIDER 和 GPS_PROVIDER。
4. 註冊位置監聽器：可於 onResume()進行。
5. 註銷位置監聽器：可於 onPause()進行。

位置提供者角色的決定，如同傳感器角色的選定，例如，目前常用的有①NETWORK_PROVIDER（網路定位）和②GPS_PROVIDER（GPS 定位），分別是由①WiFi 資訊轉換成位置資訊，以及②GPS 接收天空衛星所傳來的位置資訊。前者不限於室內或戶外，因為主要是透過網路向 Google 資料庫對照附近 WiFi 熱點的平均地理位置；後者雖較精準，但是受限於室內無訊號以及戶外之接收死角。只是位置提供者的選定乃需要輸入 LocationManager 類別常數，不像傳感器角色的選定需要透過 getDefaultSensor()或是 getSensorList()這類 API 以及 Sensor 類別常數。

Location_1 專案佔了大篇幅處理 permission（權限）問題，是因為「手機位置」和前面章節用到的「外部儲存體讀寫」一樣，在 Android 6.0（API 23）之後被歸類成危險權限，需要在 App 第一次啟動時讓用戶親自再確認。[7]

---

6 https://developer.android.com/reference/android/location/Location

7 https://developer.android.com/guide/topics/permissions/overview

其次的篇幅在於實作 LocationListener 之介面方法，只是在此主要關心的是 onLocationChanged(Location)方法即可。透過其中的 Location 參數，就能獲取緯度（latitude）、經度、和時間戳等資訊，程式碼可參考的 113 至 118 行。

值得一提的是，如同對於 Sensor 的處理方式，位置傳感器也最好在 onPause()註銷監聽器、在 onResume()註冊監聽器。

程式列表 12-5：Location_1 專案之 MainActivity.java

```
18  public class MainActivity extends AppCompatActivity implements
    LocationListener {
19
20      public static final String TAG = "Location_1";
21
22      private LocationManager locationManager;
23
24      private TextView tv;
25
26      @Override
27      protected void onCreate(Bundle savedInstanceState) {
28          super.onCreate(savedInstanceState);
29          setContentView(R.layout.activity_main);
30
31          locationManager = (LocationManager) getSystemService
     (LOCATION_SERVICE);
32
33          int PERMISSION_ALL = 1;
34          String[] PERMISSIONS = {
35                  android.Manifest.permission.ACCESS_COARSE_LOCATION,
36                  android.Manifest.permission.ACCESS_FINE_LOCATION
37          };
38          if (!hasPermissions(this, PERMISSIONS)) {
39              if (Build.VERSION.SDK_INT >= 23) {
40                  ActivityCompat.requestPermissions(this, PERMISSIONS,
     PERMISSION_ALL);
41              }
42          }
43          tv = findViewById(R.id.textView1);
44      }
45
46      @Override
47      protected void onResume() {
```

```
48            super.onResume();
49            Log.e(TAG, "onResume(), locationManager = " + locationManager);
50
51            if (locationManager != null) {
52                if (ActivityCompat.checkSelfPermission(this, Manifest.
      permission.ACCESS_FINE_LOCATION) != PackageManager.PERMISSION_GRANTED
53                && ActivityCompat.checkSelfPermission(this, Manifest.
      permission.ACCESS_COARSE_LOCATION) != PackageManager.PERMISSION_GRANTED) {
...                   . . .
61                    return;
62                }
63                locationManager.requestLocationUpdates(LocationManager.
      NETWORK_PROVIDER, 0, 0, this);
64            }
65        }
66
67        @Override
68        protected void onPause() {
69            super.onPause();
70            if (locationManager != null) {
71                locationManager.removeUpdates(this);
72            }
73        }
74
75        public boolean hasPermissions(Context context, String... permissions) {
76            if (context != null && permissions != null) {
77                for (String permission : permissions) {
78                    if (ActivityCompat.checkSelfPermission(context,
      permission) != PackageManager.PERMISSION_GRANTED) {
79                        return false;
80                    }
81                }
82            }
83            return true;
84        }
85
86        @Override
87        public void onRequestPermissionsResult(int requestCode, String[]
      permissions, int[] grantResults) {
88            super.onRequestPermissionsResult(requestCode, permissions,
      grantResults);
89
90            Log.e(TAG, "requestCode: " + requestCode);
```

```
91          for (int i = 0; i < permissions.length; i++) {
92              Log.e(TAG, i + ", permissions: " + permissions[i]);
93          }
94
95          if (requestCode == 1) {
96              if (ActivityCompat.checkSelfPermission(this, Manifest.
    permission.ACCESS_FINE_LOCATION) != PackageManager.PERMISSION_GRANTED
97              && ActivityCompat.checkSelfPermission(this, Manifest.
    permission.ACCESS_COARSE_LOCATION) != PackageManager.PERMISSION_GRANTED) {
...                 . . .
105                 return;
106             }
107             locationManager.requestLocationUpdates(LocationManager.
    NETWORK_PROVIDER, 0, 0, this);
108         }
109     }
110
111     @Override
112     public void onLocationChanged(Location location) {
113         String info = "緯度-Latitude：  " + String.value0(location.
    getLatitude()) + "\n" +
114                       "經度-Longitude：  " + String.valueOf(location.
    getLongitude()) + "\n" +
115                       "UTC time：  " + String.valueOf(new Date
    (location.getTime())); // getTime() returns UTC time
116
117         Log.i(TAG, info);
118         tv.setText(info);
119     }
... }
```

位置傳感器用到兩組權限：

- android.permission.ACCESS_COARSE_LOCATION：允許使用網路定位權限。
- android.permission.ACCESS_FINE_LOCATION：允許使用 GPS 權限。

除了在 Manifest 內宣告以外，Android 6.0 以上手機還需用戶手動確認授權，如圖 12-5(b)所示。

圖12-5 以 Location_1 和 Location_2 專案為例之執行解果：(a)Location_1 專案取得並顯示①緯度、②經度、和③UTC 時間；(b)Location_1 和 Location_2 專案在 Android 6.0 以上手機需要另外獲得用戶授權存取位置資訊；(c)Location_2 專案將所讀取的經緯度資訊轉換成真實的地址字串。

12.3.2 位置資訊使用案例

此時，我們希望簡單展示位置資訊能夠帶給我們怎樣的生活便利？其中一種使用案例就是將「無感」的經緯度數字轉換成「有感」的地址資訊。這個功能需要用到一個稱為 Geocoder 的物件。

程式列表 12-6：Location_2 專案 MainActivity.java 第 120~126、137~153 行

```
30      Geocoder gc = null;
         . . .
...
39      gc = new Geocoder(this, Locale.TRADITIONAL_CHINESE);     //地區:台灣
         . . .
...
120     @Override
121     public void onLocationChanged(Location location) {
122         String address = getAddressByLocation(location);
123         Log.i(TAG, address);
124         tv.setText("以 Geocoder 將經緯度 (" + location.getLongitude() + ", "+
```

```
125                 location.getLatitude() + ") 找到的地址為\n\n" + address);
126      }
...      . . .
137      public String getAddressByLocation(Location location) {
138          String sAddress = "";
139          try {
140              if (location != null) {
141                  Double geoLongitude = location.getLongitude(); //取得經度
142                  Double geoLatitude = location.getLatitude(); //取得緯度
143
144                  //自經緯度取得地址
145                  List<Address> lstAddress = gc.getFromLocation(geoLatitude,
    geoLongitude, 1);
146                  sAddress = lstAddress.get(0).getAddressLine(0);
147              }
148          }
149          catch(Exception e) {
150              e.printStackTrace();
151          }
152          return sAddress;
153      }
```

Geocoder 物件有個 API 可以進行經緯度和地址的互換：

- getFromLocation()：負責將經緯度轉成地址。
- getFromLocationName()：負責將地址轉成經緯度。

程式碼第 137 至 153 行就是運用 API 完成經緯度轉成地址的動作，至於將地址轉成經緯度的部分，讀者可於最末節作思考與練習。

12.4 WiFi 傳感器

類似 SensorManager、負責處理 WiFi 訊號接收以及連線斷線等工作的 WiFiManager，它處理已配置網絡（Configured Networks）的列表、當前有效的 Wi-Fi 網絡、接入點掃描的結果（Access point）等等。[8]

8 https://developer.android.com/reference/android/net/wifi/WifiManager

幾組相關的基本權限如下，名稱意義全都顯而易見：

- android.permission.ACCESS_NETWORK_STATE。
- android.permission.ACCESS_WIFI_STATE。
- android.permission.CHANGE_NETWORK_STATE。
- android.permission.CHANGE_WIFI_STATE。

首先介紹 WiFiManager 最基本的用法：開、關 WiFi。這項開關功能可由以下兩個 WiFiManager 基本的 API 加以完成：

- isWifiEnabled()：取得 WiFi 是否已經啟用之 API。
- setWifiEnabled(boolean)：開啟或關閉 WiFi 之 API。

程式列表 12-7 呈現 WiFi_0 專案的主要程式碼，從第 27 行開始取得 WiFiManager 物件以後，立即在第 29~35 行利用 isWifiEnabled()判斷手機是否已經啟用 WiFi？然後據以顯示 ToggleButton 上的文字狀態。

其次，利用 ToggleButton 註冊 OnCheckedChangeListener 監聽器，攔截 ToggleButton 開與關的事件，同樣據以顯示 ToggleButton 上的文字狀態，但不僅如此，還據以執行 setWifiEnabled()方法，進行真正的 WiFi 開、關。

圖 12-6 可以對照第 29~35 行的程式行為，而圖 12-7 則對應程式碼第 37~52 行，讀者可以對照兩組圖示，執行測試。

程式列表 12-7：WiFi_0 專案 MainActivity.java

```
19      @Override
20      protected void onCreate(Bundle savedInstanceState) {
21          super.onCreate(savedInstanceState);
22          setRequestedOrientation(ActivityInfo.SCREEN_ORIENTATION_PORTRAIT);
23          setContentView(R.layout.activity_main);
24
25          tb = findViewById(R.id.toggleButton);
26
27          wmgr = (WifiManager)getApplicationContext().getSystemService
    (Context.WIFI_SERVICE);
28
```

```
29          tb.setChecked(wmgr.isWifiEnabled());
30          if(wmgr.isWifiEnabled()) {
31              tb.setText("關閉");
32          }
33          else {
34              tb.setText("開啟");
35          }
36
37          tb.setOnCheckedChangeListener(new CompoundButton.OnCheckedChange
    Listener(){
38              @Override
39              public void onCheckedChanged(CompoundButton buttonView, boolean
    isChecked) {
40                  wmgr.setWifiEnabled(isChecked);
41                  String msg = "";
42                  if(isChecked) {
43                      msg = "正在開啟 WiFi";
44                      tb.setText("關閉");
45                  }
46                  else {
47                      msg = "正在關閉 WiFi";
48                      tb.setText("開啟");
49                  }
50                  Toast.makeText(MainActivity.this, msg, Toast.LENGTH_
    SHORT).show();
51              }
52          });
53      }
```

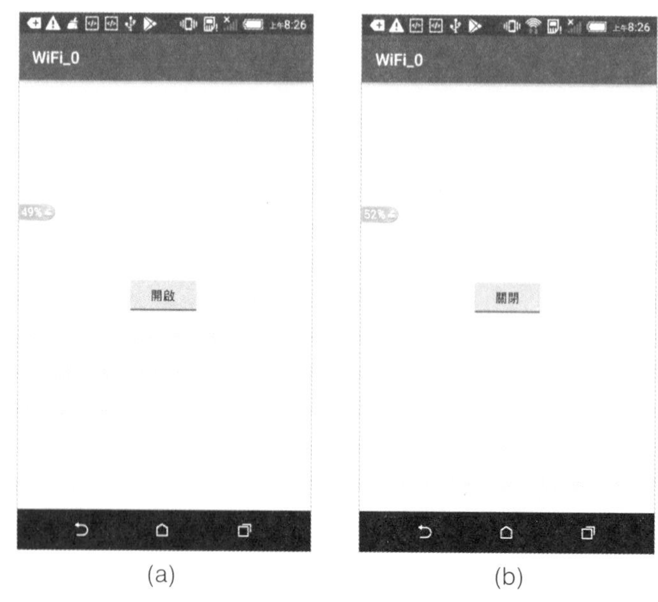

(a) (b)

圖12-6 WiFi_0 專案的初始畫面：(a)執行 WiFi_0 之前，手機已經關閉 WiFi，則畫面顯示待開啟；(b)執行 WiFi_0 之前，手機已經開啟 WiFi，則畫面顯示待關閉。

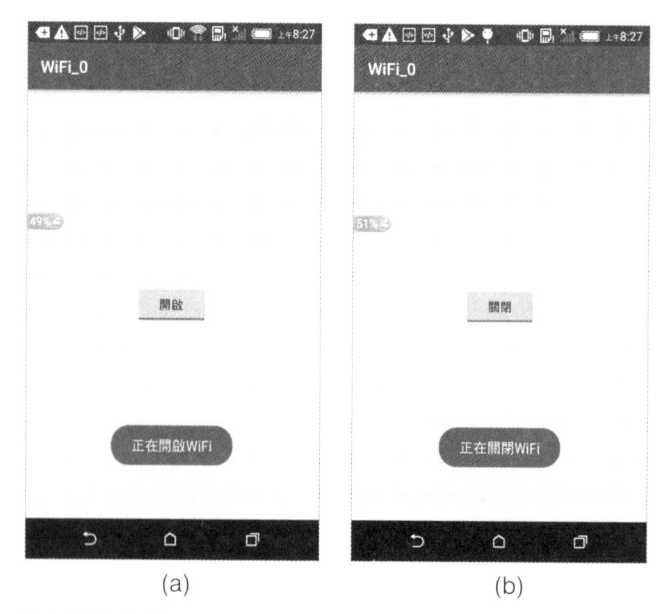

(a) (b)

圖12-7 WiFi_0 專案的執行結果：(a)按下開啟鈕，顯示 Toast 訊息；(b)按下關閉鈕，顯示 Toast 訊息。

12.4.1 讀取 WiFi 資訊

有了 WiFi_0 專案的基礎，我們可以更進一步實際讀取 WiFi 資訊，就如同讀者使用手機的實際經驗，可以期待的是應該要能出現 WiFi 熱點的列表！

本小節我們利用 WiFi_1 專案來說明，並分成兩部分來說明：

1. 開始掃描 WiFi：程式列表 12-8。
2. **接收** WiFi 掃描結果：程式列表 12-9。

程式列表 12-8 的所用到的主要 API 如下：

- adapter.notifyDataSetChanged()：重新載入資料（第 223、143 行）。
- registerReceiver(wifiReceiver, ...))：註冊接收器（第 224 行）。
- unregisterReceiver(wifiReceiver)：註銷接收器（第 204 行）。
- wifiManager.startScan()：開始掃描 WiFi（第 225 行）。

程式列表 12-8 執行的重點流程圖可參考圖 12-8(a)。

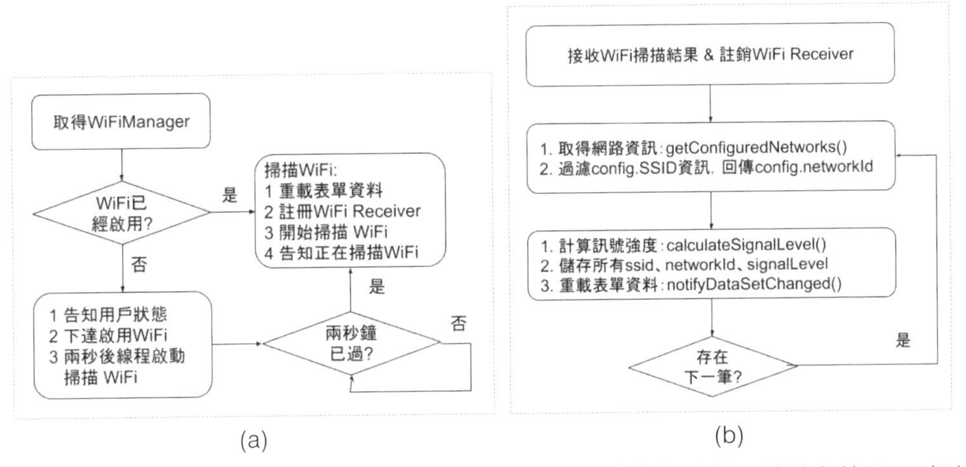

圖12-8 WiFi_1 專案的重點流程圖：(a)程式列表 12-8 的執行流程，重點在於 App 初始 WiFi 並顯示相關以註冊過的熱點 SSID；(b)執程式列表 12-9 的執行流程，重點在於註冊 WiFi Receiver 之後的如何更新 WiFi 熱點列表。

程式列表 12-8：WiFi_1 專案第 189~197、210~227 行

```
149        @Override
150        protected void onCreate(Bundle savedInstanceState) {
151            super.onCreate(savedInstanceState);
...            . . .
189            wifiManager = (WifiManager) getApplicationContext().
getSystemService(Context.WIFI_SERVICE);
190            if (!wifiManager.isWifiEnabled()) {
191                Toast.makeText(this, "WiFi is disabled ... We need to enable it",
Toast.LENGTH_LONG).show();
192                wifiManager.setWifiEnabled(true);
193                scanWiFiAfter2s();
194            }
195            else {
196                scanWifi();
197            }
198        }
...        . . .
210        private void scanWiFiAfter2s() {
211            listView.postDelayed(new Runnable(){
212                @Override
213                public void run() {
214                    scanWifi();
215                }}, 2000);
216        }
217
218        private void scanWifi() {
219            itemClicked = -1;
220            arrayList.clear();
221            networkIdList.clear();
222            signalLevelList.clear();
223            adapter.notifyDataSetChanged();
224            registerReceiver(wifiReceiver, new IntentFilter(WifiManager.SCAN_
RESULTS_AVAILABLE_ACTION));
225            wifiManager.startScan();
226            Toast.makeText(this, "Scanning WiFi ...", Toast.LENGTH_SHORT).show();
227        }
```

程式列表 12-9 的所用到的 wifiManager 的主要 API 如下：

- getScanResults()：取得最新接入點掃描的結果（第 120 行）。
- getConfiguredNetworks()：取得當前用戶配置的網絡列表（第 234 行）。
- calculateSignalLevel()：計算信號的水平。（第 134 行）。

程式列表 12-9 的重點流程圖如圖 12-8(b)，執行結果如圖 12-9。

程式列表 12-9：WiFi_1 專案第 117~147、172~187、229~249 行

```
117     BroadcastReceiver wifiReceiver = new BroadcastReceiver() {
118         @Override
119         public void onReceive(Context context, Intent intent) {
120             results = wifiManager.getScanResults();
121             unregisterReceiver(this);
122
123             if(results.size()==0) {
124                 arrayList.clear();
125                 return;
126             }
127
128             if(wifiManager.isWifiEnabled()) {
129                 for (ScanResult scanResult : results) {
130
131                     int networkId = getNetworkId(scanResult);
132
133                     int level = scanResult.level;
134                     int signalLevel = wifiManager.calculateSignal
    Level(level,3);
135                     Log.e(TAG, "scanResult's SignalLevel => " +
    signalLevel);
136                     Log.e(TAG, "scanResult.capabilities => " +
    scanResult.capabilities);
137
138                     if(networkId!=-1) {
139                         arrayList.add(scanResult.SSID);
140                         networkIdList.add(networkId);
141                         signalLevelList.add(signalLevel);
142                     }
143                     adapter.notifyDataSetChanged();
144                 }
```

```
145             }
146         };
147     };
...         . . .
172         listView = (ListView) findViewById(R.id.wifiList);
173         listView.setAdapter(adapter);
174         listView.setOnItemClickListener(new AdapterView.OnItemClick
Listener(){
175             @Override
176             public void onItemClick(AdapterView<?> adapterView, View view,
int i, long l) {
177 
178                 if(mSSID.equals(arrayList.get(i))) {
179                     Toast.makeText(MainActivity.this,
180                             mSSID + " is selected!", Toast.LENGTH_SHORT)
.show();
181                 }
182                 else {
183                     itemClicked = i;
184                     listView.post(runReconnectWiFi);
185                 }
186             }
187         });
...         . . .
229     private int getNetworkId(ScanResult scanResult) {
230         if (scanResult.BSSID == null || scanResult.SSID == null ||
scanResult.SSID.isEmpty() || scanResult.BSSID.isEmpty())
231             return -1;
232         String ssid = "\"" + scanResult.SSID + "\"";
233 
234         List<WifiConfiguration> configurations = wifiManager.getConfigured
Networks();
235         if (configurations == null) return -1;
236 
237         for (final WifiConfiguration config : configurations) {
238             if (ssid.equals(config.SSID)) {
239                 if(config.status == 0) {
240                     mSSID = config.SSID;
241                     mSSID = mSSID.replaceAll("\"", "");
242                     isWiFiOn = true;
243                     ivWiFiOnOff.setImageResource(R.drawable.on);
244                 }
245                 return config.networkId;
```

```
246                 }
247             }
248             return -1;
249         }
```

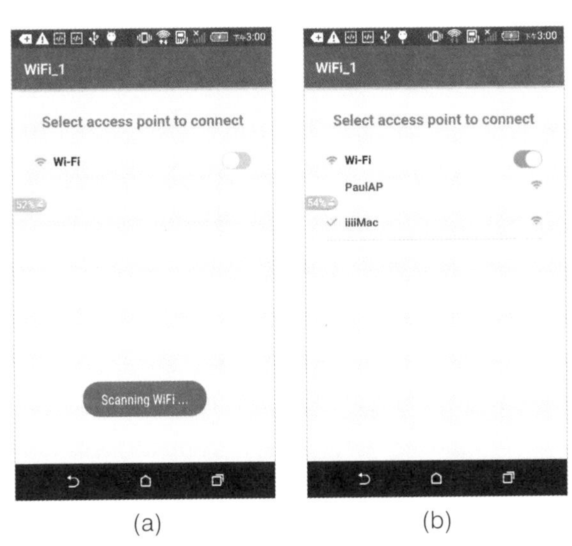

(a) (b)

圖12-9 WiFi_1 專案的執行結果：(a)啟用 WiFi，顯示 Toast 訊息；(b)註冊 WiFi 接收器，更新 WiFi 熱點列表。

12.4.2 WiFi 資訊使用案例*

本小節標示為選讀(*)，因為作者想要補充 IoT 相關的 WiFi 應用。[9] [10]

如果讀者看過作者兩本 IoT 相關著作：①小物大聯網和②小手大創客，應該就會看到物聯網有個易記、易懂的公式化定義如下：

```
Physical Object （實體）
+
Controller, Sensors, and Actuators （控制器、傳感器、和促動器）
+
Internet （網路）
=
Internet of Things （物聯網）
```

9 http://www.books.com.tw/products/0010723965
10 http://www.books.com.tw/products/0010775026

從定義中就知道物聯網和嵌入式系統的主要差異就在於網路。

圖 12-10 是兩本書所討論到的應用架構：如何將 ESP8266 IoT 晶片，透過 Android 的 WiFi 熱點，將資料進一步傳送到以 TCP/IP 之 Socket 機制為主的 Server 端去？

圖 12-10 將連線方式再區分成兩種：①WiFi 熱點和 Socket Server 同在一處，以及②WiFi 熱點和 Socket Server 分開兩處。而所謂一處兩處，基本上就是以同一個 IP 位址，或是不同的 IP 位址來判定。

無論是 HTTP 或是 Socket，都是走在 TCP/IP 的協定上，所以不能不了解 TCP/IP 的基本概念。兩本書都有一些著墨，未學習過的讀者也可以先從圖 12-11 得到一些基本的概念。

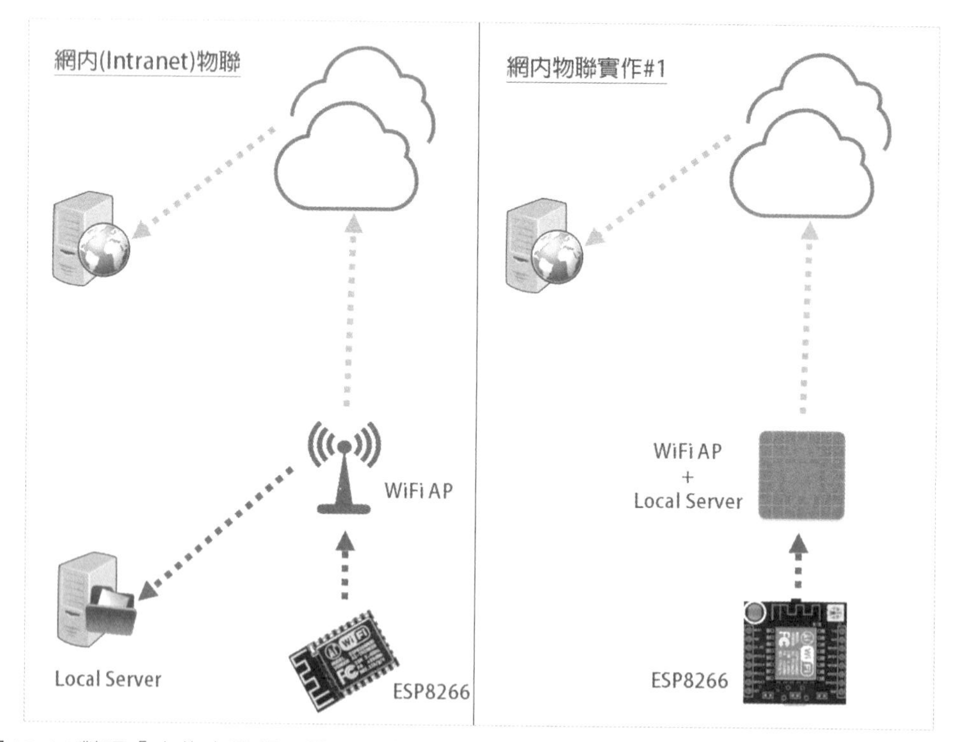

圖12-10 對照「小物大聯網」圖 4-5 的 Intranet 物聯。左圖：以 ESP8266 作為 Client，在同一個 WiFi AP 的網域之下，找到 Local Server 並加以連線；右圖：以 Android 系統裝置同時扮演 WiFi AP 和 Local Server 的角色。

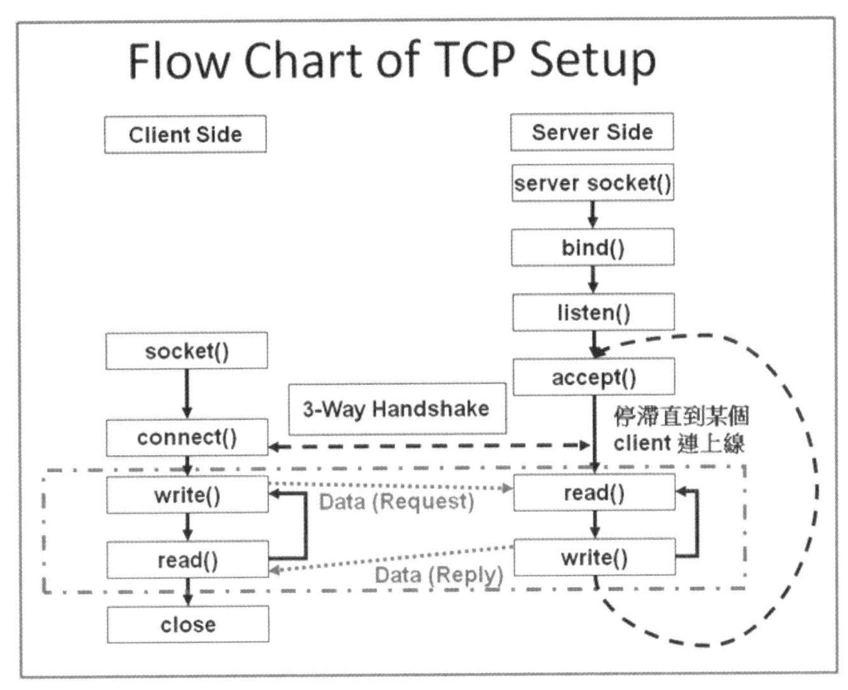

圖12-11 TCP 設定流程圖。重點①：伺服端需要先啟動，等待客戶端主動連線；重點②：連線成功與否需靠「三向交握」之網路協定；重點③：雙方資料傳輸的行為需要以「讀寫成對」的方式，但是 write/read 的次序不必然同上圖。

12.5 思考與練習

讀完本章之後，可以嘗試思考與練習以下題目：

1. 根據第 12.2.1 節的介紹，嘗試將模擬器的三軸重力值調整成下圖所顯示的數值。

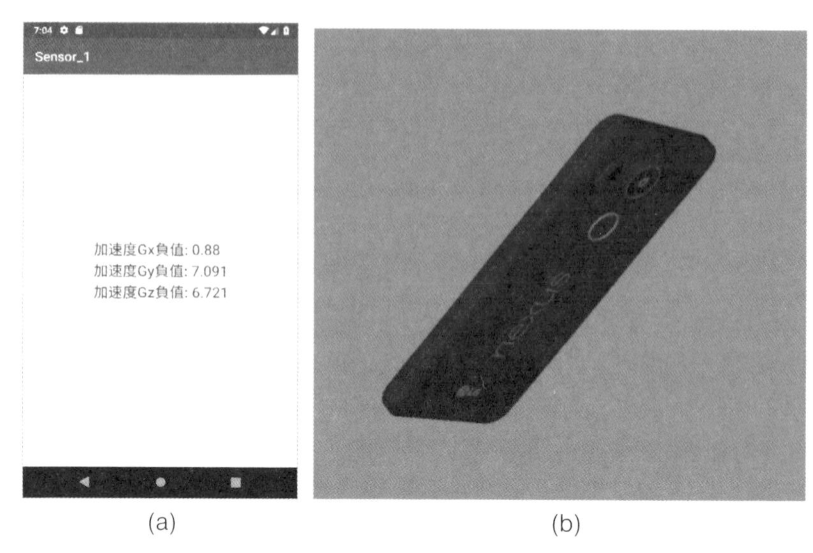

(a) (b)

圖12-12 思考練習題之一：試將 Sensor_1 專案執行在模擬器上，並利用圖(b)的操作角度，讓 Sensor_1 專案出現圖(a)的數值結果。

2. 試將第 12.2.2 節的 Sensor_1a 專案中的 Shaking 演算法，找到一個應用的方式，例如，當偵測到 Shaking 時開燈，第二次又偵測到 Shaking 時關燈等等，並加以實作成 App。

3. 試將第 12.2.3 節的 Sensor_2 專案，對照隨書雲端 zip 之 Sensor_2a 專案：①比較兩專案執行的差異？②參考 Sensor_2 專案的寫法，優化或改寫 Sensor_2a 專案使程式更為精簡。

4. 試將第 12.3.2 節的 Location_2 專案內以下的「地址轉經緯度」之 API：

```
public String getLocationByAddress(String addr)
```

   作成 Location_2a 專案，完成其功能。

5. 試比較 WiFi 傳感器和 Sensor 傳感器，在用法上：

   ①有何相同之處？請條列出來。

   ②有何相異之處？請條列出來。

6. 試將 12.4.2 小節的「WiFi 資訊使用案例*」所介紹的物聯網 WiFi 連線使用案例，嘗試參考「小手大創客」中的第 4.2 節的 AndServer 搭配第 4.3 節的 ESPClient，進行連線驗證。

CHAPTER

13

官方版型

13.1 前言

本章內容在本書舊有版本中未曾專章介紹，現在不但介紹而且放在第四篇「版型篇」之首章，一方面承接前面三篇共十二章的元件設計與架構概念，成為另一種進階的設計概念介紹，另一方面則是凸顯 Android 官方越發強調的版型套用做法，屬於一種必學技巧。

如圖 13-1(a)所示，作者目前所使用的 Android Studio 3.x 版正提供 12 種 Mobile 官方版型讓開發者於新建 Activity 時可以選取。無論是從 File => New => New Project 新建專案的管道，或是由 File => New => Activity 新建視窗的管道，都能出現此對話框供開發者選取，實用且方便，不可不學。然後本章再從其中挑選關鍵的 6 種版型（如圖 13-1(b) 所示），並且更動它們原先的「出場序」，以①②③第一組、④⑤⑥第二組的方式分節依序介紹。

如前述，這樣的安排凸顯一個目的，就是 Android 在其調色板（Palette）中含有許多「進階型」的重要元件像是 Layouts 分類中的 Fragment、Containers 分類中的 ViewPager、Design 分類中的 AppBarLayout、NestedScrollView、FloatingActionButton 等等，都適合利用介紹版型的機會，加以出場。

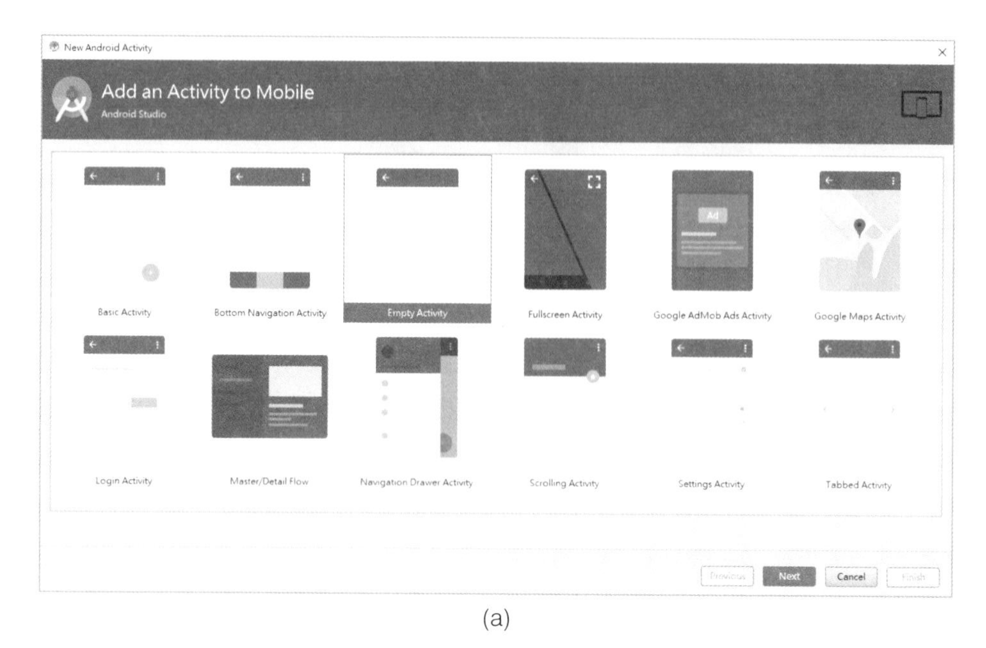

(a)

① Bottom Navigation Activity

② Scrolling Activity

③ Tabbed Activity

④ Fullscreen Activity

⑤ Master/Detail Flow

⑥ Navigation Drawer Activity

(b)

圖13-1 從 Android Studio 新建 Activity：(a)可從 12 種版型中擇一進行；(b)本章摘取其中 6 項，改變其出場次序後，加以對照說明。

13.2 版型設計一二三

前三組視窗版型①Bottom Navigation、②Scrolling 和③Tabbed（Action Bar Spinner）是這一小節探討的對象，擺在一起討論的理由有：

- 在程式複雜度上相對比較小。例如：①Bottom Navigation 和②Scrolling 的主程式長度含註解各約 50 行，相對簡短。
- 前三組版型都有採用到 android.support.design.widget。
- 和後三組視窗版型④Fullscreen、⑤Master/Detail 和⑥Navigation Drawer 比較起來，前三組沒有隱藏的功能表或第二層視窗，雖然③ Tabbed（Action Bar Spinner）確實也有隱藏的 View，需要透過 Spinner（下拉選單）才能切換顯示。

至於為什麼明明是寫「Tabbed Activity」，最後卻變成「Action Bar Spinner」？這就要從官方版型建構過程中某個稱為「Configure Activity （配置活動視窗）」的步驟說起。因為在進入圖 13-1(a)的官方版型選取「Tabbed Activity」之後的「配置活動視窗」步驟裡，比一般版型多出了一個 Navigation Style 選項，如圖 13-2 所示。

圖 13-2 顯示 Tabbed Activity 版型不都是「Tabbed」，可能是為了方便，將其他兩種也能切換版面的作法納進來，統稱「Tabbed」。

表格 13-1 整理本章六組官方版型在「配置活動視窗」步驟裡的說明文字，初步看到第⑤組的 Master/Detail 描述得最複雜；第③組未見到 Spinner 字樣，似乎被視為 Tabbed 的一種。另外，如果所選的是不在表格 13-1 內，而是所預設的「Empty Activity」，那麼它的說明文字就是簡單一句「Creates a new empty activity.」

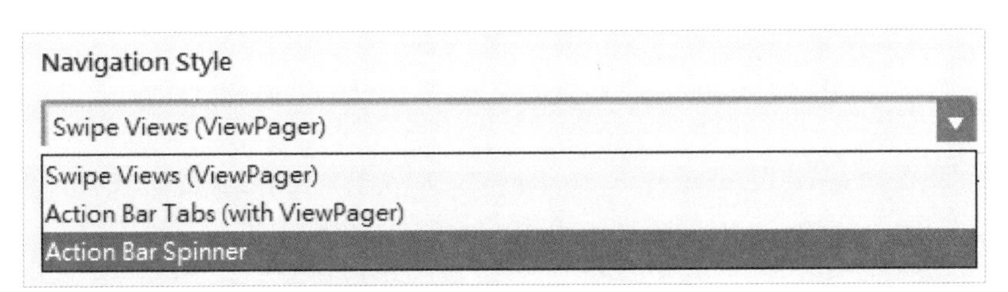

圖13-2 從 Configure Activity 步驟之 Navigation Style 選項，選取 Action Bar Spinner。

表13-1 Android Studio 所提供之官方版型中的其中六種，配置過程中的說明文字。

官方版型	配置說明
①Bottom Navigation	Creates a new activity with bottom navigation （底部導航）.
②Scrolling	Creates a new vertical scrolling activity.
③Tabbed	Creates a new blank activity, with an action bar and navigational elements such as tabs（標籤）or horizontal swipe（水平滑動）.
④FullScreen	Creates a new activity that the visibility of the system UI (status and navigation bars) and action bar upon user interaction.
⑤Master/Detail	Creates a new master/detail flow, allowing users to view a collection of objects as well as details for each object. This flow is presented using two columns on tablet-size screens and one column on handsets and smaller screens. This template creates two activities, a master fragment and a detail fragment.
⑥Navigation Drawer	Creates a new activity with a Navigation Drawer（導航抽屜）.

13.2.1 版型一底部導航

事實上，從底部導航這個名詞，以及相關說明的文字只能略知它的「位置」和「功能」，卻無法知道細節部分；細節部分確實要從程式碼才能掌握。

在對照程式碼以先，我們可以先瀏覽底部導航範例的執行結果。如圖 13-3(a)~(c)所示，它就是一種能藉由底部「數個」按鈕的點擊，進行畫面的切換。至於圖 13-3(d)則是稍後會補充的一件事：其實底部導航並非絕對！透過簡單參數的設定，也可以變成頂部（Top）導航。

不論是 java 或 xml 程式碼都能看到以下這個元件的宣告與使用：

```
android.support.design.widget.BottomNavigationView
```

但是要成功使用這個元件，必須要在 app 的 build.gradle 內加入以下的 dependencies：

```
implementation 'com.android.support:design:26.1.0'
```

只是官方版型所建立的範例程式會自動加入它，讀者不必擔心。

另一個重點是，在 xml 中我們可以看到 BottomNavigationView 的用法確實和 res/menu 產生連結！例如以下這行參數的使用：

```
app:menu="@menu/navigation"
```

它表示 BottomNavigationView 元件需要用到 res/menu/navigation.xml 檔所宣告的 Menu 項目加以整合。它的作用有點像以下 Activity 建立 Menu 的 API：

```
public boolean onCreateOptionsMenu(Menu menu)
```

那又是誰對應到以下 ItemSelected 的 API 呢？

```
public boolean onOptionsItemSelected(MenuItem item)
```

答案是 BottomNavigationView 有一個特製的 OnNavigationItemSelectedListener 需要加以宣告、實作與註冊！詳見圖 13-5。

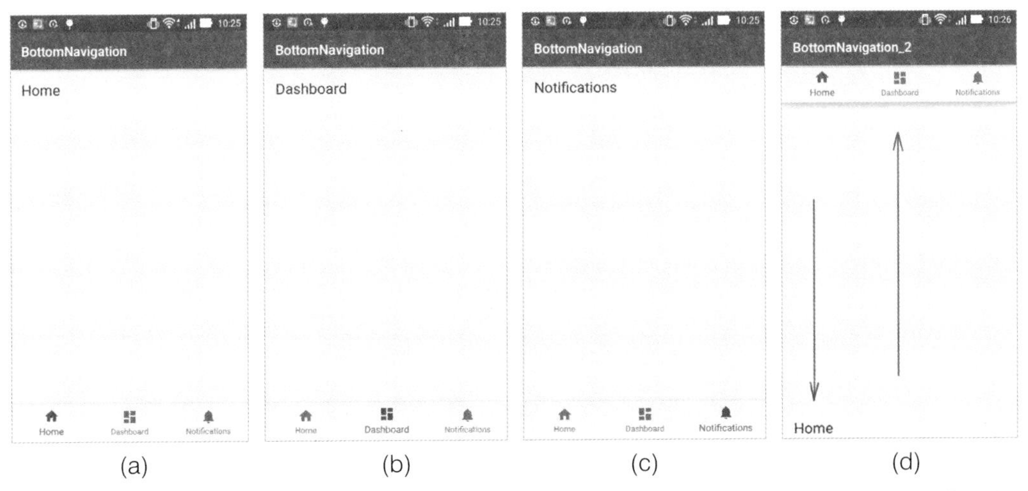

圖13-3 BottomNavigation：(a)點擊底部導航鈕「Home」；(b)點擊底部導航鈕「Dashboard」；(c)點擊底部導航鈕「Notification」；(d)將底部導航鈕移到頂部，另存專案為 BottomNavigation_2。

```
menu  item
1   <?xml version="1.0" encoding="utf-8"?>
2   <menu xmlns:android="http://schemas.android.com/apk/res/android">
3
4       <item
5           android:id="@+id/navigation_home"
6           android:icon="@drawable/ic_home_black_24dp"
7           android:title="Home" />
8
9       <item
10          android:id="@+id/navigation_dashboard"
11          android:icon="@drawable/ic_dashboard_black_24dp"
12          android:title="Dashboard" />
13
14      <item
15          android:id="@+id/navigation_notifications"
16          android:icon="@drawable/ic_notifications_black_24dp"
17          android:title="Notifications" />
18
19  </menu>
```

圖13-4　res/menu/navigation.xml 之內容。

```
MainActivity  mOnNavigationItemSelectedListener  new OnNavigationItemSelectedListener
10  public class MainActivity extends AppCompatActivity {
11
12      private TextView mTextMessage;
13
14      private BottomNavigationView.OnNavigationItemSelectedListener mOnNavigationItemSelectedListener
15              = new BottomNavigationView.OnNavigationItemSelectedListener() {   ①
16
17          @Override
18          public boolean onNavigationItemSelected(@NonNull MenuItem item) {   ②
19              switch (item.getItemId()) {
20                  case R.id.navigation_home:
21                      mTextMessage.setText("Home");
22                      return true;
23                  case R.id.navigation_dashboard:
24                      mTextMessage.setText("Dashboard");
25                      return true;
26                  case R.id.navigation_notifications:
27                      mTextMessage.setText("Notifications");
28                      return true;
29              }
30              return false;
31          }
32      };
33
34      @Override
35      protected void onCreate(Bundle savedInstanceState) {
36          super.onCreate(savedInstanceState);
37          setContentView(R.layout.activity_main);
38
39          mTextMessage = (TextView) findViewById(R.id.message);
40    ③    BottomNavigationView navigation = (BottomNavigationView) findViewById(R.id.navigation);
41          navigation.setOnNavigationItemSelectedListener(mOnNavigationItemSelectedListener);
42      }
```

圖13-5　BottomNavigationView.OnNavigationItemSelectedListener 的用法：①宣告匿名類別；②實作介面方法；③註冊監聽器。

讀者從圖 13-3(a)~(c)可以注意到，隨著底部導航鈕的選取，上方文字就會跟著改變。對照圖 13-5 來看，就是將 TextView 元件變數 mTextMessage 的內容作改變。

那麼究竟圖 13-3(d) 是如何辦到的呢？其實只需要將 res/layout/activity_main.xml 檔案內所出現的以下兩組參數對調即可：

```
app:layout_constraintTop_toTopOf="parent"
```

```
app:layout_constraintBottom_toBottomOf="parent"
```

也就是讓 TextView 從原本對齊 parent 的 Top 改成對齊 Bottom、讓 BottomNavigationView 從原本對齊 parent 的 Bottom 改成對齊 Top 即可。讀者可以開啟 BottomNavigationView_2 專案進行測試與練習。

13.2.2 版型二捲動視窗

此處的 Scrolling 視窗專案並非利用「自製清單」專章所介紹的 ScrollView 元件，而是一種歸類在調色板之 Design 分類中的 NestedScrollView 元件：

```
android.support.v4.widget.NestedScrollView
```

NestedScrollView 元件和 ScrollView 元件類似，差別在於它解決了 ScrollView 對於巢狀（Nested）捲軸設計在過去所帶來的困難：就是無法分辨同一時間的捲動是屬於內層或外層？

以下我們利用三個專案彼此對照：第一個專案 Scrolling 是跑完 Scrolling 官方版型步驟的原始內容，執行結果如圖 13-6(a)和(b)所示。這個專案雖然也有用到 NestedScrollView 元件，但其實並非巢狀，而僅單層而已！所以稍後我們討論到 Scrolling_3 專案就是為了展示巢狀捲軸設計的特色。

在此之前，先建立 Scrolling_2 專案，是為了讓讀者看看將 CollapsingToolbarLayout 拿掉之後的效果，執行結果如圖 13-6(c)所示。除了標題變成「正常版」的高度以外，眼尖的讀者也會發現一個稱作 FloatingActionButton 的圓圈按鈕，位置從標題下方轉移到視窗下方去了？！

```
android.support.design.widget.FloatingActionButton
```

原來，FloatingActionButton 元件的眾多屬性中，有兩個和位置有關的屬性如下（anchor 代表下錨，anchorGravity 代表下錨的重心），被更動了：

```
app:layout_anchor="@id/app_bar"
app:layout_anchorGravity="bottom|end"
```

轉變如下（layout_gravity 代表元件在版面的重心）：

```
android:layout_gravity="end|bottom"
```

因此，對齊的方式雖然都是「底部（bottom）」，但是相對於「誰」的底部？結果就會有所不同。

另一個影響當然是因為前者對齊的是「@id/app_bar（也就是標題區）」的底部，因此當發生向上捲動的情形時，圓圈按鈕也因為跟著捲到螢幕上方以外的區域，所以造成圖 13-6(b)的圓圈按鈕消失不見了！

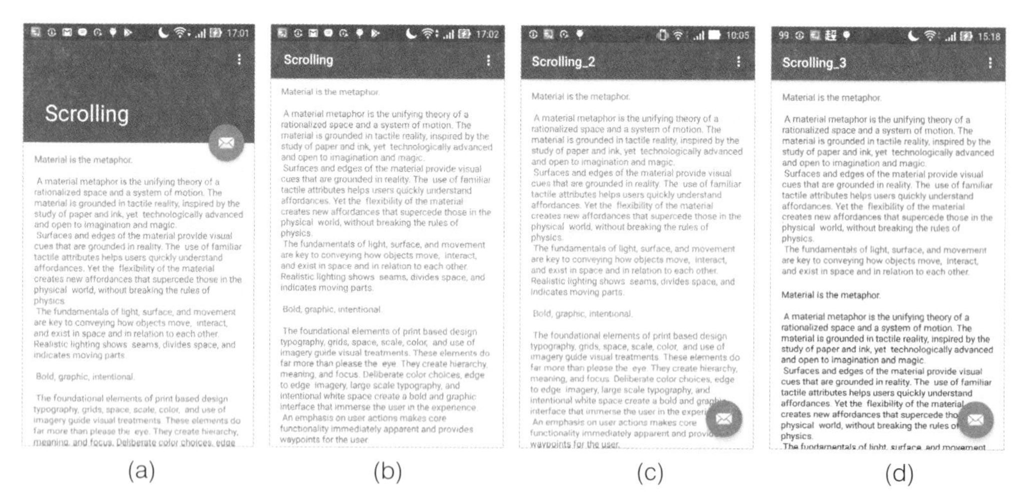

圖13-6　(a)Scrolling 專案執行的初始畫面；(b) Scrolling 專案運用到 android.support.design.widget.CollapsingToolbarLayout 元件，當向上捲動時，標題高度從原本的 180dp 縮成一般高度；(c) Scrolling_2 專案執行的初始畫面，標題高度為「正常」；(d) Scrolling_3 專案執行的初始畫面，運用到兩層 android.support.v4.widget.NestedScrollView 元件，且各自順利運作。

最後，關於圖 13-6(d) 的雙層捲軸演示，主要是先在最外層的 NestedScrollView 內，再包一層 LinearLayout，這麼作是因為 NestedScrollView 無法直接包含兩個以上的子元件，所以必須透過 LinearLayout 來達成。

如圖 13-7 所示，框線部分就是新增加的 xml 程式碼。讀者可以清楚看到，在 LinearLayout 以內，除了原本的 TextView（但已被改成藍色字）之外，另多了一組內含紅色字之 TextView、高度 300dp 之內層 NestedScrollView，這樣的安排就能完成所需的雙層捲軸版面應用。

Scrolling 官方版型可看出另外一個重點，也是 Android 一系列官方版型慣用的設計手法，將視窗分成三個基本區塊：①以 android.support.design.widget 之 AppBarLayout 作為標題區的元件，以及③同套件下之 FloatingActionButton 作為浮動按鈕控制元件，剩下②則是主要版面區域。此手法確實達到推廣和體現 Android Material Design 的精神，請對照圖 13-8 的說明進行理解。

```
1  <?xml version="1.0" encoding="utf-8"?>
2  <android.support.v4.widget.NestedScrollView xmlns:android="http://schemas.android.com/apk/res/android"
3      xmlns:app="http://schemas.android.com/apk/res-auto"
4      xmlns:tools="http://schemas.android.com/tools"
5      android:layout_width="match_parent"
6      android:layout_height="match_parent"
7      app:layout_behavior="@string/appbar_scrolling_view_behavior"
8      tools:context="com.aerael.scrolling.ScrollingActivity"
9      tools:showIn="@layout/activity_scrolling">
10
11     <LinearLayout android:layout_width="match_parent"
12         android:layout_height="wrap_content"
13         android:orientation="vertical">
14
15         <android.support.v4.widget.NestedScrollView
16             android:layout_width="match_parent"
17             android:layout_height="300dp"
18             app:layout_behavior="@string/appbar_scrolling_view_behavior"
19             tools:context="com.aerael.scrolling.ScrollingActivity"
20             tools:showIn="@layout/activity_scrolling">
21
22             <TextView
23                 android:layout_width="wrap_content"
24                 android:layout_height="wrap_content"
25                 android:layout_margin="@dimen/text_margin"
26                 android:textColor="#ff0000"
27                 android:text="@string/large_text" />
28
29         </android.support.v4.widget.NestedScrollView>
30
31         <TextView
32             android:layout_width="wrap_content"
33             android:layout_height="0dp"
34             android:layout_margin="@dimen/text_margin"
35             android:textColor="#0000ff"
36             android:text="@string/large_text" />
37
38     </LinearLayout>
39 </android.support.v4.widget.NestedScrollView>
```

圖13-7 Scrolling_3 專案運用兩層 android.support.v4.widget.NestedScrollView 元件可造成上、下兩組之「內、外層」NestedScrollView 各自順利發揮作用。

```
<?xml version="1.0" encoding="utf-8"?>
<android.support.design.widget.CoordinatorLayout xmlns:android="http://schemas.android.com/apk/res/android"
    xmlns:app="http://schemas.android.com/apk/res-auto"
    xmlns:tools="http://schemas.android.com/tools"
    android:layout_width="match_parent"
    android:layout_height="match_parent"
    android:fitsSystemWindows="true"
    tools:context="com.aerael.scrolling.ScrollingActivity">

    <android.support.design.widget.AppBarLayout
        android:id="@+id/app_bar"
        android:layout_width="match_parent"
        android:layout_height="180dp"
        android:fitsSystemWindows="true"
        android:theme="@style/AppTheme.AppBarOverlay">

        ...

    </android.support.design.widget.AppBarLayout>

    <include layout="@layout/content_scrolling" />

    <android.support.design.widget.FloatingActionButton
        android:id="@+id/fab"
        android:layout_width="wrap_content"
        android:layout_height="wrap_content"
        android:layout_margin="16dp"
        app:layout_anchor="@id/app_bar"
        app:layout_anchorGravity="bottom|end"
        app:srcCompat="@android:drawable/ic_dialog_email" />

</android.support.design.widget.CoordinatorLayout>
```


圖13-8 Scrolling 專案的版型架構可以看出 Android 一系列官方版型慣用的手法：①以 android.support.design.widget.AppBarLayout 作為標題區的元件；②中間包含本文區域版面；③以 android.support.design.widget.FloatingActionButton 作為浮動按鈕控制元件。[1] [2]

13.2.3 版型三下拉選單

這一節利用 ActionBarSpinner 專案作介紹，可參考圖 13-2 選取 Tabbed 的 Navigation Style 中對應的選項就能產生相同內容的專案，或是讀者直接開啟 ActionBarSpinner 專案即可。執行過程可先參考圖 13-9。

Spinner 元件多半翻譯成「下拉選單」，它隸屬於調色板中 Widgets 分類，是 Android 最古老的元件之一，從 API level 1 就已經存在。[3]

Spinner 元件和 ListView 元件來自同一個 android.widget.AdapterView 類別，這使得我們在學習 Spinner 元件時變得容易一些，因為在本書「內建清單」專章我們曾經碰過 ListView。[4]

---

1 https://developer.android.com/reference/android/support/design/widget/AppBarLayout.html

2 https://developer.android.com/reference/android/support/design/widget/FloatingActionButton.html

3 https://developer.android.com/reference/android/widget/Spinner.html

還記得一開始學習 ListView 時，是先以 ArrayAdapter 安排文字資料，然後利用 BaseAdapter 作成圖文顯示的應用。當時我們將 Adapter 譯成轉接器，也有些人翻譯成適配器。無論如何，就是要在不同的資料形式之間作「調適、轉換」！

此外，一開始用到 ArrayAdapter 時我們所引介的版面參數 android.R.layout.simple_ list_item_1，同樣被 ActionBarSpinner 官方版型範例專案所採用！

如圖 13-10 所示，我們看到繼承 ArrayAdapter 的 MyAdapter 類別成為 Spinner 元件的轉接器，雖然 MyAdapter 建構子看似沒有用到 layout 參數，但若仔細查看圖 13-10(b)第 100 行就會發現，android.R.layout.simple_ list_item_1 已經成為預設的 layout 參數。

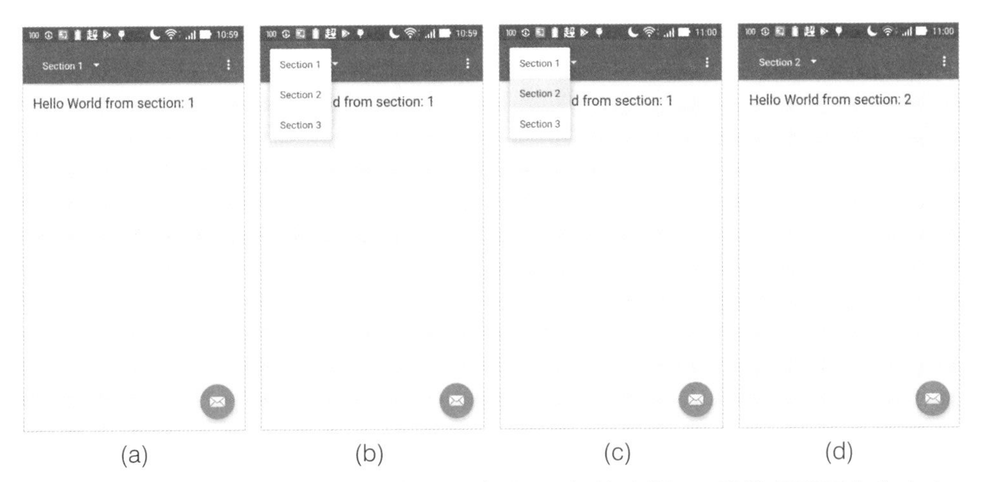

圖13-9 ActionBarSpinner 專案的操作示意圖：(a)初始畫面；(b)點擊標題區上的 Spinner 下拉選單，會出現 Section 1~3 子選項；(c)選取第二項「Section 2」；(d)版面上的文字產生變化，數字從 1 變成 2。

也因為如此，在圖 13-10(b) 第 111 行就以膨脹器（Inflater）將 simple_list_item_1 展開，然後取得其中的 TextView，完成選單內容的設定！

此外，AdapterView 還有一個重點是作者在「內建清單」專章尚未提到、具有兩個常用的監聽器：OnItemSelectedListener 以及 OnItemClickListener。前者主要是給 Spinner 使用，後者則一般用於 ListView、GridView 等等。

---

4 https://developer.android.com/reference/android/widget/AdapterView.html

```
MainActivity  onCreate()
36            // Setup spinner
37            Spinner spinner = (Spinner) findViewById(R.id.spinner);
38            spinner.setAdapter(new MyAdapter(
39                    toolbar.getContext(),
40                    new String[]{
41                            "Section 1",
42                            "Section 2",
43                            "Section 3",
44                    }));
```

(a)

```
MainActivity  MyAdapter
96      private static class MyAdapter extends ArrayAdapter<String> implements ThemedSpinnerAdapter {
97          private final ThemedSpinnerAdapter.Helper mDropDownHelper;
98
99          public MyAdapter(Context context, String[] objects) {
100             super(context, android.R.layout.simple_list_item_1, objects);
101             mDropDownHelper = new ThemedSpinnerAdapter.Helper(context);
102         }
103
104         @Override
105         public View getDropDownView(int position, View convertView, ViewGroup parent) {
106             View view;
107
108             if (convertView == null) {
109                 // Inflate the drop down using the helper's LayoutInflater
110                 LayoutInflater inflater = mDropDownHelper.getDropDownViewInflater();
111                 view = inflater.inflate(android.R.layout.simple_list_item_1, parent,  attachToRoot: false);
112             } else {
113                 view = convertView;
114             }
115
116             TextView textView = (TextView) view.findViewById(android.R.id.text1);
117             textView.setText(getItem(position));
118
119             return view;
120         }
121
122         @Override
123         public Theme getDropDownViewTheme() { return mDropDownHelper.getDropDownViewTheme(); }
126
127         @Override
128         public void setDropDownViewTheme(Theme theme) {
129             mDropDownHelper.setDropDownViewTheme(theme);
130         }
131     }
```

(b)

圖13-10 ActionBarSpinner 專案關於 Adapter 的重點內容：(a)以 MyAdapter 物件為參數進行 Spinner 之轉接器設定；(b)宣告 ArrayAdapter 子類別 MyAdapter，完成 Spinner 下拉選單之項目顯示。

如圖 13-11(a)所示，當 Spinner 之「第 position 的」項目被選取時，就會觸發 onItemSelected()方法，此時 Spinner 會以一連串「級聯方法調用（Cascaded Method Calls）」建立一個 Fragment 視覺元件。

Fragment 的變形很多，在此選擇的是 android.support.v4.app.Fragment，如圖 13-11(b)所示，建立元件的過程同樣運用到膨脹器將版面 layout 展開。

```
MainActivity  onCreate()
46          spinner.setOnItemSelectedListener(new OnItemSelectedListener() {
47              @Override
48              public void onItemSelected(AdapterView<?> parent, View view, int position, long id) {
49                  // When the given dropdown item is selected, show its contents in the
50                  // container view.
51                  getSupportFragmentManager().beginTransaction()
52                          .replace(R.id.container, PlaceholderFragment.newInstance(position + 1))
53                          .commit();
54              }
55
56              @Override
57              public void onNothingSelected(AdapterView<?> parent) {
58              }
59          });
```

(a)

```
MainActivity  PlaceholderFragment  ARG_SECTION_NUMBER
134     /**
135      * A placeholder fragment containing a simple view.
136      */
137     public static class PlaceholderFragment extends Fragment {
138         /**
139          * The fragment argument representing the section number for this
140          * fragment.
141          */
142         private static final String ARG_SECTION_NUMBER = "section_number";
143
144         public PlaceholderFragment() {
145         }
146
147         /**
148          * Returns a new instance of this fragment for the given section
149          * number.
150          */
151         public static PlaceholderFragment newInstance(int sectionNumber) {
152             PlaceholderFragment fragment = new PlaceholderFragment();
153             Bundle args = new Bundle();
154             args.putInt(ARG_SECTION_NUMBER, sectionNumber);
155             fragment.setArguments(args);
156             return fragment;
157         }
158
159         @Override
160         public View onCreateView(LayoutInflater inflater, ViewGroup container,
161                                  Bundle savedInstanceState) {
162             View rootView = inflater.inflate(R.layout.fragment_main, container, attachToRoot: false);
163             TextView textView = (TextView) rootView.findViewById(R.id.section_label);
164             textView.setText(getString(R.string.section_format, getArguments().getInt(ARG_SECTION_NUMBER)));
165             return rootView;
166         }
167     }
```

(b)

圖13-11 ActionBarSpinner 專案關於 Fragment 的重點內容：(a) 以 OnItemSelectedListener 物件為參數進行 Spinner 之監聽器設定；(b)宣告 Fragment 子類別 PlaceholderFragment，完成 Spinner 下拉選單之版面切換。

13.2.4 真實應用範例

作者撰寫本書之際，在手機的 Play 商店裡常見到 Tabbed 版型和 Scrolling 版型，前者提供左右水平捲動的換頁機制，後者提供上下垂直捲動的換頁機制，不難理解這是因應擴大畫面的一種必要手法，累積市場十多年下來的淬鍊成果！

圖 13-12 就舉出兩支 App 作為範例，一為谷歌官方的媒體播放器、另一為民間有名的愛奇藝 App。兩者不約而同利用 Tabbed 版型和 Scrolling 版型，確實能在項目的展示和選取上提供很好的用戶體驗（User Experience，簡稱 UX）。

雖然圖 13-12 所用到的 Tabbed 版型並非本小節所介紹的 Action Bar Spinner，而是 Action Bar Tabs，但是在此主要印證一件事：

Android 應用之官方版型不只為了教育，更引領市場潮流！

至於 Action Bar Tabs 和 Swipe Views 版型，作者規劃放在最後思考與練習章節，讓讀者嘗試安裝執行與比較。

(a) (b) (c) (d)

圖13-12 Play 商店的兩支真實應用 App 範例：(a)YouTube App 上方利用 Tabbed 版型的其中一種；(b)YouTube App 下方內文區為 Scrolling；(c)愛奇藝 App 下方採用 BottomNavigation 版型；(d)愛奇藝 App 上方利用 Tabbed 版型的其中一種。

13.3 版型設計四五六

13.3.1 版型四動態全屏

這一小節介紹④號版型專案 FullScreen（全螢幕），其操作模式如圖 13-13 所示，利用兩個視覺區塊的觸控點擊，就能控制全螢幕模式的開與關。

這樣的應用在瀏覽型的 App 相當常見（例如：瀏覽照片、瀏覽多媒體），應該不少讀者就有親身使用的經驗！稍後在真實應用範例的小節中也會介紹。

在程式部分，首先看到範例程式利用 res/layout/activity_fullscreen.xml 版面，描述圖 13-13 的兩個重點：

- The primary full-screen view：此 view 以 TextView 呈現，但特別說明可用所需的 view 替換，例如：VideoView, SurfaceView 等等。
- The FrameLayout：安插一個子元件 Button 呈現。

不僅如此，在 FullscreenActivity.java 還須為它們註冊觸控點擊的監聽器。

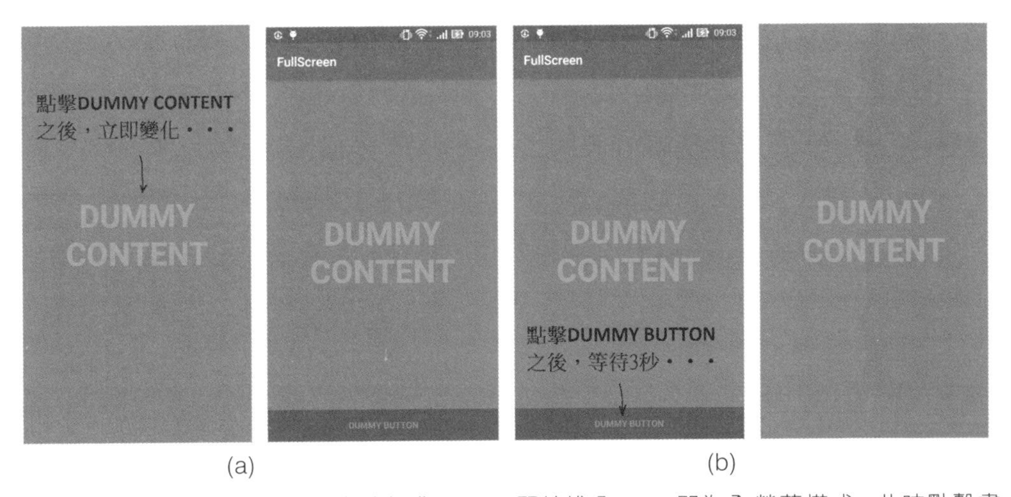

圖13-13 FullScreen 版型專案的操作：(a)一開始進入 App 即為全螢幕模式，此時點擊畫面 DUMMY CONTENT 所屬區域，立即出現上方通知欄和標題欄、以及下方 DUMMY BUTTON 按鈕；(b)當點擊畫面 DUMMY BUTTON 按鈕之後，不會立即發生任何變化，但是 3 秒鐘以後則回復到全螢幕畫面。

在 FullscreenActivity.java 中，為 DUMMY CONTENT 對應之 TextView 註冊 OnClickListener，卻為 DUMMY BUTTON 對應之 Button 註冊 OnTouchListener？！其實在此採用任一皆可、對調亦可，在「觸控行為」專章已解釋過，讀者也可以參考 Fullscreen_2 專案，重點在於所做的動作為何。

圖 13-14 所呈現的就是 Fullscreen 專案的兩個關鍵動作：圖 13-14(a)以名為 toggle()之 API 實作「全螢幕開關」，而圖 13-14(b)則以名為 delayedHide ()之 API 實作「全螢幕延遲開啟」。差別主要在於是否延遲 3 秒執行全螢幕？

```
FullscreenActivity  toggle()
121     private void toggle() {
122         if (mVisible) {
123             hide();
124         } else {
125             show();
126         }
127     }
```

(a)

```
FullscreenActivity  delayedHide()
159     private void delayedHide(int delayMillis) {
160         mHideHandler.removeCallbacks(mHideRunnable);
161         mHideHandler.postDelayed(mHideRunnable, delayMillis);
162     }
```

(b)

圖13-14 Fullscreen 專案的兩個關鍵動作：(a)立即開啟或關閉全螢幕；(b)延遲開啟全螢幕。

```
FullscreenActivity
129     private void hide() {
130         // Hide UI first
131         ActionBar actionBar = getSupportActionBar();
132         if (actionBar != null) {
133             actionBar.hide();
134         }
135         mControlsView.setVisibility(View.GONE);
136         mVisible = false;
137
138         // Schedule a runnable to remove the status and navigation bar after a delay
139         mHideHandler.removeCallbacks(mShowPart2Runnable);
140         mHideHandler.postDelayed(mHidePart2Runnable, UI_ANIMATION_DELAY);
141     }
142
143     @SuppressLint("InlinedApi")
144     private void show() {
145         // Show the system bar
146         mContentView.setSystemUiVisibility(View.SYSTEM_UI_FLAG_LAYOUT_FULLSCREEN
147                 | View.SYSTEM_UI_FLAG_LAYOUT_HIDE_NAVIGATION);
148         mVisible = true;
149
150         // Schedule a runnable to display UI elements after a delay
151         mHideHandler.removeCallbacks(mHidePart2Runnable);
152         mHideHandler.postDelayed(mShowPart2Runnable, UI_ANIMATION_DELAY);
153     }
```

圖13-15 Fullscreen 專案的全螢幕開關分兩階段進行：①標題欄（所謂 ActionBar 或 System Bar）立即進行開或關；②狀態與導航欄為 0.3 秒後進行開或關。

圖 13-14(a)所出現的 hide()和 show()兩個 API 的程式碼已擷取如圖 13-15 所示。事實上，圖 13-14(b)也有調用 hide()，乃是寫在 mHideRunnable 這個 Runnable 變數的內容裡面，讀者可以進一步開啟專案查閱。

圖 13-15 有件值得一提的事，即使在發生 hide()和 show()的過程當中，仍舊再細分成兩個階段：第一階段是針對 ActionBar 作隱藏或顯示，第二階段才是針對狀態與導航欄（就是最上方用來顯示系統狀態的區域 Bar）作隱藏或顯示。並且，第二階段的動作同樣利用延遲（在此為 0.3 秒）的技巧，讓讀者看見視覺元件發生隱藏或顯示的順序。

最後，程式註解中也提醒部分所用到的 API 參數需要較高版本的 Android 才能實現，像是 SYSTEM_UI_FLAG_LAYOUT_FULLSCREEN 需要 API 16（Jelly Bean）以上、SYSTEM_UI_FLAG_IMMERSIVE_STICKY 需要 API 19（KitKat）以上等等。但讀者也不需擔心舊版 Android 的相容性問題，因為雖然在舊版 Android 可能有些參數沒有發生作用，但並不會產生當機問題。[5] [6]

13.3.2 版型五主從畫面

主從畫面（Master/Detail）版型也屬於比較複雜的一種，可以先從表格 13-1 的配置說明一窺端倪。

作者將其中的三句話，加上自行歸納的主題，中譯如下：

1. 版型目標：創建一個新的主/從流程，允許用戶查看物件的集合以及每個物件的細節。
2. 版型呈現：其中的流程使用平板尺寸屏幕上的兩欄（Two Columns）以及手機和較小屏幕上的一欄（One Column）顯示。
3. 版型元件：其中的模板創建兩個視窗（Activity），一個主要片段（Master fragment）和一個詳細片段（Detail fragment）。

5 https://developer.android.com/reference/android/view/View.html#SYSTEM_UI_FLAG_LAYOUT_FULLSCREEN

6 https://developer.android.com/reference/android/view/View.html#SYSTEM_UI_FLAG_IMMERSIVE_STICKY

接著，搭配圖 13-16 的畫面截圖作對照說明，不難發現「1. 版型目標」想要達成的，無非是讓「主版面」呈現功能列、「次版面」呈現內容頁。隨著主版面上面的項目切換，次版面顯示對應的內容，達成畫面切換的目的。

換句話說，理想的情況應該是如同「2. 版型呈現」中的平板，這種寬螢幕能一次同時呈現「主版面」與「次版面」，退而求其次才是像圖 13-17 這種利用切換視窗的方式呈現「主、次版面」。

所以在技術上，「3. 版型元件」列出有視窗和片段兩種元件工具可以進行實作。遇到寬螢幕，就用一個視窗、內嵌兩個片段的方式進行；遇到窄螢幕，就用兩個視窗、各自內嵌一個片段的方式進行。

聽起來簡單又不特別！但是 MasterDetail 專案成功將兩者整合起來，很聰明地用一種機制就能自動判斷「何時使用雙欄」、「何時使用單欄」。同一支程式，碰到圖 13-16 所示的 2048x1536 xhdpi 解析度之版型，自動切換為雙欄位；碰到圖 13-17 所示的 1280x720 xxhdpi 解析度版型，又自動切換為單欄位！

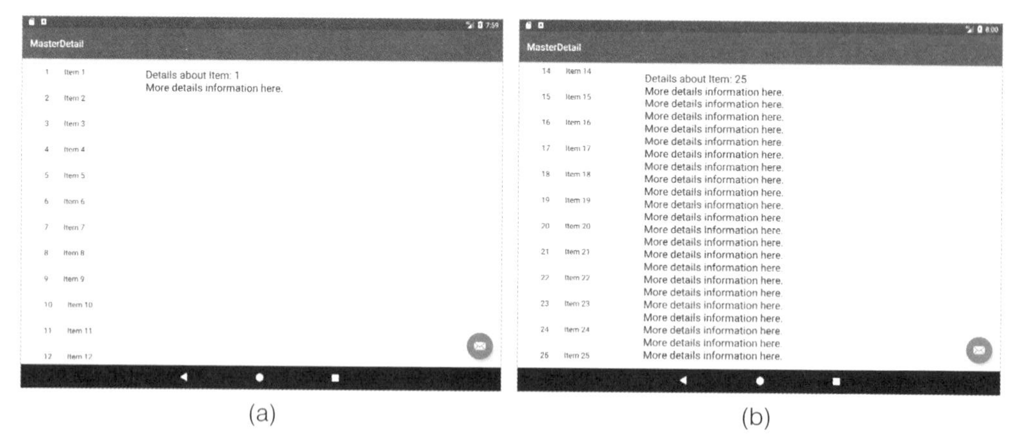

圖13-16 利用 Android 之 2048x1536 xhdpi 解析度之 Nexus 9 模擬器，安裝並執行 MasterDetail 專案的寬畫面截圖：(a)左邊 List 點選 Item 1，右邊出現 Item 1 的 Detail；(b) 左邊 List 點選 Item 25，右邊出現 Item 25 的 Detail。

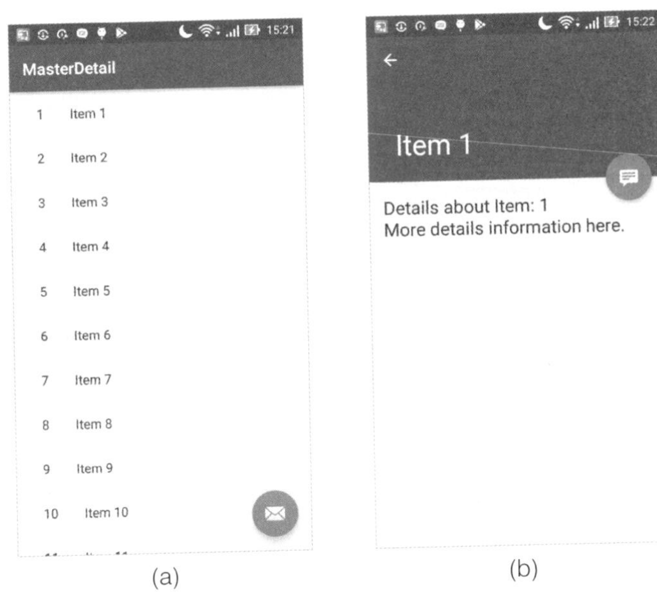

圖13-17 利用 ASUS 之 1280x720 xxhdpi 解析度之 Z00LD 手機，安裝並執行 MasterDetail 專案的窄畫面截圖：(a)在主畫面的 List 點選 Item 1；(b)切換視窗後，出現次畫面之 Item 1 的 Detail。

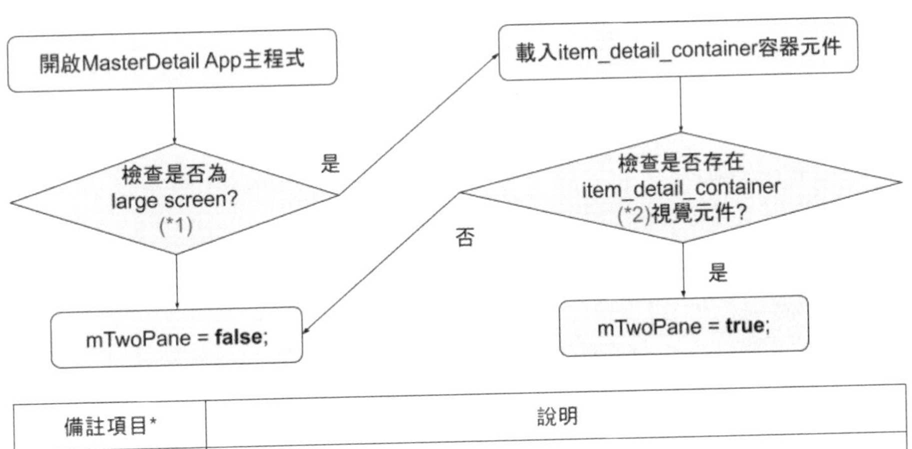

備註項目*	說明
*1	程式預設large screen條件為螢幕寬度900dp。
*2	item_detail_container為一視覺元件id名稱，如果主程式內能偵測到此視覺元件存在，即代表主程式版面內含呈現「詳細片段」的容器。

圖13-18 MasterDetail 專案之單、雙欄位的自動判讀演算法：①檢查螢幕寬度；②檢查用來呈現「詳細片段」之容器元件；③設定欄位判讀旗標。

這個聰明機制的演算法其實也很簡單，如圖 13-18 所揭露的流程圖就能一目了然。從 Android App 的程式設計角度來看，就是版面 layout 機制與 Java 程式機制通力合作的結果！

圖 13-19 告訴我們 Android 如何利用版面 layout 機制控制 App 之單、雙欄位。也就是說，事先寫好兩套版面 layout，再於 App 執行的時候動態決定選擇哪一套版面。

圖 13-19(a)(b)特別以框線標示出雙欄位的部分，單欄位的部分讀者可以回頭再開啟專案查看。基本上，無論單、雙欄位都擁有一組 RecyclerView 作為主功能表之用，差別就在於單欄位版面沒有 item_detail_container 識別碼之 FrameLayout 視覺容器元件，而雙欄位版面則擁有此容器。

圖 13-20 利用框線標示 Java 程式的處理機制，主要透過 mTwoPane 變數。

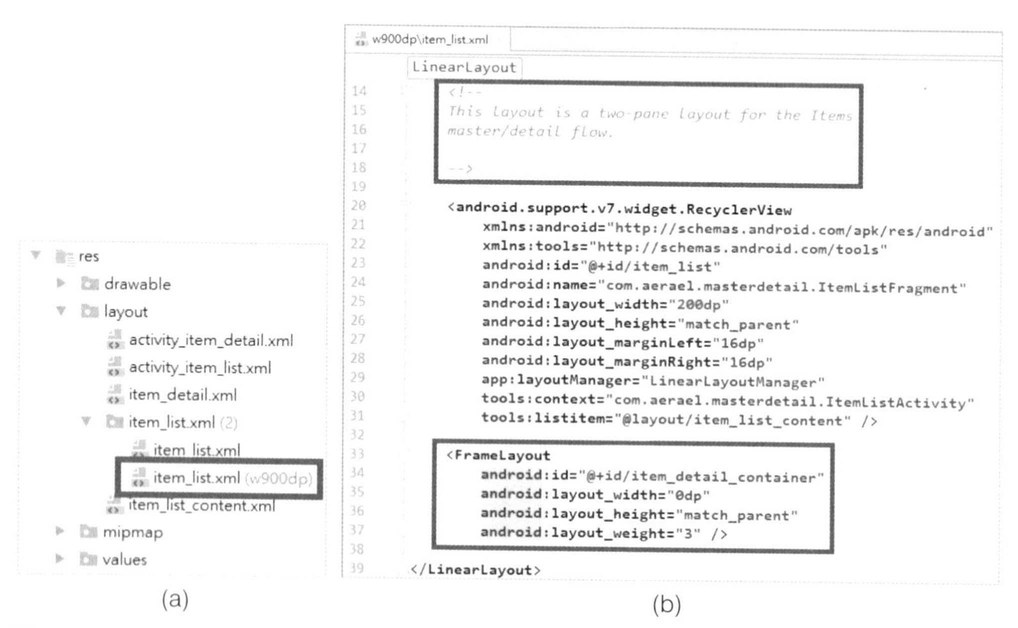

圖13-19 MasterDetail 專案之 w900dp 版面 layout 機制畫面截圖：(a)同一個 item_list.xml 名稱以 w900dp 作為分界點，分屬兩個子夾 layout 和 layout-w900dp；(b)若螢幕寬度大於等於 900dp，則採用內含 item_detail_container 識別碼之 FrameLayout 視覺容器元件。

```
ItemListActivity
30  public class ItemListActivity extends AppCompatActivity {
•••     •••
36      private boolean mTwoPane;
37
38      @Override
39      protected void onCreate(Bundle savedInstanceState) {
40          super.onCreate(savedInstanceState);
41          setContentView(R.layout.activity_item_list);
•••         •••
56          if (findViewById(R.id.item_detail_container) != null) {
57              // The detail container view will be present only in the
58              // large-screen layouts (res/values-w900dp).
59              // If this view is present, then the
60              // activity should be in two-pane mode.
61              mTwoPane = true;
62          }
63
64          View recyclerView = findViewById(R.id.item_list);
65          assert recyclerView != null;
66          setupRecyclerView((RecyclerView) recyclerView);
67      }
68
69      private void setupRecyclerView(@NonNull RecyclerView recyclerView) {
70          recyclerView.setAdapter(new SimpleItemRecyclerViewAdapter( parent: this,
71                                                  DummyContent.ITEMS, mTwoPane));
72      }
•••     •••
142 }
```

(a)

```
ItemListActivity  SimpleItemRecyclerViewAdapter
74      public static class SimpleItemRecyclerViewAdapter
75              extends RecyclerView.Adapter<SimpleItemRecyclerViewAdapter.ViewHolder> {
76
77          private final ItemListActivity mParentActivity;
78          private final List<DummyContent.DummyItem> mValues;
79          private final boolean mTwoPane;
80          private final View.OnClickListener mOnClickListener = (view) → {
83              DummyContent.DummyItem item = (DummyContent.DummyItem) view.getTag();
84              if (mTwoPane) {
85                  Bundle arguments = new Bundle();
86                  arguments.putString(ItemDetailFragment.ARG_ITEM_ID, item.id);
87                  ItemDetailFragment fragment = new ItemDetailFragment();
88                  fragment.setArguments(arguments);
89                  mParentActivity.getSupportFragmentManager().beginTransaction()
90                          .replace(R.id.item_detail_container, fragment)
91                          .commit();
92              } else {
93                  Context context = view.getContext();
94                  Intent intent = new Intent(context, ItemDetailActivity.class);
95                  intent.putExtra(ItemDetailFragment.ARG_ITEM_ID, item.id);
96
97                  context.startActivity(intent);
98              }
99          };
101
102         SimpleItemRecyclerViewAdapter(ItemListActivity parent,
103                                       List<DummyContent.DummyItem> items,
104                                       boolean twoPane) {
105             mValues = items;
106             mParentActivity = parent;
107             mTwoPane = twoPane;
108         }
•••     •••
141     }
```

(b)

圖13-20 MasterDetail 專案之 Java 程式機制：(a)檢查是否存在 item_detail_container 視覺元件；(b)若 mTwoPane 值為 true，則利用 Fragment 元件呈現細節。

MasterDetail 專案預設的雙欄位執行對象是有如平板一般大小的螢幕設備，也就是螢幕寬度至少 900dp。如果讀者手邊沒有平板，但也想進行測試，需修改或新增以下或是開啟 MasterDetail_2 專案：

- 將 res/layout-w900dp，改成 res/layout-w500dp。
- 將主程式 ItemListActivity.java 內的 setContentView(R.layout.activity_item_list) ;指令之前，加上 setRequestedOrientation(ActivityInfo.SCREEN_ORIENTATION_LANDSCAPE); 。

此外，讀者不難發現程式當中有許多素材在之前已經碰到過，所以不再贅述。

以 activity_item_detail.xml 為例，以下元件用法曾經在版面①②③介紹過：

1. 標題區控制元件：android.support.design.widget.AppBarLayout
   - 折疊式控制元件：android.support.design.widget.CollapsingToolbarLayout
   - 巢狀捲軸控制元件：android.support.v4.widget.NestedScrollView
   - 浮動式按鈕元件：android.support.design.widget.FloatingActionButton
2. 以 item_list.xml 為例，以下元件用法曾經在第 7 章介紹過：
   - 回收式視覺元件：android.support.v7.widget.RecyclerView

MasterDetail 專案所採行的功能表屬於「固定顯示」的呈現方式，其實處於現今資源「錙銖必較」的時代裡，作法上顯得有些浪費！下一節所介紹的「導航抽屜」則因應此一問題作出處理，也因此獲得許多 App 的青睞採用。

13.3.3 版型六導航抽屜

本節介紹「導航抽屜」版型，時機點再適合不過！因為前一小節的主從畫面專案採用的是「固定式」功能表，對照本節導航抽屜專案所採用的「滑動式」功能表，讀者可以比較兩者的優劣、異同，當然，這並沒有絕對的標準答案。

圖 13-21 就先將截圖顯示出來，專案將「抽屜」作得相當質感：點擊圖 13-21(a) 左上角的按鈕，就能切換到圖 13-21(b)，但在視覺效果上，不是直接「跳出來」的功能表，而更像是「滑出來」的抽屜。

雖然「固定式」與「滑動式」的功能表沒有絕對的好壞優劣，但是一般對於較為窄小畫面的手機而言，畫面空間本身就是非常重要的資源，若是能夠提供「滑出來」的導航抽屜作為版面設計，一方面節省一些主畫面的空間，另方面不需要強迫 App 切換成橫式顯示，難怪受到許多重量級 App 的青睞採用！

另有一個證據證明導航抽屜真的是「滑出來」的，就是用戶可以利用手指從螢幕的最左邊往中間滑過去，這時就會發現，抽屜真的是「滑出來」了！結合觸控手勢的 UI 介面設計，是不是很有趣？！

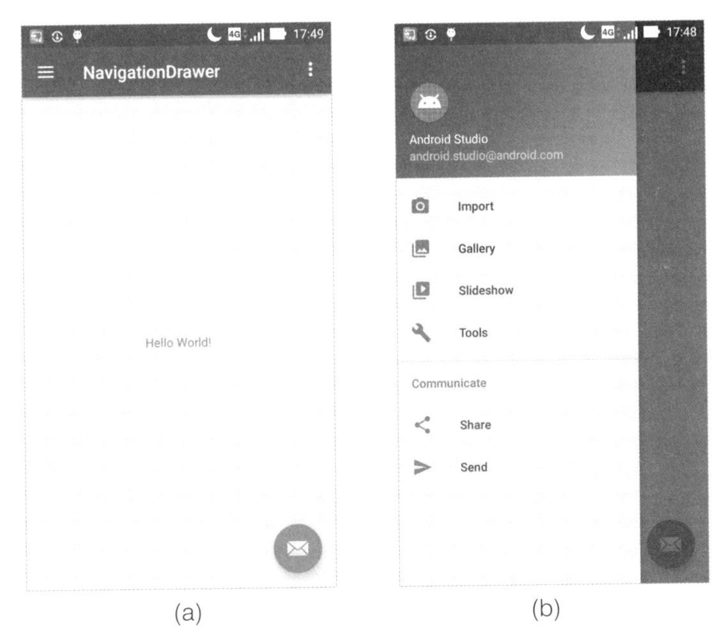

圖13-21 NavigationDrawer 專案的畫面截圖：(a)初始畫面；(b)按下「左上角按鈕」之後，從左方滑出功能表畫面。

此時機點介紹「導航抽屜」版型的另個好處，可以從圖 13-22 看出來。因為導航抽屜所採用的 DrawerLayout 以及 NavigationView 元件必須建構在之前所介紹的 v7.widget.Toolbar 之上，因為稍後介紹程式時會看到：抽屜開關所用到的 ActionBarDrawerToggle 物件會將 DrawerLayout 和 Toolbar 整合起來！

由圖 13-22 可以看到，NavigationDrawer 專案利用 include 技巧巧妙地串連三個 xml 成為專案的版面架構。善用 include 技巧會讓 xml 顯得更簡潔、更有結構！

因為其實 app_bar_main.xml 和 content_main.xml 的內容都已經不希奇，所以這時候我們就可以更專注在 activity_main.xml 的內容上進行學習。

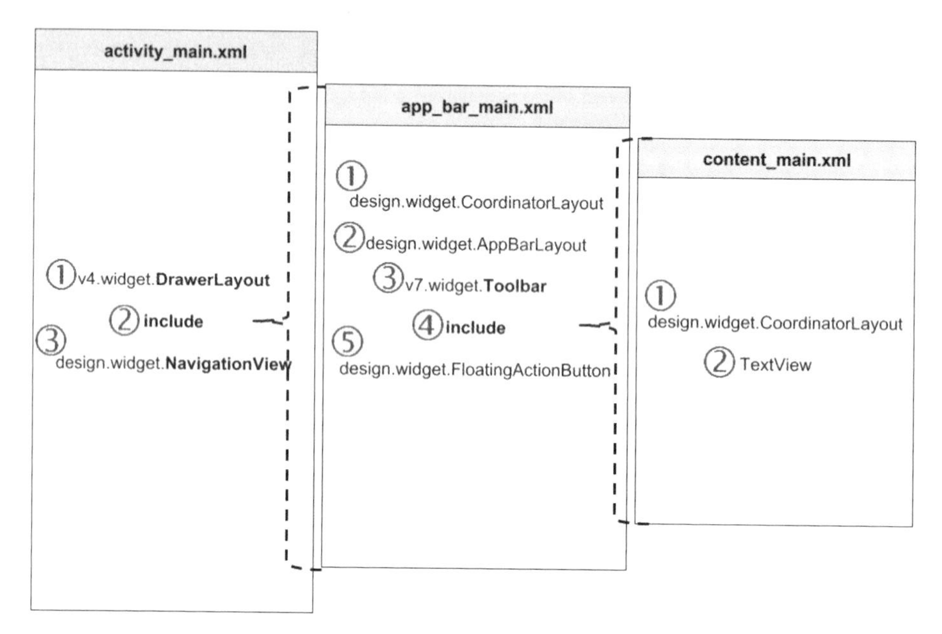

圖13-22 NavigationDrawer 專案之版面三階層架構，以 include 指令作兩兩銜接。左：以 activity_main.xml 為第一層版面，重點為 DrawerLayout 以及其中呈現功能表所用到的 NavigationView；中：以 app_bar_main.xml 為第二層版面，重點為第一層 DrawerLayout 所需要用到的 widget.Toolbar；右：以 content_main.xml 為第三層版面，在此僅以 Hello World!字串簡單展示 TextView 視覺元件。

圖 13-23 的程式列表主要說明 NavigationDrawer 專案在建立視窗時的第一階段 onCreate() 所做的事情。需要說明的不是 Toolbar、也不是 FloatingActionButton，因為那些之前都已經說明。需要說明的是 DrawerLayout、NavigationView、以及連繫 Toolbar 和 DrawerLayout 彼此的 ActionBarDrawerToggle！

首先，DrawerLayout 和 NavigationView 都可以在圖 13-22 左圖的 activity_main.xml 內找到，所以也就能在圖 13-23 的程式看見 findViewById()的

蹤影。比較特別的是 ActionBarDrawerToggle 物件，它是從無到有利用 new 指令所宣告出來的物件，能將 Toolbar 和 DrawerLayout「綁在一起」！

如何說明 Toolbar 和 DrawerLayout 綁在一起？圖 13-23 的①和②可以說明：圖 13-23①註冊監聽器；圖 13-23②呈現 ToolBar 上的三條橫線按鈕，如此便能讓 Toolbar 呈現一顆開啟 DrawerLayout 的按鈕（☰）！

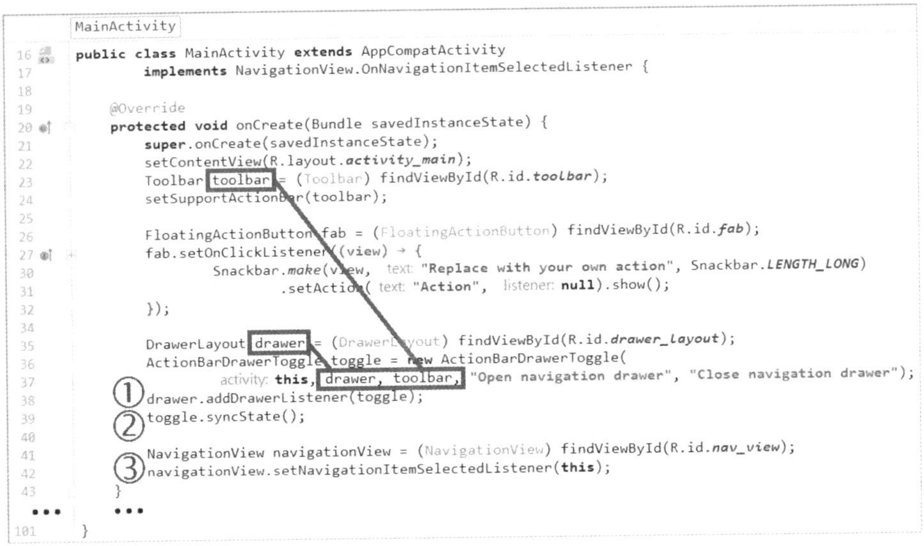

```
MainActivity
16    public class MainActivity extends AppCompatActivity
17            implements NavigationView.OnNavigationItemSelectedListener {
18
19        @Override
20        protected void onCreate(Bundle savedInstanceState) {
21            super.onCreate(savedInstanceState);
22            setContentView(R.layout.activity_main);
23            Toolbar toolbar = (Toolbar) findViewById(R.id.toolbar);
24            setSupportActionBar(toolbar);
25
26            FloatingActionButton fab = (FloatingActionButton) findViewById(R.id.fab);
27            fab.setOnClickListener((view) → {
30                Snackbar.make(view, text: "Replace with your own action", Snackbar.LENGTH_LONG)
31                        .setAction( text: "Action", listener: null).show();
32            });
34
35            DrawerLayout drawer = (DrawerLayout) findViewById(R.id.drawer_layout);
36            ActionBarDrawerToggle toggle = new ActionBarDrawerToggle(
37                    activity: this, drawer, toolbar, "Open navigation drawer", "Close navigation drawer");
38        ①  drawer.addDrawerListener(toggle);
39        ②  toggle.syncState();
40
41            NavigationView navigationView = (NavigationView) findViewById(R.id.nav_view);
42        ③  navigationView.setNavigationItemSelectedListener(this);
43        }
 ...      ...
101   }
```

圖13-23 NavigationDrawer 專案之 Java 程式機制：①為 DrawerLayout 物件註冊「開/關」監聽器；②ActionBarDrawerToggle 類別的 syncState()方法，根據官方文件，主要處理 indicator 的同步問題，而 indicator 就是指圖 13-21(a)左上方、三條橫線的圖示 icon；③為 NavigationView 物件註冊「項目選取」監聽器。[7]

其次就是 NavigationView 監聽器的使用：此處先利用 MainActivity 實作 NavigationView.OnNavigationItemSelectedListener 的方式，讓程式預先完成 onNavigationItemSelected()方法的準備工作；然後再利用圖 13-23③所示的 API -- setNavigationItemSelectedListener(this)完成相關的註冊動作。程式參考圖 13-24 下圖。最後值得一提的是，圖 13-24 上、下兩圖特別以框線標示 DrawerLayout 其中兩種關閉抽屜的機制：一是按下 Back 鍵、一是在每次點擊 DrawerLayout 選單之後。滑動手勢關閉抽屜的程式碼則屬於內建功能。

7 https://developer.android.com/reference/android/support/v4/app/ActionBarDrawerToggle

```
MainActivity.java
MainActivity
46      public void onBackPressed() {
47          DrawerLayout drawer = (DrawerLayout) findViewById(R.id.drawer_layout);
48          if (drawer.isDrawerOpen(GravityCompat.START)) {
49              drawer.closeDrawer(GravityCompat.START);
50          } else {
51              super.onBackPressed();
52          }
53      }
...     ...
78      @Override
79      public boolean onNavigationItemSelected(MenuItem item) {
80          // Handle navigation view item clicks here.
81          int id = item.getItemId();
82
83          if (id == R.id.nav_camera) {
84              // Handle the camera action
85          } else if (id == R.id.nav_gallery) {
86
87          } else if (id == R.id.nav_slideshow) {
88
89          } else if (id == R.id.nav_manage) {
90
91          } else if (id == R.id.nav_share) {
92
93          } else if (id == R.id.nav_send) {
94
95          }
96
97          DrawerLayout drawer = (DrawerLayout) findViewById(R.id.drawer_layout);
98          drawer.closeDrawer(GravityCompat.START);
99          return true;
100     }
101 }
```

圖13-24 NavigationDrawer 專案之 Java 程式機制，標示 DrawerLayout 關閉抽屜的機制。上：利用 onBackPressed()，可讓手機上的 Back 按鈕觸發 closeDrawer()方法達成關閉抽屜；下：利用 onNavigationItemSelected()，可讓 DrawerLayout 上之項目點選之後，自動關閉抽屜。

觀察或使用過 NavigationDrawer 專案的讀者可能想提問：

1. 抽屜選單可否從右邊滑出，方便慣用左手人是使用？
2. 抽屜選單如何新增更多項目？項目之間如何畫設分隔線？
3. 抽屜選單如何去除一大片的檔頭區域？

作者回應以上的提問與需求，特別製作 NavigationDrawer_2 專案介紹各種變形用法如圖 13-25 所示。其中圖 13-25(b)就能一次看到：①抽屜選單設在右邊；②抽屜選單比原先的 NavigationDrawer 專案多出四個項目，並且也有新增分隔線；③和圖 13-21(b)對照看來，抽屜選單確實可以去除檔頭區域，只單純留下選單項目。

接著一一說明如何達成。首先第 1 點最明顯，就是將 NavigationDrawer 專案內出現的 GravityCompat.START 參數全部換成 Gravity.RIGHT 即可。但其實不僅如此，因為單純修改以上仍會出現以下導致錯誤之訊息：

```
java.lang.IllegalArgumentException: No drawer view found with gravity LEFT
```

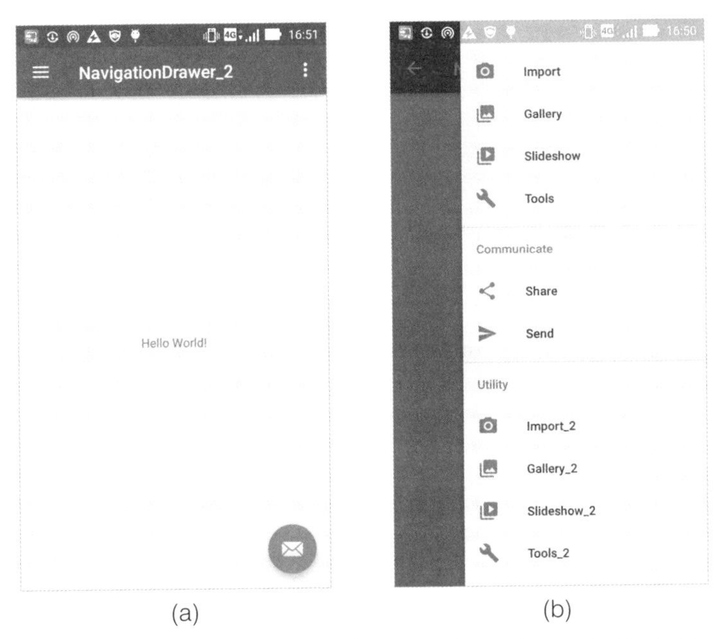

圖13-25 NavigationDrawer_2 專案的畫面截圖：(a)初始畫面；(b)按下「左上角按鈕」之後，從右方滑出功能表畫面。

要解決上述的 IllegalArgumentException，Toolbar 物件需要實作 OnClickListener，來判斷當「未找到 LEFT 重心的 Drawer」時要如何作正確反應？圖 13-26 截取這段程式碼供讀者參考。

```
MainActivity  onCreate()
45            // added for solving "No drawer view found with gravity LEFT"
46            // IllegalArgumentException Crash
47            toolbar.setNavigationOnClickListener(new View.OnClickListener() {
48
49                @Override
50                public void onClick(View v) {
51                    if (drawer.isDrawerOpen(Gravity.RIGHT)) {
52                        drawer.closeDrawer(Gravity.RIGHT);
53                    } else {
54                        drawer.openDrawer(Gravity.RIGHT);
55                    }
56                }
57            });
```

圖13-26　解決因為 Draw 右移所產生的 IllegalArgumentException 之程式碼片段。

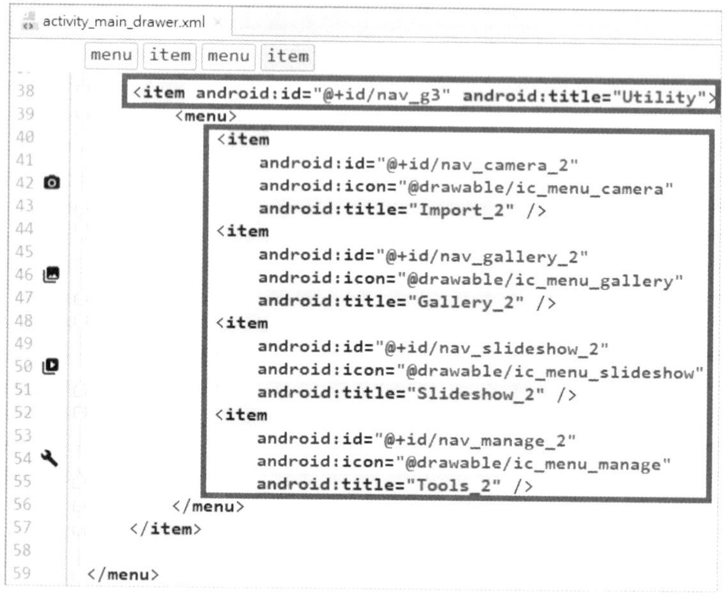

圖13-27　NavigationDrawer_2 專案以 menu/activity_main_drawer.xml 新增雙層 menu/item 之 xml 標籤，作出帶有分隔線的新的項目群組。

其次關於第 2 點：如何讓抽屜選單比原先的 NavigationDrawer 專案多出 Utility 選單群組四個項目，並且也有新增分隔線？方法其實很簡單，如圖 13-27 所示，就是仿效原本就存在的 Communicate 選單群組撰寫方式。

它是一種雙層的 menu/item 形式，複製一份過來，將原本第一層的 Communicate 標題改成 Utility，再將原本第二層的雙項目標題擴增為四項標題，例如：Import_2、Gallery_2、Slideshow_2、Tools_2 作為識別。如此一來也會自動加上分隔線！

最後是第 3 點「如何為抽屜選單去除檔頭區域」？方法其實更簡單，只需要將 NavigationDrawer 專案之 layout/activity_main.xml 內原本就有的下列屬性值加以移除即可：

```
app:headerLayout="@layout/nav_header_main"
```

最最後為了測試，將 NavigationDrawer_2 專案之 onNavigationItemSelected() 方法加上 Toast 指令來驗證抽屜之 Menu 項目點選。

```
MainActivity  onNavigationItemSelected()
93      @Override
94      public boolean onNavigationItemSelected(MenuItem item) {
95          int id = item.getItemId();
96          String msg = "";
97          if (id == R.id.nav_camera) {
98              msg = "nav_camera";
99          } else if (id == R.id.nav_gallery) {
100             msg = "nav_gallery";
101         } else if (id == R.id.nav_slideshow) {
102             msg = "nav_slideshow";
103         } else if (id == R.id.nav_manage) {
104             msg = "nav_manage";
105         } else if (id == R.id.nav_share) {
106             msg = "nav_share";
107         } else if (id == R.id.nav_send) {
108             msg = "nav_send";
109         } else if (id == R.id.nav_camera_2) {
110             msg = "nav_camera_2";
111         } else if (id == R.id.nav_gallery_2) {
112             msg = "nav_gallery_2";
113         } else if (id == R.id.nav_slideshow_2) {
114             msg = "nav_slideshow_2";
115         } else if (id == R.id.nav_manage_2) {
116             msg = "nav_manage_2";
117         }
118
119         Toast.makeText( context: this,  text: msg + " is clicked!", Toast.LENGTH_SHORT).show();
120
121         DrawerLayout drawer = (DrawerLayout) findViewById(R.id.drawer_layout);
122         drawer.closeDrawer(Gravity.RIGHT);
123         return true;
124     }
```

圖13-28 NavigationDrawer_2 專案新增 Toast 指令驗證抽屜之 Menu 項目。

13.3.4 真實應用範例

這一小節的真實應用範例和 13.2.4 的範例來源不同，如圖 13-29 所示，這一小節的範例是內建在 Sony G3125 Android 7.0.1 手機的兩款 App，甚至在其他手機也同樣都有內建！不僅如此，內建的相簿瀏覽 App 具有 Fullscreen 版型，而內建的 Gmail App 則具有 Navigation Drawer 版型。這樣的設計方式可說是目前同類型 App 最廣泛常見的設計手法，再次印證市場累積的淬鍊成果，以及官方版型甚至更能引領市場潮流？！

就用戶體驗（UX）的設計邏輯而言也確實如此，因為相簿中的相片本來就需要全螢幕進行觀賞品味，事實上大多相簿 App 還能支援放大縮小及拖曳（Zoom In/Zoom Out/Drag）的手勢瀏覽控制呢！然而，並非所有功能都能在沒有任何提示的全螢幕模式下，就能讓用戶了解並使用。因此，圖 13-29(b)就是在用戶點擊（Click）全螢幕相簿之後，所顯示的選單模式：以圖案呈現工具！

圖 13-29(c)與(d)則不用多作介紹了，因為大多數讀者應該都有 Gmail App 的使用經驗，所以不難理解 Drawer 的手法正好可以抽出 Gmail 的郵件分類表！

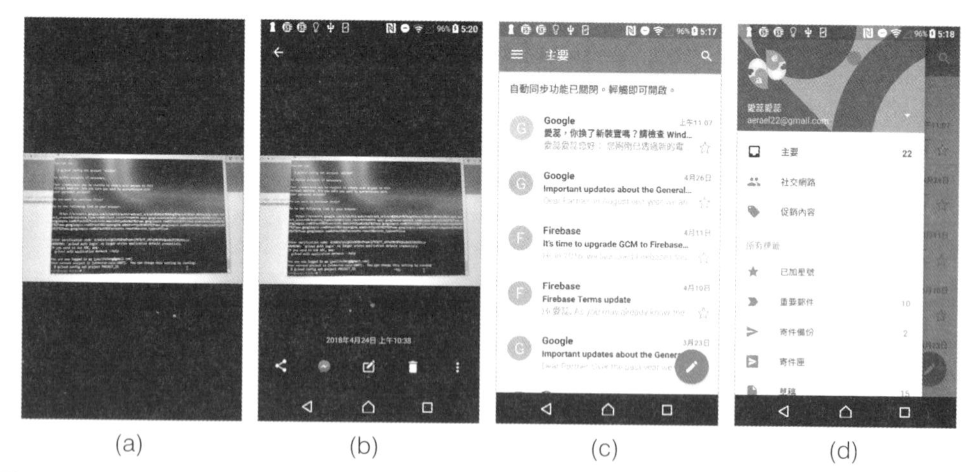

圖13-29 Sony G3125 Android 7.0.1 之兩個內建 App（相簿和 Gmail）的官方版型應用：(a)相簿 App 點選某張相片後之全螢幕初始畫面；(b)接著點擊該相片後，上、下方各自出現相關的功能列，例如：返回鍵、分享鍵等等；(c) Gmail App 的初始畫面；(d)點擊 Gmail App 左上方按鈕滑出抽屜選單。

13.4 思考與練習

讀完本章之後，可以嘗試思考與練習以下題目：

1. 試開啟 Tabbed 專案，觀察它是屬於圖 13-2 中的 Swipe Views 或是 Action Bar Tabs？
2. 試仿效 13.2.4 節，找出自己手機當中關於 Tabbed 版型和 Scrolling 版型的真實應用範例。
3. 試仿效 13.3.4 節，找出自己手機當中關於 Fullscreen 版型和 Navigation Drawer 版型的真實應用範例。
4. 嘗試挑選本書 Part 1 的任一範例，結合 13.2 節所介紹的任一版型①Bottom Navigation、②Scrolling 和③Tabbed（Action Bar Spinner），重新改寫專案。
5. 嘗試挑選本書 Part 2 的任一範例，結合 13.3 節所介紹的任一版型④Fullscreen、⑤Master/Detail 和⑥Navigation Drawer，重新改寫專案。
6. 試開啟 Tabbed 版型之 Action Bar Tabs 導航風格，加以執行觀察，並嘗試尋找市場上有無相同風整 App？
7. 試開啟 Tabbed 版型之 Swipe Views 導航風格，加以執行觀察，並嘗試尋找市場上有無相同風格 App？

CHAPTER

14

雲端版型

14.1 前言

雲端服務（Cloud Service）自從大約 2007 年開始新一代智能手機以來，可以說更加蓬勃發展！除了智能手機快速成長，出貨量不久就和 PC 產生「死亡交叉」進而加以超越之外，移動式的使用者行為也帶動新的雲端服務需求。

智能手機市占率高升的結果，吸引許多手機 App 軟體內嵌廣告增加收益，甚至是主要收益！另一方面，移動式的智能手機結合敏銳的定位功能，讓雲端電子地圖自然而然成為手機的標準配備。

廣告與地圖，是谷歌公司很重要的兩項策略發展利器，難怪在 Android Studio 這個開發工具裡頭，將這兩項功能放入候選「版型」名單內，提供開發者每次建立專案時選取，其重要性可見一般。

最後介紹谷歌雲端服務中的 GData，因為它仍保有一部分活耀的 API，我們提供其中相當好用的的 Google Spreadsheets（谷歌試算表）Data API 作為代表，讓讀者自行參考練習。[1] [2]

---

1 https://developers.google.com/gdata/docs/directory

2 https://github.com/google/gdata-java-client

圖 14-1 先將以上提到的三組谷歌雲端服務圖示出來，由於廣告與地圖 App 可以透過選取內建版型，進而找到所需要的 API，所以圖 14-1(a)直接展示版型選取的位置作為讀者入門方式。相對地，由於谷歌試算表 App 並未有對應的內建版型，因此只能從最基本的 SDK 用法開始進行，如圖 14-1(b)所示。

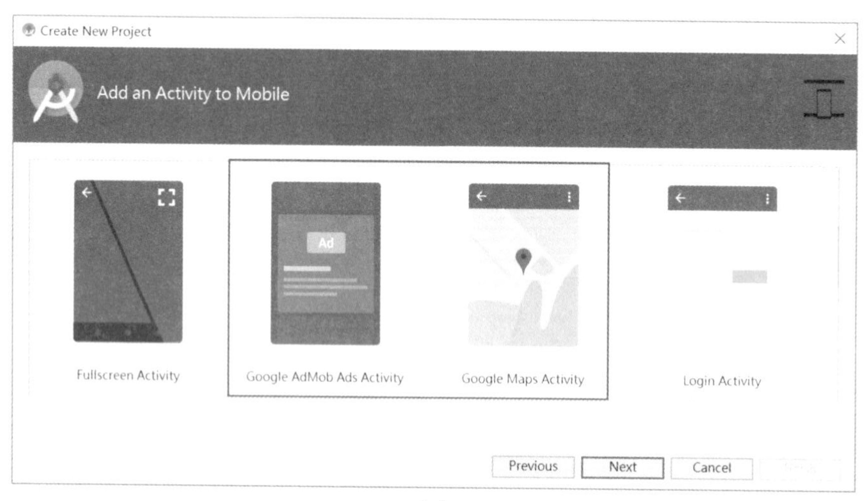

(a)

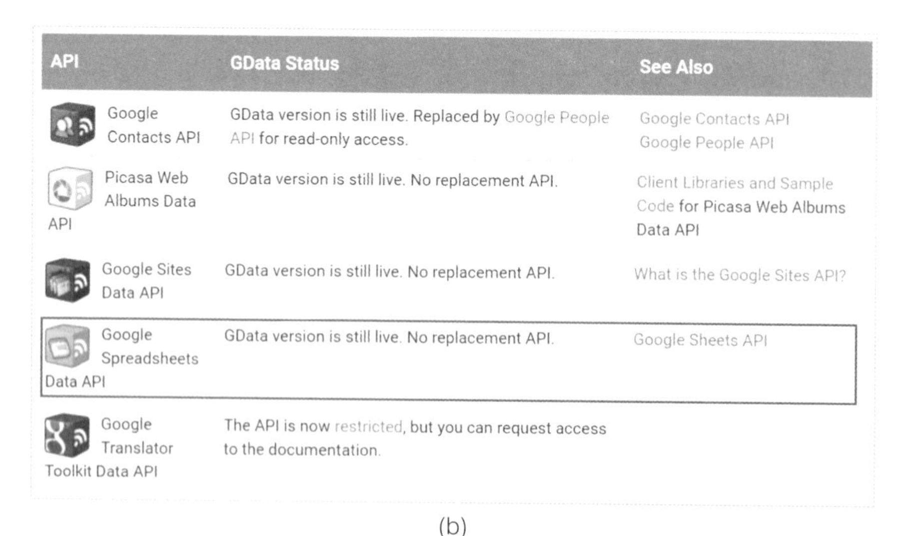

API	GData Status	See Also
Google Contacts API	GData version is still live. Replaced by Google People API for read-only access.	Google Contacts API Google People API
Picasa Web Albums Data API	GData version is still live. No replacement API.	Client Libraries and Sample Code for Picasa Web Albums Data API
Google Sites Data API	GData version is still live. No replacement API.	What is the Google Sites API?
Google Spreadsheets Data API	GData version is still live. No replacement API.	Google Sheets API
Google Translator Toolkit Data API	The API is now restricted, but you can request access to the documentation.	

(b)

圖14-1　谷歌雲端服務 API：(a)從 Android Studio 新建 Activity，本章摘取其中的廣告和地圖兩項雲端服務 App 加以說明其 API；(b)谷歌雲端服務中的 GData 仍保有一部分活耀的 API，章末自習其中的谷歌試算表（Spreadsheets）作為代表。

14.2 谷歌廣告版型

圖 14-1(a)的視窗版型 Google AdMob Ads Activity 其實是對應到谷歌服務的 AdMob Ads 廣告服務版型範例，其中有一句話描述其配置：

```
Creates a new activity with AdMob Ad fragment.
```

目的則是讓開發者快速掌握這兩組服務在 Android 上的用法精隨，特別是以輸入「服務 ID」為導向的 App 用法。因為無論是 AdMob 廣告服務、或是 Maps 地圖服務，都需要先行註冊服務，才能開始使用。

AdMob 是一家行動廣告公司，於 2006 年由 Omar Hamoui 成立。其可提供客戶在行動電話網路上播放廣告。[3]

公司總部位於美國加州 San Mateo 市。行動網站（Mobile site）可選擇加入 AdMob，並啟用 AdMob 的廣告輪播，廣告則在 AdMob 網站中置放。

目前 iPhone 與 Android 手機上皆有此功能。2009 年 11 月 9 日 Google 宣布以 7 億 5 千萬購入 AdMob，正式投入行動裝置上的廣告市場。

AdMob 入口網站歷經幾次改版，2018 年作者撰寫期間，AdMob 入口網站又修改了 UI 畫面與 UX 功能，截取如圖 14-2 至 14-4。更加簡潔的版面設計與操作流程，讓使用者能加快註冊的流程。[4]

AdMob 目前主要提供橫幅廣告（Banner）與插頁式廣告（Interstitial）兩種版型，選取的方式分別參見圖 14-5(a)與(b)。橫幅廣告顧名思義，採取橫向、但只佔用一小塊 App 空間的方式顯示廣告；插頁廣告則相反，採取佔用一個 App 頁面的方式顯示資訊較為完整廣告。

後續將示範如何把這兩種廣告單元 ID 貼到 Android 的 Google AdMob Ads Activity 程式版型範例的指定變數中，讓正式版的 Android App 一旦被啟動，而且連上網路，就能夠開始產生營收！

---

3 https://zh.wikipedia.org/wiki/AdMob

4 https://apps.admob.com

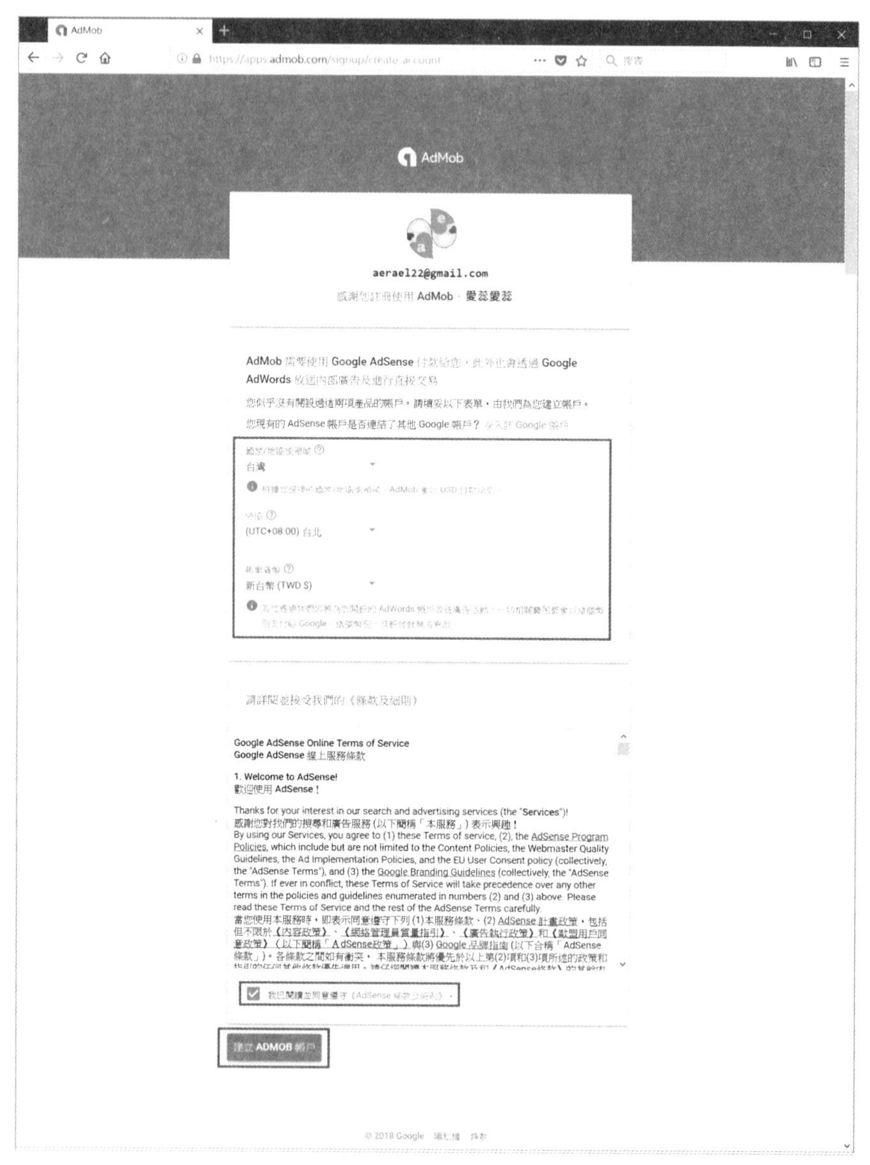

圖14-2　用 Google 帳號登入 AdMob：https://apps.admob.com 申請 AdMob。

圖14-3 成功建立 AdMob 帳戶以後，還有五個 Yes/No 選項待勾選，就能準備使用。

圖14-4 點擊圖 14-3 的「繼續使用 AdMob」按鈕，正式進入 AdMob 首頁。

參考圖 14-5(a)選取橫幅廣告之後，完全不更動程式碼的情況之下，成功編譯並執行如圖 14-6(a)，則會看到一則測試用廣告，並顯示以下 Toast 訊息：

```
Test ads are being shown. To show live ads, replace the ad unit ID in
res/values/strings.xml with your own ad unit ID.
```

意思是說，開發者必須註冊自己的 AdMob 專案，並替換相對應的廣告單元 ID！替換之後的畫面可參考圖 14-6(b)至(d)，至於相關的替換方式，則請參見圖 14-7。替換廣告單元 ID 之後，就可以將 Toast 訊息移除了。

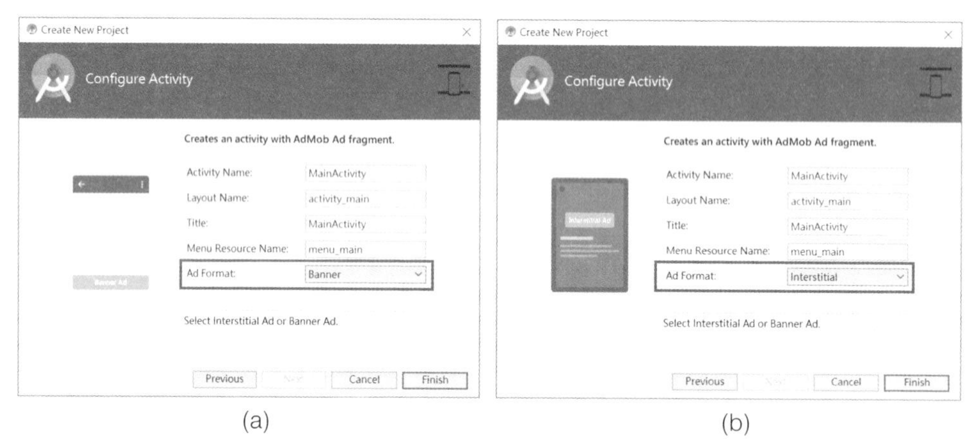

圖14-5 Google AdMob Ads Activity 兩種版型：(a)橫幅廣告；(b)插頁式廣告。

圖14-6 AdMob Ads 測試過程：(a)不更動程式碼；(b)更動 banner_ad_unit_id 字串；(c)更動 interstitial_ad_unit_id；(d)點擊「Next Level」按鈕可顯示插頁廣告。

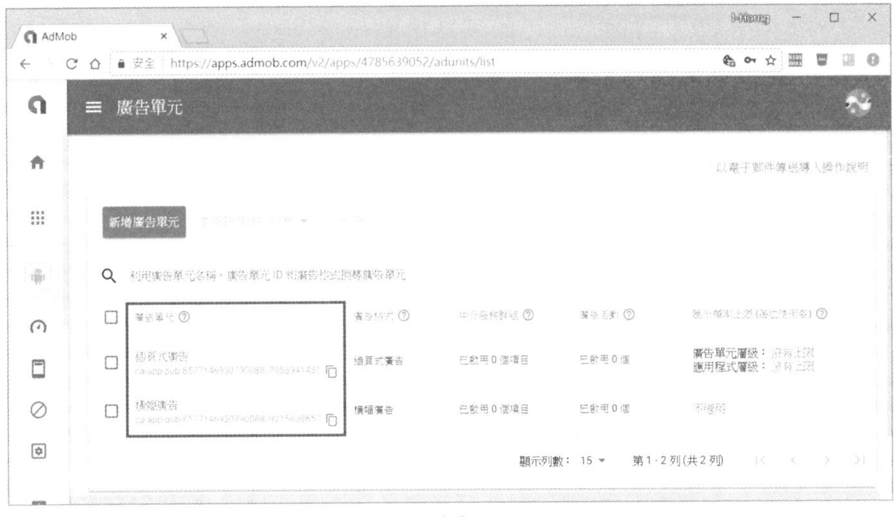

(a)

strings.xml

Edit translations for all locales in the translations editor.

```
resources  string
1   <resources>
2       <string name="app_name">MyAd</string>
3
4       <string name="action_settings">Settings</string>
5
6       <string name="hello_world">Hello world!</string>
7       <!-- -
8           This is an ad unit ID for a banner test ad. Replace with your own banner ad unit id.
9           For more information, see https://support.google.com/admob/answer/3052638
10      <!- -->
11      <string name="banner_ad_unit_id">ca-app-pub-8577146930790088/9215838657</string>
12  </resources>
```

(b)

strings.xml

Edit translations for all locales in the translations editor. Open editor Hide

```
resources  string
1   <resources>
2       <string name="app_name">MyAd_2</string>
3
4       <string name="action_settings">Settings</string>
5
6       <string name="interstitial_ad_sample">Interstitial Ad Sample</string>
7       <string name="start_level">Level 1</string>
8       <string name="next_level">Next Level</string>
9       <!-- -
10          This is an ad unit ID for an interstitial test ad. Replace with your own interstitial ad unit id.
11          For more information, see https://support.google.com/admob/answer/3052638
12      <!- -->
13      <string name="interstitial_ad_unit_id">ca-app-pub-8577146930790088/7953941451</string>
14  </resources>
```

(c)

圖14-7 AdMob 之 ad_unit_id 擷取方式：(a)點選 AdMob 專案之廣告單元頁面；(b)複製並貼上橫幅廣告 id；(c)複製並貼上插頁式廣告 id。

最後，作者希望做個補充，可以稱為重點拾遺：

- 在 Manifest 中，關於使用權限方面，此官方版型出現了一行註解「包含要運行的 Google 移動廣告所需的權限」，內容如下：

```
<uses-permission android:name="android.permission.INTERNET" />
<uses-permission
android:name="android.permission.ACCESS_NETWORK_STATE" />
```

從字面上就能看出，運行 Google 廣告需要宣告網路相關的使用權限。

- 在 App 的 Gradle 的中，關於 dependencies 方面，需要宣告一組來自 Google 廣告服務的套件，內容如下：

```
com.google.android.gms:play-services-ads:15.0.1
```

雖然以上這兩項必要項目都是谷歌 AdMob 廣告服務版型範例所自動遷入的，讀者仍然應該意識到它們的存在，在不慎移除它們的時候，可以適時地修正回來。

14.3 谷歌地圖版型

圖 14-1(a)的視窗版型 Google Maps Activity 其實是對應到谷歌服務的 Maps 地圖服務版型範例，其中有一句話描述其配置：

```
Creates a new activity with a Google Map.
```

因此，讀者可以立刻、輕易地建立一個 Google Maps App！不過，還需要將以下 values/google_maps_api.xml 內的金鑰加以貼上，才能正確顯示地圖！而申請金鑰的進入點位在 Google 開發者的主控台：[5]

```
<string name="google_maps_key" templateMergeStrategy="preserve"
translatable="false">YOUR_KEY_HERE</string>
```

---

[5] https://console.developers.google.com/?hl=zh-tw

14.3.1 地圖版型範例

因此，作者先提示如圖 14-8(a)-(i)之申請金鑰、貼上金鑰的步驟截圖，然後讀者就可以如圖 14-8(j)-(k)顯示中心點預設為澳洲雪梨的地圖視窗。

(a)

(b)

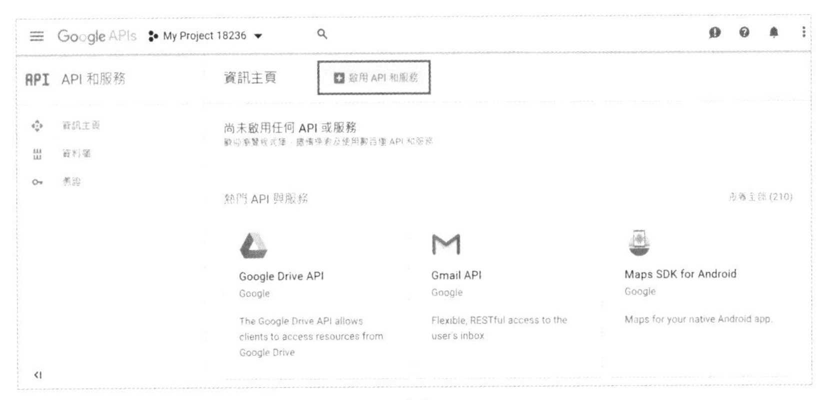

(c)

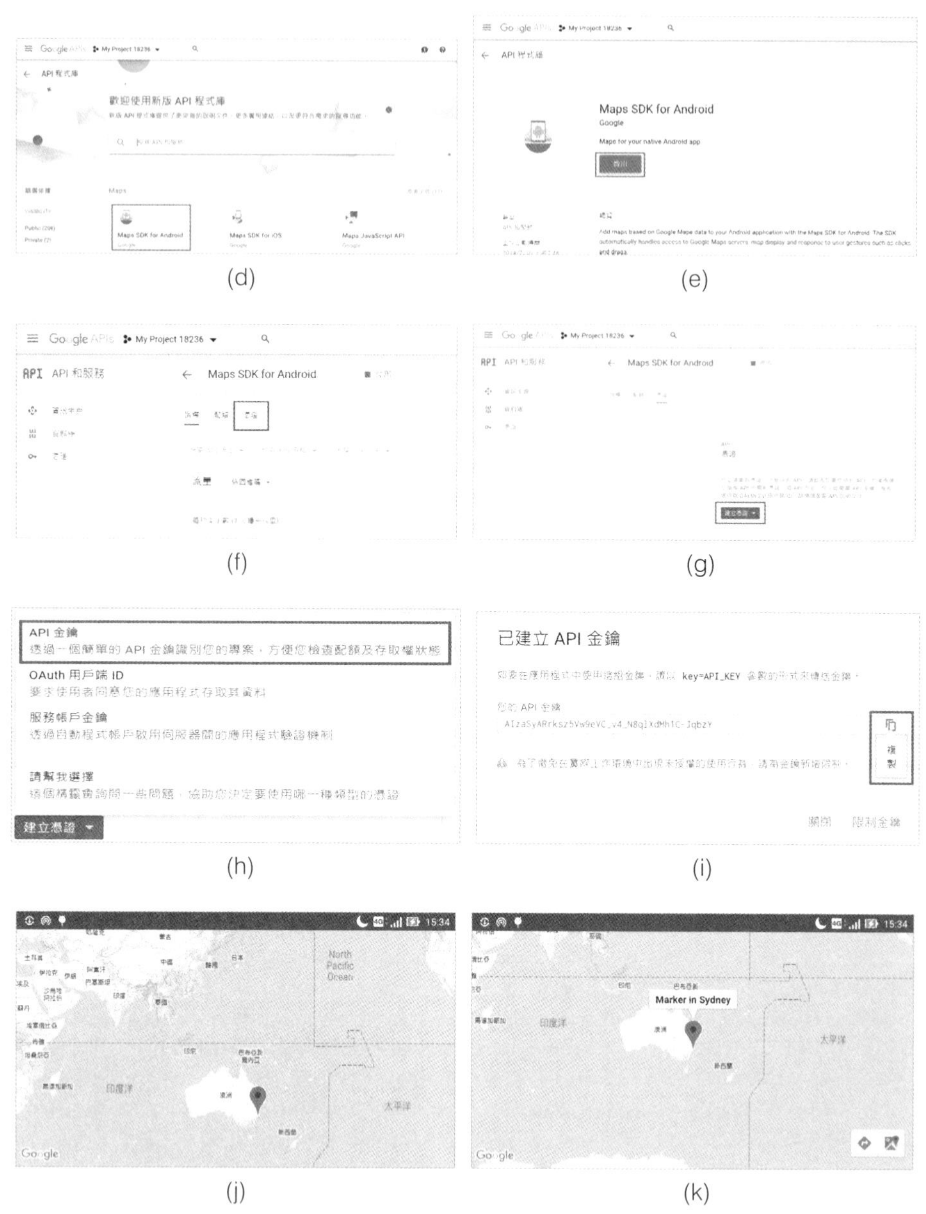

圖14-8　Google Maps Activity 之建立：(a)進入谷歌開發者主控台點選「新增專案」鈕；(b)點選「建立」鈕；(c)點選「啟用 API 和服務」鈕；(d)點選「Maps SDK for Android」鈕；(e)點選「啟用」鈕；(f)點選「憑證」標籤；(g)點選「建立憑證」鈕；(h)點選「API 金鑰」項目；(i)點選「複製」鈕；(j)將所複製的金鑰貼到 values/google_maps_api.xml 內指定位置後，編譯、安裝並成功執行 App；(k)點擊地圖上的定位標誌，使自動置中，並顯示 Marker in Sydney 說明文字。

Google Maps Activity 版型所建立的專案只有一支 MapsActivity.java 程式列表如 14-1，它提供了最基本的地圖功能：

- 地圖 View：以 fragment 視覺元件呈現，內容則為官方之 SupportMapFragment 套件，取得該物件的過程，參見列表 22-24 行。
- GoogleMap 物件：當地圖 View 備妥之後，自動回調 onMapReady()方法，並夾帶 GoogleMap 物件供後續地圖操作之用。此時地圖之基本的平移、縮放功能皆已具備。
- 進階演示：此最基本的版型程式還提供一個定位標誌（Marker）的用法，就是先用 LatLng 物件輸入所要定位的經緯度，其次利用 GoogleMap 物件所提供的 addMarker 方法，結合 MarkerOptions 物件兩次級聯示方法呼叫用法，一一將經緯度和說明文字建立起來。

地圖程式非常美觀、好用，本身具備的地圖圖形與地圖文字，充分印證「圖文並茂」的概念，難怪令人愛不釋手，絕對是生活不可或缺的 App！

程式列表 14-1：MapsActivity.java

```
06  import com.google.android.gms.maps.CameraUpdateFactory;
07  import com.google.android.gms.maps.GoogleMap;
08  import com.google.android.gms.maps.OnMapReadyCallback;
09  import com.google.android.gms.maps.SupportMapFragment;
10  import com.google.android.gms.maps.model.LatLng;
11  import com.google.android.gms.maps.model.MarkerOptions;
12
13  public class MapsActivity extends FragmentActivity implements
    OnMapReadyCallback {
14
15      private GoogleMap mMap;
16
17      @Override
18      protected void onCreate(Bundle savedInstanceState) {
19          super.onCreate(savedInstanceState);
20          setContentView(R.layout.activity_maps);
21          // Obtain the SupportMapFragment and get notified when the map is
    ready to be used.
22          SupportMapFragment mapFragment = (SupportMapFragment)
    getSupportFragmentManager()
```

```
23                  .findFragmentById(R.id.map);
24          mapFragment.getMapAsync(this);
25      }
        ...
37      @Override
38      public void onMapReady(GoogleMap googleMap) {
39          mMap = googleMap;
40
41          // Add a marker in Sydney and move the camera
42          LatLng sydney = new LatLng(-34, 151);
43          mMap.addMarker(new MarkerOptions().position(sydney).title("Marker
    in Sydney"));
44          mMap.moveCamera(CameraUpdateFactory.newLatLng(sydney));
45      }
46  }
```

新一代的地圖程式已採用 OpenGL 技術，能夠以 3D 呈現地圖。作者提示兩個基本的 3D 操作手勢：

- 雙指按住地圖，水平同步上滑：開啟地圖 3D 模式，此時左上角自動出現「南北向圖示」，參見圖 14-9(a)。再點擊「南北向圖示」，則回復 2D 地圖模式。
- 雙指按住地圖，一指固定為軸心，另一指繞軸心旋轉：開啟地圖旋轉模式，此時左上角自動出現南北向圖示，參見圖 14-9(b)。再點擊「南北向圖示」，則回復正南北向地圖模式。

然而地圖的應用不僅如此，下一小節再舉一實用範例作說明。

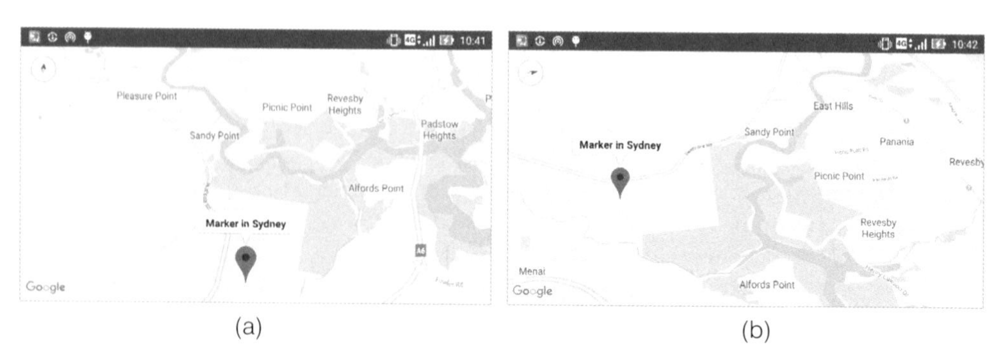

圖14-9 基本地圖手勢：(a)雙指按住地圖，水平同步上滑；(b)雙指按住地圖，一指固定為軸心，另一指繞軸心旋轉。

14.3.2 地圖版型應用

作者過去教學手機程式設計時，很喜歡推廣一種圖文並茂的概念，而所謂的「清單/地圖雙模式」就是其中一例。

如果某網紅或部落客想要分享他們的私房景點、餐廳等資訊時，是不是需要提供名稱、地址、簡介等等資訊呢？然後搭配地圖顯示，一方面有文、一方面有圖，豈不完美？

舉個例，假設有位在台北的行動工作者，平常就很喜歡在平價連鎖咖啡廳工作，認為以些微人聲作為工作背景聲音，非常能夠提升工作效率。此時他也希望和大家分享這些地點，首先他要列出一個清單，至少包含名稱和地址：

- 伯朗咖啡科大店：台北市大安區忠孝東路三段 52 號 1 樓
- 伯朗咖啡南京二店：台北市中山區南京東路二段 1 號
- 西雅圖咖啡榮星紅樓店：台北市中山區民權東路三段 3 號
- 星巴克咖啡建和門市：台北市大安區和平東路二段 42-1 號
- 星巴克咖啡興南門市：台北市大安區復興南路一段 323 號 1 樓
- 怡客咖啡公保店：臺北市中正區青島西路 13 號
- 怡客咖啡衡陽店：臺北市中正區衡陽路 116 號

然後可以利用谷歌地圖網站，收集經緯度作後續地圖顯示之用：

https://www.google.com.tw/maps?hl=zh-TW

如圖 14-10(a)輸入地址以後，可以接著按照圖 14-10(b)(c)步驟取得經緯度，這時，讀者可以像圖 14-11(a)至(c)，也就是利用 SQLite 資料庫機制，備妥文字資訊：

1. 圖 14-11(a)：以 csv 檔的格式，用逗號作分隔，儲存相關資訊。
2. 圖 14-11(b)：利用 SQLiteman 或類似軟體，匯入 csv 檔的資訊。
3. 圖 14-11(c)：匯入 csv 檔之前，需要先建立相關的欄位，否則匯入失敗。匯入成功以後，仍應下達查詢指令，作雙重確認。

然後，可以仿照「資料庫房」專章的做法，撰寫一個 SQLite 讀取並顯示的測試用 App 進行資訊顯示，或是開啟作者所附的 ReadMyFavoriteCafe 專案，如圖(d)(e)進行測試。

ReadMyFavoriteCafe 專案重點片段擷取如列表 14-2，和「資料庫房」專章的範例沒有太大差別，都是將擺在 asset 內的 SQLite DB 檔案透過 copyAssets()和 copyFile() 兩組 API 將檔案放到內部資料夾 databases 內，例如：/data/data/com.demo.readmyfavoritecafe/databases/myfavorite。

(a) (b)

(c)

圖14-10 利用谷歌地圖網站，收集經緯度：(a)輸入地址；(b)出現該地址的標誌後，用滑鼠在標誌上點擊右鍵，選取「這是哪裡」；(c)跳出一視窗內含經緯度。

D:\tmp_nb_0725\old_11_14\new_14\myfavorite.csv - EditPlus

檔案(F) 編輯(E) 顯示(V) 搜尋(S) 文件(D) 專案(P) 工具(T) 瀏覽器(B) Zen 編碼(Z) 視窗(W) 說明(H)

```
1,伯朗咖啡科大店,台北市大安區忠孝東路三段52號1樓,25.0417469,121.5331163,02-2731-5791,07:00~22:00,https://www.mrbrown.com.tw/Store
2,伯朗咖啡南京二店,台北市中山區南京東路二段1號,25.0523303,121.5257607,02-2562-1633,07:00~22:00,https://www.mrbrown.com.tw/Stores/
3,西雅圖咖啡榮星紅樓店,台北市中山區民權東路三段3號,25.0625571,121.5389545,02-2504-6005,07:00~22:30,https://www.mrbrown.com.tw/Sto
4,星巴克咖啡建和門市,台北市大安區和平東路二段42-1號,25.025448,121.5350253,02-2363-9331,06:30~22:00,http://www.starbucks.com.tw/st
5,星巴克咖啡興南門市,台北市大安區復興南路一段323號1樓,25.0336797,121.5417031,02-2325-9473,(一~五) 06:30~22:30 (六~日) 07:00~22:30
6,怡客咖啡公保店,臺北市中正區青島西路13號,25.0450589,121.5154433,02-2371-1371,7:00~21:00,https://www.ikari.com.tw/store/query/
7,怡客咖啡衡陽店,臺北市中正區衡陽路116號,25.042122,121.5076683,02-2311-3651,7:00~22:30,https://www.ikari.com.tw/store/query/
```

myfavorite.csv

如需說明，請按 F1　　ln 1　列 1　7　31　PC　ANSI

(a)

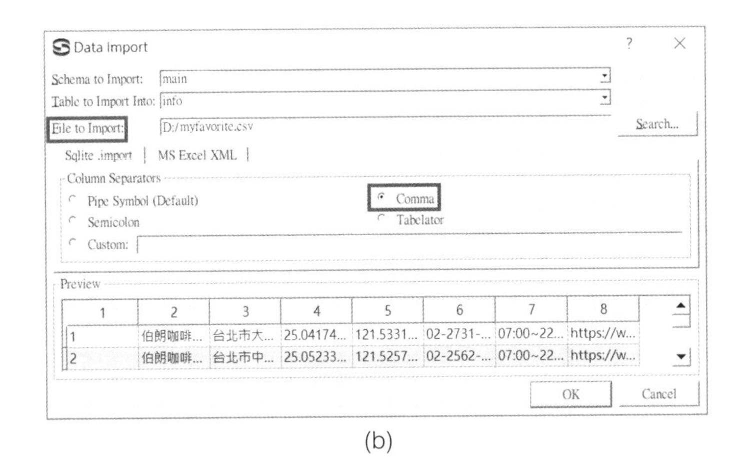

(b)

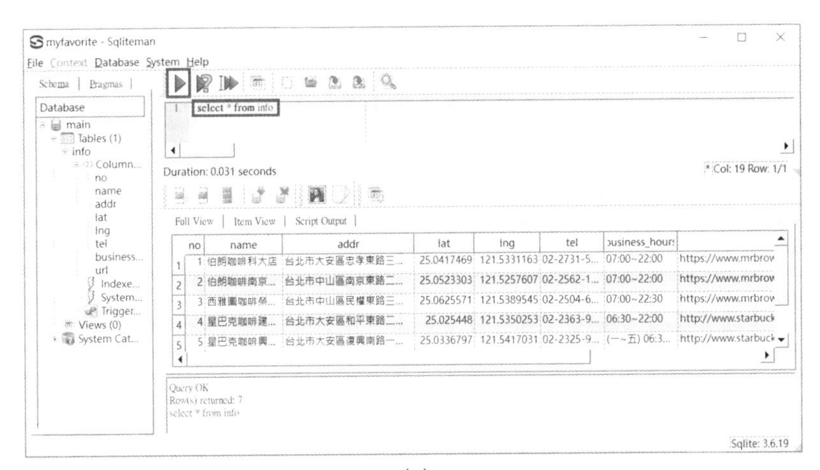

(c)

(d) (e)

圖14-11 利用 ReadMyFavoriteCafe 專案，製作並顯示 SQLite 內的資訊：(a)以逗號作分隔作成.csv 檔；(b)匯入.csv 檔，並以逗號作分隔號，順利讀出每個欄位；(c)下達 select * from info 之 SQL 查詢指令，驗證資料匯入成功；(d)執行 App 之首頁；(e)執行 App 捲動至末頁。

程式列表 14-2：ReadMyFavoriteCafe 專案之 MainActivity.java

```
19  public class MainActivity extends AppCompatActivity {
20
21      private static final String PATH = "/data/data/com.demo.readmy
    favoritecafe";
22      private static final String DBNAME = "myfavorite";
23      private static final String TABLENAME = "info";
24
25      private ListView lv1;
26      private SQLiteDatabase dataBase;
27      private Cursor cursor;
28      private List<String> list = new ArrayList<String>();
29
30      @Override
31      protected void onCreate(Bundle savedInstanceState) {
32          super.onCreate(savedInstanceState);
33          setContentView(R.layout.activity_main);
34          // 1. 準備 ListView, 及 DB 的資料夾, 預備手動拷貝
35          lv1 = (ListView) findViewById(R.id.listView1);
36          File dbDir = new File(PATH, "databases");
37          dbDir.mkdir();
38          copyAssets(PATH);
39          // 2. 準備資料庫
40          dataBase = openOrCreateDatabase(DBNAME, Context.MODE_PRIVATE,
    null);
41          try {
42              cursor = dataBase.query(TABLENAME, null, null, null, null, null,
    null);
43              if(cursor!=null) {
44                  int iRow = cursor.getCount(); // 取得資料記錄的筆數
45                  cursor.moveToFirst();
46                  for(int i=0; i<iRow; i++) { // 第 0 欄位：no, 第 1 欄位：name,
    第 2 欄位：addr, 第 3 欄位：lat, 第 4 欄位：lng,
47                                                  // 第 5 欄位：tel, 第 6 欄位：
    business_hour,第 7 欄位：url
48                      String tmp = "";
49                      String name = cursor.getString(1);
50                      String addr = cursor.getString(2);
51                      String lat = cursor.getString(3);
52                      String lng = cursor.getString(4);
53                      String tel = cursor.getString(5);
```

```
54                    String business_hour = cursor.getString(6);
55                    tmp += name + "\n" + addr + "\n" + lat + "," + lng + "\n"
   + tel + "\n" + business_hour;
56                    list.add(tmp);
57                    cursor.moveToNext();
58                }
59                // 3. 準備 adapter
60                ArrayAdapter<String> adapter = new ArrayAdapter<String>
   (this,
61                        android.R.layout.simple_list_item_1,
62                        list);
63                // 4. 設定 adapter
64                lv1.setAdapter(adapter);
65                // 5. 關閉 DB
66                dataBase.close();
67            }
68            else {
69                setTitle("Hint 1: 請將 db 準備好!");
70            }
71        }
72        catch (Exception e) {
73            setTitle("Hint 2: 請將 db 準備好!");
74        }
75    }
      ...
104 }
```

就重點顯示為原則，此 App 僅擷取第 1 至第 6 欄位，忽略第 0 欄位的 no 及第 7 欄位的 url。

進行到這，既有圖又有文，該是整合的時候了！「清單/地圖雙模式」的 UI 設計不只一種，可以採用「官方版型」專章介紹過的 Tab 版型，也可以簡單一點，直接從 ListView 監聽 OnItemClickListener 結果，將該 Item 所對應的經緯度，以 Intent 參數方式傳給 MapActivity 顯示該地址為中心的地圖。

整合方式也不限制由 MyMap 整合 ReadMyFavoriteCafe，或是相反由 ReadMyFavoriteCafe 整合 MyMap。但因為清單應該是主畫面，所以作者建議由 ReadMyFavoriteCafe 整合 MyMap 較為直覺便利。

整合完畢的專案稱為 MyMap_2，執行結果如圖 14-12 所示。其中圖 14-12 (a) 就是原來的主畫面，但是圖 14-12 (b)(c)(d)分別為前三項的地圖模式，作為範例。

整合 ReadMyFavoriteCafe 和 MyMap 兩專案變成 MyMap_2 的過程有人認為挑戰但有趣，當然也有人認為繁瑣且無聊；然而整合工作不可或缺的過程，有資深工程師曾經分享說：「目標的達成，只要存有合理方法，不論有多繁瑣，都算是輕鬆的方法。」作者覺得蠻有道理的，讀者覺得呢？重點步驟整理如下：

- 拷貝檔案：原 MyMap 專案的 google_maps_api.xml、activity_maps.xml、MapsActivity.java。
- 修改 Manifest.xml 檔案：新增關於 use-permission、meta-data、以及 activity。
- 修改 app gradle 檔案：新增 com.google.android.gms:play-services-maps:15.0.1。
- 修改 MainActivity 檔案：新增 latLngName 變數、新增 latLngName.add() 敘述、新增註冊監聽器 setOnItemClickListener()。
- 修改 MapsActivity 檔案：新增 bundle 變數、新增 bundle.getString()敘述、修改參數 CameraUpdateFactory.newLatLngZoom(place, 15)。

圖 14-12 就是成功整合為 MyMap_2 專案的「清單/地圖雙模式」App 截圖。

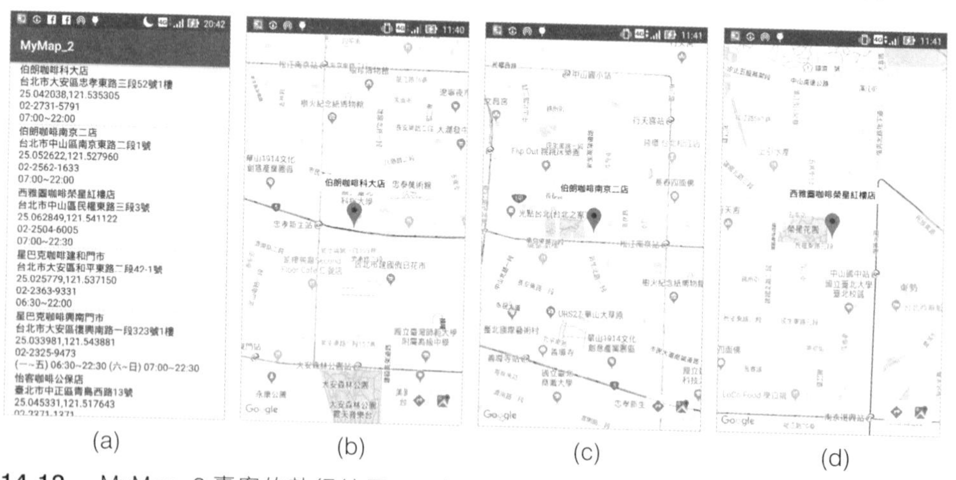

圖14-12 MyMap_2 專案的執行結果：(a)初始畫面；(b)點擊清單第一項，顯示地圖模式；(c)點擊清單第二項，顯示地圖模式；(d)點擊清單第三項，顯示地圖模式。

14.4 思考與練習

讀完本章之後，可以嘗試思考與練習以下題目：

1. 嘗試挑選本書第 1～4 章的任一範例，結合 14.1 節所介紹的廣告版型之橫幅或整頁廣告，重新改寫專案。

2. 嘗試挑選本書第 5～8 章的任一範例，結合 14.2 節所介紹的地圖版型，重新改寫專案呈現圖文並茂。

3. 嘗試執行 MyGSheet 專案，並結合 MyMap_2 專案，重新改寫成為 MyMap_3 專案，使能達成圖 14-13 的顯示結果。

   p.s. 如果想了解如何製作 Google Spreadsheets（谷歌試算表）Data API 專案細節，可前往 http://www.pcstore.com.tw/aerael/，或是博客來網站 https://www.books.com.tw/products/0010775026，參考「小手大創客：IoT、Android 和 Surveillance 專案設計」一書內容。

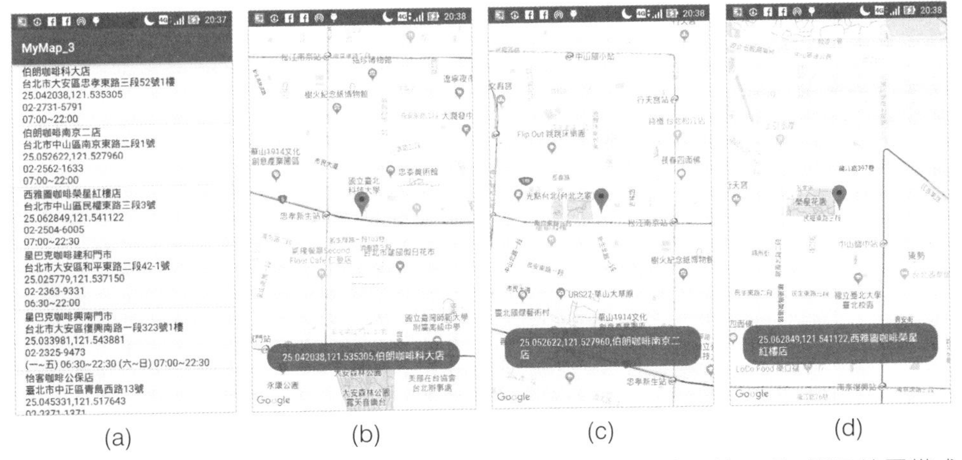

圖14-13 MyMap_3 專案的執行結果：(a)初始畫面；(b)點擊清單第一項，顯示地圖模式；(c)點擊清單第二項，顯示地圖模式；(d)點擊清單第三項，顯示地圖模式。

CHAPTER

15

影音動畫

15.1 前言

影音動畫等多媒體功能也是 Android 所著重的一環，這也是智慧型手機之所以稱為智慧的一個評估指標，因為，智慧的背後某種程度也表彰一種高度整合各項功能的成果。

在此所謂的各項功能，特別可以從**消費性電子**（Consumer Electronics，或稱為民生電子）產品的功能來看，著名的有數位相機、錄音筆、數位電視、電子地圖導航機、WiFi 路由器等，其中多媒體功能佔了相當比例。

根據美國權威統計機構 NPD（National Purchase Diary，國家消費日誌）2011 年底所發佈的一篇名為“Consumers Now Take More Than a Quarter of All Photos and Videos on Smartphones”的文章，其市場研究所進行的線上調查指出，傻瓜數位相機 2011 年一到十一月的總銷售量，比去年同期減少一七％，而陽春、小型的數位錄影機銷量也減少一三％。

類似的訊息都顯示了手機走出傳統、進入智慧型手機時代的腳步在穩定中成長。本章就要從簡單動畫製作、聲音、影像之錄製與播放等幾項重要的 Android 多媒體功能作為說明和示範的對象。[1]

15.2 動畫製作基礎

動畫，顧名思義，就是讓圖畫動起來。而圖畫簡單可分成幾何繪圖和影像繪製，本節再從以下兩點加以示範：

- 圖畫自動移動：示範 View 畫布上的圖畫皆可自己移動
- 圖畫移動反彈：示範 View 畫布上的圖畫碰觸到螢幕邊界後如何反彈續動

專案以 ImageMove_x 命名，x 分成 1、2 兩版本加以說明。

15.2.1 圖畫自動移動

這一節進一步介紹如何讓圖形與圖片不須經過觸控操作而自己動起來。如果稱觸控操作為「手動（Manually）」，那麼接下來介紹以計時器來進行控制的方法就可稱為「自動（Automatically）」，分成兩個小節來說明。

這一節的例子較為簡單，就是如圖 15-1 所示，讓圖片在畫布內垂直往返，一碰到邊界就 180 度改變方向。程式碼如列表 15-1 所示，其中我們採用在 View 視圖元件上以畫布的方式在上方「畫圖片（Draw Bitmap）」。

程式是以 `Handler+Runnable+Timer+TimerTask` 之組合為控制機制，與前面篇章單純僅用 `postDelay()+Runnable` 有所不同。但讀者主要應聚焦第 44 至 55 行的 `moving()`，它進行座標處理，並於處理後呼叫 `mView.invalidate();` 以 `onDraw()` 重畫一次。

---

1 https://www.npd.com/wps/portal/npd/us/news/pressreleases/pr_111222

程式列表 15-1：ImageMove_1.java

```
18  public class MainActivity extends AppCompatActivity {
19      private MyView mView;
20      private Bitmap mBitmap;
21      private int iWidth;
22      private int iHeight;
23      // For 位置與方向相關屬性
24      private float imageX = -1.0f, imageY = -1.0f;
25      private boolean bNorth = true;
26      // For 計時器
27      private Handler mHandler  = new Handler();
28      private Runnable runDancing = new Runnable() {
29          public void run() {
30              moving();
31          }
32      };
33      private Timer timer;
34      class Task extends TimerTask{
35          public void run(){
36              execute();
37          }
38          public synchronized void execute() {
39              mHandler.removeCallbacks(runDancing);
40              mHandler.post(runDancing);
41          }
42      };// Task
43      private Task task = new Task();
44      private synchronized void moving() {
45          if(bNorth && imageY - mBitmap.getHeight() / 2 < 0)
46              bNorth = false;
47          else if(!bNorth && imageY + mBitmap.getHeight() / 2 > iHeight)
48              bNorth = true;
49  
50          if(bNorth)
51              imageY-=10;
52          else
53              imageY+=10;
54          mView.invalidate();
55      }
56      @Override
57      protected void onDestroy() {
58          super.onDestroy();
```

```
59            if(task!=null) task = null;
60            if(timer!=null) timer = null;
61        }
62        @Override
63        public void onCreate(Bundle savedInstanceState) {
64            super.onCreate(savedInstanceState);
65            //setContentView(R.layout.actvity_main);
66            mBitmap = BitmapFactory.decodeResource(getResources(),
67                    R.drawable.ic_launcher);
68            mView = new MyView(this);
69            setContentView(mView);
70            // 初始化計時器
71            timer = new Timer();
72            task = new Task();
73            timer.schedule(task, 1000 , 500);
74        }
75        //View.onDraw()方法
76        private class MyView extends View {
77            private Paint mPaint;
78            private float deltaX = 0f, deltaY = 0f;
79            private boolean bImageTouched = false;
80            //
81            public MyView(Context context) {
82                super(context);
83                mPaint = new Paint();
84            }
85            @Override
86            protected void onSizeChanged(int w, int h, int oldw, int oldh) {
87                super.onSizeChanged(w, h, oldw, oldh);
88                iWidth = w; // 螢幕寬初始化
89                iHeight = h; // 螢幕高初始化
90            }
91            //onDraw() callback 方法
92            protected void onDraw(Canvas canvas) {
93                  canvas.drawColor(Color.WHITE);
94                mPaint.setColor(Color.argb(128, 0, 0, 255));
95                canvas.drawCircle(iWidth/3, iHeight/3, 20, mPaint);
96                if(imageX==-1.0f) {
97                    imageX = iWidth*2/3;
98                    imageY = iHeight*2/3;
99                }
100               canvas.drawBitmap(mBitmap,
101                       imageX - mBitmap.getWidth() / 2,
```

```
102                    imageY - mBitmap.getHeight() / 2,
103                    null);
104          }
               ...
133      }
134  }
```

程式列表 15-1 省略了第 106 至 132 行的「手勢觸控的監聽功能」，就是第 4 章所介紹、利用 onTouch 所製作的 Drag 功能，讀者可以用手指滑動正在移動中的 Android 圖示（ ）到螢幕的其他位置，看看效果如何？

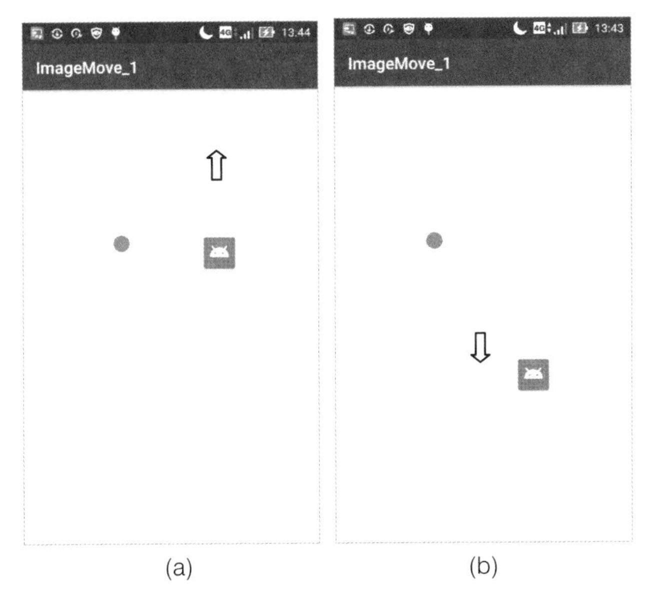

圖15-1 ImageMove_1 專案的執行截圖：(a)圖片正往上移動；(b)圖片正往下移動。

15.2.2 圖畫移動反彈

在前面小節已經介紹過繪製幾何圖形與影像圖片於畫布的方法，還保留觸控滑動手勢控制圖片於畫布上的移動，以及讓圖片在畫布內垂直往返，一碰到邊界就作 180 度方向改變。

讓圖片在畫布內垂直往返的例子較為簡單，但若改成任意方向則會是如何？如圖 15-2 所示，若將整個畫面採**極座標**（Polar Coordinate System）顯示，則一個圓周可劃分為 360 度，且以**笛卡兒座標系**（Cartesian 座標系，也稱直角座標系）的正 x 軸為 0 度（也是 360 度），正 y 軸為 90 度，此時，10 度會是約略朝向右方偏上，170 度則會是朝向左方偏上。作者實作了 ImageMove_2 與 ImageMove_2a 兩種版本供讀者對照，並將後者列表 15-2。

ImageMove_2a 與 ImageMove_2 的主要差異如下，最特殊的是高速繪圖：

- Matrix 物件的使用（見第 18 行、123 至 128 行）：用於繪製旋轉後的圖片。
- MySurfaceView 物件的使用：繼承高速繪圖元件 SurfaceView（View 的子類別），與 View 的用法類似，主要差別在於採用 getHolder().lockCanvas(); 取得 Canvas 畫布物件進行繪圖，並於每次畫完以 getHolder().unlock CanvasAndPost(canvas);加以釋放。

和 ImageMove_1 專案的差異可觀察 moving()與 doDraw()的內容。然而，也沒有想像中差異那麼大，因為只要利用向量的方式繪製動畫，程式就像是從一維進到二維的世界，並不需要等到利用三**角函數**（Trigonometric functions）算出角度與分量才能進行動畫繪製。讀者可以細細比較兩個版本的差異。

程式列表 15-2：ImageMove_2a.java

```
15  public class MainActivity extends AppCompatActivity {
16      private MySurfaceView mView;
17      private Bitmap mBitmap;
18      private Matrix mtx = new Matrix();
19      // For 位置與方向相關屬性
20      private int iWidth, iHeight;
21      private float imageX = -1.0f, imageY = -1.0f;
22      private float fAngle;
23      private float speedY=-10, speedX=-10;
24      // For 線程
25      private Thread mainLoop;
26      private Handler mHandler  = new Handler();
27      private Runnable runDancing = new Runnable() {
28          public void run() {
29              moving();
30          }
31      };
32
33      private synchronized void moving() {
34          boolean aChanged=false;
35
```

```
36            if(imageY < 0 ||
37                    imageY + mBitmap.getHeight()  > iHeight){
38                this.speedY=(-1)*this.speedY; // 碰到上下邊界時，y 反向
39                aChanged=true;
40            }
41            imageY+=this.speedY;
42
43            if(imageX < 0 ||
44                    imageX + mBitmap.getWidth()  > this.iWidth){
45                this.speedX=(-1)*this.speedX; // 碰到左右邊界時，x 反向
46                aChanged=true;
47            }
48            imageX+=this.speedX;
49
50            if(aChanged){
51                this.genAngle();
52            }
53        }
54
55        @Override
56        protected void onDestroy() {
57            super.onDestroy();
58            if(mainLoop!=null)    mainLoop.interrupt();
59            System.exit(0);
60        }
61
62        public void initAngle(){
63            fAngle = Math.round(360 * Math.random());
64            //e.g. fAngle = 45;
65            setTitle(fAngle+"度");
66        }
67
68        public void genSpeed(){
69            this.speedX=(float)Math.cos(this.fAngle/180*Math.PI)*10;
70            this.speedY=(float)Math.sin(this.fAngle/180*Math.PI)*10*(-1);
71        }
72
73        public void genAngle(){
74            this.fAngle=(float)((Math.atan2(this.speedY, (-1)*this.speedX)
    +Math.PI)/Math.PI*180);
75            setTitle(fAngle+"度");
76        }
77
78        @Override
```

```
79      public void onCreate(Bundle savedInstanceState) {
80          super.onCreate(savedInstanceState);
81          //setContentView(R.layout.activity_main);
82          mBitmap = BitmapFactory.decodeResource(getResources(),
83                  R.drawable.ic_launcher);
84          mView = new MyView(this);
85          setContentView(mView);
86
87          this.initAngle();
88          this.genSpeed();
89      }
90      //MySurfaceView.doDraw()方法
91       private class MySurfaceView extends View implements Runnable {
92          private Paint mPaint;
93          //
94          public MySurfaceView(Context context) {
95              super(context);
96              mPaint = new Paint();
97              // 以線程處理座標與繪圖
98              mainLoop = new Thread(this);
99              mainLoop.start();
100         }
101         @Override
102         protected void onSizeChanged(int w, int h, int oldw, int oldh) {
103             iWidth=w;
104             iHeight=h;
105
106             imageX = Math.round((w-mBitmap.getWidth()) * Math.random())
107                     + 0.5f * mBitmap.getWidth();
108             imageY = Math.round((h-mBitmap.getHeight()) * Math.random())
109                     + 0.5f * mBitmap.getHeight();
110
111              super.onSizeChanged(w, h, oldw, oldh);
112         }
113         void doDraw() {
114              Canvas canvas = getHolder().lockCanvas();
115              if (canvas != null) {
116                  canvas.drawColor(Color.WHITE);
117                  mPaint.setColor(Color.argb(128, 0, 0, 255));
118                  canvas.drawCircle(iWidth/3, iHeight/3, 20, mPaint);
119                   if(imageX==-1.0f) {
120                       imageX = iWidth*2/3;
121                       imageY = iHeight*2/3;
122                   }
```

```
123                 mtx.reset();
124                 float dg=fAngle;
125                 dg*=(-1);
126                 mtx.postRotate(dg+90); // 再轉至目的方向
127                 Bitmap rotatedBMP = Bitmap.createBitmap(mBitmap,0, 0,
128                 mBitmap.getWidth(), mBitmap.getHeight(), mtx, true);
129                 canvas.drawBitmap(rotatedBMP,
130                         imageX,
131                         imageY,
132                         null);
133                 getHolder().unlockCanvasAndPost(canvas);
134             }
135         }
136         public void run() {
137             while (true) {
138                 mHandler.removeCallbacks(runDancing);
139                 mHandler.post(runDancing); // 處理座標
140                 doDraw(); // 處理繪圖
141             }
142         }
143     }
144 }
```

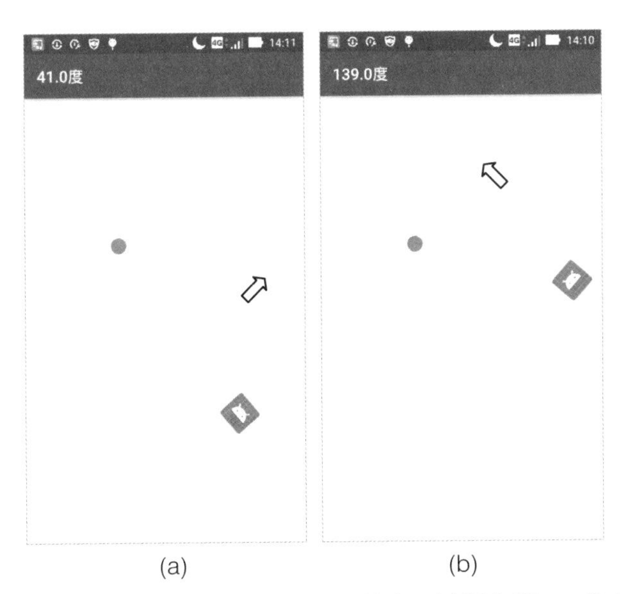

圖15-2 ImageMove_2a 專案的執行截圖：(a)圖片正以極座標 41 度向右方偏上移動；(b)圖片碰到右邊界之後全反射改以 319 度向左方偏上移動。

15.3 影音播放

這一節所要介紹的內容可說精彩可期，因為主題本身就很精彩！影音多媒體本來就是感官很強的應用，聽覺與視覺的功能，無論是嚴肅的工作議題，或是輕鬆的娛樂話題，都扮演很重要的角色。

此外，由於 Android 提供資源取用、檔案取用、雲端下載等至少三種常見的存取管道，因此本節的範例也就配合 Android 特有的 TabActivity 將它們整合成一個 App 便於示範，使讀者容易上手，是另一精彩之處。

以下先介紹影音多媒體的「**播放**（Play）」，也就是靜態的影像圖片、動態的影像影片、以及聲音或音樂的播出，都是按照前述三種取用管道，取出事先準備好的媒體檔加以播放，讓讀者一次看完並能對照學習；其次，介紹如何將上述三類媒體利用 Android 裝置進行拍照、錄影、錄音的多媒體的「**錄製**（Record）」，完成影音的錄與播。

為要示範說明影音播放，事先已準備好三個媒體檔 myimage.jpg、myvideo.mp4 和 myaudio.mp3， 隨著需求可置放在不同的取用管道中。

15.3.1 影音資源取用

列表 15-3 繼續採用 Android API level 1 就已存在、但 API level 13 卻「廢而不棄（Deprecated）」的 TabActivity 機制作展示，讀者可參考已經移轉到 Github 供下載之 APIDemo 範例，或到官網進一步了解其用法，在此省略其細節，只展示主程式第 63 至 79 行用來在標籤之間作切換，並於切換前將其它標籤的播放停止。[2] [3]

讀者可以用新的 Action Bar Tabs 版型改寫 TabActivity，留作章末練習題。

---

2 https://developer.android.com/reference/android/app/TabActivity

3 https://github.com/aosp-mirror/platform_development/tree/master/samples/ApiDemos

程式列表 15-3：MultiMediaPlayers 專案之 MainActivity.java

```
12  public class MainActivity extends TabActivity {
13
14      public final static int IMAGE = 0;
15      public final static int VIDEO = 1;
16      public final static int AUDIO = 2;
17
18      public final static int RESOURCE_TYPE = 0;
19      public final static int LOCAL_TYPE = 1;
20      public final static int STREAM_TYPE = 2;
21
22      private int iCurrentTab = LOCAL_TYPE;
23
24      @Override
25      public void onCreate(Bundle savedInstanceState) {
       ...
63            tabHost.setOnTabChangedListener(new OnTabChangeListener(){
64              @Override
65              public void onTabChanged(String tabId) {
66                  Log.i("MainTabMenu", tabId);
67                  switch(iCurrentTab) {
68                  case RESOURCE_TYPE:
69                      ((ResMediaPlayer) ResMediaPlayer.context).stopMedia();
70                      break;
71                  case LOCAL_TYPE:
72                      ((LocalMediaPlayer) LocalMediaPlayer.context).
    stopMedia();
73                      break;
74                  case STREAM_TYPE:
75                      ((StreamMediaPlayer) StreamMediaPlayer.context).
    stopMedia();
76                      break;
77                  }
78                  iCurrentTab = Integer.parseInt(tabId.substring(3, 4));
79              }});
80      }
81  }
```

其次，須分別將影音檔置放在 res/drawable 和 res/raw 兩個資料夾內，如程式列表 15-4 第 30 行所示，可以將資源 ID 以陣列先設好待程式後續運用。

列表 15-4 的執行結果如圖 15-3 所示，按下標籤畫面內的三個按鈕各別會執行三個媒體資源的播放，其中圖 15-3(d) 上的 Toast 表示該聲音檔的時間長度。

讀者可看到列表 15-4 的第 94、107、118 行各都用到 iResId 的陣列值，並以列表 15-3 的第 14 至 16 行常數值作索引，即可取用所對應的影音資源！此外，列表 15-4 以 Play Image、Play Video 和 Play Audio 三個註解行，將三段主要程式功能標記出來，重要部份在程式中都有註解。

程式列表 15-4：ResMediaPlayer.java

```
22  public class ResMediaPlayer extends Activity {
23
24      public static Context context; // 讓主程式作切換控制之用
25      private VideoView mVideoView;  // 影片播放器
26      private MediaPlayer mMediaPlayer; // 媒體播放器，在此負責聲音媒體
27      private Button mButtonImage, mButtonVideo, mButtonAudio; // 三個播放鈕
28      private ImageView mImageView; // 呈現影像圖片
29      private Uri uri;// Uniform resource locator，用於標識某一網際網路資源名
    稱的字元串
30      private int [] iResId = { R.drawable.myimage, R.raw.myvideo, R.raw.
    myaudio};
31      //
32      private int iDuration; // 用來記錄 媒體長度
33      private SeekBar mTimebar; // 用來顯示聲音媒體之播放進度
34      private Handler mHandler = new Handler();
35      private Runnable run = new Runnable() {
36           public void run() { // 以另一線程更新播放進度
37               if(mTimebar!=null && mMediaPlayer!=null)
38                   mTimebar.setProgress( mMediaPlayer.getCurrentPosition() );
39               mHandler.postDelayed(this, 100); // 以遞迴方式更新播放進度
40           }
41       };
42       public void stopMedia() { // 停止播放並恢復視圖元件之顯示
43           if(mMediaPlayer!=null) {
44               if(mMediaPlayer.isPlaying())
45                   mMediaPlayer.stop();
46               mMediaPlayer.release();
47               mMediaPlayer = null;
48           }
49           if(mVideoView!=null) mVideoView.setVisibility(View.INVISIBLE);
50           if(mTimebar!=null) {
```

```
51                mHandler.removeCallbacks(run);
52                mTimebar.setVisibility(View.GONE);
53            }
54            if(mImageView!=null) mImageView.setVisibility(View.GONE);
55            showButtons();
56        }
57        @Override
58        protected void onDestroy() {
59            super.onDestroy();
60            stopMedia();
61            System.exit(0);
62        }
63        @Override
64        public void onCreate(Bundle savedInstanceState) {
65            super.onCreate(savedInstanceState);
66
67            ResMediaPlayer.context = this;
68            setContentView(R.layout.sub);
69            initViews(); // 視圖元件初始化
70
71            mVideoView.setMediaController(new MediaController(this)); // 啟動
    內建之播放面版
72            mVideoView.setOnCompletionListener(new OnCompletionListener(){ //
    播放完畢恢復視圖元件之顯示
73                @Override
74                public void onCompletion(MediaPlayer mp) {
75                    mVideoView.setVisibility(View.INVISIBLE);
76                    showButtons();
77                }});
78            mVideoView.setOnErrorListener(new OnErrorListener(){ // 播放錯誤恢
    復視圖元件之顯示並訊息告知
79                @Override
80                public boolean onError(MediaPlayer mp, int what, int extra) {
81                    Log.e("ResMediaPlayer", "Some Errors Happens!");
82                    Toast.makeText(ResMediaPlayer.this, "Some Errors
    Happens!", Toast.LENGTH_LONG).show();
83                    mVideoView.setVisibility(View.INVISIBLE);
84                    showButtons();
85                    return true;
86                }});
87
88            // Play Image ...
89            mButtonImage.setOnClickListener(new OnClickListener(){
```

```
90              @Override
91              public void onClick(View v) {
92                  hideButtons();
93                  mImageView.setVisibility(View.VISIBLE);
94                  mImageView.setBackgroundResource(iResId[MainTabMenu.IMAGE]);
95              }});
96          mImageView.setOnClickListener(new OnClickListener(){ // 點擊圖片恢
    復視圖元件之顯示
97              @Override
98              public void onClick(View v) {
99                  mImageView.setVisibility(View.GONE);
100                 showButtons();
101             }});
102
103         // Play Video ...
104         mButtonVideo.setOnClickListener(new OnClickListener(){
105             @Override
106             public void onClick(View v) {
107                 uri = Uri.parse("android.resource://"+getPackageName()
    +"/"+iResId[MainTabMenu.VIDEO]);
108                 mVideoView.setVideoURI(uri);
109                 mVideoView.setVisibility(View.VISIBLE);
110                 hideButtons();
111                 mVideoView.start();
112             }});
113
114         // Play Audio ...
115         mButtonAudio.setOnClickListener(new OnClickListener(){
116             @Override
117             public void onClick(View v) {
118                 uri = Uri.parse("android.resource://"+getPackageName()
    +"/"+iResId[MainTabMenu.AUDIO]);
119                 mMediaPlayer = MediaPlayer.create(ResMediaPlayer.this,
    uri);
120                 mMediaPlayer.setOnPreparedListener(new
    OnPreparedListener(){
121                     @Override
122                     public void onPrepared(MediaPlayer mp) {
123                         iDuration = mMediaPlayer.getDuration();
124                         Toast.makeText(ResMediaPlayer.this, iDuration+"
    毫秒", Toast.LENGTH_LONG).show();
125                         mTimebar.setMax(iDuration);
126                         mHandler.postDelayed(run, 100);
```

```
127                     }});
128
129                 mMediaPlayer.setOnCompletionListener(new
    OnCompletionListener(){
130                     @Override
131                     public void onCompletion(MediaPlayer mp) {
132                         mHandler.removeCallbacks(run);
133                         mTimebar.setVisibility(View.GONE);
134                         showButtons();
135                     }});
136                 mMediaPlayer.start();
137                 hideButtons();
138                 mTimebar.setVisibility(View.VISIBLE);
139             }});
140     }
141     private void initViews() {
            ...
148     }
149     private void showButtons() { // 顯示三個播放鈕
            ...
153     }
154     private void hideButtons() { // 隱藏三個播放鈕
            ...
158     }
159 }
```

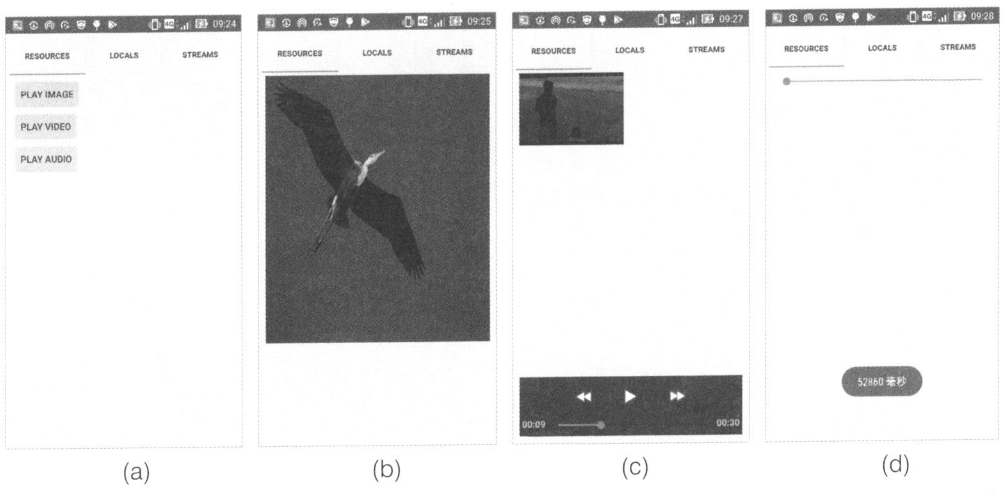

圖15-3 程式列表 15-4 的執行結果：(a)初始畫面；(b)將 R.drawable.myimage 放到 ImageView 上顯示；(c)將 R.raw.myvideo 播放；(d)將 R.raw.myaudio 播放。

15.3.2 影音檔案取用

「影音資源取用」和「影音檔案取用」的最大差異在於資源內的檔案是以 R.java 內的 id 編號加以取用，且 res 資料夾下的所有資源都會包在 APK 內。

「影音檔案取用」部份，若不希望另行將資源內的檔案手動拷貝到 SD 卡，就應由程式來完成，如列表 15-5 第 181 至 205 行所示，其中的 `initUris()`和 `copyFile(int index)`兩個函式可將檔案從資源區複製到 SD 卡，並將 `uris` 陣列備妥備用。安卓 6.0 以上手機，需要加上 request permissions 等功能。

此外，LocalMediaPlayer 和 ResMediaPlayer 兩類別的另一個差異如圖 15-4 所示，就是對於圖片的「播放」展示方式整合第 4 章的 DragZoomListener 到專案中，使其能進行 Drag 和 Zoom，相對應的程式在列表 15-6。

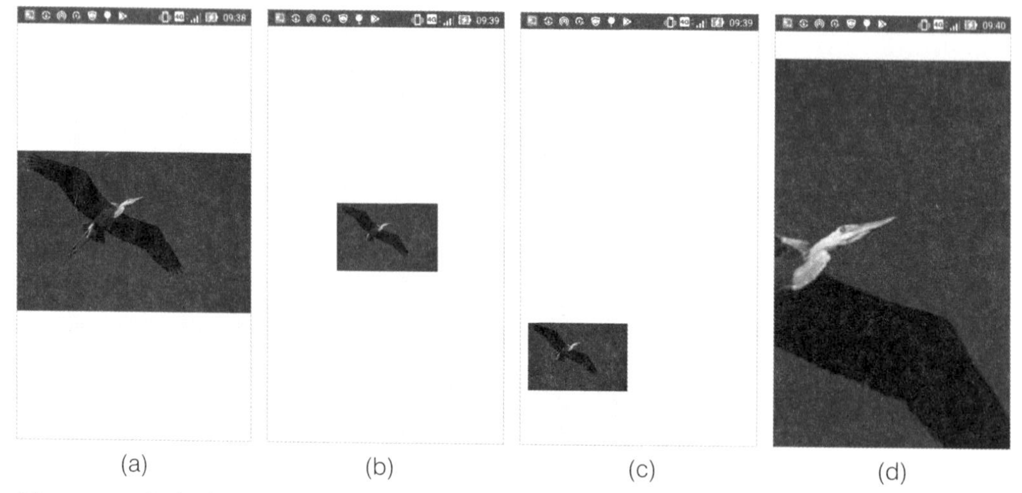

圖15-4 程式列表 15-6 的執行結果：(a)初始畫面；(b)縮小圖片；(c)移動圖片；(d)放大圖片。

程式列表 15-5：LocalMediaPlayer.java：第 181 至 205 行

```
 31  public class LocalMediaPlayer extends Activity {
         ...
181      private void initUris() {
182              for(int i=0; i<uris.length; i++)
183          try {
184              uris[i] = copyFile(i);
```

```
185                } catch (IOException e) {
186                    e.printStackTrace();
187                }
188        }
189        private String copyFile(int index) throws IOException {
190                    String [] fileName = {"myimage.jpg", "myvideo.mp4",
    "myaudio.mp3"};
191
192                    File dest = Environment.getExternalStorageDirectory();
193                    InputStream in = getResources().openRawResource
    (ResMediaPlayer.iResId[index]);
194                    OutputStream out = new FileOutputStream(dest + "/" +
    fileName[index]);
195
196                    // Transfer bytes from in to out
197                    byte[] buf = new byte[1024];
198                    int len;
199                    while ((len = in.read(buf)) > 0) {
200                        out.write(buf, 0, len);
201                    }
202                    in.close();
203                    out.close();
204            return dest + "/" + fileName[index];
205        }
206    }
```

程式列表 15-6：LocalMediaPlayer.java：第 40 至 113 行

```
31    public class LocalMediaPlayer extends Activity {
          ...
40        public static Bitmap myBitmap; // 提供給 ImageView 作圖片設定
           ...
73        public void onCreate(Bundle savedInstanceState) {
74            super.onCreate(savedInstanceState);
75
76            LocalMediaPlayer.context = this;
77            setContentView(R.layout.sub);
78            initViews(); // 視圖元件初始化
79            initUris(); // 檔案 Uri 初始化
              ...
98            // Play Image ...
99            mButtonImage.setOnClickListener(new OnClickListener(){
```

```
100             @Override
101             public void onClick(View v) {
102                 hideButtons();
103                 myBitmap = BitmapFactory.decodeFile(uris[MainActivity.IMAGE]);
104                 mImageView.setVisibility(View.VISIBLE);
105                 mImageView.setImageBitmap(myBitmap);
106                 mImageView.setOnTouchListener(new DragZoomListener());
107             }});
108         mImageView.setOnClickListener(new OnClickListener(){ // 點擊圖片恢
    復視圖元件之顯示
109             @Override
110             public void onClick(View v) {
111                 mImageView.setVisibility(View.GONE);
112                 showButtons();
113             }});
        ...
206 }
```

15.3.3 影音雲端下載

在開發「影音雲端下載」範例，也就是 StreamMediaPlayer.java 時，最重要的就是影音串流問題。影片檔只要轉成 H.264 格式即可放到雲端利用網址播放，目前大部分的雲端硬碟，像是 Google 雲端硬碟，在上傳檔案以後都會自動轉檔，方便後續進行串流影音。

至於圖片下載的部份，寫在列表 15-7 的第 202 至 215 行之 getBitmapFromURL()函式中，以 HttpURLConnection 下載完成。

程式列表 15-7：StreamMediaPlayer.java：第 38 至 41、121、202 至 215 行

```
30  public class StreamMediaPlayer extends Activity {
        ...
38      String [] uris = { " http://www.aerael.com/uploads/6/9/2/1/69211847/
    myimage.jpg",
39                         " http://www.aerael.com/uploads/6/9/2/1/69211847/
    myvideo.mp4",
40                         " http://www.aerael.com/uploads/6/9/2/1/69211847/
    myaudio.mp3 "}; // getDuration() > 0
```

```
41      public static Bitmap myBitmap; // 提供給 ImageView 作圖片設定
        ...
121         myBitmap = getBitmapFromURL(uris[MainTabMenu.IMAGE]);
        ...
202      private Bitmap getBitmapFromURL(String src) {
203         try {
204             URL url = new URL(src);
205             HttpURLConnection connection = (HttpURLConnection)
    url.openConnection();
206             connection.setDoInput(true);
207             connection.connect();
208             InputStream input = connection.getInputStream();
209             Bitmap myBitmap = BitmapFactory.decodeStream(input);
210             return myBitmap;
211         } catch (IOException e) {
212             e.printStackTrace();
213             return null;
214         }
215     }
216 }
```

15.4 影音錄製

本節**移轉**（Porting）一個網路上很有名的一家 Android 軟體開發既電子書出版商 commonsware 的 SlidingPanelDemo 範例作為我們拍照、錄影、錄音三個功能選項（MenuItem）的表現方式，網路上有免費的電子書可供下載學習。[4] [5] [6]

SlidingPanelDemo 的執行結果如圖 15-5(a)與(b)，它的 Sliding 滑動效果其實並非採用 onDraw()的動畫作法，而是利用 Android 的 TranslateAnimation 配合 AnimationListener 機制來實作的！但本範例專案因應現代安卓手機已不再提供 Menu 硬體按鍵，因此改以長按螢幕方式，針對功能選項作開與關的控制。列表 15-8 第 71 行顯示，會利用 Toast 訊息機制提醒使用者該項做法。

4 http://commonsware.com/AdvAndroid/AdvAndroid-1_4-CC.pdf

5 https://commonsware.com/Android/Android-6.6-CC.pdf

6 https://commonsware.com/Android/4-2-free

圖 15-5(c)就是移轉程式之後的執行畫面截圖，而對應的程式碼如列表 15-8，其中作者還為按鈕增添圖案，並以色彩區別目前所選的功能項目。

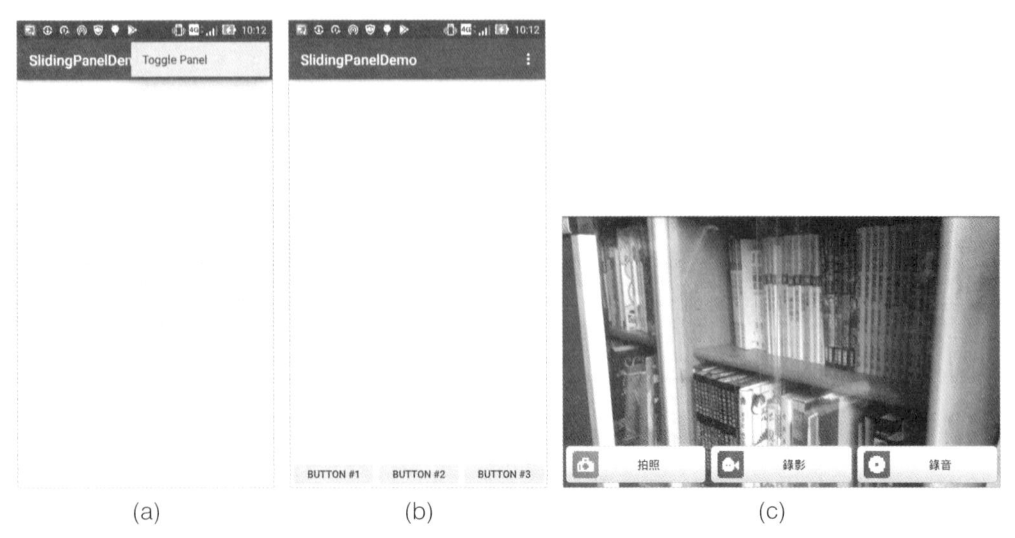

(a) (b) (c)

圖15-5 移轉 commonsware 的 SlidingPanelDemo 專案到本節範例：(a) SlidingPanelDemo 按下 Menu 鍵；(b)按下 Menu 項目後，「滑出」3 個按鈕；(c)本節範例專案 MakeMedias 採用此機制呈現拍照、錄影、錄音三功能選項。

程式列表 15-8：MakeMedias 專案 MainActivity.java：功能選單動作

```
22  enum Options {
23      TakePicture, RecordVideo, RecordAudio
24  }
25
26  public class MainActivity extends AppCompatActivity {
27      private SlidingPanel panel=null;
28      private Button [] mButton = new Button[3];
29      private Drawable [][] drawable = new Drawable [mButton.length][2];
30      private int [][] resDrawId = {  { R.drawable.camera0 ,  R.drawable.
    camera1 },
31                                    { R.drawable.video0  ,  R.drawable.
    video1 },
32                                    { R.drawable.audio0  ,  R.drawable.
    audio1 } };
33      private int [] resButtonId = {  R.id.button1, R.id.button2,
    R.id.button3 };
34      private Options eSwitch = Options.TakePicture, ePreSwitch =
    Options.TakePicture;
```

```
    ...
71  Toast.makeText(this, "長按畫面可以開關功能選單！",
    Toast.LENGTH_LONG).show();
    ...
74      private void initSlidingPanel() {
75          panel=(SlidingPanel)findViewById(R.id.panel);
76
77          for(int i=0; i<drawable.length; i++) { // 以 Drawable 形式預備功能鈕
    上的圖案
78              drawable[i][0] = getResources().getDrawable(resDrawId[i][0]);
79              drawable[i][1] = getResources().getDrawable(resDrawId[i][1]);
80          }
81          for(int i=0; i<mButton.length; i++) {
82              mButton[i]=(Button)findViewById(resButtonId[i]); // 功能鈕物件
    初始化
83              mButton[i].setOnClickListener(listener); // 設定點擊事件傾聽
84              if( i == eSwitch.ordinal()) // 根據目前的選擇，設定功能鈕上的圖案
85                  mButton[i].setCompoundDrawablesWithIntrinsicBounds
    (drawable[i][1], null, null, null);
86              else
87                  mButton[i].setCompoundDrawablesWithIntrinsicBounds
    (drawable[i][0], null, null, null);
88          }
89      }
    ...
243 }
```

MakeMedias 範例專案分成以下三個類別模組進行：

- TakePicture：示範拍照功能，結果存到/sdcard/myimage2.jpg
- VideoRecorder：示範錄影功能，結果存到/sdcard/myvideo2.3gpp
- AudioRecorder：示範錄音功能，結果存到/sdcard/myaudio2.3gp

檔案結果以 my…2 的「2」命名，為與前一節的媒體檔作出區別。以下一一說明。

15.4.1 拍照

傳統拍照為以單鏡頭相機取得靜態影像圖片為目的，當今亦有雙鏡頭相機屬特殊 3D 應用。而手機這種免調焦距、光圈、快門之相機，也就是數位相機，或俗稱的傻瓜相機，在操作上以簡單為其重要訴求，舉例來說，**自動聚焦**（Auto-focus）就非常重要。

Android 手機的拍照功能主要用到以下元件：

- Camera：負責打開鏡頭、初始化參數、預覽設定、聚焦、拍照、停止等主要功能運作。
- SurfaceView：Android 內定作為相機預覽的視圖畫面元件，因為相機的感測訊號快，推測需要有一個高速繪圖的視圖作為對應。
- SurfaceHolder：官網開宗明義截取如下。[7]
  - ✓ Abstract interface to someone holding a display surface.（欲持有顯示表面者所要實作的抽象介面）
  - ✓ Allows you to control the surface size and format, edit the pixels in the surface, and monitor changes to the surface.（允許控制表面大小與格式、編輯其圖素、並監控該表面之狀態改變）

    必須先實作 SurfaceHolder.Callback 共 3 個方法：surfaceChanged()、surfaceCreated()、surfaceDestroyed()
  - ✓ This interface is typically available through the SurfaceView class.（此介面一般可經由 SurfaceView 類別取得）

    如程式 TakePicture.java 內初始化所執行的：`sHolder = tempSV.getHolder();`

所以，如 SurfaceHolder 所要求的，拍照程式應該要實作一個稱為 SurfaceHolder.Callback 的介面。此外，拍照前所需要的自動聚焦也有一個稱為 Camera.AutoFocusCallback 的介面需要實作；換句話說，聚焦成功之後會回 Call 一個 onAutoFocus()函式，那時再執行 camera.takePicture()即可。

---

7 http://developer.android.com/reference/android/view/SurfaceHolder.html

程式列表 15-9：MakeMedia 專案：拍照/錄影/錄音的主要初始化

```
26  public class MainActivity extends AppCompatActivity {
        ...
35      // 拍照/錄影/錄音共用
36      private TextView tv;
37      // For 拍照/錄影共用
38      private SurfaceView svPreview;
39      // For 錄影/錄音共用
40      private ImageView mIV; // 閃爍圖案訊號
41      private RelativeLayout rl; // 重疊圖案版面
42      // For 拍照
43      private ImageView iv; // 展示照片用
44      private TakePicture tp; //拍照處理之 View 類別
45      // For 錄影
46      private VideoRecorder vr; //錄影處理之 View 類別
47      // For 錄音
48      private AudioRecorder ar; //錄音處理之 View 類別
49      // For 錄影/錄音中的閃爍圖案訊號顯示
50      private Handler mHandler  = new Handler();
51      private Runnable runUnHint = new Runnable() {
52          public void run() {
53              if(tv!=null)
54                  tv.setVisibility(View.INVISIBLE);
55          }
56      };
        ...
90      // 相機物件初始化
91      private void initCamera() {
92          setContentView(R.layout.main);
93          initSlidingPanel();
94          svPreview    =    (SurfaceView)    findViewById(R.id.svPreview);
  //SurfaceView 物件主要當作預覽畫面
95          svPreview.setOnLongClickListener(new View.OnLongClickListener(){
96              @Override
97              public boolean onLongClick(View view) {
98                  panel.toggle();
99                  return true;
100             }
101         });
102         iv = (ImageView) findViewById(R.id.iv);
103         iv.setVisibility(View.INVISIBLE);
104         tp = new TakePicture(this, svPreview, iv);
```

```
105         iv.setOnClickListener(new OnClickListener() {
106             @Override
107             public void onClick(View v) {
108                 svPreview.setVisibility(View.VISIBLE);
109                 iv.setVisibility(View.INVISIBLE);
110             }});
111         tv = (TextView) findViewById(R.id.tv);
112         tv.setTextColor(Color.WHITE);
113         tv.setText("點擊觸控螢幕拍照！");
114         tv.setVisibility(View.VISIBLE);
115         mHandler.postDelayed(runUnHint, 3000);
116     }
    ...
191     @Override
192     public boolean onKeyDown(int keyCode, KeyEvent event) {
193         if (keyCode == KeyEvent.KEYCODE_DPAD_CENTER
194                 || keyCode == KeyEvent.KEYCODE_CAMERA) {
195             switch(eSwitch) {
196             case TakePicture: // 拍照
197                 if(iv.getVisibility() == View.INVISIBLE)
198                     tp.camera.autoFocus(tp); //拍照前先自動定焦
199                 else { // 恢復相機 Preview
200                     svPreview.setVisibility(View.VISIBLE);
201                     iv.setVisibility(View.INVISIBLE);
202                 }
203                 break;
        ...
243 }
```

(a)

(b)

圖15-6 拍照程式的執行結果：(a)初始畫面；(b)拍照後的照片展示。

拍照前後示意如圖 15-6 所示，而相機相關實作，首先是預覽的初始化和按下快門的 KeyDown 訊息攔截，由 MakeMedia 所負責的 Activity 類別所負責，程式碼如列表 15-9，第 35 至 56 行宣告許多的視圖元件，其中預覽用的 SurfaceView svPreview 為拍照和錄影所共用；第 90 至 203 行最主要的就是按下快門後呼叫 tp.camera.autoFocus(tp);之定焦指令，啟動後續一連串的拍照、照片存檔、展示等之動作。

其次，列表 15-10 的 TakePicture 類別也負責一些初始化的動作，如第 25 至 30 行先建構起來，並接收 MakeMedias 所傳來的 SurfaceView 等參數，然後第 33 至 54 行就是藉由所傳來的 SurfaceView 物件 tempSV，取得 Holder 後存於 SurfaceHolder 物件 sHolder 中，再執行後續相關的設定。

程式列表 15-10：TakePicture.java：第 20 至 54 行

```
18  public class TakePicture extends View implements SurfaceHolder.Callback,
    Camera.AutoFocusCallback {
19
20      private SurfaceView tempSV;
21      private ImageView tempIV;
22      Camera camera;
23      private SurfaceHolder sHolder;
24
25      public TakePicture(Context context, SurfaceView sv, ImageView iv) {
26          super(context);
27          this.tempSV = sv;
28          this.tempIV = iv;
29          initViews();
30      }
31
32      // 取得各個視窗元件（物件）
33      private void initViews() {
34          tempSV.setOnClickListener(new OnClickListener() {
35              @Override
36              public void onClick(View v) {
37                  camera.autoFocus(TakePicture.this); //拍照前先自動定焦
38              }});
39          sHolder = tempSV.getHolder();
            ...
44          sHolder.addCallback(this);
45          //SurfaceView 物件使用記憶體的方式
```

```
46          sHolder.setType(SurfaceHolder.SURFACE_TYPE_PUSH_BUFFERS);
47          //按下 ImageView 恢復相機 Preview
48          tempIV.setOnClickListener(new OnClickListener() {
49              @Override
50              public void onClick(View v) {
51                  tempSV.setVisibility(View.VISIBLE);
52                  tempIV.setVisibility(View.INVISIBLE);
53              }});
54      }
        ...
146 }
```

至於為何圖 15-6(b)的照片展示感覺比例和圖 15-6(a)相機預覽的不同？讀者可以執行自己手邊的相機試一試，其中會在 Logcat 顯示讀者手機的結果類似以下：

```
08-22 14:37:47.129 2416-2416/com.demo.makemedias I/System.out: 0:
getSupportedPictureSizes(w, h)= (4096, 3072)
      1: getSupportedPictureSizes(w, h)= (4096, 2304)
      2: getSupportedPictureSizes(w, h)= (3264, 2448)
      3: getSupportedPictureSizes(w, h)= (3264, 1836)
      4: getSupportedPictureSizes(w, h)= (2560, 1920)
      5: getSupportedPictureSizes(w, h)= (2560, 1440)
      6: getSupportedPictureSizes(w, h)= (2048, 1536)
      7: getSupportedPictureSizes(w, h)= (2048, 1152)
      8: getSupportedPictureSizes(w, h)= (1920, 1080)
      9: getSupportedPictureSizes(w, h)= (1600, 1200)
      10: getSupportedPictureSizes(w, h)= (1600, 900)
      11: getSupportedPictureSizes(w, h)= (1280, 960)
      12: getSupportedPictureSizes(w, h)= (1280, 768)
      13: getSupportedPictureSizes(w, h)= (1280, 720)
      14: getSupportedPictureSizes(w, h)= (1024, 768)
      15: getSupportedPictureSizes(w, h)= (800, 600)
      16: getSupportedPictureSizes(w, h)= (800, 480)
      17: getSupportedPictureSizes(w, h)= (720, 480)
      18: getSupportedPictureSizes(w, h)= (640, 480)
      19: getSupportedPictureSizes(w, h)= (352, 288)
      20: getSupportedPictureSizes(w, h)= (320, 240)
      21: getSupportedPictureSizes(w, h)= (176, 144)
      22: getSupportedPictureSizes(w, h)= (160, 120)
```

```
08-22 14:37:47.130 2416-2416/com.demo.makemedias I/System.out: 0:
getSupportedPreviewSizes(w, h)= (1920, 1080)
      1: getSupportedPreviewSizes(w, h)= (1280, 960)
      2: getSupportedPreviewSizes(w, h)= (1280, 720)
      3: getSupportedPreviewSizes(w, h)= (864, 480)
      4: getSupportedPreviewSizes(w, h)= (800, 480)
      5: getSupportedPreviewSizes(w, h)= (768, 432)
      6: getSupportedPreviewSizes(w, h)= (720, 480)
      7: getSupportedPreviewSizes(w, h)= (640, 480)
      8: getSupportedPreviewSizes(w, h)= (576, 432)
      9: getSupportedPreviewSizes(w, h)= (480, 320)
      10: getSupportedPreviewSizes(w, h)= (384, 288)
      11: getSupportedPreviewSizes(w, h)= (352, 288)
      12: getSupportedPreviewSizes(w, h)= (320, 240)
      13: getSupportedPreviewSizes(w, h)= (240, 160)
      14: getSupportedPreviewSizes(w, h)= (176, 144)
      15: getSupportedPreviewSizes(w, h)= (160, 120)
      16: getSupportedPreviewSizes(w, h)= (144, 176)
```

原來，作者手邊的 ASUS Z00LD 之相機鏡頭支援 23 種的照片尺寸，以及 17 種的預覽尺寸，而此版本的程式是以最高的照片尺寸配合最高的預覽尺寸，讀者可以視需求自行調整。

15.4.2 錄影和錄音

錄影和錄音都是利用 MediaRecorder 物件所完成的，只是錄影包括錄音，多了個影像錄製以及和相機的類似處境，就是要進行預覽。而 MediaRecorder 的運用最大的難處，有經驗的人都知道，就在它的狀態順序不能隨便顛倒，如圖 15-7 所示乃從官網所截圖。[8]

本節範例專案由於整合拍照、錄影和錄音功能於一身，所以當中有些「綜合歸納」，也就是將程式拆解、組合，並試圖最佳化。因此，如果讀者想專心了解錄影功能，或許不那麼順暢時，可以參考另一有名的開源碼網站 --www.codeproject.com，該作者在 MediaRecorder 的狀態運用上有相當值得參考之處，因此也介紹給讀者。[9]

---

8 http://developer.android.com/reference/android/media/MediaRecorder.html

9 http://www.codeproject.com/Articles/107270/Recording-and-Playing-Video-on-Android#

程式列表 15-11 所呈現的「錄影或錄音物件初始化」函式就是將錄影和錄音兩者的初始化程式歸納的結果，以參數作為區別：

```
public void initRecorderViews(Options opt);
```

其中，如圖 15-8(a) 所示，當按下「錄影」功能鈕就會傳入 Options.RecordVideo 參數值，而如圖 15-9(a)所示按下「錄音」功能鈕就則會傳入 Options.RecordAudio 參數值，作為區分。

另外，圖 15-8(b)和 15-9(b)都顯示 3 秒的訊息提示，而圖 15-8 和 15-9 的(c)與(d)則各顯示錄製中與播放中的畫面，讀者可以練習再加入讀秒訊息，讓整個 App 更加親和、好用。

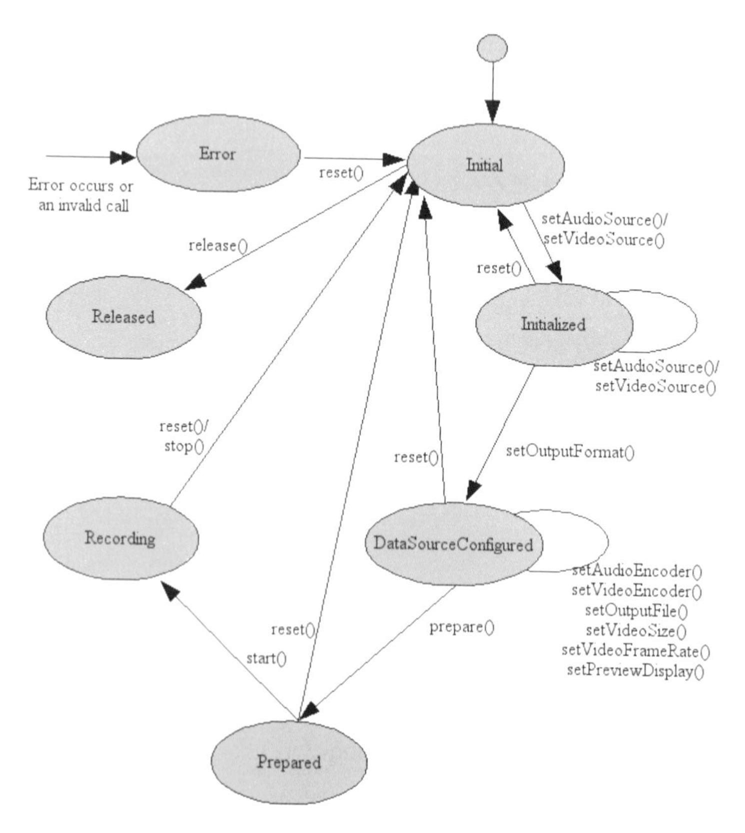

圖15-7 MediaRecorder 於官網文件資料上所顯示的狀態圖。

程式列表 15-11：MakeMedias 專案：第 117 至 156、158 至 181 行

```
 26  public class MainActivity extends AppCompatActivity {
         ...
117      // 錄影或錄音物件初始化
118      public void initRecorderViews(Options opt) {
119          // ImageView for blinking
120          rl = new RelativeLayout(this);
121          rl.setPadding(20, 20, 0, 0);
122          mIV = new ImageView(this);
123          mIV.setBackgroundResource(R.drawable.symrec);
124          mIV.setVisibility(View.INVISIBLE);
125          rl.addView(mIV);
126          // Reset content view
127          setContentView(R.layout.main);
128          initSlidingPanel();
129          svPreview = (SurfaceView) findViewById(R.id.svPreview);
     //SurfaceView 物件主要當作預覽畫面
130          svPreview.setOnLongClickListener(new View.OnLongClickListener(){
131              @Override
132              public boolean onLongClick(View view) {
133                  panel.toggle();
134                  return true;
135              }
136          });
137          iv = (ImageView) findViewById(R.id.iv);
138          tv = (TextView) findViewById(R.id.tv);
139          iv.setVisibility(View.INVISIBLE);
140          switch(opt) {
141          case RecordVideo:
142              vr = new VideoRecorder(MakeMedias.this, svPreview, mIV);
143              tv.setText("按下紅色圓圈開始錄影，再按一下停止錄影！");
144              break;
145          case RecordAudio:
146              if(ar!=null) ar.stopPlayer();
147              ar = new AudioRecorder(MakeMedias.this, mIV);
148              tv.setText("按下紅色圓圈開始錄音，再按一下停止錄音！");
149              break;
150          }
151          addContentView(rl, new RelativeLayout.LayoutParams
     (LayoutParams.WRAP_CONTENT, LayoutParams.WRAP_CONTENT));
152          tv.setTextColor(Color.WHITE);
153          tv.setVisibility(View.VISIBLE);
```

```
154             mHandler.postDelayed(runUnHint, 3000);
155             Toast.makeText(this, "長按畫面可以開關功能選單！", Toast.LENGTH_
    LONG).show();
156         }

158         OnClickListener listener = new OnClickListener(){
                            ...
176                         case RecordVideo:
177 initRecorderViews(Options.RecordVideo);
178                             break;
179                         case RecordAudio:
180 initRecorderViews(Options.RecordAudio);
181                             break;
                ...
243 }
```

(a) (b) (c) (d)

圖15-8 錄影程式的執行結果：(a)點選錄影功能鈕；(b)錄影預覽，並以 3 秒提示用法；(c)開始錄影，期間以紅點閃爍代表進行中；(d)以對話框播出。

(a) (b) (c) (d)

圖15-9 錄音程式的執行結果：(a)點選錄音功能鈕；(b)以 3 秒提示用法；(c)開始錄音，期間以紅點閃爍；(d)開始播音，期間以綠三角閃爍。

另外，由於現今安卓手機多半見不到 Menu 實體按鍵，且恰好 MakeMedias 這類多媒體錄製的 App 多半採用全螢幕顯示策略，也就是省略了 ActionBar，因此要做 Menu 的動作必須另外想辦法。

還好 View 元件除了 onClick 監聽器以外，另有 View.OnLongClickListener 這個長按型的 OnLongClick 監聽器，提示用戶如何操作即可：

```
Toast.makeText(this, "長按畫面可以開關功能選單！",
        Toast.LENGTH_LONG).show();
```

最後，關於 MediaRecorder 如何運用在錄影和錄音部份，您可以參考 VideoRecorder.java 和 AudioRecorder.java 兩支程式，對照圖 15-7 一起看，不難學會。但如前所述，這兩個媒體錄製程式的狀態次序要小心設定，稍不小心就會發生 java.lang.IllegalStateException 的錯誤。最常見的就是以下的次序不要亂掉：

- `setOOOOOSource()`
- `setOutputFormat()`
- `setOOOOOEncoder()`

讀者可以引入專案並多加測試，必能得到更多的心得與經驗。

15.5 思考與練習

讀完本章之後，可以嘗試思考與練習以下題目：

1. 試將 ImageMove_1 專案中的圖片，在垂直往下時，圖片可以旋轉 180 度。（作法不只一種，讀者可以參考 ImageMove_2 專案中的 Matrix 用法）
2. 在 Android 3.0 以後，SDK 就提供了 setX()和 setY()可以直接讓 View 元件設定位移，以及 setRotation()完成旋轉（相當於 Matrix 的 postRotate）。因此，讀者可以嘗試製作一個 ImageMove_3 專案，運用 setX()、setY()和 setRotation()方法，取代 ImageMove_2X 專案，並達成相同的結果。
3. 參考隨書雲端 zip 中的 ActionBarTabs 專案（執行結果如圖 15-10），也就是官方版型中的 Tabbed Activity 版型，並在 Navigation Styles 選項中選取 Action Bar Tabs (with ViewPager)，取代 MultiMediaPlayers 專案中傳統的 TabActivity 作法。
4. 試將 StreamMediaPlayer.java 中的三個雲端檔案：myimage.jpg、myvideo.mp4 和 myaudio.mp3 分別改放別處，例如 Google 雲端硬碟，並仍能進行影音串流。
5. 試以手邊的手機安裝並執行 MakeMedias 專案中的 TakePicture.java 程式，看看該手機所支援的照片尺寸和預覽尺寸最大和最小各為何？

6. 作者手邊的 ASUS ZOOLD 之相機鏡頭，支援最高的照片尺寸和最高的預覽尺寸分別為(4096, 3072)和(1920, 1080)，也就是說，它們有不同的寬高比例，分別為 1.777 和 1.185。請讀者嘗試從相機所支援的照片尺寸和預覽尺寸，各找出一組的寬高比例是相同的，並改寫 TakePicture.java。

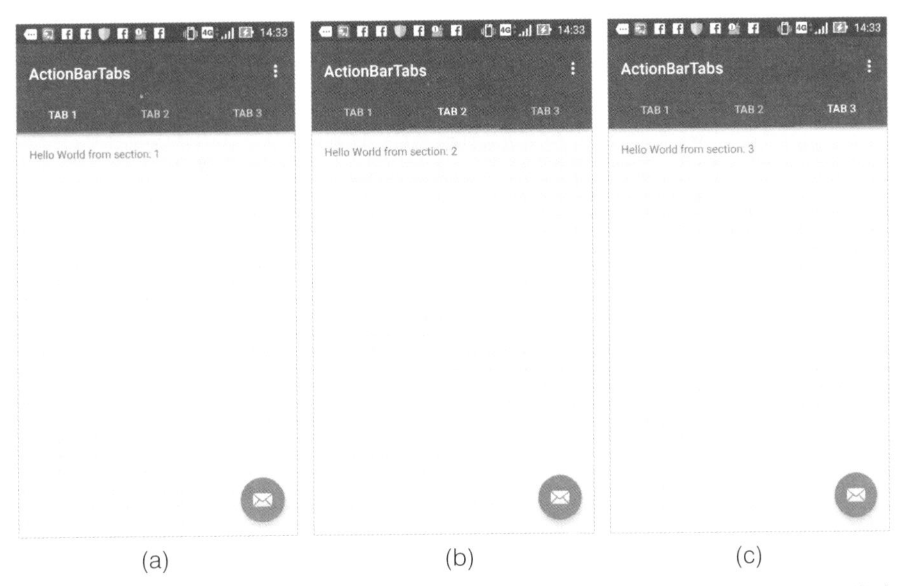

圖15-10 ActionBarTabs 專案的執行結果：(a)初始 TAB1 畫面；(b)選取 TAB2 的畫面；(c)選取 TAB3 的畫面。

CHAPTER

16

進階影音

在前面「基礎影音應用」篇章已使用過，Android 手機內建影音播放器元件 MediaPlayer，能夠選擇不同的媒體位置，例如本地或是雲端，來進行視頻(Video)或音頻（Audio）的播放。[1]

對比 MediaPlayer（播放器）和上一章另一個 MediaRecorder（錄製器），它們有一個共通點，就是需要按照官網文件資料上所顯示的狀態圖，才能正確運作。狀態圖的運用有個最大的注意事項，就是狀態的前後次序不能任意改變。

然而，雖然 MediaPlayer 能夠同時運用在影、音的媒體播放，且能進行雲端串流（Streaming）播放（例如 H.264 格式的視頻，擺在雲端就能夠讓用戶端一邊下載、一邊播放），但是仍然無法滿足現今商業應用中，需要高度安全之數位版權管理（DRM，Digital Rights Management）的播放機制和需求。

符合 DRM 播放器的最明顯差別，就是除了需要提供播放器一個影音串流的網址（常見的 http/https 開頭之 URL）以外，另外還需要提供一個 DRM 的網址，用來管理發放影音內容解鎖之密鑰（Content key）。

因此，本章特別介紹一個 Google 官方認可之 ExoPlayer，它除了提供上述之 DRM 影音播放功能以外，它更是易於定制和擴展（Customize and extend）。所以，在應用層面，本章特別鋪陳一種情境，就是將 ExoPlayer 以定制的手段，嵌

---

1 https://developer.android.com/reference/android/media/MediaPlayer

入在 Android 提供的 TV 版型程式內，如此一來，讀者也能為手邊的安卓電視或機上盒，做成一個專屬的 App！[2]

16.1 ExoPlayer 下載與安裝

ExoPlayer 在它的軟體原始碼代管服務網站（Github）上明載，它是 Android 的應用程序等級的媒體播放器，提供了 Android 的 MediaPlayer API 的替代方案，用於在本地和通過 Internet（或稱雲端），播放音頻和視頻。[3]

ExoPlayer 支持 Android 目前 MediaPlayer API 不支持的功能，包括 DASH 和 SmoothStreaming 自適應播放（Adaptive playback）。圖 16-1 就是 ExoPlayer 專案在 Github 的首頁快照。

讀者可以在圖 16-1 的右下方看到一個「Clone or download（複製或下載）」的下拉按鈕，透過此方式就能下載網址例如：

```
https://github.com/google/ExoPlayer/archive/release-v2.zip
```

解壓縮之後，以 AndroidStudio 開啟並建立專案（Open/Build Project）成功，擷取畫面如圖 16-2 所示，安裝 App 成功則可參見圖 16-3。

圖 16-3 可以看到 App 的初始畫面是以一個表單形式，分成 YouTube DASH、Widevine DASH 等 10 多小組進行影音串流展示，最常見的名詞 DASH，不是形同減號的'-'，它是「基於 HTTP 的動態自適應流」的縮寫。

英語原文：Dynamic Adaptive Streaming over HTTP，縮寫成 DASH，也稱 MPEG-DASH，是一種自適應位元速率串流技術，使高品質串流媒體可以通過傳統的 HTTP 網路伺服器以網際網路傳遞。

類似蘋果公司的 HTTP Live Streaming（HLS）方案，MPEG-DASH 會將內容分解成一系列小型的、基於 HTTP 的檔案片段，每個片段包含很短長度的可播放內容，而內容總長度可能長達數小時（例如電影或體育賽事直播）。

---

2 https://google.github.io/ExoPlayer/

3 https://github.com/google/ExoPlayer/

DASH 的概念還可以透過該影音網址進行釐清，例如圖 16-3 所選擇展示的 Google Play (MP4,H264)，它的影音網址前半段如下：

```
http://www.youtube.com/api/manifest/dash/id/3aa39fa2cc27967f
/source/youtube?as=fmp4_audio_clear...
```

完整網址可至 assets\media.exolist.json 檔案複製、貼到任一瀏覽器，就能看到類似以下形式的文字內容：

```
<?xml version="1.0" encoding="UTF-8"?>
<MPD xmlns:xsi="http://www.w3.org/2001/XMLSchema-instance"
xmlns="urn:mpeg:DASH:schema:MPD:2011" ...>
...
</MPD>
```

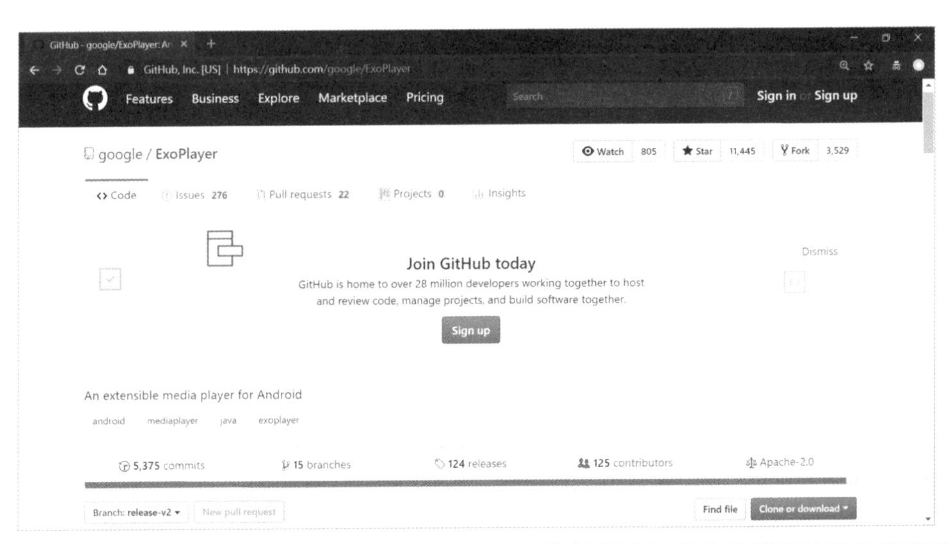

圖16-1 ExoPlayer 專案目前在 Github，透過 Git 進行版本控制的軟體原始碼代管服務，免費供使用者下載。

其中的 MPD 標籤代表著一種「媒體介紹說明」：A media presentation description (MPD) describes segment information，而 **mpeg:DASH** 字樣也確實出現在這個 xml 內容中。此外，ExoPlayer App 還能夠展示線上（Online）和離線（Offline）兩種不同形式之播放功能！

圖16-2 ExoPlayer 專案成功以 AndroidStudio 開啟與編譯，其中的 Google Play (MP4,H264)播放選項出現在 assets\media.exolist.json 檔案內。

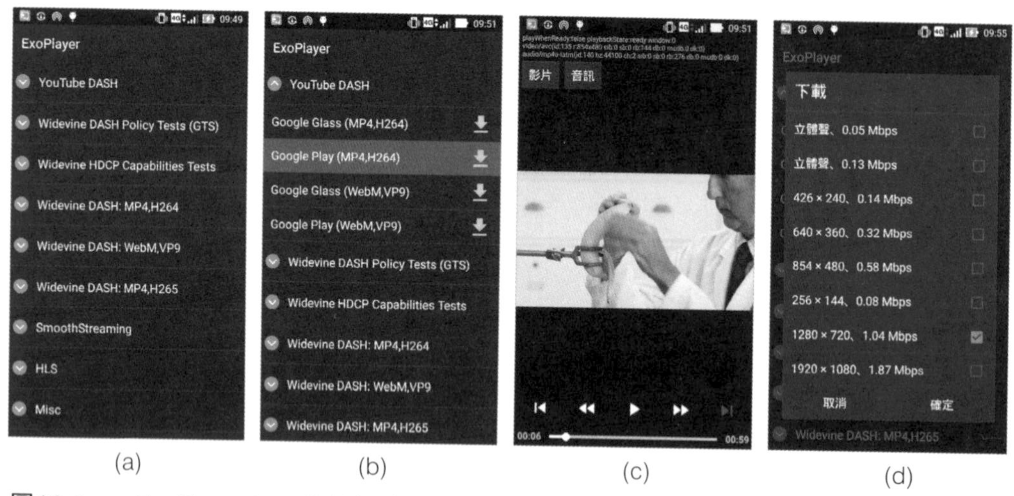

圖16-3 ExoPlayer App 的執行結果：(a)初始畫面；(b)展開 YouTube DASH 組別，再點擊 Google Play (MP4,H264)進行播放；(c)播放畫面快照；(d)點擊 Google Play (MP4,H264)項目右側之下載鈕，可以選擇所要下載之音頻、視頻解析度。

16.2 利用 Gradle 完成 ExoPlayer 功能移植

其實，我們不必然需要藉由 16.1 小節所介紹的方式，利用整個 ExoPlayer 的 AndroidStudio 專案才能進行功能移植(Porting)，而是可以透過 AndroidStudio 的 Gradle 機制，選擇「目標功能」的移植方式來進行。

谷歌官方的 Google Developers Codelabs 提供指導、教程和動手編碼體驗。大多數 codelabs 引導讀者完成構建小型應用程序或向現有應用程序添加新功能的過程。以 exoplayer-intro 為例（位於 Google 的 codelabs），它分成七個步驟來解釋如何進行功能移植，作者整理前三個步驟（Introduction、Getting set up、Stream）就能完成基本播放。[4]

首先，是添加 ExoPlayer dependency 項目。ExoPlayer 是一個在 Github 上託管的開源項目。每個版本都通過 jCenter 存儲庫分發，這些存儲庫由 gradle 和 Android Studio 使用，語法如下：

```
com.google.android.exoplayer:exoplayer-OOO: X.X.X
```

當然，這只表示 Library 的納入方式，開發者仍然需要撰寫 Java 程式。為了有效率地學習，codelabs 也提供相對的專案對應相關的學習步驟。讀者可以自行下載 github 上的 exoplayer-intro-master.zip 壓縮檔，也可以在隨書雲端程式內找到 exoplayer-codelab-00 專案，直接匯入。[5]

但是匯入並執行 github 的 exoplayer-codelab-00 專案之後，似乎出現一點小狀況？其實並非 exoplayer-codelab-00 專案出問題，而是測試影片可能不夠相容！

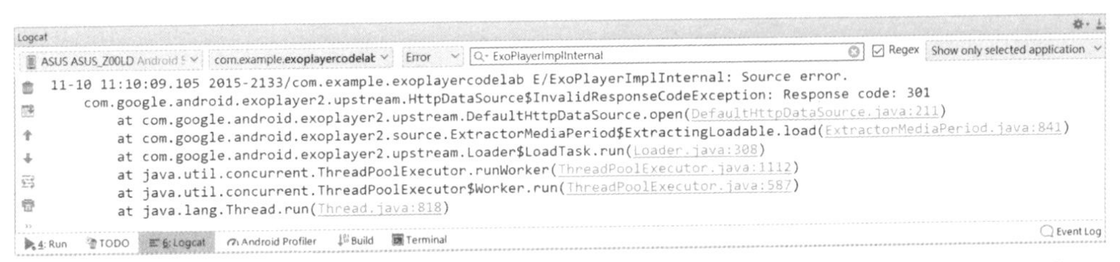

圖16-4 exoplayer-codelab-00 專案似乎出現一點小狀況，不妨換個 mp4 再試試看。

---

4 https://codelabs.developers.google.com/codelabs/exoplayer-intro

5 https://github.com/googlecodelabs/exoplayer-intro

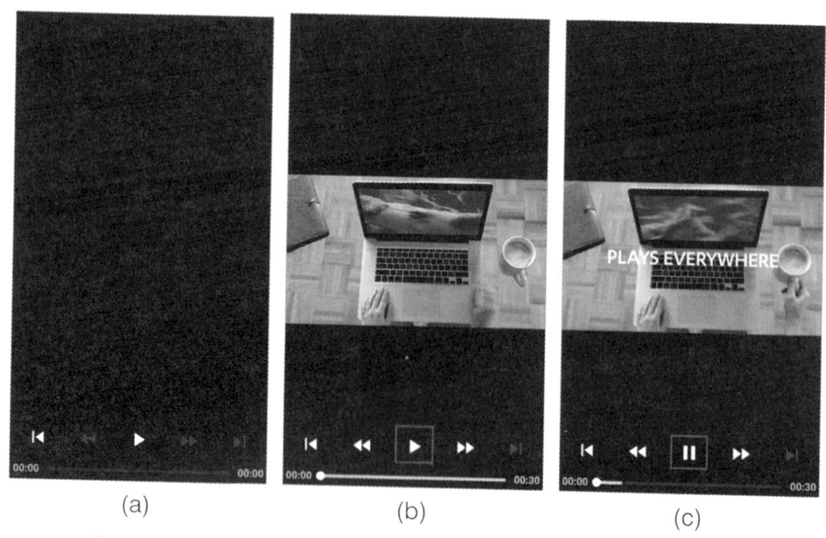

圖16-5 exoplayer-codelab-00 專案的執行擷圖：(a)載入 BigBuckBunny_320x180.mp4 可能出現問題；(b)更換成 jwplayer-30s.mp4 檔案 URL 應該就能順利播出，且將 playWhenReady 變數設為 false；(c)將 playWhenReady 變數設為 true，表示當播放器一旦備妥、立即播放。

如圖 16-4 的錯誤訊息以及圖 16-5(a)的執行結果。讀者不妨換個 mp4 再試試看，例如作者所使用的 jwplayer-30s.mp4 就能正常播出，如圖 16-5(b)(c)所示。[6]

就和前一章的圖 15-3(c)所示一般，一個影片的播放需要①顯示的 View、加上②控制面板的 View，以及③背後的影音播放器，相互整合而成。前一章的 MultiMediaPlayers 專案表面上是利用 VideoView 播放視頻、利用 MediaPlayer 播放音頻，其實 VideoView 就是集①顯示②控制器③播放器於一體的易用元件。

ExoPlayer 的顯示，利用的是 PlayerView 元件：

```
com.google.android.exoplayer2.ui.PlayerView
```

ExoPlayer 的控制器，利用的是 PlayerControlView 元件：

```
com.google.android.exoplayer2.ui.PlayerControlView
```

6 https://s3.amazonaws.com/demo.jwplayer.com/static-tag/jwplayer-30s.mp4

ExoPlayer 的播放器，利用的是 SimpleExoPlayer 元件：

```
com.google.android.exoplayer2.SimpleExoPlayer
```

只是 PlayerControlView 的變數宣告在 exoplayer-codelab-00 專案內見不到它，因為它被宣告在 PlayerView 類別內。

換句話說，exoplayer-codelab-00 專案內唯一見到的 Java 程式，也就是一個稱為 PlayerActivity.java 的 Activity 類別中，用到兩個主要的元件就是第 40 行的 PlayerView，以及第 41 行的 SimpleExoPlayer！

讀者可以在程式列表 16-1 的重點片段中見到它們的宣告。而從第 59 行更能夠看到 PlayerView 和 SimpleExoPlayer 之間的連結關係：

```
playerView.setPlayer(player);
```

讓我們從程式列表 16-1 第 54 到 68 行的 initializePlayer() 了解 SimpleExoPlayer 的使用重點：

1. ExoPlayerFactory.newSimpleInstance()（第 55~57 行）：播放器初始化。
2. playerView.setPlayer(player)（第 59 行）：播放器連結顯示元件。
3. player.setPlayWhenReady(playWhenReady)（第 61 行）：顧名思義，利用 true/false 參數告訴播放器，是否備妥則立即播放？如圖 16-5(b)(c)所示。
4. player.seekTo(currentWindow, playbackPosition)（第 62 行）：將控制器設定從 playbackPosition 的位置開始播放，其中 playbackPosition 的單位是毫秒（ms），假設從第 10 秒開始播放，playbackPosition 設為 10000。

   值得一提的是，直接調用 player.seekTo(currentWindow, 10000);讀者將發現沒有作用，必須改成以下才能成功設定 seekTo()：

```
playerView.postDelayed(new Runnable(){
    @Override
    public void run() {
        player.seekTo(currentWindow, playbackPosition);
    }
}, 100);
```

這是因為 seekTo()必須等待顯示元件和控制器完全備妥才能運作。

5. player.prepare()（第 67 行）：播放器的準備動作。

如此，就能完成播放器的初始化，其他完整程式碼都在 128 行的 PlayerActivity.java 內，全利用 Gradle 完成 ExoPlayer 功能移植。

程式列表 16-1：exoplayer-codelab-00 專案之 PlayerActivity.java

```
38  public class PlayerActivity extends AppCompatActivity {
39
40    private PlayerView playerView;
41    private SimpleExoPlayer player;
42    private long playbackPosition;
43    private int currentWindow;
44    private boolean playWhenReady;
45
46    @Override
47    protected void onCreate(Bundle savedInstanceState) {
48      super.onCreate(savedInstanceState);
49      setContentView(R.layout.activity_player);
50
51      playerView = findViewById(R.id.video_view);
52    }
53
54    private void initializePlayer() {
55      player = ExoPlayerFactory.newSimpleInstance(
56              new DefaultRenderersFactory(this),
57              new DefaultTrackSelector(), new DefaultLoadControl());
58
59      playerView.setPlayer(player);
60
61      player.setPlayWhenReady(playWhenReady);
62      player.seekTo(currentWindow, playbackPosition);
63
64  //    Uri uri = Uri.parse(getString(R.string.media_url_mp3));
65      Uri uri = Uri.parse(getString(R.string.media_url_mp4));
66      MediaSource mediaSource = buildMediaSource(uri);
67      player.prepare(mediaSource, true, false);
68    }
69
70    private MediaSource buildMediaSource(Uri uri) {
71      return new ExtractorMediaSource.Factory(
```

```
72          new DefaultHttpDataSourceFactory("exoplayer-codelab")).
73          createMediaSource(uri);
74    }
75
76    private void releasePlayer() {
77      if (player != null) {
78        playbackPosition = player.getCurrentPosition();
79        currentWindow = player.getCurrentWindowIndex();
80        playWhenReady = player.getPlayWhenReady();
81        player.release();
82        player = null;
83      }
84    }
...     . . .
128 }
```

16.3 安卓電視

安卓官方網站對於**安卓電視**（Android TV）開宗明義說，要構建應用程序，讓用戶在大螢幕上體驗所構建的主動內容。做法上有兩方面：

- 一方面是讓用戶可以在主螢幕上發現推薦的內容；
- 另一方面則是利用安卓所支援的 leanback 程式庫所提供的 API 幫助我們，為**遠程控制**（Remote Control，即遙控器）構建使用體驗。[7]

接著提醒，要使應用程序在電視設備上取得成功，在設計上就必須考慮遠距之外能輕鬆理解的畫面佈局方式，並提供僅使用方向鍵盤和選擇按鈕的導航，也就是單靠遙控器就能完成所有的電視操作！

此外，leanback 程式庫提供了一組類別，可以用在應用程序中啟用與電視上其他搜尋功能一致的標準搜尋介面，並提供語音輸入等功能。因此，如果用戶在廣大的媒體庫當中，無法順利瀏覽到所要的標的時，就能透過語音或文字輸入的方式，進一步搜尋想要欣賞的媒體串流。[8] [9]

---

7 https://developer.android.com/tv/

8 https://developer.android.com/training/tv/discovery/in-app-search

9 https://github.com/googlesamples/androidtv-Leanback

末節將會整合前面章節所介紹的 ExoPlayer（SimpleExoPlayer），用來替換掉預設的 Player（MediaPlayerGlue）加以展示。

16.3.1 安卓電視版型

AndroidStudio 內建電視版型，如圖 16-6(a)所示，稱之為 Android TV Activity，目前僅提供一種可選，按下一步鈕之後，如圖 16-6(b)所示，再為專案命名即可！此處我們簡單命名為 TV，再按下 Finish 則大功告成。

但是其實也沒有這麼順利？如圖 16-7(a)所示，由於作者之 Studio 版本目前似乎未能自動為電視版型專案登錄 android.permission.INTERNET 權限，以至於無法直接播放影片成功！此外，如果讀者想要在手機上面留下 TV 專案的進入點（顯示 App Icon），還需要為 MainActivity 新增一個 android.intent.category.LAUNCHER 的 category，如圖 16-7(b)所示。

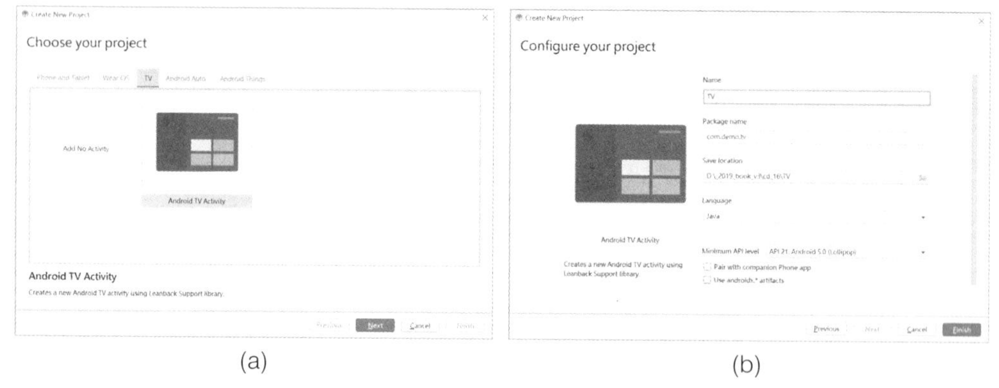

圖16-6　(a)以 AndroidStudio 選擇 TV 版型；(b)為專案命名，按下 Finish，專案即建立。

這時已經一切就緒，不論是在 Android 手機或是 TV，都能開始運行此 TV 專案，初始畫面如圖 16-8(a)所示。圖 16-8 全部都在一台 Android 7.0 的機上盒透過 HDMI 線連接螢幕，所執行的截圖，畫面解析度為 1920×1080。

如果執行在手機上，畫面就不會這麼自然好看，執行在解析度高一些的平板上或許就比較好些。值得一提的是，如前述，如果 TV 專案未加上 Internet 權限，則圖 16-8 上面的影片都不會有影片截圖，因為下載失敗！

(a)

(b)

圖16-7 (a)TV 專案似乎出現一點小狀況，在 Manifest.xml 缺漏 android.permission.INTERNET 權限登錄，補上就能正常運作；(b)若是需要在手機上顯示 TV 專案的進入點，需要增加一行 category 標籤。

圖16-8　TV 專案執行結果：(a)初始主畫面，包含左邊縱欄之選單，以及右邊大塊版面之影片進入點；(b)按下遙控器向右鍵，或點擊選單之「Category Zero」選項，則左邊縱欄之選單最小化，右邊大塊版面最大化；(c)點擊某部影片，例如：「Google Demo Slam_20ft Search」；(d)Android TV 之 Setting 顯示 App 資訊。

16.3.2　移植 ExoPlayer

如同在本節一開始所提到的，如何用 ExoPlayer（SimpleExoPlayer）替換掉預設的 Player（MediaPlayerGlue）呢？這主要牽涉到兩個部分：

1. Player 移植。
2. 影片位置指向。

最後的移植結果是順利的，就在 TV_2 專案內。整個移植過程很簡單，因為 TV 專案的播放程式主要落在 PlaybackActivity.java 以及 PlaybackVideoFragment.java，因為 PlaybackActivity 採用 Fragment 版面佈局。

TV_2 專案很簡單，就直接把 exoplayer-codelab-00 專案的建立步驟，從 PlayerActivity 搬到 PlaybackActivity 即可！當然也不要忘記將 gradle 的存儲庫匯入到 dependencies 區塊內。

其次，將以下的影片 Uri 敘述

```
Uri uri = Uri.parse(getString(R.string.media_url_mp4));
```

換成以下兩道指令：

```
final Movie movie =
    (Movie) getIntent().getSerializableExtra(DetailsActivity.MOVIE);
Uri uri = Uri.parse(movie.getVideoUrl());
```

如此就能切換到 TV 專案原本就預備好、透過 movie.getVideoUrl()就能取得之影片 Uri，順利移植 ExoPlayer 於安卓電視版型內。

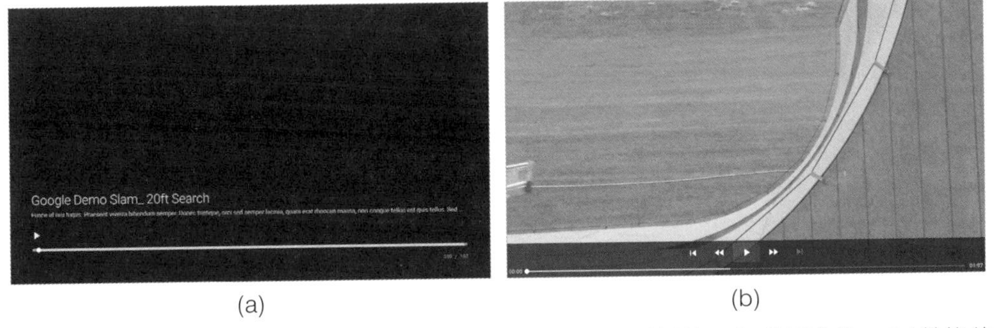

(a) (b)

圖16-9 (a)預設的 Player（MediaPlayerGlue）雖然可以播放，但截圖失敗；(b)替換的 ExoPlayer（SimpleExoPlayer）可以播放，也成功截圖。

16.4 思考與練習

讀完本章之後，可以嘗試思考與練習以下題目：

1. 試將 exoplayer-codelab-00 專案從無到有，建立並執行起來。
2. 試將 exoplayer-codelab-00 專案的 mp4 換成自己的雲端視頻影音。
3. 試找一個機上盒、或是 Android TV、或是 Android 平板，將 TV 專案或是 TV_2 專案執行起來。

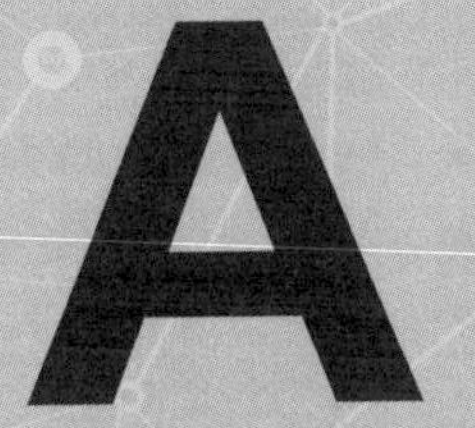

危險的權限

Android Marshmallow (API 23)以上的危險的權限（Dangerous permissions）列表[1]

Permission Group	Permissions
CALENDAR	• READ_CALENDAR • WRITE_CALENDAR
CALL_LOG	• READ_CALL_LOG • WRITE_CALL_LOG • PROCESS_OUTGOING_CALLS
CAMERA	• CAMERA
CONTACTS	• READ_CONTACTS • WRITE_CONTACTS • GET_ACCOUNTS
LOCATION	• ACCESS_FINE_LOCATION • ACCESS_COARSE_LOCATION
MICROPHONE	• RECORD_AUDIO

1 https://developer.android.com/guide/topics/permissions/overview#permission-groups

Permission Group	Permissions
PHONE	● READ_PHONE_STATE ● READ_PHONE_NUMBERS ● CALL_PHONE ● ANSWER_PHONE_CALLS ● ADD_VOICEMAIL ● USE_SIP
SENSORS	● BODY_SENSORS
SMS	● SEND_SMS ● RECEIVE_SMS ● READ_SMS ● RECEIVE_WAP_PUSH ● RECEIVE_MMS
STORAGE	● READ_EXTERNAL_STORAGE ● WRITE_EXTERNAL_STORAGE

附錄

B

Android Q 專案測試

本書專案在 Android Q (API 29)模擬器（Emulator）上的測試結果

1	✓	HelloAndroid	2	✓	HelloAndroid_2	3	✓	HelloAndroid_3	4	✓	HelloAndroid_4
5	✓	HelloAndroid_5	6	✓	BasicAction_1	7	✓	BasicAction_2	8	✓	BasicAction_3
9	✓	BasicAction_4	10	✓	BasicAction_5	11	✓	BasicAction_6	12	✓	BasicAction_7
13	✓	BasicAction_8	14	✓	BasicAction_9	15	✓	BasicAction_10	16	✓	BasicAction_11 無法測試相機功能
17	✓	BasicAction_12a	18	✓	BasicAction_12b	19	✓	MyLogin_1	20	✓	MyLogin_2
21	✓	MyLogin_3	22	✓	MyQuestionnaire_1	23	✓	MyQuestionnaire_2	24	✓	MyQuestionnaire_3
25	✓	MySwitch_1	26	✓	MySwitch_2	27	✓	CanvasDraw_1	28	✓	CanvasDraw_2
29	✓	DragZoom_1 無法測試多點觸控	30	✓	DragZoom_2 無法測試多點觸控	31	✓	FingerPaint_1	32	✓	ImageView_1
33	✓	ImageView_2	34	✓	MoveImage_1	35	✓	MoveImage_2	36	✓	LineOnRatio
37	✓	LineOnRatio_1	38	✓	LineOnRatio_2	39	✓	MyContactList_1	40	✓	MyContactList_2
41	✓	MyContactList_3	42	✓	MyContactList_3a	43	✓	MyContactList_4a	44	✓	MyContactList_4b
45	✓	SetContentView_1	46	✓	SetContentView_2	47	✓	SetContentView_3	48	✓	SetContentView_4
49	✓	MyCompositeList_1	50	✓	MyCompositeList_2	51	✓	MyRecyclerView_1	52	✓	MyRecyclerView_2
53	✓	MyTextList_1	54	✓	MyTextList_1a	55	✓	MyTextList_1b	56	✓	MyTextList_2
57	✓	MyTextList_3	58	✓	ReadDB_1	59	✓	ReadDB_1a	60	✓	WriteDB_1
61	✓	WriteDB_1a	62	✓	CloudPie_1	63	✓	CloudPie_1a	64	✓	CloudPie_2
65	✓	CloudQR	66	✓	ImageLooper	67	✓	TestRunnable	68	✓	TestThread
69	✓	TextCounter	70	✓	ActivityWindow_1	71	✓	ActivityWindow_2	72	✓	MyBackKeyActivity
73	✓	StartBuiltIns 無法測試相機功能	74	✓	TestActivity_1	75	✓	TestActivity_2 無法測試相機功能	76	✓	TestActivity_3

77	✓	TestActivity_3a	78	✓	TestActivity_4	79	✓	TestMenu_1	80	✓	TestMenu_2
81	✓	ActivityLifecycle	82	✓	Notify_Above_Android_8	83	✓	OnBootCompletedBR	84	✓	SMS_BR
85	✓	TestNotification_1	86	✓	TestNotification_2	87	✓	TestNotification_2a	88	✓	TestNotification_3
89	✓	TestNotification_4	90	✓	Contact_Read_1 (Below Android 6)	91	✓	Contact_Read_2 (Below Android 6)	92	✓	MyProvider
93	✓	MyProvider_1a	94	✓	MyProvider_2	95	✓	MySQLite	96	✓	SMS_Read
97	✓	SMS_Read_1a	98	✓	SMS_Read_2	99	✓	SMS_Read_Above_Android_6	100	✓	TestMyProvider
101	✓	TestMyProvider_2	102	✓	Location_1	103	✓	Location_2	104	✓	Sensor_1
105	✓	Sensor_1a	106	✓	Sensor_2	107	✓	Sensor_2a	108	✓	WiFi_0
109	✓	WiFi_1	110	✓	ActionBarSpinner	111	✓	BottomNavigation	112	✓	BottomNavigation_2
113	✓	FullScreen	114	✓	FullScreen_2	115	✓	MasterDetail	116	✓	MasterDetail_2
117	✓	NavigationDrawer	118	✓	NavigationDrawer_2	119	✓	Scrolling	120	✓	Scrolling_2
121	✓	Scrolling_3	122	✓	Tabbed	123	✓	MyAd	124	✓	MyAd_2
125	✓	MyGSheet	126	✓	MyMap	127	✓	MyMap_2	128	✓	MyMap_3
129	✓	ReadMyFavoriteCafe	130	✓	ActionBarTabs	131	✓	ImageMove_1	132	✓	ImageMove_2
133	✓	ImageMove_2a	134	✓	ImageMove_3	135	✓	MakeMedias 無法測試媒體錄製	136	✓	MultiMediaPlayers
137	✓	SlidingPanelDemo	138	✓	exoplayer-codelab-00	139	✓	TV	140	✓	TV_2

附錄 C 多國語系

同一支 App 在不同語系的環境下，自動切換文字內容的功能，已經是智慧型手機環境下必然的使用情境！而符合這樣使用情境的 App，我們稱它具備多國語系能力，如圖 C-1 所示，就是展示多國語言版的 HelloAndroid 專案。[1]

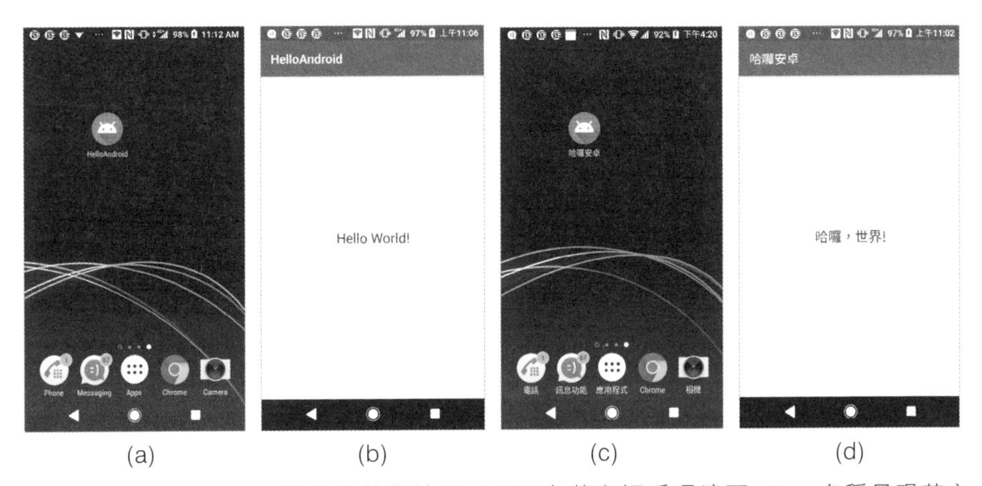

圖C-1 HelloAndroid_tw 專案的執行結果：(a)(b)在英文語系環境下，App 名稱呈現英文，App 標題內容也呈現英文；(c)(d)在中文語系環境下，App 名稱呈現中文，App 標題內容也呈現中文。

---

1 https://developer.android.com/training/basics/supporting-devices/languages

當然，這會衍伸兩個問題：

- 到底 App 要支援幾組語系才足夠呢？這通常是由 App 的目標市場所決定。以華人市場為例，「繁中」、「簡中」、加上「英文」一般就已足夠。
- 沒有支援到的語系，會如何顯示呢？其實 App 對此確實有預設的作法，會以 res/values/strings.xml 所定義的內容，作為其他未支援到的語系環境所採用，通常會以英文呈現。

以下圖片分別就以 HelloAndroid_tw 專案為例，歸納七個操作步驟，一步一步將原本的單純英文版 HelloAndroid 專案，變身成為圖 C-1(c)(d)所示的多國語言版。

1. 找到新增 Values resource file 之進入點，並選好 Locale 變數之語系（Language）和地區（Region）的內容，如圖 C-2 至 C-4。
2. 在新的 Values resource file 內，對照英文預設版 strings.xml 的內容，逐一輸入多國語言版的本文，如圖 C-5 至 C-8。
3. 改寫所有出現在專案內的 java 或 xml 檔內出現的字串。
   - ✓ 改寫 xml 檔的方式：以“@string/OOOOO”的形式，例如圖 C-9 用到“@string/message”，又例如原本在 Manifest.xml 內就使用的“@string/app_name”。
   - ✓ 改寫 java 檔的方式：以 context.getResources().getString(R.string.OOOOO)的形式（p.s. context 為 Context 物件，例如 Activity 就是 Android 最著名的一種 Context 子類別）。

讀者可以參考 HelloAndroid_tw 專案，繼續練習多國語系 App。

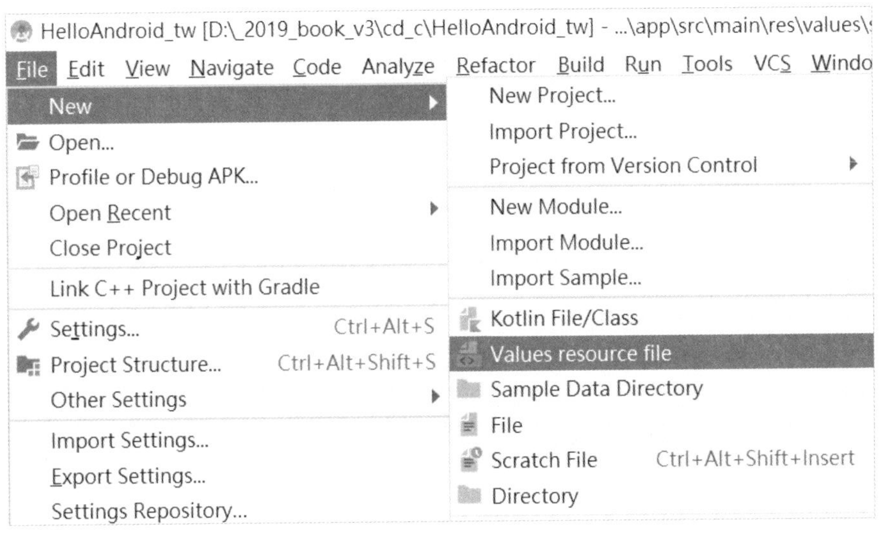

圖C-2 步驟一：選擇 AndroidStudio 之 File=>New=>Values resource file 功能選項。

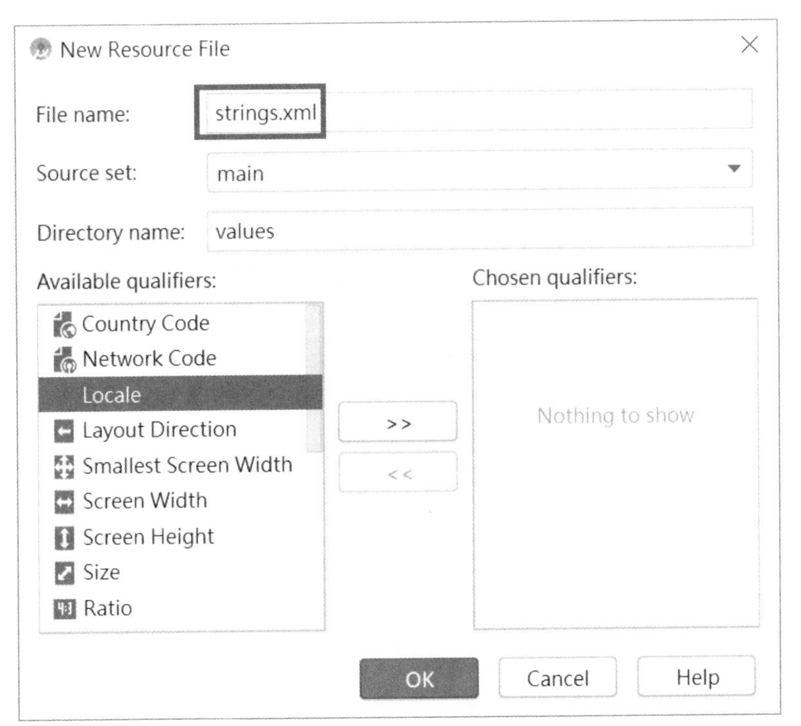

圖C-3 步驟二：在 New Resource File 對話框內，點選 Locale 項目，並輸入檔名。

圖C-4 步驟三：按下 >> 鈕，並依序點選 zh 之語言和 TW 之地區，按下 OK。

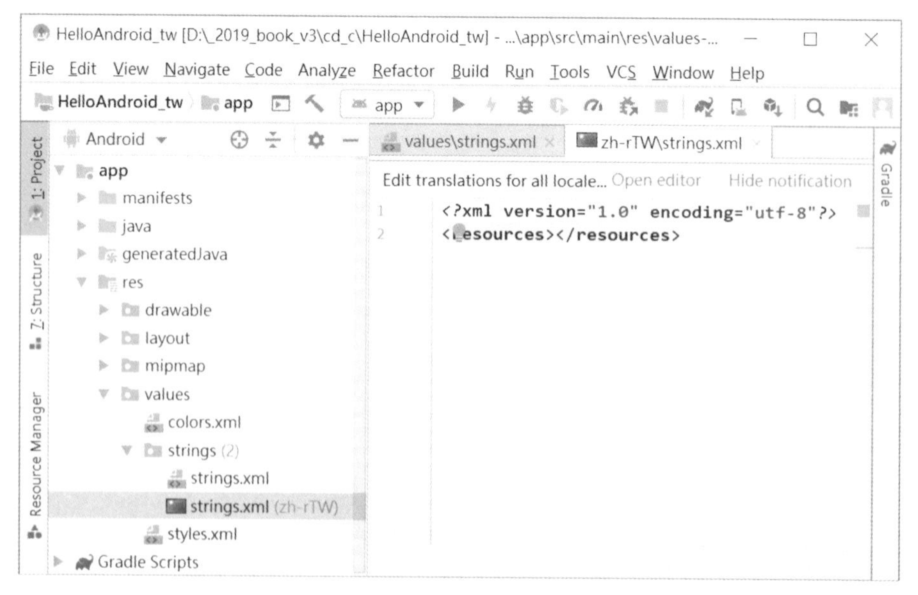

圖C-5 步驟四：開啟繁中版的 strings.xml，準備在<resources>和</resources>之間填寫字串。

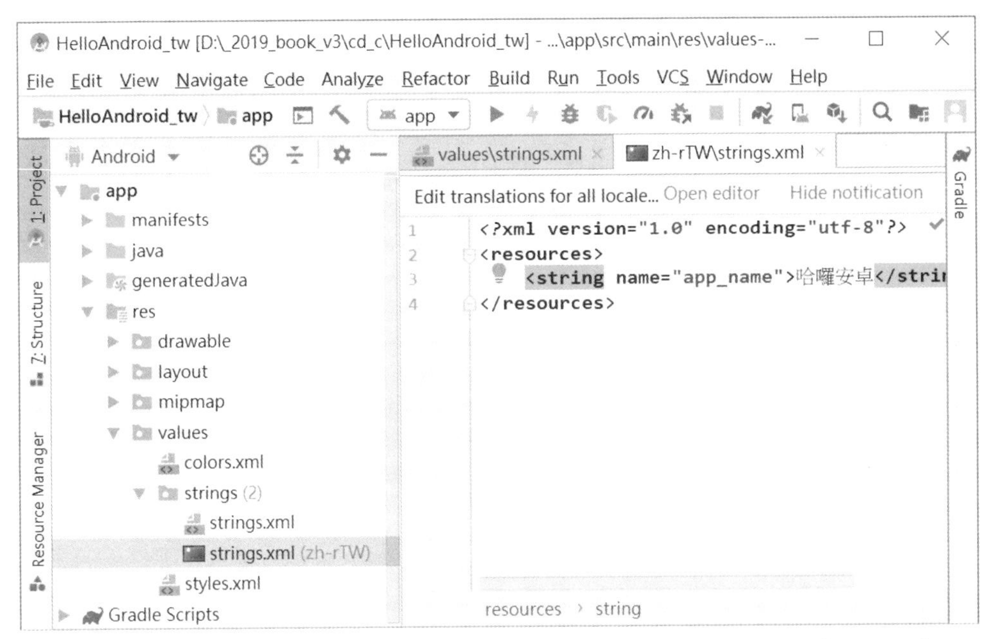

圖C-6　步驟五：拷貝英文預設版 strings.xml 的 app_name 字串，改成「哈囉安卓」。

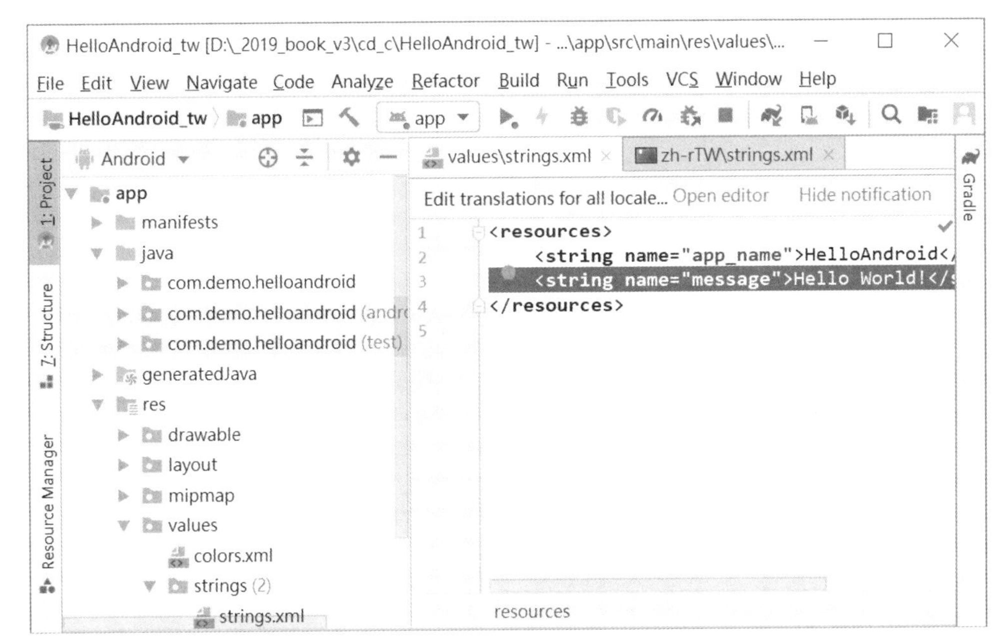

圖C-7　步驟六：填寫英文預設版的 strings.xml，加入「Hello World!」的 message。

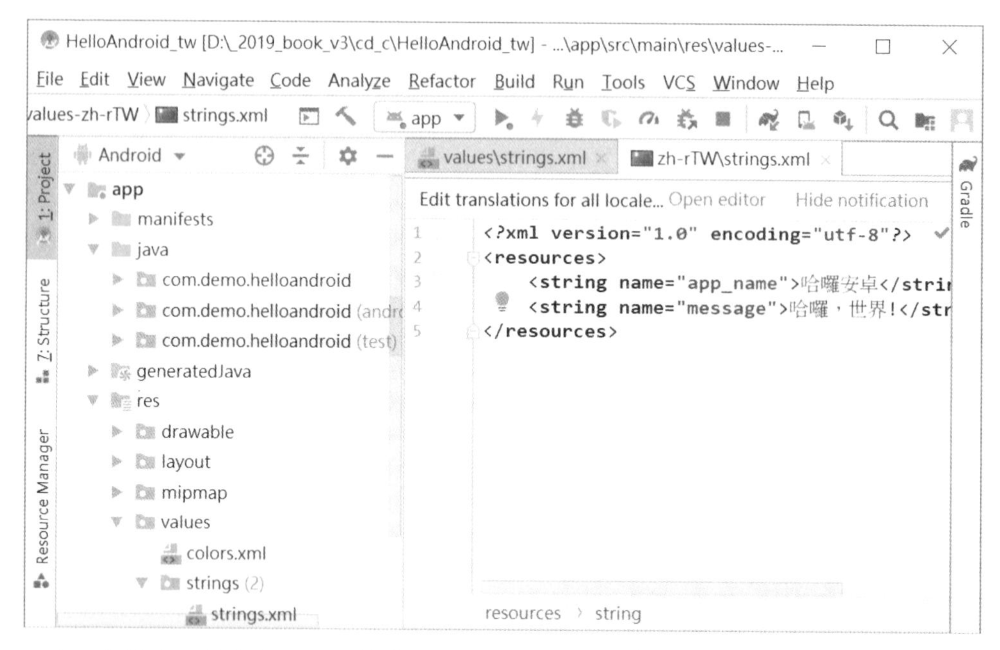

圖C-8　步驟七：繼續填寫繁中版的 strings.xml，加入「哈囉，世界!」的 message。

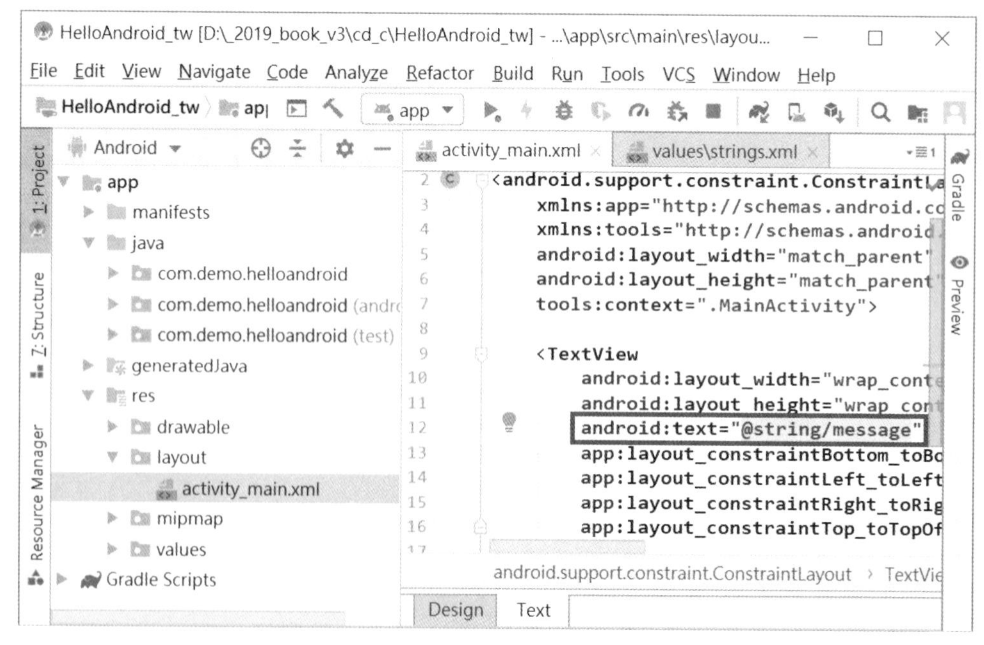

圖C-9　步驟八：打開 activity_main.xml，將 text 字串內容改成@string/message。

附錄

D

軟體簽章

Android App 是以.apk 之附檔名型式存在著的，之後要上架 PlayStore 不但要備妥 Release 版的 apk 檔，更是要已經完成簽章（Signed）動作的 apk 檔才能准許上架！圖 D-1 示範簽章動作的第一步驟語最終結果。[1]

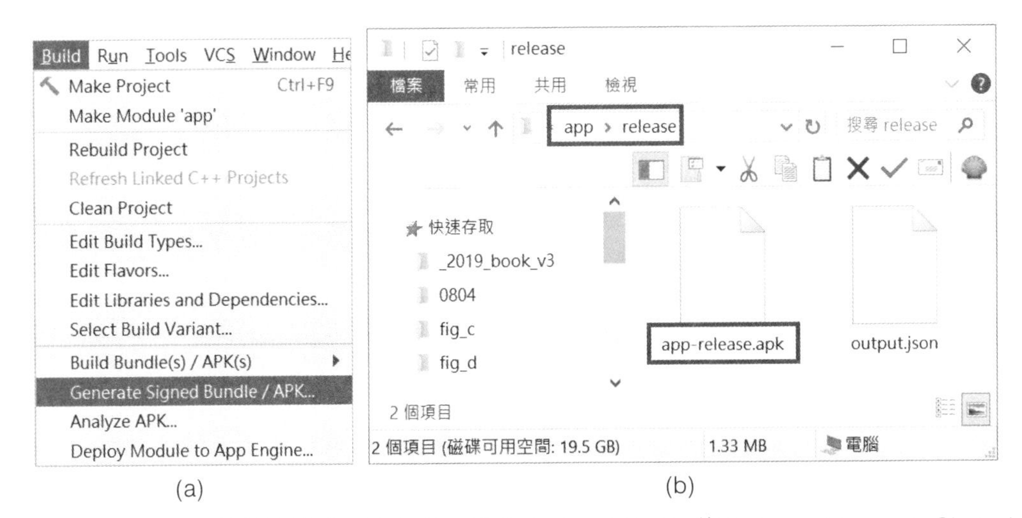

圖D-1 Android 專案的簽章：(a)步驟一找著 AndroidStudio 的 Build=>Generate Signed Bundle/APK 進入點；(b)最終結果會在指定的資料夾，產生已簽章的 apk 檔。

1 https://developer.android.com/studio/publish/app-signing

以下分別就以 HelloAndroid_tw 專案為例，歸納三大類、共六個操作步驟：

1. 【找著進入點】找著 AndroidStudio 的 Build=>Generate Signed Bundle/APK 進入點，點選 APK 選項，如圖 D-1(a)和 D-2 所示。
2. 【建立 KeyStore】第一次執行簽章動作時，按下「Create new」按鈕，出現 New Key Store 對話框之後，分別命名 keystore 並輸入密碼，並至少填寫一組 Certificate 欄位後，按下 OK，如圖 D-3 至 D-5。
3. 【建立 Release 版 APK】一般而言只需要選擇 release 版本，並勾選 V2 (full APK Signature)選項，並按下 Finish 即完成 apk 簽章程序，如圖 D-6 和 D-1(b)所示。

值得一提的是，keystore 檔預設最長的期限為 25 年，啟用後開始到數計時。一旦軟體上架 PlayStore，這個 keystore 檔就要妥善保管，因為這會牽涉到未來 apk 更新版本時，必須仍為同一把鑰匙作簽章，才能視為同一支 App。

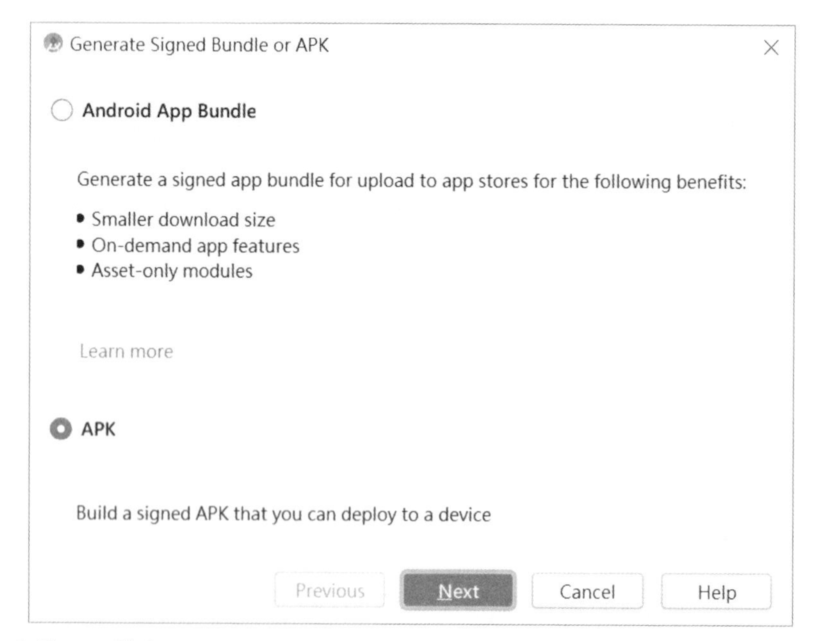

圖D-2　步驟二：跳出 Generate Signed Bundle or APK 對話框之後，點選 APK 選項，並按下 Next 鈕。

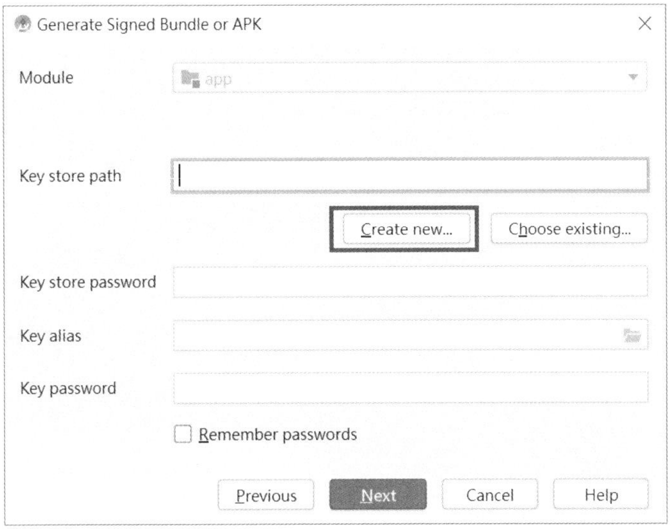

Generate Signed Bundle or APK

Module app

Key store path

Create new... Choose existing...

Key store password

Key alias

Key password

Remember passwords

Previous Next Cancel Help

圖D-3 步驟三：第一次執行簽章動作時，按下「Create new」按鈕。

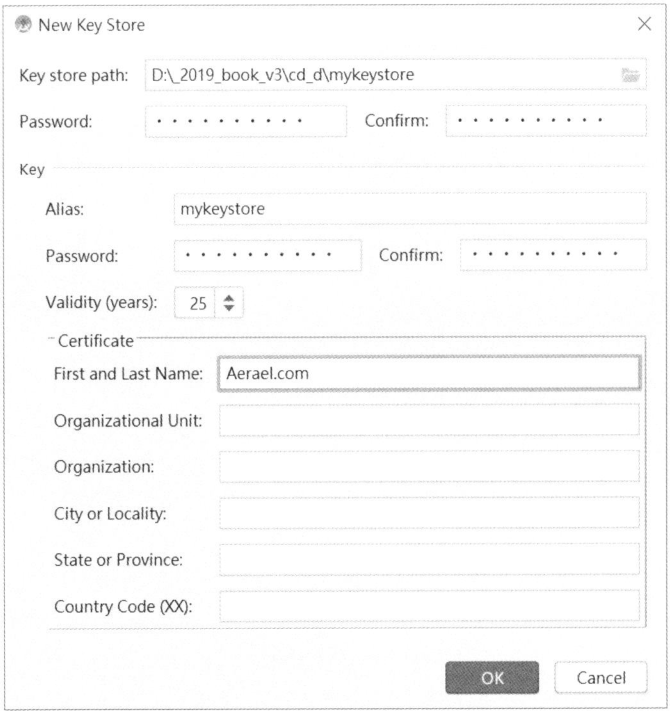

New Key Store

Key store path: D:_2019_book_v3\cd_d\mykeystore

Password: ·········· Confirm: ··········

Key

Alias: mykeystore

Password: ·········· Confirm: ··········

Validity (years): 25

Certificate

First and Last Name: Aerael.com

Organizational Unit:

Organization:

City or Locality:

State or Province:

Country Code (XX):

OK Cancel

圖D-4 步驟四：出現 New Key Store 對話框之後，分別命名 keystore 並輸入密碼，並至少填寫一組 Certificate 欄位後，按下 OK。

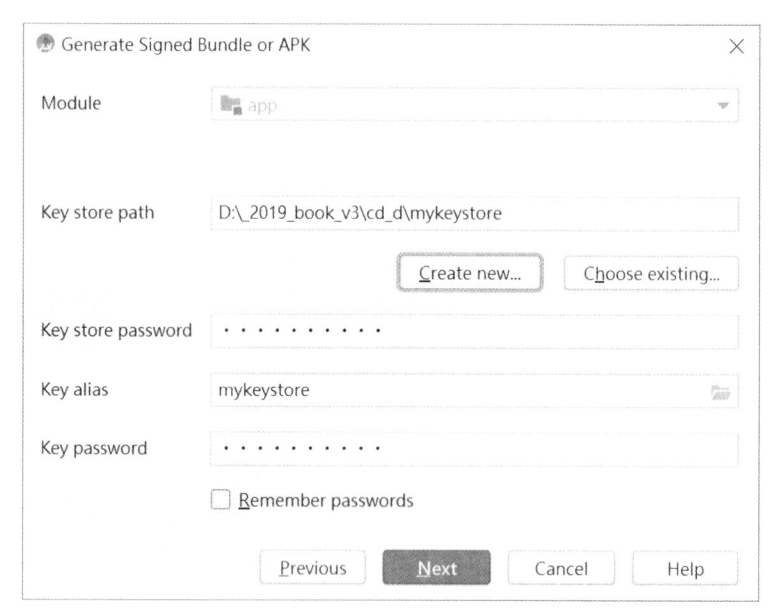

圖D-5 步驟五：步驟四所輸入的訊息會自動帶入步驟五的畫面，此時只需要並按下 Next 鈕即可。

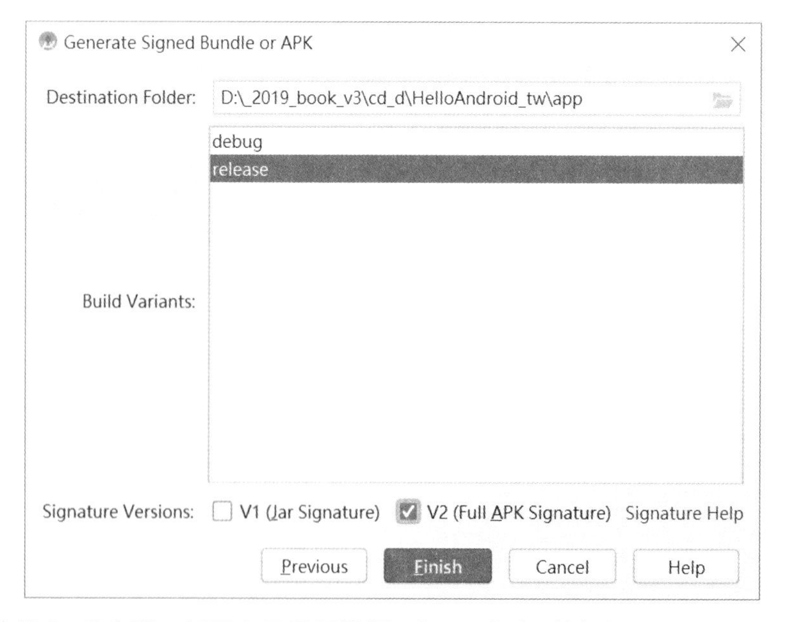

圖D-6 步驟六：此步驟一般而言只需要選擇 release 版本，並勾選 V2 (full APK Signature) 選項，並按下 Finish 即完成 apk 簽章程序。

第一次學 Android 就上手(第三版)--從新手入門到專題製作

作　　者：鄭一鴻
企劃編輯：江佳慧
文字編輯：詹祐甯
設計裝幀：張寶莉
發 行 人：廖文良

發 行 所：碁峰資訊股份有限公司
地　　址：台北市南港區三重路 66 號 7 樓之 6
電　　話：(02)2788-2408
傳　　真：(02)2788-1031
網　　站：www.gotop.com.tw
書　　號：AEL021000
版　　次：2019 年 09 月三版
建議售價：NT$500

國家圖書館出版品預行編目資料

第一次學 Android 就上手：從新手入門到專題製作 / 鄭一鴻著.
-- 三版. -- 臺北市：碁峰資訊, 2019.09
面；　公分
ISBN 978-986-502-242-6(平裝)
1.系統程式　2.電腦程式設計　3.Java(電腦程式語言)
312.52　　108012330

讀者服務

- 感謝您購買碁峰圖書，如果您對本書的內容或表達上有不清楚的地方或其他建議，請至碁峰網站：「聯絡我們」\「圖書問題」留下您所購買之書籍及問題。(請註明購買書籍之書號及書名，以及問題頁數，以便能儘快為您處理)
  http://www.gotop.com.tw
- 售後服務僅限書籍本身內容，若是軟、硬體問題，請您直接與軟體廠商聯絡。
- 若於購買書籍後發現有破損、缺頁、裝訂錯誤之問題，請直接將書寄回更換，並註明您的姓名、連絡電話及地址，將有專人與您連絡補寄商品。